# Théâtre de l'anatomie et corps en spectacle

## Fondements d'une science de la Renaissance

Ilana Zinguer &
Isabelle Martin (éds)



PETER LANG
Bern · Berlin · Bruxelles · Frankfurt am Main · New York · Oxford · Wien

**Information bibliographique publiée par «Die Deutsche Bibliothek»**
«Die Deutsche Bibliothek» répertorie cette publication dans la «Deutsche Nationalbibliografie»; les données bibliographiques détaillées sont disponibles sur Internet sous ‹http://dnb.ddb.de›.

Ce livre a été publié avec le généreux soutien de Norma Bosquet, de l'Ambassade de France et de l'Institut Français de Tel Aviv et avec le concours du Centre de Recherche de Civilisation Française, Research Authority, Faculty of Humanities (Université de Haïfa, Israël)

Ambassade de France en Israël
INSTITUT *français*

*Liberté • Égalité • Fraternité*
RÉPUBLIQUE FRANÇAISE

הפקולטה למדעי הרוח
FACULTY OF HUMANITIES

Illustration de couverture: Andreas Vesalius, *De humani corporis fabrica libri septem,* Basilæ : ex officina Ioannis Oporini, 1543.


Réalisation de la couverture: Thomas Jaberg, Peter Lang AG

ISBN 3-03910-962-6


Hochfeldstrasse 32, Postfach 746, CH-3000 Berne 9
info@peterlang.com, www.peterlang.com, www.peterlang.net



Imprimé en Allemagne

# Théâtre de l'anatomie et corps en spectacle

*Dédié à la mémoire d'Alain Bosquet,*
*poète, romancier, essayiste, humaniste*

# Remerciements

Ce recueil rassemble les travaux du colloque *Les Théâtres de l'Anatomie* qui s'est tenu à l'Université de Haïfa du 17 au 19 décembre 2002 comme activité du Centre de Recherche de Civilisation Française. Nous remercions très particulièrement le Professeur Louis Van Delft (Paris X), spécialiste de littérature française et comparée *(Le Moraliste classique, Littérature et anthropologie)* qui a accepté de faire partie du Comité scientifique du colloque et nous a prodigué son savoir.

Léon Gaignebet, artiste polyvalent, a généreusement proposé d'exposer ses travaux portant sur l'anatomie, réalisés sur un support surprenant. L'exposition, *Reliques Imaginaires*, s'est tenue du 17 décembre 2002 au 14 mars 2003 à la Bibliothèque de l'Université de Haïfa. Nous remercions Hanna Rosenzweig (Directrice de la section des Livres de la Réserve de la Bibliothèque) pour sa contribution à cet événement.

# Table des matières

*Seconde partie*
*L'héritage d'une science*

# Introduction

Le terme « anatomie » passe, déjà au début de la Renaissance, au statut de concept. Dans l'histoire, le sens de l'intériorité est central à l'expérience du corps même si ce sens de l'intériorité est second. Il est aisé, pour qui dissèque, de voir le corps des autres mais cette exploration ne s'étend pas à son propre corps. Les travaux de Louis Van Delft l'ont bien démontré et insistent sur cette découverte de l'intériorité qui apparemment marque la naissance de l'individualité.

Le modèle anatomique connut un âge d'or avec le *De humani corporis fabrica* (1543) de Vésale. Les amphithéâtres d'anatomie deviennent les hauts lieux de la culture européenne, on y pratique la dissection dans le but d'élever les étudiants et les visiteurs à la connaissance de Dieu et l'anatomie devient, par contamination, l'outil qui permettra de scruter l'âme et son comportement. Le discours théologique ou moraliste est comme un corps ordonné et structuré; il est l'objet de dissections qui vont mettre en évidence les composants et les linéaments et ce, il faut le reconnaître, avec une certaine théâtralité. Les rapports entre la littérature et l'anatomie se multiplient dans la culture européenne durant la Renaissance où les fondements de cette science s'intensifient et s'installent en véritable pratique.

Les études de ce volume se regroupent autour de deux axes : d'une part les fondements de l'anatomie en tant que science, d'autre part les rapports entre cette nouvelle science et la littérature; dans les deux cas a été utilisée une approche d'analyse pratique.

Pour Jean Céard, la fascination pour l'anatomie incite à accéder aux rouages de la *fabrica*, à posséder le *savoir*. Le verbe *anatomiser* peut être employé métaphoriquement par des hommes de science pour caractériser l'ampleur et la profondeur de leur enquête, évoquant la ferveur des médecins qui recherchent la substance et la magnitude du corps humain et de l'esprit qu'il contient. Fernel, dans de la *Physiologie*, institue une méthode descriptive du composé au simple, de l'effet à la cause, des choses « postérieures aux précédentes ». Ce travail n'est pas du tout celui des dissecteurs : le corps que propose Fernel est « construit », « poli » et « perfectionné », en tant qu'il est l'instrument de l'âme. Il explique le savoir anatomique pour mieux se représenter l'« histoire » universelle du corps humain « créé pour l'âme » et ainsi connaître l'homme. D'autres médecins comme Jean Riolan et André Dulaurens ont suivi la méthode de Fernel. Riolan tâche de concevoir, à travers ses commentaires, une sorte de philosophie de la médecine qui considèrerait le corps humain, non dans sa généralité, mais en tant qu'il est sain ou malade, « où finit le physicien, le médecin commence ». Et Dulaurens conclut la même question par un chapitre intitulé : « Combien l'anatomie est utile à la connaissance de Dieu », invitant à méditer sur la merveille du corps humain et sur la puissance et la sagesse du créateur.

L'appropriation du *skeletos* par Montaigne, pour signifier le dessein des *Essais* et leur écriture, dévoile l'influence de la science anatomique chez un auteur qui décriait tant la médecine. Tous les interprètes comprennent, à juste titre, que Montaigne utilise le modèle anatomique pour exprimer l'incroyable dispense de sa « confession » comparée à une autre partie de la médecine, la *séméiotike,* attachée à l'étude de l'interprétation causale des symptômes et des signes. Marie-Luce Demonet se penche sur la production non composée des *Essais* comme des échantillons qui ne renvoient qu'à « une montre particulière » ou une partie du corps. Les « excremens d'un vieil esprit, dur tantost, tantost lache et tousjours indigeste » *(De la Vanité)* ou la couleur des urines sont considérées l'un comme symptôme, l'autre comme *« signe »* de ce qui se passe dans le corps et qui reste invisible.

Le squelette (tant étudié chez les médecins de son siècle) est à l'instar de l'anatomie, un fondement et une « géographie », selon l'expression de Fernel et de Riolan. En employant le terme, Montaigne fait un rapprochement entre le *skeletos* et les *Essais* appelant ainsi à une méditation qui concentre tous les *topoi* du genre tels qu'ils sont vus dans le carré de Vitruve où s'inscrit la symétrie du corps humain ; le centre de ce microcosme étant l'ombilic et la mesure de ses membres, le temple de Salomon et l'arche de Noé. Perpétuant l'ancienne analogie : la supériorité de l'âme humaine et de sa raison (inaccessibles à l'anatomie), l'essayiste est amené à construire la singularité de l'homme comme individu. Robert Burton a aussi adopté pour son *Anatomy of Melancholy* (1621) le principe d'organisation qui pratique la description détaillée, partie par partie, du fonctionnement universel de l'imagination, et du livre qui est organisé selon le même ordre. Or Montaigne ignore ce principe, on ne distingue pas l'ossature de l'œuvre, ni le cœur ni les membres. Il montrera l'affichage des tempéraments, les facultés cérébrales et s'orientera vers cette science mondaine qu'est la physiognomonie. Il garde du modèle anatomique un certain ordre guidé par la vision intérieure qui permettra la production du texte et un ordre « séméiotique » autorisant la lecture des symptômes ou des manifestations extérieures de soi. Un *speculum* que bien d'autres écrivains utilisaient dans leurs fictions scientifiques.

Ainsi entre le *Que sais-je?* et le *Qui suis-je?* se prononce, selon Nicola Panichi, l'écart que Montaigne vérifie ou mesure à l'aide du langage plus qu'à l'aide de la raison. Il distingue les choses à travers les formes de la connaissance, aux confins précis et connus de la raison et de l'imagination. C'est au langage d'accomplir cette tâche, il est le seul lien intersubjectif qui légitime notre appartenance à la condition humaine. Ce « bon disciple » de Dionysos (selon Nietzsche) avait compris que la foi dans l'individu est sans fondement. Le métier de vivre enseigné par la philosophie ancienne implique l'*operari* et l'exercice continu ; le « devenir ce qu'on est », le « faire soi-même » devient légitime et ambitieux. Ce nouveau langage agira certainement pour se mettre en question et expérimenter de nouvelles formes de vie ; il sera un stimulant pour le jugement. Pour Montaigne, la spéculation philosophique ou la philosophie académique ont rendu la philosophie abstraite alors que la « vraie et naïve philosophie » se pose comme exploration de la condition humaine et comme source de bonheur. La preuve de notre ignorance est dans nos sens. L'imagination ou « fantasie », ne s'appliquant pas aux choses extérieures, est fondée sur la médiation des sens. Montaigne recourt à la tradition comme forme de certitude, il aspire à une science de « l'entendement », à une philosophie critique et à une philosophie de la vie. Pour lui « doute » et « certitude » sont considérés comme une authentique valeur méthodique. De plus, la sagesse s'exprime par la contradiction, alors que le langage de la dissonance se manifeste par l'absence. Montaigne suggère d'adhérer à sa propre imperfection ; de cette façon, l'on pourrait atteindre la plénitude de son être et accomplir la conquête de la subjectivité.

Les théories médicales, dans les cercles de poésie dramatique et lyrique, comprennent le paradigme humoral et le paradigme anatomique, particulier chez Agrippa d'Aubigné. Patricia Lojkine dépeint le poète baroque, qui se consacre à la représentation de la « passion » sous ses deux aspects, physiques et moraux, il a toute liberté pour combiner ces deux modèles médicaux : au lieu de décrire directement les blessures reçues, Agrippa d'Aubigné anime la nature en projetant sur le paysage son corps souffrant et son âme dolente. Nuysement avait fait référence aux quatre tempéraments de la médecine galénique avec la comparaison liminaire entre microcosme et macrocosme. Il faut dire que l'emprise du modèle anatomique sur les poètes baroques se manifeste à des fins variées : le corps souffrant porte les marques, les empreintes du supplice infligé par la dame, d'indices accusateurs. Et de ces plaies s'écoulent le sang, les humeurs qui pourront « déteindre » à leur tour sur son corps. L'indice ou suspicion de preuve, devient *indice* au sens sémiotique. Le poète entreprend de décrire son corps meurtri et graver à son tour le cœur de l'aimée, au risque cependant de disperser l'attention du lecteur et lui faire oublier l'enjeu de la description à cause de l'abondance, de la diversité et de la violence des images dérivant du paradigme anatomique.

Avec les allègres vitupérations de Cornelius Agrippa touchant aux fonctions et aux zones les plus triviales du corps, qu'une nouvelle civilité cherche de plus en plus à reléguer hors du regard public, la médecine développe l'humour scato-sexuel. Elle se réapproprie le rire dans son propre discours comme instrument rhétorique, heuristique et thérapeutique. Laurent Joubert entreprend une vaste enquête ethnographique sur les croyances erronées du peuple en matière sexuelle dans son *Traité du ris et* des *Erreurs Populaires,* deux œuvres auxquelles Dominique Brancher s'intéresse pour y voir l'usage de la farce. Le médecin se rattache à un courant philosophique antique qui veut que la santé du corps et de l'esprit dépende de l'expression des croyances, et qui fonde son action thérapeutique sur une conception assainie du langage. Dans ce vaste projet de correction épistémologique, la maladie du langage et surtout de ses usagers populaires s'impose à l'étude du médecin. Il commence par railler les « comtes mal raisonnés ». Il est d'avis que les lois naturelles obéissent aux mêmes modalités que les tropes de la rhétorique. En outre, les erreurs sont souvent des erreurs *vraies*, livrées aux aberrations interprétatives d'usagers qui en ignorent les véritables significations. *Le Traité du Ris* est présenté comme la poétique des *Erreurs populaires.* Joubert souligne la complicité du sexe et du rire. Il attribue aux contes grivois une capacité imaginative dont il tirera profit dans les *Erreurs Populaires*, parlant librement et faisant du lecteur un spectateur au théâtre de la sexualité. Cette œuvre réunit une double tradition générique, celle des contes grivois et celle des traités de médecine où la langue populaire n'est pas le fait d'un collectionneur de proverbes, l'auteur ne police ni n'expurge les métaphores inconvenantes.

Dans les Mémoires, l'usage de la description du corps rend bien le théâtre les désordres de la psyché, les blessures et les maladies sont des occasions pour des exhibitions littéraires avec un surinvestissement symbolique chez Monluc, d'Aubigné, Charlotte Duplessis-Mornay. Le genre des Mémoires prend corps à la Renaissance en France. Sa modernité mais aussi sa raison d'être sont liées à l'expression inédite de la nouvelle place que revendique l'individu dans l'histoire de sa nation. Les mémoires, d'après Nadine Tsur-Kuperty, sont souvent exploités pour les événements historiques. Dans ce cadre bien précis qui définit leur écriture, le corps se manifeste souvent par ses dérèglements, notamment par de fréquentes notations de fièvre, de peur, d'angoisse, signes de crises que traversent les sujets, réactions corporelles, indépendantes de la volonté de l'individu, indices servant à accréditer la gravité d'un état mental.

La cognition et le soi présentés métaphoriquement en termes de théâtre quand l'esprit joue un rôle dans un espace où les pensées et les images sont préparées et représentées en séquences. La conscience devient une machine théâtrale de la mémoire chez Giulio Camillo par exemple; image reprise avec un certain amendement par les phénoménologues contemporains (Daniel Dennett, Edelman) pour qui les métaphores théâtrales sont des *loci* psychologiques pour la conscience qu'étudie Don Beecher.

L'édification d'une science des émotions est parallèle à l'édification de la science anatomique. L'étude du désir chez Léon Lhébreu reflète les préoccupations des poètes humanistes, la découverte de l'intériorité (avec l'anatomie) marque la connaissance de l'individualité qui demande une représentation de l'âme et de son essence jusque-là nouée à la théologie et à la cosmologie. Ilana Zinguer entreprend d'interpréter les *Dialogues d'amour*, texte exceptionnel et fondateur de Léon Lhébreu, afin de dévoiler les mouvements intimes de leur écriture et permettre de comprendre la tension entre la conscience humaine et la culture de l'époque. Ainsi, il est possible d'en mesurer les dimensions universelles qui font l'actualité de cette œuvre. L'histoire du concept de l'amour est plus que millénaire et de nombreuses œuvres lui sont identiques, celles de Castiglione, Bembo, Sperone Speroni pour ne citer que quelques unes.

Quant au désir, concept primordial, il est fréquemment identifié avec le plaisir intense de l'expérience corporelle; le concept du désir restait dans l'ombre, ne soupçonnant nullement ses potentialités car c'est de la force de ce désir que la subjectivité allait prendre forme, dévoiler la complexité de l'être et déboucher sur la théorie du moi. Alors désigné comme la *cupiditas* ou *libido*, concept clé de la psychanalyse, il semblait fortement préoccuper les poètes et les humanistes. Des études récentes proposent des lectures nouvelles des textes de la Renaissance restés longtemps ambigus à cause de la richesse procurée par les sources mythologiques. Nous savons que le pathos est l'expression émotionnelle du dynamisme affectif inhérent au désir, désigné plus tard par la pulsionnalité. Les néoplatoniciens s'approprient les arguments classiques, ils proclament que la construction harmonieuse du corps ne sera jamais révélée par « la cruelle diligence des anatomistes qui coupent et divisent le corps ». Pour Pontus de Tyard, traducteur des *Dialogues* de Léon Lhébreu, le corps humain est fabriqué selon un modèle de proportions harmoniques ; Helkiah Crooke (London, 1615) fit une compilation de travaux d'anatomistes, *Microcosmographia,* proposant l'anatomie comme une entrée à la théologie et à la philosophie, où les mots s'enquièrent du corps humain sous la forme d'une analyse de soi. Ainsi faire l'anatomie du désir, revient à interroger l'interprétation qui nous est proposée par Léon Lhébreu comme connaissance et non comme science. La phrase d'ouverture, « La connaissance que j'ai de toi, ô Sophie, engendre en moi amour et désir », met d'emblée toute l'œuvre sous le signe de la théorie de l'amour platonique et rationaliste et génère les dialogues qui exposent toutes les doctrines platoniciennes et néoplatoniciennes de l'amour connues tant du Moyen Age que de la Renaissance, de sources arabes, juives et humanistes. Ainsi la phrase d'ouverture fait immédiatement référence à la célèbre théorie platonicienne où amour et désir sont toujours fondés sur la connaissance. Nous ne pouvons aimer et désirer que ce que nous avons. Ces deux moments, désirer et aimer, successifs, autonomes, représentent un moment psychologique que le Philosophe a choisi pour entrer en matière. Robert Burton s'en souviendra.

Ce qui est aimé est d'abord désiré, une fois l'objet obtenu, l'amour vient et le désir cesse ; pour Philon l'amour et le désir sont basés indéniablement sur la connaissance. L'identification de l'amour avec le désir est une conséquence de notre condition humaine, l'imagination et la fantaisie constituant les éléments qui singularisent l'être humain dont la position intermédiaire est particulière. Pour Sophie, l'amour réel provient de la possession de l'objet réel. Pour Philon, les choses peuvent être possédées par l'imagination. Et pour Roland Barthes, tout objet, s'il est le lieu d'un désir, devient matière littéraire. Le discours amoureux, dans cette optique, est élaboré sur la base des gestes les plus habituels qui donnent corps à l'amour. Le geste théorique des *Fragments du discours amoureux* pour Barthes, les *Dialogues d'amour* pour Léon Lhébreu, plus que le roman ou toute fiction, représentent ces objets de désir et de plaisir.

Paulette Choné s'arrête à l'étude d'un seul concept; le plaisir ou *diletto* montre la méthode de l'œuvre de Ripa. Les détails du corps, du maintien, des accessoires surtout – comme cette langue pendue au cou – sont décrits scrupuleusement selon des sources médicales –; ils annonceraient une analyse allégorique telle que nous la rencontrerons plus tard chez Georges Bataille ou Hans Bellmer. Toute abstraction chez Ripa est l'image d'un corps, d'une partie du corps insinuant l'adéquation et l'union étroite du corps et de l'âme, sauvant l'image de l'homme présenté en segments par les anatomistes. De *l'Iconologie* de Ripa, souligne les rapports essentiels de la *pictura* et de la *poesis* et leur rôle dans les arts de l'éphémère et du spectacle. Ripa, dans le *Préambule*, donne avec une grande précision les fondements philosophiques des liens entre image et verbe, constitutifs de tout acte symbolique. La question de la genèse des images était alors d'actualité, débattue dans de nombreux traités qui traduisent l'évolution majeure entre l'époque d'Alberti et de Léonard, où la théorie de l'art était encore élaborée par des artistes et des poètes, où elle était l'affaire d'amateurs et de philosophes. Ce sont les images «qui embrassent les choses qui sont dans l'homme – même ou qui ont grande proximité avec lui» que Ripa envisage prioritairement, mettant en avant la notion physiologique et pathologique de l'«habitus», autrement dit l'aspect extérieur du corps avec toute sa fonction dénotative.

L'entreprise de Ripa était de sauver la figure humaine de la segmentation qui est à l'œuvre dans l'emblème, où il y a foison de membres, de viscères, en s'adressant de façon déclarée aux techniciens de la parole, de l'image visuelle et des spectacles, en faisant allusion à la félicité que procure la vie vertueuse dans la cité. Ripa entendait instaurer une unité dans les décompositions obsessionnelles, le fait de la subtilité des auteurs de devises et d'emblèmes, des amateurs de formes brèves, des blasonneurs en tout genre ou des peintres maniéristes épris de déformations, des ornemanistes explorant au scalpel la désarticulation des formes.

*Transfert du concept scientifique dans le discours littéraire et dans la lecture de la vie ou l'héritage*

La dissection animale traitée au XVIII^e^ siècle sous forme de spectacles directs ou indirects comme la conservation ou la reproduction picturale ou en relief, sous-entend une approche des pratiques sociales, professionnelles ou artistiques qui lui sont liées. Dans le cas des humains, lorsque l'âme a une existence indépendante, des précautions étaient indispensables. Dans le cas des animaux qui n'ont pas d'âme, tout est permis, l'observateur n'est tenu à aucune solidarité avec l'animal. Ce type d'exploration anatomique encore vivace au XVIII^e^ siècle, sera remplacé par une anatomie qui présuppose une analogie avec l'homme.

L'animal présente les symptômes de la souffrance mais souffre-t-il comme nous ? A partir de quelle limite l'analogie est-elle supportable physiquement et mentalement et surtout sous forme de spectacle? Et Voltaire et Diderot introduisent de nouvelles notions de non-solidarité ou de solidarité progressive – pour faire cette distinction entre le sensible et le quasi sensible.

La dissection animale incluse définitivement dans le domaine naissant des sciences naturelles, s'inscrit dans un modèle qui se développe depuis le ramassage, la collecte et l'identification jusqu'à la collection, la conservation, l'empaillage, etc. Chacune de ces étapes rend compte du spectacle de la nature ayant ses modes et ses lieux d'exhibition: la ménagerie, l'amphithéâtre, le musée ou la collection. Il n'est pas étonnant que grâce à la position épistémologique des nouvelles Sciences Naturelles, l'anatomie serve de tremplin à des pratiques spectaculaires. La mise en spectacle commerciale de l'anatomie revêt soit un aspect direct: le dépeçage minutieux et scientifique de l'animal, réglé comme une représentation théâtrale, avec son malheureux héros, ses acteurs, ses officiants, son *decorum*, le tout devant un public d'amateurs; ou un aspect indirect avec la conservation ou la reproduction et la représentation graphiques. En outre, plus un animal est proche de l'homme, plus sa dissection connaît des difficultés. Par contre les «monstres», animaux à plusieurs têtes ou à cinq pattes, sont pieusement conservés après examen et dissection. Un large éventail de pratiques est évoqué: le rachat des animaux de montreurs exotiques, leur conservation pour les musée, amphithéâtre et galeries de curiosités; des techniques plus esthétiques sont essayées pour leur dissection. Des mises en scène surprenantes apparaissent sur des toiles de maîtres et n'évitent pas la représentation anthropomorphique. La conclusion d'Isabelle Martin avance que l'anatomie animale serait plutôt une recherche des formes de la vie; en même temps que l'anatomie humaine, elle s'extrait du spectacle de la mort pour devenir celui de la diversité d'un seul principe de vie.

Les *Tableaux de Paris*, bien connu pour ses scènes de la vie urbaine est l'œuvre de Louis-Sébastien Mercier. Selon H. Chisick, l'anatomie admise comme science par les penseurs des Lumières au sein de toutes les sciences, était pour Mercier, un moyen d'étendre la maîtrise de l'homme sur la nature. Déjà Le *Discours sur les sciences et les arts (Premier discours)*, publié en 1751, insistait sur le prix social et moral à payer qu'exigeait la promotion des arts et des sciences. Voltaire et les encyclopédistes appréciaient les sciences et les arts – forces menant au progrès des Lumières, à une mentalité critique et à la suppression de la superstition. Un autre groupe représenté par Rousseau insistait sur la morale et les différences sociales.

Au sujet de la dissection des cadavres humains, Mercier fait deux objections sur la pratique rentable de voler les corps pour la recherche et la dissection; l'accès à ces leçons d'anatomie était si large qu'il arrivait de voir sur la table de marbre un parent ou un ami. La deuxième raison à son opposition: cette pratique était le signe de dysfonctionnement de la société car basée sur des principes indécents. Sa critique des médecins était notoire, il s'oppose aux abus, pratiquement institutionnalisés dans l'étude de l'anatomie à son époque et propose des moyens de les limiter. La dissection est nécessaire pour former des chirurgiens certes, cependant l'approche pragmatiste à l'anatomie contemporaine ne peut être maintenue dans les institutions médicales. De plus, il s'oppose au système de classification, il aurait souhaité une science qui pourrait comprendre et élucider les forces vitales qui animent le corps.

Rien d'étonnant à ce que Flaubert soit peut-être le plus « médicalisé » des écrivains français, le plus conscient des interférences du corps et de l'âme. Dans *Madame Bovary,* le romancier prêtera ce regard au docteur Larivière, grand praticien qui ressemble à son père. Dans la littérature, ce coup d'œil médical permettra à Flaubert d'exceller dans un domaine qu'il nomme lui-même l'analogie ancienne entre l'analyse psychologique et l'anatomie, à savoir « l'anatomie du cœur humain n'est pas encore faite ». Lorsque l'auteur a choisi le métier de Charles, il a bien fait remarquer la double nature de la Forme: la structure et le style, le squelette et la chair ou l'anatomie et la physiologie. Flaubert dissèque à tout instant dans son roman, se sert du jargon médical, rivalisant ainsi avec ses confrères et parents médecins. Il use de son écriture comme d'une activité physique, ressent dans son corps les émotions de son héroïne, il pratique le «coup d'œil médical» sur la vie, seul moyen d'arriver à de grands effets d'émotion. Pour lui, l'«anatomie» est synonyme d'une vision critique et implacable dans *Madame Bovary*.

Présupposer que tout ce que l'autre nous dit est mensonge et subterfuge rend la vie plus intéressante. Telle est l'hypothèse de Sam Bloom. Le mensonge se prête à l'analyse et notre but en tant que lecteurs et critiques semble la plupart du temps de devoir déchiffrer et démontrer une vérité, sinon *la* vérité. Dans *A la recherche du temps perdu*, la quête du narrateur consiste à reconstituer la vérité déformée par le mensonge. Le démêlage du mensonge et le rétablissement de la vérité évoquent non seulement une reconstitution du «temps perdu» mais aussi une sorte d'autopsie psychologique. Ce dernier terme est d'autant plus juste dans le cas du personnage d'Albertine vers qui l'auteur de la *Recherche* dirige son enquête. Les indices révélateurs des mensonges d'Albertine ne se reconstitueront comme tels qu'après sa mort. Léon Pierre-Quint apprécie la manière au commencement de sa liaison avec Albertine; Marcel «flaire» un autre séducteur qui le précède et étudie les expressions d'Albertine et les inductions qu'en fait le héros.

Dans plus des trois-quarts des poèmes de Stéfan Jude se trouvent explicitement impliquées une ou plusieurs parties du corps, tendant à s'imposer comme évidence première du texte poétique, en ce sens qu'elles ne s'inscrivent pas comme composantes d'une métaphore. Par exemple, on ne peut manquer de signaler la récurrence dans les poèmes d'un signe: l'esperluette vue par le poète comme contour du corps d'une «femme ajustant sa sandale». Ce rappel d'un corps féminin vient, pour ainsi dire, estampiller le poème, authentifier son ordonnance autour d'un dit de la «chair». Et ce «dit de la chair» se donnera à lire en des compositions de croquis érotiques, en des juxtapositions de fragments du Nu. L'écriture stéfanienne, ajoute Jaqueline Michel, trouve sa raison d'être dans une complicité qu'elle exploite entre Eros et Thanatos.

Depuis les premières pièces jusqu'aux textes des années 1960 et 1970, Beckett substitue au corps infirme ou sujet à la violence, le corps réduit ou «effacé». Jurgen Siess considère les différentes apparitions du corps dans le théâtre de Beckett. Dans *En attendant Godot*, le corps est réalité physique, dans *Acte sans paroles*, il devient un élément autonome. Le corps d'*Auditeur* est perceptible seulement comme une silhouette de sexe indéterminé et non comme un corps plein et mouvant. L'homme doit se situer dans l'espace et face aux accessoires, saisir ceux-ci et s'adapter à eux. L'acteur et la position de son corps par rapport au personnage ont fait l'objet d'études nombreuses dont celles de Bernard Dort qui, en 1962, a proposé une typologie de l'acteur : l'acteur qui prévaut au détriment du personnage, l'acteur archétypé, l'acteur qui s'exprime directement par son corps, l'acteur qui multiplie les signes physiques afin d'atteindre à un jeu situé par rapport au dispositif scénique.

La perception du corps et de sa couleur intrigue Yéhouda Moraly. Dans *Les Nègres* de Genet, des Noirs tuent une Blanche. Il s'agit d'une cérémonie organisée par un groupe de Noirs autour d'une Blanche que les comédiens noirs viennent d'assassiner quelques minutes avant le spectacle et dont le corps se trouve, comme dans l'antique modèle grec, au centre de la scène. Pour être effectif sur le plan théâtral, le drame ne peut être joué que par des corps noirs. Sont rappelés les jeux de cirque romain, où le corps broyé ou déchiré constituait le noyau du spectacle. Est rappelé le film de Fellini, *Fellini-Satyricon,* qui commence par une pièce de théâtre dont le clou est l'amputation du bras d'un esclave. Dans *Les Bacchantes*, le corps du roi de Thèbes, Penthée, est mis en pièces au cours d'une cérémonie en l'honneur du dieu du théâtre, Dionysos, et si l'on va regarder comme un spectacle les dissections dans les théâtres d'anatomie, c'est que le spectacle d'un corps ouvert, dispersé, a quelque chose de profondément théâtral.

Le corps (noir), dans *Les Nègres,* dicte le style de la pièce. Le corps est le masque de l'acteur moderne et son jeu ne fera peut-être que prolonger la forme de son corps. La recherche sur le jeu de l'acteur suggère qu'il y a un lien entre la forme du visage de l'acteur et l'interprétation qu'il fait de ses personnages. Plus profondément, cette réflexion sur les liens entre le théâtre et l'anatomie fait prendre conscience de la force des racines païennes du théâtre. Essentiellement, le théâtre serait toujours le théâtre de l'anatomie, d'un corps broyé, dispersé et des spectacles comme *Le Woyzeck* de Rina Yerushalmi qui se déroule dans un théâtre d'anatomie. La « cruauté » d'Artaud est fidèle à la vieille tradition, aux sanglantes origines du théâtre. Le vrai théâtre populaire d'aujourd'hui, c'est celui que nous offre le petit écran, celui du sport (boxe, course automobile, football) ou celui des informations télévisées. Chaque soir, l'humanité contemple les corps en sueur, les corps en sang ; comme dans la Rome antique le peuple se rassemblait chaque jour, pour voir le grand passage, la mort réelle.

Pour clore cet éventail de spectacles d'anatomie les plus inattendus, Daniel Sibony a lui aussi vu le sujet sous une optique très contemporaine. Il est difficile, dit-il, de parler de corps en Israël (lieu où s'est déroulé le colloque) et sous le signe de l'anatomie qui est sa mise en morceaux réglée, sans évoquer cette étrange mise en scène du corps sous forme d'attentat suicide, qu'on le voie comme acte de guerre, sacrifice humain ou meurtre à double détente puisque le corps de la première victime sert d'abord à faire d'autres victimes, celles qui sont prises dans l'explosion et celles qui le seront dans la riposte. Le corps peut aussi chercher des voies parfois subtiles pour se dégager du symptôme ou le jouer autrement. L'autre cas limite (cas de cannibalisme signalé à Berlin) où un corps fait appel à un autre pour consommer ensemble, de façon physique et totale, l'entre-deux-corps comme tel, symbolisé d'ailleurs par ce qui fait lien entre deux corps, le pénis. Le manque de symbolique est tel que les mots et les fantasmes se découpent dans le corps. Une autre scène, toute récente, est celle où un père tue son bébé que pourtant il aimait. Cette scène rappelle le récit biblique de Jephté, autre père qui tue sa fille, sacrifiée parce que première à l'accueillir après la guerre, en réalité pour punir la mère inaccessible et pour éteindre en lui tout désir incestueux. Tout comme Jephté qui a tué sa fille parce qu'interdite, le tueur du bébé s'est livré à un rituel intime, archaïque, celui d'une religion personnelle et narcissique, briser le corps de l'enfant pour atteindre la mère. Les corps sacrifiés viennent toujours tenter de combler une faille. Bien sûr, le corps sacrifié est censé prendre sur lui tous les manques, toutes les faillites. Cela n'en débarrasse pas les autres pour autant, mais l'idée incantatoire est bien celle-là.

Analyser la pathologie individuelle ou collective qui pousse au sacrifice humain, c'est supposé l'éclairer ; sans la justifier. Il y a un fantasme d'identité. Plus généralement, la violence de tous ces passages à l'acte peut amener chaque identité fermée à s'ouvrir à l'autre mais surtout à sa propre altérité, à sa faille et son histoire qu'elle a déniée. Le risque d'un tel déni de la faille identitaire est soit de produire des sacrifices humains, soit d'être en tant qu'humain sacrifié ; sans même s'en rendre compte, en vivant une identité plate, normalisée, insipide, béatement narcissique.

Au moment même où se tenaient les journées d'étude, Gunter von Hagens était l'auteur de l'extraordinaire exposition itinérante « Körperwelten » proposant, grandeur nature, des anatomies du corps humain selon le modèle de Vésale, soumis à une plastination mise au point par médecins, chirurgiens et artistes. Notre projet, sans visualisation spectaculaire, a présenté des parcours créateurs multiples, inspirés du modèle anatomique que la critique littéraire ne peut plus délaisser ou ignorer. Ainsi *Théâtre de l'anatomie et corps en spectacle* a essayé de mettre ensemble différentes versions de cette méthodologie, née d'une science bien précise, celle du corps, devenue instrument de lecture du monde.

Ilana Zinguer

# *Première partie*
# *Les fondements d'une science*

# Du médical au littéraire: la fortune du modèle anatomique*

Louis VAN DELFT
Université Paris X-Nanterre

Avec l'anatomie, il s'agit moins d'un transfert que d'une relation organique. Entre la littérature et l'anatomie, il est des affinités comme électives. Mais je me rends bien compte que cette étroite parenté dont il va être question n'a probablement jamais frappé la plus grande partie du public. Il s'agit, en effet, d'un *modèle* mis au jour depuis quelque dix ans à peine[1]. Aussi bien, dans un premier temps, c'est une brève propédeutique qui s'impose (j'en demande bien pardon), afin que le lecteur soit mieux disposé à «recevoir» l'idée que littérature et anatomie entretiennent un rapport ombilical, et cela pratiquement depuis toujours.

Voici donc, à seule fin de mettre les choses en place, quelques exemples point trop pointus de cette interrelation (tout anglicisme qu'il est, ce mot semble plus approprié que «corrélation»), de cette consanguinité:

- *La pointe,* qui renvoie, en rhétorique et par là dans la littérature à l'*acutum dicendi genus,* à l'*arte de agudeza* théorisé par Baltasar Gracián, remplit une fonction qui n'est pas sans rappeler la pointe du scalpel de l'anatomiste.
- *Tissu* est un de ces termes dont la polysémie est très révélatrice. Si la «machine» du corps est constituée notamment de tissus, on le sait de reste: tout texte est, étymologiquement, lui aussi un tissu. L'un et l'autre de ces tissus sont susceptibles d'être explorés. On utilise le terme d'*analyse,* consacré par un usage déjà long, pour désigner l'exploration, l'explication, le développement (autre vocable à prendre dans l'acception étymologique) d'un texte. Cependant, en recourant au terme d'*analyse,* on

* Version remaniée de «Littérature/Anatomie», C. Imbroscio (Ed.), *Il testo letterario e il sapere scientifico,* Bologna, CLUEB, 2003, pp. 145-175.

1 Voir notre *Littérature et anthropologie. Nature humaine et caractère à l'âge classique,* Paris, PUF, 1993, ch. X («L'anatomie moralisée») et XI («L'anatomie morale»).

ignore très généralement que ce type de démontage méticuleux et poussé, notamment de la langue et de la philologie, matériau dont tout texte est constitué, s'est tout d'abord appelé *anatomie.* Une «précieuse» telle que Mlle de Scudéry se flattait d'être souverainement experte dans l'art de «bien faire l'anatomie d'un cœur amoureux». Dix ans après le chef-d'œuvre de Mme de Lafayette, *La Princesse de Clèves* (1678), Charles Perrault écrit encore:

> Comme l'anatomie a trouvé dans le cœur des conduits, des valvules, des fibres, des mouvements et des symptômes qui ont échappé à la connaissance des Anciens, la morale y a aussi trouver des inclinations, des aversions, des désirs et des dégoûts que les mêmes Anciens n'ont jamais connus[2].

Le terme d'analyse «n'entre que vers le dernier tiers du XVIII$^{e}$ siècle dans le vocabulaire de la psychologie»[3]. Bien entendu, pour nous en tenir à ce domaine de la psychologie (dans la culture classique, en Angleterre notamment, les domaines d'application de l'anatomie peuvent être infiniment divers), l'analyse peut porter sur autrui. Mais elle peut aussi représenter une auto-exploration. A cet égard, il est piquant de noter qu'à notre époque un Serge Doubrovsky parle de ses romans comme d'une «auto-psy»[4].

– Les *ressources,* si l'on peut dire les «vertus» *mnémoniques* de certaines formes littéraires ont pu être mises au service de la science anatomique. C'est le cas, par exemple, des *Quatrains anatomiques des os et des muscles du corps humain* de Claude Bimet (1664). Au reste, l'exploitation par le discours médical n'est qu'un exemple parmi d'autres des applications fort nombreuses et diverses de ce pouvoir mémoriel du quatrain: le XVI$^{e}$ siècle en «fit un usage intempérant et scolaire», au XVII$^{e}$ siècle encore, «tout ou presque pouvait être comprimé en quatrains»[5].

2 C. Perrault, *Parallèles des Anciens et des Modernes,* Paris, 1688, t. II, p. 31. Cité par H. Coulet, *Marivaux romancier*, Paris, A. Colin, 1975, p. 293.

3 H. Coulet, «Analyse et sentiment dans *Les liaisons dangereuses*», *Le Siècle de Voltaire,* Hommage à René Pomeau, Oxford, The Voltaire Foundation, 1987, p. 305.

4 S. Doubrovsky, *Laissé pour conte,* Paris, Grasset, 1999. V. aussi: J.-L. Douin, «Serge Doubrovsky, ou l'art de ‹l'auto-psy›», *Le Monde* du 15/1/1999.

5 Voir G. Banderier, «Un ‹heureux Phénix›? Renaissance et mort de l'*Hexaméron*», *Neuphilologische Mitteilungen* [Helsinki], CII, 3, 2001, pp. 262-264.

– Le *modèle anatomique* a été *transposé*, vers le temps même où l'anatomie connut un âge d'or et accomplit des progrès proprement spectaculaires – et pas seulement avec le *De humani corporis fabrica* (1543) de Vésale! – dans le domaine de *l'expression aphoristique.* Sans doute, au Ve siècle avant notre ère, Hippocrate déjà avait énoncé ses *Aphorismes* dans un esprit d'observation toute factuelle, de notation toute clinique et phénoménologique. Il avait du même coup conféré au genre de l'aphorisme un indiscutable prestige. Ce rapport entre médecine et aphoristique se resserre très considérablement lorsque l'anatomie connaît une révolution qui n'est pas loin d'être l'équivalent de celle opérée par Copernic[6].

Pour nous en convaincre, tournons le regard vers ce haut-lieu de toute la culture européenne que fut l'amphithéâtre d'anatomie de l'Université de Leyde, conçu sur le modèle de celui de Padoue et édifié, pour l'essentiel en 1593 *(fig. 1).* Remarquons tout particulièrement les aphorismes inscrits sur les étendards confiés à ces très saisissants porte-enseigne que sont les squelettes. Ces impérieux *memento mori* ont été choisis et mis en valeur de façon aussi spectaculaire par Pieter Pauw, professeur d'anatomie de 1589 à 1617. C'est aussi Pauw qui, pénétré de doctrine calviniste, constitua l'amphithéâtre en véritable cabinet de curiosité, toujours dans le but d'élever l'esprit et l'âme des étudiants et des visiteurs de la *cognitio sui* procurée par le savoir anatomique à la *cognitio Dei,* conformément aux vues de l'époque selon lesquelles la dissection ne peut être pratiquée que sous l'autorité supérieure, la tutelle de la théologie. Sans entrer ici dans les détails d'une démonstration que j'ai proposée ailleurs, remarquons le primordial rapport entre l'*aphorisme* et le *linéament*[7].

Le modèle anatomique, en effet, ne se réduit pas à l'incision. De fait, l'anatomiste ne se contente pas d'inciser et de couper. Il détache, écarte, sépare, déplie, isole, dégage, met à jour, en évidence. Il dé-fait, repli par repli, pli par pli, fibre à fibre. Il pénètre jusqu'à l'os, jusqu'au nerf, jusqu'au linéament. C'est très exactement tout cela que le Professeur Pauw opère aussi, *sur le corps du discours,* dans le texte qu'il fait proclamer, proférer par des squelettes. Sur le corps du discours constitué, suivi, lié, aristotélicien. Sur le corps de ce qu'on entend communément par texte:

6 Voir G. Canguilhem, *L'Homme de Vésale dans le monde de Copernic*, Paris, Laboratoires Delagrange (coll. Les Empêcheurs de penser en rond), 1991. (Texte repris de: G.C., *Etudes d'histoire et de philosophie des sciences*, Paris, Vrin, 5e éd., 1989).

7 Voir L. Van Delft, «L'incision de la mémoire: brièveté et anatomie», *La Quête du bonheur,* Mélanges Rosso, Genève, Droz, 1995, pp. 89-106.

un tout développé, amplifié, composé de parties, de matière et de chair, d'articulations. En bref, un tout organique.

Le «modèle anatomique» conduit à dépouiller, à décharner le discours théologique et moraliste jusqu'à son «noyau dur», jusqu'à l'os, jusqu'à la moelle. Si Pauw anatomiste coupe dans le corps, Pauw «metteur en scène» d'aphorismes coupe dans le tissu que formait traditionnellement un texte, dans le corps du discours régulier, ordonné, structuré, organisé. Le discours suivi et développé est démembré. Entre les mains de Pauw, le corps de l'ample discours tenu sur l'anatomie par le pouvoir spirituel est démonté, désassemblé, jusqu'à ce que soient mis en évidence ses premiers composants, exactement comme sur la table de dissection sont progressivement découvertes les parties du corps et, pour finir, les linéaments de la «machine». Après l'anatomie de la doctrine religieuse demeure l'aphorisme[8].

Plus largement, se précisent de la sorte la nature et le statut du fragment. Le fragment est précisément ce qui a été détaché. C'est à bon droit que l'on parle à son sujet d'«absolu littéraire»[9].

– Anatomie et littérature se rencontrent et se recoupent encore dans la *théâtralité.* La pratique de l'anatomie tient, par elle-même, de la nature de l'action dramatique, du spectacle: à elle seule, la gravure ici reproduite de l'amphithéâtre de Leyde le montrerait de reste *(fig. 1).* Comme je l'ai relevé ailleurs, la parenté de structure s'observe sur plus d'un point[10].

Tout comme les représentations théâtrales, les séances de dissection se font devant un public (si elles ont rarement lieu à portes ouvertes). Sans doute, médecins, barbiers, étudiants, peintres, viennent pour s'instruire. Mais une grande partie de l'assistance, composée de notables, d'honnêtes gens, de curieux, venait, tout comme au théâtre, à seule fin de voir. Le cadre est très semblable à celui du spectacle dramatique. Dans bien des cas, surtout après l'ouverture à Padoue (en 1595) d'un amphithéâtre permanent, le lieu rappelle, par sa structure, les amphithéâtres antiques. Aussi le désigne-t-on couramment sous le nom de *theatrum* ou d'*amphitheatrum*.

8 En réduisant, sur ce point de l'anatomie qui l'intéresse au premier chef, la doctrine chrétienne à ses linéaments, il n'est point étonnant que Pauw «rencontre» la quintessence de l'enseignement – et les aphorismes – de plus d'un moraliste païen.

9 Voir *L'Absolu littéraire. Théorie de la littérature du romantisme allemand,* prés. par P. Lacoue-Labarthe et J.-L. Nancy, Paris, Seuil, 1978.

10 Voir *Littérature et anthropologie…*, pp. 201-215, sur l'anatomie-spectacle.

Tout comme les représentations théâtrales pendant longtemps, les séances de dissection furent souvent entourées d'une certaine solennité. A l'époque où elles étaient rarissimes, elles étaient annoncées dûment à l'avance. Dans plus d'une Université, l'enseignement est suspendu lorsqu'elles ont lieu. L'importance de l'événement est consacrée par la présence de dignitaires ecclésiastiques, de hautes autorités politiques. Il arrive que les cloches sonnent pour l'occasion. Là où la pratique de la dissection a fini par devenir relativement courante (Rome, Bologne, Padoue, Pise, Vérone...), on attire les anatomistes de renom. Les admirateurs lui font fête comme à un artiste exceptionnel. Dans plus d'une Université, tout comme au théâtre, les places sont payantes. En bref, tout corrobore ce jugement du grand anatomiste Alessandro Benedetti qui, dès 1502, n'hésitait pas à qualifier son art de *materia theatrali digna spectaculo*[11].

Passons maintenant en revue une série d'autres rapports entre la littérature et l'anatomie, sans nous interdire d'aborder quelques aspects plus « techniques ». Nous continuerons à nous en tenir, pour l'essentiel, à la culture européenne entre Renaissance et Révolution.

## 1. Anatomie et mélancolie

Le « père fondateur » de ce que l'on a pu nommer la « Tradition de la mélancolie »[12], c'est assurément Démocrite, occupé en son jardin d'Abdère à rechercher le siège de la mélancolie en disséquant des animaux. Dès ces origines, littérature et anatomie sont de près associées, et c'est un statut d'œuvre fondatrice, aussi, que celui des fameuses *Lettres* hippocratiques ou du pseudo-Hippocrate. On s'en souvient: Démocrite inspire de graves inquiétudes à ses concitoyens. A leurs yeux, le grand homme a perdu la raison, lui qui ne fait plus que rire de toute chose. Ils dépêchent un émissaire à Cos, auprès du

11 *Anatomice, sive Historia corporis humani,* Venise, 1502, Epître dédicatoire.

12 « Tradition de la Mélancolie », dossier constitué d'articles d'Y. Hersant, J. Starobinski, M. Fumaroli, et d'un « livre-montage » (présenté par K. Pomian du célèbre ouvrage de R. Klibansky, E. Panofsky et F. Saxl, *Saturn and Melancholy [...],* [Londres], T. Nelson & Sons, 1964 (trad. frse, 1989), *Le Débat,* n° 29, mars 1984, pp. 43-138.

plus fameux médecin du temps, Hippocrate, en le suppliant de venir d'urgence soigner le malade. Ce n'est pas le lieu, ici, d'examiner les diverses interprétations, souvent contradictoires, auxquelles ces *Lettres* ont donné lieu. Contentons-nous de signaler que dans le flot des commentaires qu'elles ont suscité, on a trop souvent perdu de vue ce qu'un petit livre récent rappelle de la façon la plus pertinente: la plupart des données de la vie de Démocrite, qui connurent une telle fortune dans l'histoire des idées, relèvent en fait beaucoup moins d'une quelconque vérité historique que d'une pure légende[13].

Du plus grand intérêt pour notre propos est la parution, en 1621, du chef-d'œuvre de Robert Burton, *Anatomy of Melancholy.* Je renvoie aux pages de Jean Starobinski[14] pour le commentaire du frontispice *(fig. 2)*, si éminemment révélateur du « trésor » de connotations que constitue la notion de mélancolie dans l'Europe de l'âge classique.

Dans la somme de Burton, lequel se présente comme le successeur direct de Démocrite – il se désigne lui-même comme *Democritus junior* –, le rapport entre littérature et anatomie éclate. Rien de plus éloquent, à cet égard, que le titre complet de l'ouvrage (voyez l'illustration). L'humeur mélancolique est, littéralement, séparée en *partitions* (*partitio,* division), conformément au langage des anatomistes, développée en ses *sections* (*secare,* couper), autre terme de l'art, et *subsections.* Le sujet est, tout aussi chirurgicalement ouvert *(opened)* et découpé *(cut up)*, ce qui n'empêche aucunement le praticien de procéder *philosophically, medicinally, historically.* La structure de cette véritable somme encyclopédique sur la mélancolie, aussi bien, épouse exactement l'ordre et la méthode d'une démonstration anatomique.

De fait, l'*Anatomy of Melancholy* représente un exemple topique du rapport entre fragment et anatomie dialectique. Chose difficilement contestable, on a affaire à la forme du traité et à la rhétorique de l'*amplificatio* dans toute leur splendeur. Longs développements souvent sans alinéa, progression *more geometrico* parfaite, démonstration comme au rouleau compresseur : ne se trouve-t-on pas à l'antipode même de l'éclatement du discours à la manière d'Aristote, de Cicéron, de Quintilien, à mille lieues du passage « du traité à l'ère du fragment »[15] ? Cependant, considéré plus attentivement,

13 Voir J. Salem, *La Légende de Démocrite,* Paris, Kimé, 1996.

14 Voir la note 12.

15 Voir L. Van Delft, *Le Moraliste classique. Essai de définition et de typologie,* Genève, Droz, 1982.

le titre à l'instant évoqué invite à nuancer cette première impression: *The Anatomy of Melancholy [...] In three Partitions, with their several Sections [...] and subsections [...] Medicinally [...] opened and cut up*: ce sont bien les «sections» de l'anatomiste, au milieu de tout un vocabulaire du même registre, jusqu'à l'«ouverture» du corps et sa «découpe». Mais ne s'agit-il pas d'un jeu? Question d'autant plus légitime que, sous ses allures austères de *lector* d'anatomie, Burton ne dédaigne pas du tout de donner, dans sa Préface, dans la plus allègre satire.

Redisons-le: on a affaire à une forme très révélatrice du rapport fragment/anatomie. En effet, ton badin et jeux verbaux sont entièrement délaissés dans les schémas liminaires de chacune des trois parties *(Partitions)* de l'ouvrage, qui occupent plusieurs pages. Au seuil de chaque *Partition,* ces graphiques indiquent, de bipartition en bipartition, jusque dans un détail que La Fontaine appelle (dans un autre contexte) «immense»[16], le chemin, la voie – la méthode – suivie tout au long de la massive «démonstration» à venir. C'est là un outillage mental, fonctionnant à la façon même du scalpel, que nous avons aujourd'hui tendance à considérer, dans les sciences humaines, avec une certaine commisération et à abandonner aux sciences «dures». Mais il faut redresser les perspectives. Non seulement ces très laborieux *schemata* ne sont en rien ludiques. Mais encore, ils ont de très longs états de service et même une prestigieuse tradition à faire valoir: ce sont des diagrammes dans la plus pure tradition scolastique. Sur chacune des «sections», chacun des «membres», chacune des «subsections», ils opèrent des découpes, des saisies, des incisions qui les désarticulent à l'infini, jusqu'au tréfonds. Ils démembrent la *questio,* la «vérité» à décomposer, la font éclater en une série de *fragments* pour dégager, dé-voiler, dé-couvrir, sa structure la plus intime, ultime.

Loin de représenter un cas isolé[17], l'*Anatomy* de Burton constitue un très bel exemple de rhétorique mixte ou composée. Sous l'ordonnance monumentale du traité apparaît comme en palimpseste le *modus operandi* de l'esprit qui procède à l'examen[18] d'une «vérité» à mettre au jour, et qui,

16 La Fontaine, «Poème du quinquina», dans: *Œuvres complètes,* t. II, éd. P. Clarac, Paris, Gallimard, 1978, p. 74. Noter que ce poème traite cependant d'une question scientifique. C'est toute la différence entre science déliée, «mondaine» et science poussant souvent la méthode aristotélicienne jusqu'à l'excès.

17 Voir, *infra,* sur le genre oublié des *Théâtres* en tant qu'«anatomies encyclopédiques».

18 Voilà encore un terme polysémique; cf. l'*Examen de ingenios para las ciencias* (1575) de Huarte, auteur qui du reste était médecin.

pour ce faire, procède méthodiquement, méticuleusement – anatomiquement – fragment par fragment. N'oublions pas que Burton se proclame le successeur direct de Démocrite, figure comme emblématique des anatomistes. A la manière du *Theatrum vitae humanae* de Theodor Zwinger (1565; 4 éditions toujours augmentées jusqu'à 1604), si remarquablement analysé par Walter J. Ong dans un article pionnier trop peu connu des francisants[19], l'*Anatomy* de Burton, s'édifiant sur sa lourde infrastructure de dichotomies ramistes, se constitue en encyclopédie pratiquant d'infinies saisies, un fractionnement sans fin, non plus sur le savoir universel, mais sur le tout du savoir se rapportant à l'humeur mélancolique[20].

La préface qualifiée, toujours par le prosecteur[21] *Democritus junior*, de *satyrical*, précise et l'esprit et les intentions de toute l'entreprise. Après avoir décrit la vie et les travaux de son illustre modèle, Burton en vient à répondre à la question que le lecteur ne peut pas manquer de se poser au sujet de cette filiation si ouvertement revendiquée: «*But in the meantime, how does this concern me, or upon what reference do I usurp this habit?*» Il procure d'abord, avec toute l'érudition enjouée, la feinte modestie et l'auto-dérision qui rendent ces pages si délectables, des informations sur son existence retirée et studieuse: *mihi et musis*, déclare-t-il en écho à Cicéron. Il ne fait nul mystère de l'ascendant qui s'exerce sur lui: «*Saturn was lord of my geniture*». Sans doute, il tend de toutes ses forces à considérer toute chose comme théâtre: «*ipse mihi theatrum*», voudrait-il pouvoir dire, comme Scaliger; «*a mere spectator of other men's fortunes and adventures*», voilà la posture à laquelle il voudrait à tout prix se tenir. Mais Saturne demeure maître du jeu.

19 W. J. Ong, «Commonplace Rhapsody: Ravisius Textor, Zwinger and Shakespeare», dans: R. R. Bolgar (Ed.), *Classical Influences on European Culture, A. D. 1500-1700*, Cambridge, N. Y., Melbourne, Cambridge U. P., 1976, pp. 91-126.

20 Pour plus de détails sur le genre oublié du *Theatrum*: voir la belle recherche d'A. Blair, *The Theater of Nature. Jean Bodin and Renaissance Science*, Princeton, Princeton U. P., 1997; mon article «L'Idée de théâtre (XVI$^{e}$-XVIII$^{e}$ siècle)», *RHLF*, sept.-oct. 2001, n° 5, pp. 1349-1365; et celui, complémentaire, «Le concept de théâtre dans la culture classique», *RZFL*, XXV, 2001, pp. 353-360.

21 «Préparateur à la faculté de médecine, spécialisé dans les travaux pratiques d'anatomie, particulièrement dans les dissections» *(Petit Robert, Dictionnaire de la langue française)*. Rappelons que dans l'Europe de l'âge classique, c'est très généralement le prosecteur qui était chargé de la dissection proprement dite, cependant que le professeur d'anatomie se livrait au commentaire, qui a longtemps reposé sur les seuls écrits de Galien.

La clé de toutes les questions qu'on peut se poser, quant à sa colossale recherche, est dès lors fournie dans ces lignes qui réaffirment une nouvelle fois la parenté pour ainsi dire viscérale avec Démocrite l'Abdéritain :

> The subject of his book was melancholy and madness; about him lay the carcasses of many several beasts, newly by him cut up and anatomised, not that he did condemn God's creatures, as he told Hippocrates, but to find out the seat of this *atra bilis,* or melancholy, whence it proceeds, and how it was engendered in men's bodies, to the intent he might better cure it in himself, and by his writings and observations teach others how to prevent and avoid it[22].

*Democritus Junior* entend donc mener à son terme le projet laissé inachevé par Démocrite l'Abdéritain. Mais certes, il n'est pas interdit de penser que l'espoir de se guérir lui-même de l'« influence maligne » par son obstinée et immense enquête ait représenté une incitation pour le moins aussi forte que le souhait d'instruire « ceux-là qui sont nés sous le signe Saturne » (Verlaine)[23].

## 2. L'anatomie cosmographique

S'il fallait résumer d'une formule cette conception de l'anatomie, c'est sans doute celle d'« homme-microcosme » qui s'imposerait. Plus d'une théorie s'échafaude sur cette prémisse que le « petit monde » de l'homme est un analogon de l'univers en son entier. Il est plus d'une version de cette sorte d'anatomie, qui inscrit toujours le corps humain dans le vaste cadre d'une vision unitaire, globale, de l'homme dans l'univers. Dans les limites de la présente étude, je ne puis que renvoyer aux pages que j'ai écrites naguère, pour tout ce qui concerne la variante « astrologique » de ce type d'anatomie,

22 R. Burton, *The Anatomy of Melancholy,* éd. Democritus minor, Londres, 1879, « Democritus Junior to the Reader », pp. 2-4. Burton a – enfin! – été traduit en français (avec une préface de J. Starobinski: *Anatomie de la mélancolie,* Paris, Corti, 2000, 3 volumes).

23 P. Verlaine, *Poèmes saturniens,* dédicace à Eugène Carrière. Cf. V. R. Wittkower, *Born under Saturn. The Character and Conduct of Artists : A Documented History from Antiquity to the French Revolution,* New York, Random, 1963.

la variante mystique, la prégnance des idées de Paracelse…[24] Mais ces simples mentions laissent entendre que l'anatomie a entretenu bien des rapports avec des domaines de la littérature aussi « spécialisés » que ceux de l'astrologie, la mystique, l'hermétisme et l'occultisme.

Voici, cependant, pour donner une idée aussi précise que possible de cette forme de l'anatomie qui renvoie très directement à ce qu'on peut bien appeler l'« ancienne sémiologie », une page du médecin André Du Laurens (1558-1609) qui connut dans l'Europe entière une influence telle que son *Historia anatomica* (1589) fut encore rééditée en 1778 :

> La tête forteresse de l'âme, siège de la raison, domicile de la sagesse, boutique de la mémoire, du jugement et des pensées (qui rendent l'homme fort semblable aux Intelligences) occupant le lieu le plus élevé, ne représente-t-elle pas fort bien la partie supérieure et angélique de l'Univers ? Or tu as la moyenne et céleste exactement exprimée en la poitrine et ventre moyen : car comme le soleil préside en la région céleste, lequel par ses mouvements, rayons et clarté échauffe, vivifie et éclaire toutes choses, ainsi le cœur est logé au milieu de la poitrine, duquel l'analogie avec le soleil est si grande, que les Anciens n'ont point douté d'appeler le soleil le cœur du monde, et le cœur le soleil de l'homme. […] Il ne faut faire difficulté de confesser qu'on trouve au corps humain toutes les choses que ce grand monde enserre et comprend en sa cavité très ample. Veux-tu voir des étoiles errantes au petit monde ? La moëlle molle du cerveau représente la faculté humide de la lune, les parties génitales servent à la puissance de Vénus ; à Mercure inconstant et ingénieux ministrent les organes de l'éloquence et du bien dire. Nous avons déjà déclaré l'analogie admirable qui est entre le soleil et le cœur ; le foie, fontaine de la vapeur grâcieuse, est très bien comparé au bénin Jupiter ; la vésicule du fiel enserre dans soi l'embrasement et la fureur de Mars ; la chair flétrie de la rate, réceptacle de l'humeur mélancolique, représente fort bien l'étoile froide et maléfique de Saturne. Ainsi les parties dites célestes de l'un et de l'autre monde correspondent les unes aux autres en nombre et proportion. […] Il se trouve aussi des mines et des carrières aux corps humains, dont on tire des métaux et des pierres, non pour édifier la maison, ains pour la ruiner ; et partant les pierres des reins et de la vessie ressemblent aux fossiles et minéraux. Voilà la météorologie du petit monde…[25].

En complément à ce que j'ai écrit sur l'*Anatomy of the World* (1611), comme représentative de cette autre forme encore de l'anatomie cosmographique qu'est l'anatomie métaphysique, voici un échantillon de l'œuvre la plus méconnue (du moins en France) du même John Donne, *Devotions upon Emergent Occasions* (1624). C'est bien moins à la métaphysique que con-

24 V. *Littérature et anthropologie…*, cité, pp. 228-238.

25 A. Du Laurens, *Œuvres anatomiques*, *Les Œuvres de Me André Du Laurens* […] traduites de latin en français, Paris, Jean Petit-Pas, 1639, chap. II, pp. 4-5.

duisent ici les considérations et les parallèles d'ordre anatomique qu'à la spiritualité: encore que la vision soit fort différente de celle d'un Gracián dont il sera question dans la section suivante, il est parfaitement légitime de parler, ici aussi, d'«anatomie *ad majorem gloriam Dei*»:

> It is too little to call a man a little world; except God, man is a diminutive to nothing. Man consists of more pieces, more parts than the world, than the world does, nay, than the world is. And if those pieces were extended and stretched out in man as they are in the world, man would be the giant and the world the dwarf; the world but the map and the man the world. If all the veins in our bodies were extended to rivers and all the sinews to veins of mines and all the muscles that lie upon one another to hills and all the bones to quarries of stones and all the other pieces to the proportion of those which correspond to them in the world, the air would be too little for this orb of man to move in, the firmament would be but enough for this star; for as the whole world has nothing to which something in man does not answer, so has man many pieces of which the whole world has no representation.[26]

Il est vrai que qualifier Donne de poète «métaphysique», comme c'est l'usage, ne fournit qu'une idée très approximative de la véritable nature de son inspiration. Tout comme *Anatomy of the World*, l'extrait des *Devotions...* que l'on vient de lire est pénétré de religiosité. Et il en va bien entendu de même lorsqu'il est question d'anatomie jusque dans les sermons de ce ministre de la religion anglicane, comme dans cette très saisissante exhortation:

> We understand the frame of man's body better when we see him naked than apparelled, howsoever; and better by seeing him cut up than by seeing him doing any exercise alive; one dissection, one anatomy teaches more of that than the marching or drilling of a whole army of living men. Let every one of us therefore dissect and cut up himself...[27]

Il y a donc aussi beaucoup à retirer et retenir de tels textes, en ce qui concerne la méthode. Ils nous rappellent combien, dans l'Europe classique, la culture est chose en tout «mêlée», composite en même temps qu'unitaire. Ils aident à prendre conscience, de la façon la plus salutaire, combien toute classification, toute typologie que l'on peut établir, tout qualificatif auquel on doit bien recourir en vue d'introduire un peu de clarté dans un domaine

26 J. Donne, *Devotions upon Emergent Occasions,* IVth Meditation, cité d'après A.M. Witherspoon et F.J. Warnke (Eds), *Seventeenth-Century Prose and Poetry,* New York et Burlingame, Harcourt, Brace & World, 2e éd., 1963, p. 61.

27 Sermon «Wretched Man», dans: *Seventeenth-Century Prose and Poetry, op. cit.,* p. 98.

des plus complexes, durcit les oppositions, introduit des distorsions, demeure en fin de compte schématique. Convenons donc une fois pour toutes que nos catégories n'ont strictement rien d'étanche, qu'il y a tout au contraire constamment interférences, interpénétration, intrication, passage fluide de l'une à l'autre.

## 3. L'anatomie *ad majorem gloriam Dei*

Elle n'est nulle part mieux exposée que dans le chapitre du *Criticón* (1651-1657) de Gracián. Comme j'ai proposé un commentaire de ce texte dans *Littérature et anthropologie,* je me bornerai à rappeler ici qu'il s'agit, derechef, dans une vision toute chrétienne, d'une illustration de la doctrine des « signatures », largement diffusée à l'époque. Suivant cette croyance, non seulement tout ce qui se trouve dans le monde sublunaire, mais tout ce qui, si minime que ce soit, se trouve dans l'univers, porte l'empreinte, le sceau, la signature du Créateur. *« All men [...] are sealed with the image of God »*, disait de son côté Donne[28]. Le tout du cosmos porte témoignage. Tout être, toute chose apparaissent ainsi comme un degré vers Dieu, une occasion de reconnaître sa grandeur, sa toute-puisssance. Dans ces conditions, et ne fût-ce qu'à cause de ce que proclame la Bible sur l'homme fait à l'image de Dieu, la créature humaine est perçue comme l'œuvre la plus belle, la plus parfaite, celle aussi qui atteste le mieux le pouvoir et la gloire éternelle du Créateur :

> L'homme [...] a été créé pour le ciel ; c'est pourquoi il tend vers lui dans sa croissance [...]. De même que Dieu, bien qu'il soit présent de toutes parts, l'est particulièrement dans le ciel où sa grandeur se meut plus à l'aise, de même l'âme se montre dans cette partie supérieure [la tête], image des sphères célestes [...], image du divin premier moteur.[29]

Les cheveux, en même façon, sont «les racines de l'arbre humain, par lesquelles il touche au ciel». Et si les mains comptent dix doigts, c'est que «ce

28 Sermon « The Image of God », dans : *Seventeenth-Century Prose and Poetry, op. cit.*, p. 111.

29 *Criticón,* I, 9, d'après la traduction, très légèrement retouchée, de V. Bouiller : B. Gracián, *Pages caractéristiques,* précédées d'une étude critique par A. Rouveyre, tr. originale et notices par V. Bouiller, Paris, Mercure de France, 1925, p. 231.

nombre de dix est aussi celui des commandements divins, pour que l'homme les ait toujours présents». On voit, sur le seul exemple de ces dernières lignes, que la doctrine des signatures peut fort bien se trouver associée à cette autre croyance, selon laquelle l'univers entier est traversé, est vibrant de « correspondances ». Le texte de Du Laurens cité plus haut nous en fournit, de son côté, des exemples.

Il faut convenir qu'aux yeux des modernes que nous sommes, le chapitre de Gracián paraît présenter assez peu de points communs avec ce que nous entendons par « anatomie ». Mais il est précisément intitulé « Moral anatomía del hombre ». Une telle tournure est trop représentative de l'histoire des idées au Siècle d'Or pour que nous ne ne prenions pas pleinement en compte le texte qui l'explicite[30]. De fait, bien après la Renaissance, l'idée demeure bien accréditée, même chez des auteurs au tour d'esprit nettement plus scientifique que le commun des moralistes, d'un Dieu « à la contemplation duquel ont été faits les hommes, non point comme habitants ou héritiers de la terre, mais comme spectateurs des choses supérieures et célestes »[31].

Naturellement, les œuvres littéraires qui procurent l'anatomie *ad majorem gloriam Dei* ne sont en rien uniformes ni même répétitives. Pour nous faire une idée du contenu de l'écrit d'un de ces *minores* dont on ne soulignera jamais assez l'intérêt, portons notre regard sur la gravure figurant au frontispice de la *Zootomia, or Observations on the present Manners of the English* (1654) de Richard Whitlock *(fig. 3)*[32]. Le sous-titre de cet écrit ne laisse pas d'être inquiétant: *Briefly Anatomizing the Living by the Dead.* Le cartouche du frontispice précise *A Moral Anatomy.* Ce point est particulièrement intéressant, car si les écrits anglais se référant de la façon la plus directe à l'anatomie abondent – *Follie's Anatomy* (1619) de Henry Hutton, *The Times Anatomized* (1647) de Thomas Ford, *England Anatomized: Her Disease discovered* (1659), *The Character of Italy, or The Italian Anatomiz'd by an*

30 Cf. notre article « La Rochefoucauld et l'‹ anatomie de tous les replis du cœur › », *Littératures classiques,* n° 35, 1999, pp. 37-62.

31 C. Estienne, *La Dissection des parties du corps humain [...],* Paris, S. de Colines, 1546, p. 1, cité par H. Cazes et A. Carlino, « Plaisir de l'anatomie, plaisir du livre: *La Dissection des parties du corps humain* de Charles Estienne (Paris 1546) », « Littérature et anatomie (XVI^e^-XVII^e^ siècle) », *CAIEF,* 53, 2003, pp. 251-274.

32 Londres, T. Roycroft, 1654. Exemple repris de mon étude « Le modèle anatomique de la forme brève », P. Baron et A. Mantero (Eds), *Bagatelles pour l'éternité: l'art du bref en littérature,* Besançon, Presses Universitaires de Franche-Comté, 2000, pp. 115-128.

*English Chyrurgion* (1660)… –, nous n'avions jusqu'ici repéré la tournure spécifique, si significative, d'«anatomie morale» que chez Gracián.

Mais venons-en à la gravure, qui a naturellement pour fonction d'expliciter les divers éléments du titre et du cartouche et de faire mieux entendre ce que cette *moral anatomy* recouvre. L'auteur facilite l'intelligence de cette illustration assez fruste par une « Explication of the Frontispiece » en dix vers quelque peu obscurs, qui se trouve à la page suivante[33]. Le sujet anatomisé (une femme, apparemment) représente le monde. Trois attributs, correspondant aux régions *(region[s])* de la tête, du cœur et du bas-ventre le caractérisent : *Vana* (*The Vaine,* les vaines apparences, la vanité des choses), *Vexatio* (*The Vexing,* les tourments, la souffrance) et *Stercus* (*The Loathsome,* l'ordure). Une couronne, une cuirasse, un heaume et des détritus ou des excréments symbolisent cette chose vide qu'est le monde *(thing, empty world).* L'inscription au bas de la gravure souligne une nouvelle fois cette «leçon» : *Quam mundi illecebris vacuum, quam triste cadaver ! / Cujus tres ventres, stercus, vexatio, vana* (Quel vide dans les charmes du monde, quel lamentable cadavre / Aux trois ventres, les excréments, la souffrance, la vaine apparence!).

Jusqu'ici, rien que de passablement commun et connu. Aussi bien, ce sont les deux personnages au premier plan, et davantage encore, derrière eux, les deux « anatomistes » qui commandent l'attention. Les personnages au premier plan sont plongés dans une méditation assurément induite par la démonstration. Ils font office d'intermédiaires entre le lecteur-spectateur et les anatomistes : ils incitent à la réflexion, leur gravité demande à être imitée, ils sont exemplaires, ils confèrent déjà de l'*auctoritas* aux deux autres personnages qui, de l'autre côté de la table de dissection, tiennent d'officiants. Ils sont identifiés sur la gravure même : ce sont Sénèque et Plutarque. Vraisemblablement, ce sont bien, pour l'auteur, des « autorités ». Mais il est clair que les deux anatomistes représentent des autorités nettement supérieures, et que les deux philosophes moraux, jouissant pourtant d'un grand prestige à l'époque, sont ici réduits au rôle d'étudiants, d'apprentis, qui ont encore beaucoup à découvrir auprès des véritables Maîtres.

33 « *The Explication of the Frontispice* [non paginé]. – Th' experienc't scepter of the preaching king, / and sermon of Pauls cross, both shew what thing / (Compar'd with Heav'n) this empty world would prove, / If once ript up. Is here ought worth your love? / Bewitch't admirers! View each region, / The vaine, the vexing, and the loathsome one. / No ; He, and that's above, which onely can / Full ravishments afford the soule of man. / If ought that's worth your soules, or love you finde / I'th world below, call us dissecters blinde ». Nous conservons, pour ces vers, l'orthographe ancienne.

Ces Maîtres – ces anatomistes – qui sont-ils ? L'un d'eux porte une couronne et, en guise de scalpel, se sert d'un sceptre. C'est le roi David («the preaching King», selon l'«Explication»). L'autre, en fait de lancette, utilise un crucifix : c'est l'apôtre Paul («Pauls Cross»). On peut être tenté aujourd'hui de sourire : ces instruments chirurgicaux manquent de tranchant, sans doute, mais sûrement pas de piquant ! Ironie anachronique. L'époque de Whitlock – plus largement celle de Montaigne, de Burton et de Gracián – est précisément celle où les auteurs spirituels eux-mêmes se livrent à l'« anatomie de l'âme» et «anatomisent» jusqu'au «fond du cœur»[34]. Au reste, l'*Explication* de Whitlock, sans crainte de trop appuyer, souligne derechef la « leçon », c'est-à-dire la lecture correcte de la gravure : *If ought thats worth your soules, or love you finde / I'th world below, call us dissecters blinde* («Si vous trouvez quoi que ce soit, dans ce bas-monde, qui vaille votre âme / Ou votre amour, traitez-nous d'anatomistes aveugles»).

Pour résumer : mieux qu'aucun titre d'ouvrage – mieux même que celui, tellement révélateur, de Samuel Person : *An Anatomical Lecture of Man. Or a Map of the little World, Delineated in Essayes and Characters* (1664)[35] –, cette gravure permet de mesurer à quel point la démonstration anatomique a constitué, notamment pour les moralistes, une source d'inspiration. Elle leur a offert un modèle d'« analyse » pour affiner, dans le domaine spécifique qui est le leur – la nature humaine, le théâtre du monde – leurs « observations » et leurs « essais ».

## 4. L'anatomie du for intérieur

Je ne m'étendrai pas sur cette « variété » pour des raisons simples. D'une part, il suffit de penser à l'entreprise de Montaigne, et chacun se rendra aisément compte de quelle visée il s'agit. D'autre part, les études sur Montaigne sont à ce point nombreuses que sur sa pratique constante de se « sonder jusqu'au dedans », de « suivre longuement et curieusement » sa propre « trace » tout comme celle d'autrui, de se « rechercher jusqu'aux entrailles »,

34 Voir, *infra,* la section sur l'anatomie spirituelle.

35 Londres, T. Mabb, 1664. Sur cet ouvrage trop peu connu, mais tout à fait caractéristique de l'anthropologie classique, voir *Littérature et anthropologie…*, cité, chap. V.

de « pénétrer les profondeurs opaques de ses replis internes » (« Je m'étale entier, précise-t-il : c'est un skeletos où, d'une vue, les veines, les muscles, les tendons paraissent, chaque pièce en son siège »[36]) ; de se « rouler en lui-même », de s'« épier de plus près », on peut être tenté de s'écrier avec lui : « Quand est-il convenu entre nous : ce livre en a assez, il n'y a meshuy [aujourd'hui] plus que dire ? »[37] Au reste, on se tromperait en voyant dans l'auteur des *Essais,* comme il arrive encore si souvent, celui à qui on devrait la « découverte du moi ». L'exploration du « si profond labyrinthe »[38] de l'homme et du for intérieur a bien entendu commencé dès l'Antiquité : qu'il suffise d'évoquer le nom de Saint Augustin. *Nihil ex nihilo...* Il est vrai que Montaigne inaugure la tradition, à plus d'un égard surtout française, de l'anatomie, de l'analyse psychologique. C'est une nouvelle fois l'occasion de nous rendre compte que l'interaction entre anatomie et littérature n'est en rien «datée» : les dissections opérées de main de maître par Marivaux, Rousseau, Flaubert, Stendhal, Proust le prouveraient avec éclat. Mais gardons-nous de donner dans un quelconque chauvinisme : le seul exemple de Dostoïevski suffirait à redresser les perspectives !

## 5. L'anatomie précieuse

Ici encore, la continuité par rapport à Montaigne est patente. Nous avons déjà (tout au début de ces pages) noté que le milieu précieux avait clairement conscience d'œuvrer à la manière des anatomistes proprement dits.

Le document iconographique suivant est aussi le plus connu *(fig. 4).* Il n'est pas certain, toutefois, que chacun ait été frappé par un autre réseau, une autre constellation d'analogies que l'on voit se dessiner grâce à une telle illustration. Trop souvent, en effet, on ne retient de la fameuse «Carte du Pays de Tendre» (1654) que son côté plaisant, ludique, badin, et il est bien

36 Montaigne, *Essais,* II, 1, pp. 338 et 336 ; III, 5, p. 847 ; II, 6, pp. 378, 379 de l'éd. Villey-Saulnier (Paris, PUF, 1965).

37 *Id., ibid.,* II, 17, p. 658 ; II, 12, p. 565 ; III, 13, p. 1067. On trouve toutefois bien des vues neuves dans la communication de J. Céard, « Montaigne anatomiste » au colloque « Littérature et anatomie (XVI$^{e}$-XVII$^{e}$ siècle) », *op. cit.,* pp. 299-315.

38 *Essais,* II, 17, éd. cit., p. 634.

vrai qu'il entre de tout cela dans la littérature, la société – l'on pourrait aller jusqu'à dire la culture – galantes. Des travaux comme ceux de J.-M. Pelous, et surtout de D. Denis, nous aident à voir beaucoup plus et beaucoup mieux[39]. L'on m'objectera peut-être: ce qui, en l'occurrence, est surtout manifeste, c'est le rapport entre la préciosité, la galanterie, la psychologie si l'on y tient, et la cartographie; c'est faire quelque violence à l'histoire des idées, peut-on être tenté d'ajouter, que de faire état de l'anatomie ici encore. De fait, la «cartographie morale» est une incontestable réalité. Cependant, il y a beaucoup moins loin que l'on peut penser de la cartographie à l'anatomie. Rappelons pour mémoire que de nos jours encore, les anatomistes dressent des «atlas», terme consacré par un ancien usage. Bien plus: dans cette culture classique qui est (soulignons-le derechef) infiniment moins que la nôtre divisée, cloisonnée en disciplines étroitement spécialisées, qui est à tous égards plus souple, plus perméable, plus déliée, en voyant partout des passerelles, des «liens» entre les divers savoirs, il a souvent été parlé du corps (encore si peu découvert) comme des *terrae incognitae* des cosmographes, des géographes, des explorateurs et des grands navigateurs. Voici, à titre d'exemple, ce qu'écrit en 1690 le célèbre anatomiste Dionis, à propos de la découverte de la circulation du sang par Harvey:

> Il ne faut pas croire que les nouvelles découvertes que l'on a faites aient rien changé à la composition de l'homme, ni que les modernes y aient rien ajouté de nouveau. Il est tel qu'il a toujours été; ils y ont seulement trouvé nouvellement ce que l'on n'avait pas encore découvert. Il en est arrivé de même qu'à ces terres que l'on a découvertes depuis quelques siècles dans l'Amérique, l'on sait qu'elles ne sont pas produites depuis peu, mais de tout temps, comme le reste du monde; elles étaient seulement inconnues aux autres hommes, de même que ces parties l'étaient aux premiers anatomistes[40].

Veut-on un autre exemple de ces royales voies de passage entre différents savoirs, de ces constants transferts? Il ne serait point malaisé de multiplier les citations qui confirment l'apparentement entre la cartographie littéraire

39 J.-M. Pelous, *Amour précieux, amour galant,* Paris, Klincksieck,1980; D. Denis, *La Muse galante. Poétique de la conversation dans l'œuvre de Madeleine de Scudéry,* Paris, Champion, 1997; *Le Parnasse galant. Institution d'une catégorie littéraire au XVII^e^ siècle,* Paris, Champion, 2001; Madeleine de Scudéry, *«De l'air galant» et autres Conversations (1653-1684). Pour une étude de l'archive galante,* éd. D. Denis, Paris, Champion1998. Le volume cité des *CAIEF* comprend une communication de Mme Barbara Piqué sur l'anatomie précieuse.

40 P. Dionis, *L'Anatomie de l'homme, suivant la circulation du sang et les dernières découvertes,* Paris, L. d'Houry, 1690, préface (non paginée).

ou morale (dont la préciosité et la galanterie ne sont qu'une variété) et l'anatomie. Mais voici, tiré d'un ouvrage d'anatomie *stricto sensu,* c'est-à-dire d'un «discours» tout scientifique (dans la mesure, encore une fois, où quelque «discours» que ce soit pouvait à l'époque être catalogué, étiqueté de façon aussi claire et distincte), un rapprochement plus inattendu encore (pour nous, modernes), cette fois entre l'anatomie et l'historiographie:

> L'état de celui qui entreprend la description des parties du corps humain ne me semble en rien différent de l'office d'un *historien* auquel incombe produire et montrer par écrit ce qui sert à la mémoire des gestes et affaires publiques. Car comme entre autres choses rien ne soit plus messéant à l'historiographe qu'en ses écrits proposer mensonge, chose fabuleuse ou sans aucun jugement controuvée, en laquelle y pourrait avoir plusieurs ornements de belles et sententieuses paroles, de vérité si peu que rien: au cas pareil est bien nécessaire à *l'historien du corps humain* prendre garde que ce dont il doit écrire lui soit manifeste et apparent à l'œil et n'ait cette hardiesse de dire ou proférer cas qui ne contienne vérité [...] Comme il soit ainsi donc que par cette notre entreprise ayons [...] délibéré produire en trois livres [...] la plus noble et excellente de toutes autres *histoires* qui est celle du corps humain...[41]

## 6. L'anatomie de l'âme

Cette belle expression se trouve sous la plume d'un auteur spirituel français du XVII$^{e}$ siècle français peu connu, Eustache de Saint-Paul:

> Comme en l'art et profession de la médecine, la parfaite connaissance de l'anatomie, c'est-à-dire de toutes les parties du corps humain, de leur tempérament, et de leur usage, est grandement utile et nécessaire pour bien discerner et reconnaître la source et l'origine des maladies qui traversent sa bonne disposition, et pour y appliquer les remèdes convenables; de même en la science de salut et en la profession de s'y perfectionner, la parfaite connaissance de l'anatomie de l'âme, c'est-à-dire de toutes ses parties et facultés, est un très grand avantage pour bien reconnaître et discerner les mouvements désordonnés qui y surviennent et troublent cette belle économie, que l'auteur et principe de son être y a mise, et pour y appliquer les remèdes nécessaires à sa guérison[42].

41 C. Estienne, «Charles Estienne, docteur en médecine, à ses étudiants en anatomie», en tête de *La Dissection des parties du corps humain [...]*, Paris, S. de Colines, 1546, non paginé.

42 E. de Saint-Paul, *Bref traité des puissances et facultés de notre âme,* Paris, 1634. Voir la n. suivante.

Pour décrire aussi brièvement que possible la nature de cette forme-ci du rapport entre littérature et anatomie, le plus court est de suivre celui qui l'a en quelque sorte révélée, le regretté Mino Bergamo:

> Nella spiritualità del XVII secolo, in particular modo in Francia, si videro apparire, et profliferare, strani e complicati modelli, che si proponevano d'islolare, e di descrivere, le molteplici regioni, i vari piani e le diverse componenti in cui si poteva suddividere l'anima umana. Queste «anatomia dell'anima [...] funzionavano comme griglie di decifrazione di tutto un pianeta, di tutto un continente: l'«intérieur», lo spazio interiore»[43].

C'est précisément aux figures de cet «epace intérieur» que s'est intéressée, toujours en Italie, une autre grande spécialiste de la spiritualité française de l'âge classique, Benedetta Papàsogli. «Eaux amères», «la mer des passions», «des cieux sous l'onde», «monstres», «demeures» harmonieuses ou menacées: toutes ces métaphores donnent à entendre que rarement le «fond du cœur» n'a été aussi bien «pénétré» que par ces spirituels, ces mystiques, ces directeurs de conscience qui ont nom François de Sales, Jean-Joseph Surin, Jean-François Senault, Nicole... Ainsi est progressivement dégagé un «imaginaire de l'intériorité» qui a d'évidence partie liée avec le «modèle anatomique». Cette fois encore, les *terres inconnues* constituent comme l'interface entre les Amériques proprement dites et les «abîmes» de l'âme, mais aussi le «monde nouveau» qui se fait en l'homme dont le cœur est pacifié[44].

Parmi le grand nombre de documents iconographiques illustrant la *miseria hominis,* et notamment la misère due à la faiblesse de la chair, il en est peu d'aussi poignants – et percutants – que celui illustrant un ouvrage de Jacques Gamelin *(fig. 5). Orate ne intretis in tentationem:* priez pour n'être

43 M. Bergamo, *L'Anatomia dell'anima da François de Sales a Fénelon,* Bologna, Il Mulino, 1991 (trad. frse, *L'Anatomie de l'âme [...],* Grenoble, J. Millon, 1994). En exergue à son ouvrage, M. Bergamo a mis les lignes d'Eustache de Saint-Paul à l'instant citées.

44 Voir B. Papasogli, *Il «fondo del cuore». Figure dello spazio interiore nel Seicento francese,* Pise, 1991 (trad. frse, *Le «fond du cœur»...,* Paris, Champion, 2000). On trouvera maint autre exemple de métaphores géographiques pour désigner l'âme dans la belle étude «L'idée de monde intérieur: «Il se fait un monde nouveau en l'homme»», procurée en appendice à son ouvrage (dans la traduction française seulement) par B. Papasogli. Cette étude est reprise d'un article paru dans un numéro de revue qu'on se plaît à recommander par ailleurs: «La notion de «monde» au XVII$^{e}$ siècle», sous la dir. de Bernard Beugnot, *Littératures classiques,* n° 22, automne 1994.

pas induits en tentation[45]. C'est la reprise directe des paroles du Christ à Guethsémani :

> Et il vient vers les disciples et les trouve endormis, et il dit à Pierre : « Ainsi, vous n'avez pas eu la force de veiller une heure avec moi ! Veillez et priez, pour ne pas entrer en tentation : l'esprit est ardent, mais la chair est faible. »[46]

Notons encore que sur l'étagère devant laquelle est agenouillé le squelette en prière, l'un des volumes est ouvert à la page du « Dies irae ». Une telle gravure confirme que les hommes qui ont charge d'âmes sont continûment conduits à accorder la plus grande attention à ce que même Montaigne appelait « ce pauvre petit corps humain », soumis aux « injures de notre vie frêle et caduque »[47], et à mettre en garde contre les « tentations » auxquelles il est à chaque instant sujet à succomber. La légende à si forte connotation spirituelle nous aide à prendre conscience que ces mêmes hommes qui se sont donné pour mission de sauver les âmes sont pour ainsi dire *ex officio* amenés à s'interroger sur la « fabrique » et le fonctionnement du corps. Ne manquons surtout pas de remarquer que cette gravure se trouve dans un traité d'anatomie au sens le plus propre, un « recueil d'ostéologie et de myologie »[48]. Relevons enfin la date de cet ouvrage avant tout scientifique : 1779. Encore à la fin de l'Ancien Régime en France, l'anatomie de l'âme s'insinue sans difficultés dans un écrit anatomique *stricto sensu.*

## 7. Anatomie et encyclopédisme

Agé de quelque trente ans à la naissance de Vésale, de quarante ans environ à la mort de Vinci, Giulio Camillo (1480 [?]-1544) appartient à une tout autre famille d'esprits. Si sa curiosité à lui aussi est immense et s'il incarne bien, de son côté, l'inassouvissable besoin de savoir et d'unifier des savants

45 Dans : J. Gamelin, *Nouveau recueil d'ostéologie et de myologie,* Toulouse, J.F. Desclassan, 1779.

46 Matthieu, 26, 40-41.

47 Montaigne, *Essais,* II, 12, éd. cit., p. 537, 517.

48 Voir à ce sujet : A. Carlino, « Entre corps et âme, ou l'espace de l'art dans l'illustration anatomique », *Médecine/sciences,* XVII, n° 1, janvier 2001, pp. 70-80.

de l'époque, il est beaucoup plus porté vers les sciences occultes, vers celles du langage et, en premier lieu, vers celle de la mémoire. Son intérêt pour l'anatomie, cependant, est établi[49]. C'est peut-être chez lui que l'on voit se dessiner pour la première fois la relation entre anatomie et art de la mémoire. Il ne s'agit pas encore d'un rapport organique. C'est un rapport oblique, médiat, mais qui ne laisse pas d'être frappant. Cependant, il est question de bien autre chose, chez lui, que dans les *Quatrains anatomiques des os et des muscles du corps humain* de Claude Bimet, auxquels nous avons fait une rapide allusion en commençant.

En se livrant à l'étude serrée des textes, en poursuivant les recherches d'ordre rhétorique qui constituent la pierre angulaire de son *opus magnum* sur la mémoire, Camillo recourt de façon répétée au terme d'*anatomia*[50]. Il analyse les textes, les déconstruit, les dé-veloppe en s'inspirant du modèle de l'anatomiste. Au reste, l'*Idea del theatro* (posthume, 1550), sorte d'*ars combinatoria* de la mémoire qui n'est pas sans affinités avec le lullisme et qui, sous certains aspects, préfigure même plus d'une « invention » de Borgès, consiste, en son principe, en une composition, une « recomposition », comme sur les cases d'un « échiquier » présent devant l'*oculus imaginationis*, de formules mnémotechniques qui voudraient concentrer la somme du monde, un savoir proprement universel[51].

Or, les éléments de ce prodigieux kaléidoscope, de ce « puzzle » (L. Bolzoni) mental, ont non seulement toute la concision des signes zodiacaux (auxquels l'*ars memorativa* de Camillo a par ailleurs recours), mais encore la netteté, le fini des éléments, des segments mis en évidence dans une dissection. L'art de la mémoire de Camillo pratique, sur le langage comme sur l'univers, des *découpes*, des incisions aussi précises et tranchantes que celles que le prosecteur opère sur le cadavre dont il désagence, déplie les tissus.

49 Voir L. Bolzoni, « Lo spettacolo della memoria », Introduction à son éd. de *L'Idea del theatro* de G. Camillo, Palerme, Sellerio, 1991, p. 32.

50 Il n'est pas interdit de penser que, dès l'Antiquité, quelques rapports entre rhétorique et anatomie aient été pressentis. C'est ce que tendraient à prouver des termes comme *membrum [= colon], cæsum, incisum [= comma]*. Cf. *incisae litterae, oratio concisa* (par opposition à *oratio soluta*). Quelques passages de Quintilien (*Inst. or.*, IX, IV, 22, 67, 122) pourraient être examinés de ce point de vue.

51 F.A. Yates a reconstitué le plan du théâtre de la mémoire de G. Camillo dans *The Art of Memory*, Chicago, The University of Chicago Press,1966 (trad. fr., *L'Art de mémoire*, Paris, Gallimard, 1975), chap. VI.

Deux enquêtes récentes ont montré la saisissante fortune, dans l'Europe entière, entre Renaissance et Révolution, des ouvrages intitulés *Theatrum, Theater, Théâtre, Teatro, Theatre*... Il n'est pas excessif de parler, à leur sujet, d'un authentique genre (qui aujourd'hui, sous l'effet d'une perte de mémoire culturelle, fait penser à une sorte de cathédrale engloutie)[52]. Or, dans leur majorité, ces ouvrages dont on a recensé près de deux cents, mais dont le décompte exhaustif se révèle impossible, sont des inventaires, compendiums, catalogues, condensés, répertoires, en bref des sommes de nature encyclopédique...

*Théâtre,* ainsi que l'établissent ces enquêtes, cela peut désigner des édifices, des monuments, une ville, un champ de bataille, une province, un pays, l'ensemble du monde connu. Cela peut énumérer les symptômes d'une maladie, les jeux sacrés des Grecs et des Romains, les hommes fameux pour leur érudition ; répertorier l'ensemble des auteurs anonymes et pseudonymes, procurer un corpus de textes juridiques ou de traités de paix, indiquer l'ensemble des membres d'un ordre religieux, des hauts faits d'un héros, des supplices des hérétiques, des règles de l'étiquette et des préséances ; dresser la liste des insectes connus, des machines, des diables... Cela peut nourrir jusqu'à l'ambition proprement prométhéenne de mettre en ordre la totalité du savoir.

De tels *Théâtres* exhibent, étalent, exposent, passent en revue, inventorient, détaillent, cataloguent. Très généralement, ils ne poursuivent pas d'autre but que de dénombrer, indexer, ordonner et donner à connaître. Ils se proposent de restituer la complexité du réel sous la forme à la fois la plus complète, la plus claire et la plus démonstrative. Ils déploient, développent, n'ambitionnent rien tant que la monstration. Eux aussi ouvrent le sujet et pratiquent des découpes (rappelons-nous les termes de Burton : *opened, cut up*) aussi fines et précises que possible. Eux aussi exposent à la vue : *theatrum,* ne l'oublions pas, dérive de *theaomai,* regarder. En tout cela, ils présentent une parenté de nature et même de structure, qui mériterait d'être examinée de très près, avec la démonstration anatomique.

52 Pour plus de détails et des exemples, mais toujours comme pierre d'attente, voir : A. Blair, *The Theater of Nature. Jean Bodin and Renaissance Science,* Princeton, Princeton University Press, 1997, ch. 6, « The Reception of the *Theatrum* » ; L. Van Delft, « L'Idée de théâtre (XVI<sup>e</sup>-XVIII<sup>e</sup> siècle) », *RHLF,* 2001, n° 5, pp. 1349-1365 ; « Le concept de théâtre dans la culture classique », *Cahiers d'Histoire des Littératures Romanes,* XXV, 2001, n° 1-2, pp. 73-85.

Faut-il le dire ? La trop rapide description que je viens de proposer de sept formes (ou si l'on préfère aspects) du rapport littérature / anatomie n'épuise en rien le sujet. En aucune façon, il ne s'agit d'une énumération, d'une liste, qui se voudraient exhaustives.

Si le cadre d'une communication s'y prêtait, j'aurais à coup sûr ajouté des sections :

- sur *la littérature proprement scientifique ayant pour objet l'anatomie.* On se doute que les traités, atlas, manuels, feuilles volantes mêmes sont légion, qui traitent de cette science, et cela pratiquement à toutes les époques, dans les cultures les plus diverses[53]. Dans une telle enquête, la question si passionnante de la rhétorique propre au « discours » scientifique devrait, naturellement, être largement prise en considération. Au reste, ce n'est pas à la seule anatomie humaine que l'on serait conduit à s'intéresser, mais aussi à ce qu'il est convenu de désigner d'*« anatomie comparée »,* telle que l'expose, par exemple, en s'inscrivant dans une tradition remontant jusqu'à l'Antiquité, dans ses parallèles entre l'homme et l'animal, un Giambattista Della Porta dans sa *De humana physiognomia* (1586);
- sur l'*anatomie* qu'on pourrait appeler *politique.* Je ne songe pas seulement, ici, à ces nombreuses représentations d'un pays, d'un continent... sous les traits, notamment, d'une femme, telles cette « Allégorie de l'Europe » (1537) de Johann Putsch *(fig. 6)*, dont on pourrait d'abord estimer qu'elles renvoient à la cosmographie anthropomorphique plutôt qu'à l'anatomie proprement dite[54] ; cependant, cette sorte d'« allégories » cartographiques qui connurent (avec les variations auxquelles sont sujettes les lieux communs iconographiques comme les littéraires) un vif succès dans l'Europe entière s'apparentent bel et bien à un imaginaire

53 Avec cela, nous n'avons pas seulement évoqué, ici, les cultures de l'Orient!

54 On peut, en effet, rapprocher ce type de représentations de celles que procure la «cosmographie théologique», toujours à l'ordre du jour au XVII^e^ siècle. Cette théâtralisation toute chrétienne de l'univers se marque de façon frappante notamment dans les cartes cosmographiques des «cieux étoilés chrétiens», encore publiées au XVII^e^ siècle (par Cellarius) et même au XVIII^e^, sur lesquelles les appellations païennes, les configurations traditionnelles des constellations sont remplacées par des équivalents judéo-chrétiens, *Argo* par « Arche de Noé », *Petit Chien* par « roi David », *Lion* par «saint Thomas», *Grande Ourse* par « saint Michel »... Voir C. Gandelman, « Le texte littéraire comme carte anthropomorphe d'Opicinus de Castris à *Finnegans Wake* », *Littérature*, n° 53, 1984, pp. 3-17.

anatomique, comme l'attestent de leur côté des sentences précisément intitulées «Anatomia Europae»[55]. Mais je songe surtout à des œuvres comme cette saisissante «Visita y anatomía de la cabeza del cardenal Armando de Richelieu» (1635) de Quevedo[56]. Ou à la dédicace par Harvey de son *Exercitatio anatomica [...]* (1628) à Charles Ier, dans laquelle le cœur est assimilé au microcosme du corps, analogie encore prolongée dans l'éloge du souverain: *«Cor animalium, fundamentum est vitae, princeps omnium, Microcosmi Sol, a quo omnis vegetatio dependet, vigor omnis et robur emanat. Rex pariter regnorum suorum fundamentum, et Microcosmi sui Sol, Reipublicae Cor est...»*[57]. Et comment ne pas songer à l'*Introduction* au *Leviathan* (1651) de Hobbes:

> ...seeing life is but a motion of limbs, the beginning whereof is in some principal part within, why may we not say that all Automata [...] have an artificial life? For what is the Heart but a spring; and the nerves but so many strings; and the joints but so many wheeles giving motion to the whole body, such as was intended by the Artificer? For by art is created that great *Leviathan* called a *Commonwealth*, or *State* (in latin *Civitas*) which is but an artificial man [...] in which [...] the magistrates and other Officers of judicature and execution [are] artificial joints; reward and punishment [...] are the nerves...[58]

– sur ce qu'on pourrait désigner d'*anatomie méthodologique* ou encore d'*anatomie dialectique,* dont un exemple serait *Les Passions de l'âme* (1649) de Descartes, où ce que La Rochefoucauld ne tardera pas à appeler «une matière aussi changeante et inconnue qu'est l'homme»[59] est décomposé en éléments «clairs et distincts», soit en 212 «articles». Ce terme, sans doute, renvoie au lexique du droit, mais il relève, non moins, de la pra-

55 Ainsi ces «Sentenze latine riguardanti i vari stati e Principi d'Europa», feuille volante du XVIIe siècle intitulée «Anatomia Europae» (voir A. Sorbelli, *Inventari dei manoscritti delle Biblioteche d'Italia,* Firenze, Olschki, t. LI, 1932, entrée: Fano. Biblioteca comunale Federiciana, 78 [Miscellanea], n° 52).

56 F. de Quevedo, «Visita y anatomia de la cabeza del cardenal Armando de Richelieu», dans: *Obras completas,* éd. F. Buendia, Madrid, Aguilar, 6e éd., 1988, pp. 1009-1016. Je remercie M. Jose Colomer pour cette référence. Cf. «La Rochefoucauld et l'«anatomie de tous les replis du cœur»», art. cité.

57 W. Harvey, *Exercitatio Anatomica de Motu Cordis et Sanguinis in Animalibus* [1628], fac-similé de l'éd. originale, Canterbury, G. Moreton, 1894, *Dedicatio*, p. 3.

58 Orthographe modernisée; italiques conformes à l'original.

59 La Rochefoucauld, «Manuscrit de Liancourt» de ce qui deviendra les *Maximes,* éd. J. Truchet des *Maximes,* suivies des *Réflexions diverses [...],* 3e éd., Paris, Garnier, 1992, p. 411.

> tique anatomique, qui démembre et désarticule. Dans le même ordre d'idées, on pense ici à ce que Platon déjà disait du dialecticien, dont il compare la technique à celle du boucher qui sait où couper la viande parce qu'il connaît la structure cachée de l'animal: le vrai savoir-faire «consiste à diviser à nouveau l'idée en ses éléments, suivant ses articulations naturelles, en tâchant de n'y rien tronquer, comme ferait un boucher maladroit»[60].

Dans ses *Entretiens sur les sciences* (1684), Bernard Lamy recourt à la frappante tournure «l'anatomie d'une vérité». Evoquant certains prédicateurs, il les déclare «heureux à trouver des divisions, par le moyen desquelles, faisant, pour ainsi dire, l'anatomie d'une vérité, ils en font voir toutes les parties».[61] C'est à cela, très exactement, que tend l'anatomie dialectique: à parvenir, par des découpes plus que jamais rigoureusement enchaînées, telles les «longues chaînes de raisons» dont il est question chez Descartes[62], à la composition, à l'identité, à la définition, en dernière instance, du «sujet». L'anatomie dialectique a beaucoup moins pour objet la revue, l'inventaire d'un vaste ensemble de composantes, que la trame, que ce qui constitue, en dernier ressort, la formule, la spécificité, l'*être* même de ce qu'elle inspecte.

Le titre complet, trop souvent perdu de vue, du *Discours de la méthode* (1637) – *Discours de la méthode pour bien conduire sa raison et chercher la vérité dans les sciences* – pourrait bien être à l'origine de la frappante tournure de Lamy[63]. De fait, le vocabulaire même des «règles» de la «méthode» est éminemment révélateur. Il signale que le mouvement de la raison décrit par Descartes est mimétique de celui du scalpel qui pénètre jusqu'au tréfonds du «sujet». Qu'on songe au projet de ne retenir que cela qui se présente à l'esprit «clairement et distinctement», de «diviser chacune des difficultés [...] en autant de parcelles qu'il se pourrait et qu'il serait requis pour les mieux résoudre», de commencer «par les objets les plus simples et les plus aisés à connaître, pour monter peu à peu, comme par degrés, jusqu'à la connaissance des plus composés»; pensons encore à la conviction qu'il ne

60 Platon, *Phèdre,* 266a, trad. E. Chambry, Paris, Garnier-Flammarion, 1964.

61 B. Lamy, *Entretiens sur les sciences [...]* (1684), éd. F. Girbal et P. Clair, Paris, PUF, 1966, p. 308.

62 Descartes, *Discours de la méthode [...],* éd. E. Gilson, Paris, Vrin, 1966, Deuxième partie, p. 71.

63 Même parenté entre les titres: *Entretiens sur les sciences dans lesquels on apprend comment l'on doit étudier les sciences et s'en servir pour se faire l'esprit juste et le cœur droit* paraît faire écho à *Discours [...] pour [...] chercher la vérité dans les sciences.*

peut y avoir de « choses [...] si éloignées, auxquelles enfin on ne parvienne, ni de si cachées qu'on ne découvre »[64].

Pour revenir aux *Passions de l'âme* [1649] du même Descartes, elles modifient de fond en comble la forme traditionnelle du «traité des passions»[65]. Il s'agit bien, ici, d'une *quaestio,* d'une «vérité» à élucider: la nature des passions en général, celle de chacune d'elles en particulier. Or, cette *quaestio* est à proprement parler *démembrée.* Sur le corps complexe – le corpus – des passions sont pratiquées 212 découpes. Au-dessus de chacun de ces *segments,* de chacune de ces *sections,* figure le terme *article* (cf. *articulation, désarticuler...*), dont la connotation, comme le rappellent Ernout et Meillet, est double: à la fois jointure et articulation[66]. On l'aura noté: tous les termes, ici, sont polysémiques, renvoient simultanément au registre de la dissection et à celui de l'analyse logique.

Je ne saurais mieux finir qu'avec Descartes, dont il n'a pas été suffisamment question dans ces pages. On lit sous la plume d'Adrien Baillet l'anecdote que voici:

> Après le gain de son procès de Groningue, le désir d'exécuter son grand dessein l'avait fait remettre aux opérations anatomiques avec une application nouvelle. Ce fut où il borna toute sa dépense et toutes ses facultés pendant cette année [1645]. Hors un voyage de quelques semaines qu'il fit à Leyde et à La Haye sur la fin de juin et le commencement de juillet, il ne sortit point de sa maison d'Egmond, où il se faisait apporter d'Alcmaer et des autres endroits de son voisinage toutes sortes d'animaux propres à la dissection. Ce fut durant le temps de ces occupations qu'il fut visité [...] par un gentilhomme des amis de M. de Sorbière qui lui demanda à voir sa bibliothèque, et qui le pria de lui dire quels étaient les livres de physique qu'il estimait le plus et dont il avait fait sa lecture la plus ordinaire. M. Descartes pour satisfaire la curiosité du gentilhomme le conduisit sur le derrière de son logis, où était une espèce de galerie ouverte par dedans la cour, et tirant le rideau il lui montra un veau à la dissection duquel il allait travailler. *Voilà,* lui dit-il, *ma bibliothèque...*[67]

64 Descartes, *Discours...,* pp. 69-71.

65 Sur la tradition de ce type de traités: A. Levi, *French Moralists. The Theory of the Passions, 1585 to 1649,* Oxford, Clarendon, 1964.

66 Voir L. Van Delft et B. Roukhomovsky: « Le pouvoir des fragments », *Offene Gefüge. Literatursystem und Lebenswirklichkeit,* Mélanges Nies, Tübingen, G. Narr, 1994, pp. 29-38.

67 A. Baillet, *La Vie de Monsieur Descartes,* Paris, 1691. Livre VII, ch. vii, p. 273. Je remercie Madame le Professeur M. Spallanzani de m'avoir fait connaître ce texte.

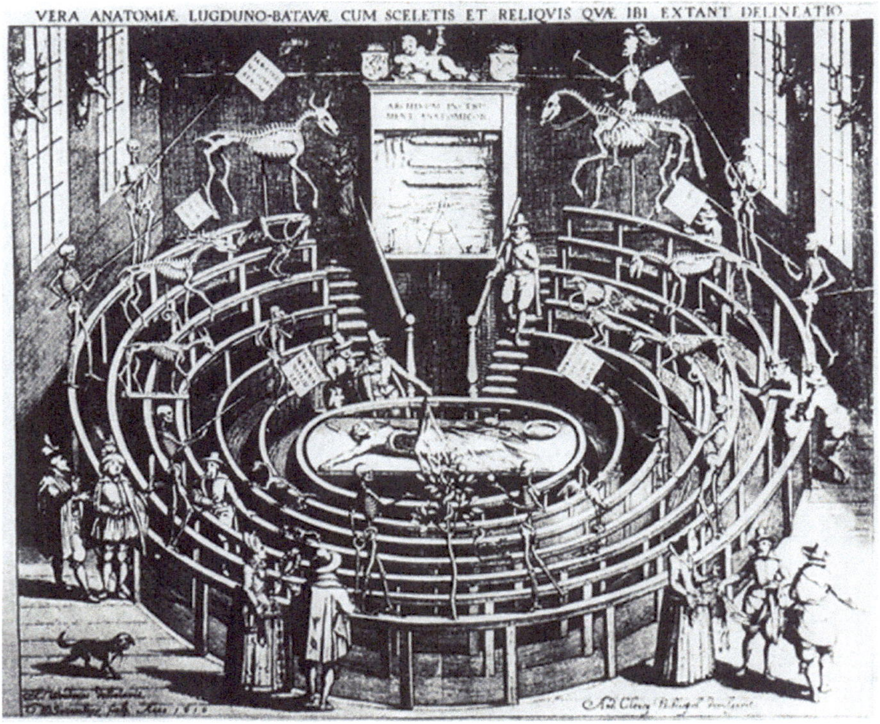


*Fig. 1 :* *Amphitheatrum anatomicum* de l'Université de Leyde. Gravure sur cuivre de Willem Swanenburgh, d'après un dessin de Jan Corneliszoon van't Woudt [Woudanus] (1610). Leiden, Cabinet des estampes de l'Université. Cliché Cabinet des estampes.

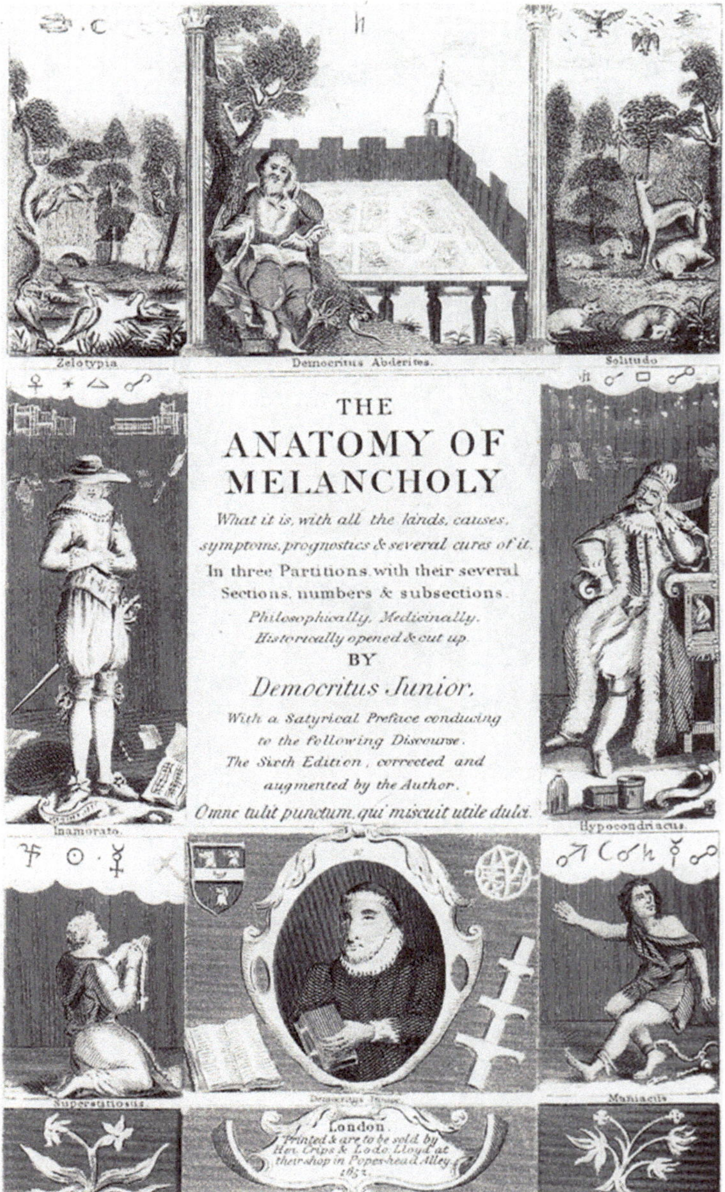


*Fig. 2:* Robert Burton, *Anatomy of Melancholy* [1621]. Frontispice paru avec la 3e édition, Oxford, 1628. Cliché Corquodale & Co, Printers, Londres.

*Fig. 3:* Richard Whitlock, *Zootomia [...]*, Londres, 1654. Frontispice. Cliché Trinity College, Cambridge.

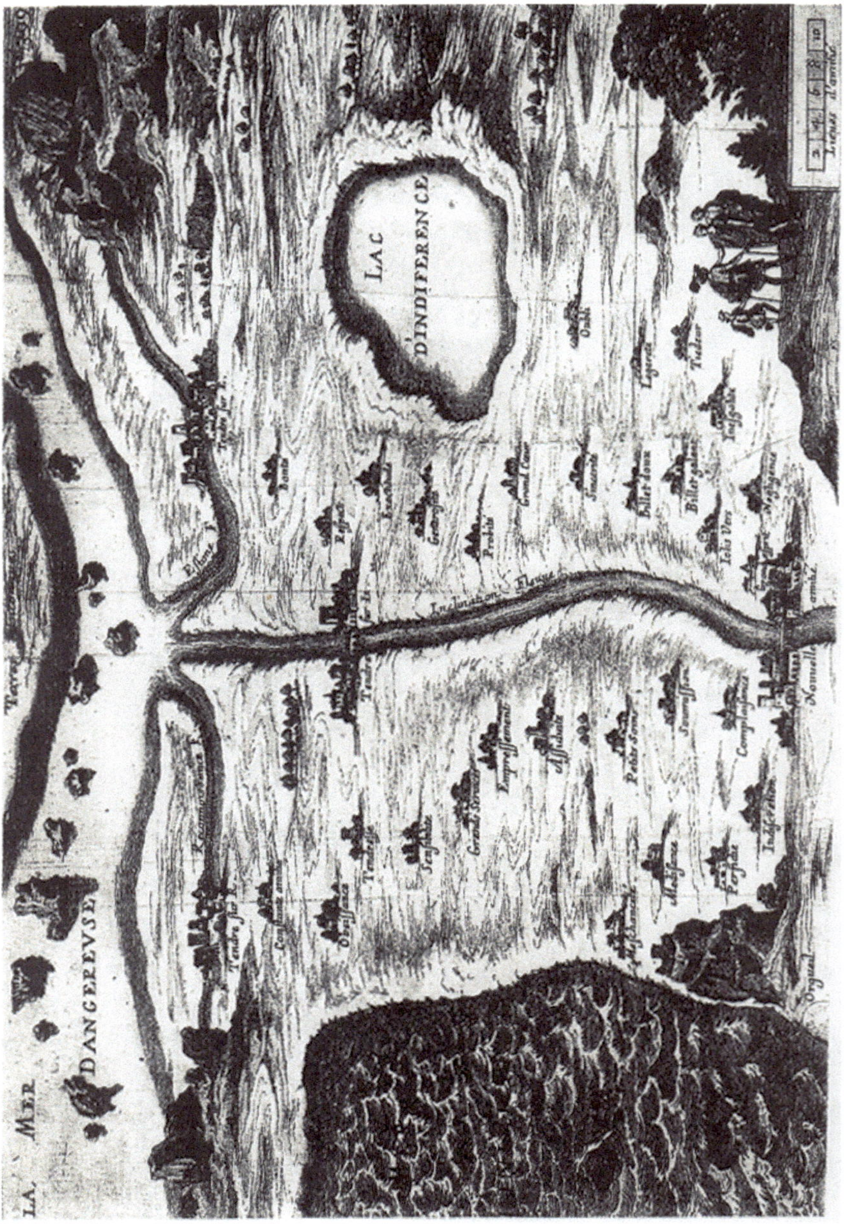


*Fig. 4:* Carte du pays de Tendre (Madeleine de Scudéry, *Clélie,* Paris, 1654). Cliché BnF, Réunion des Musées Nationaux.

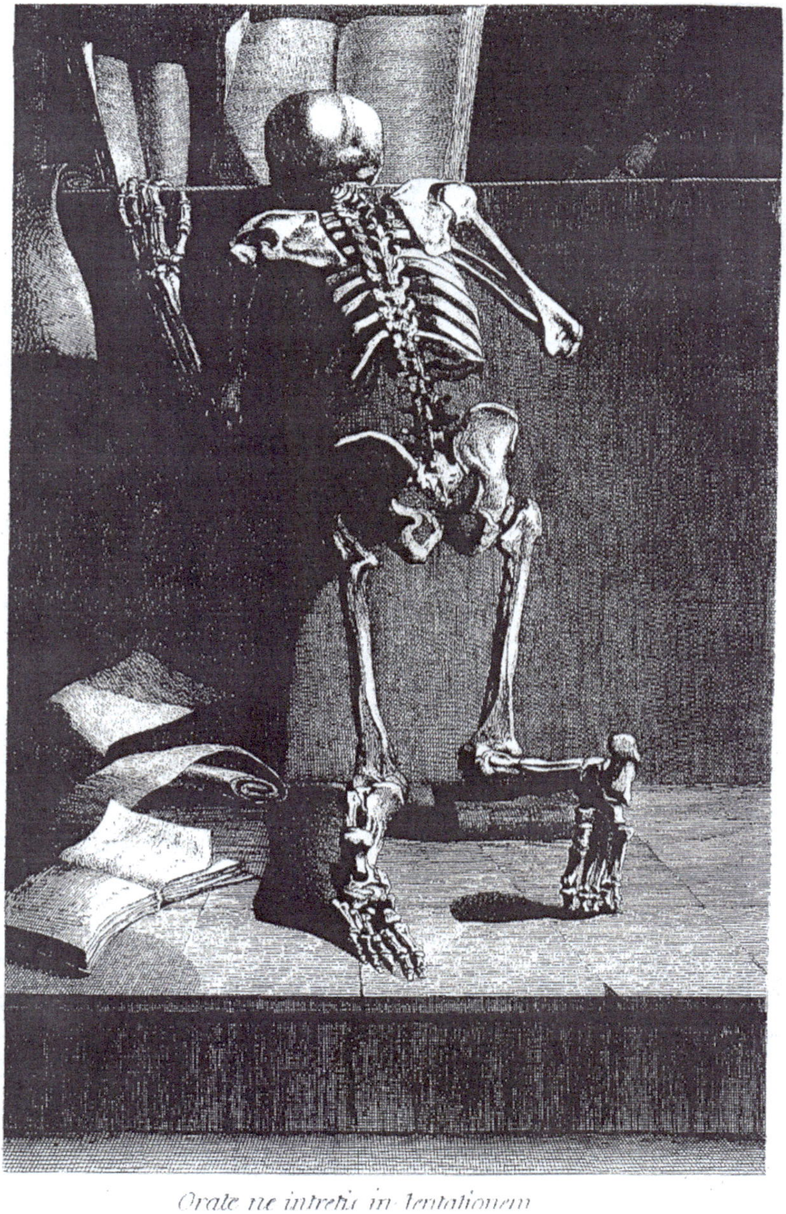


*Fig. 5*: « *Orate ne intretis in tentationem* » (Jacques Gamelin, *Nouveau recueil d'ostéologie et de myologie dessiné d'après nature,* Toulouse, 1779). Cliché Wellcome Library, Londres.

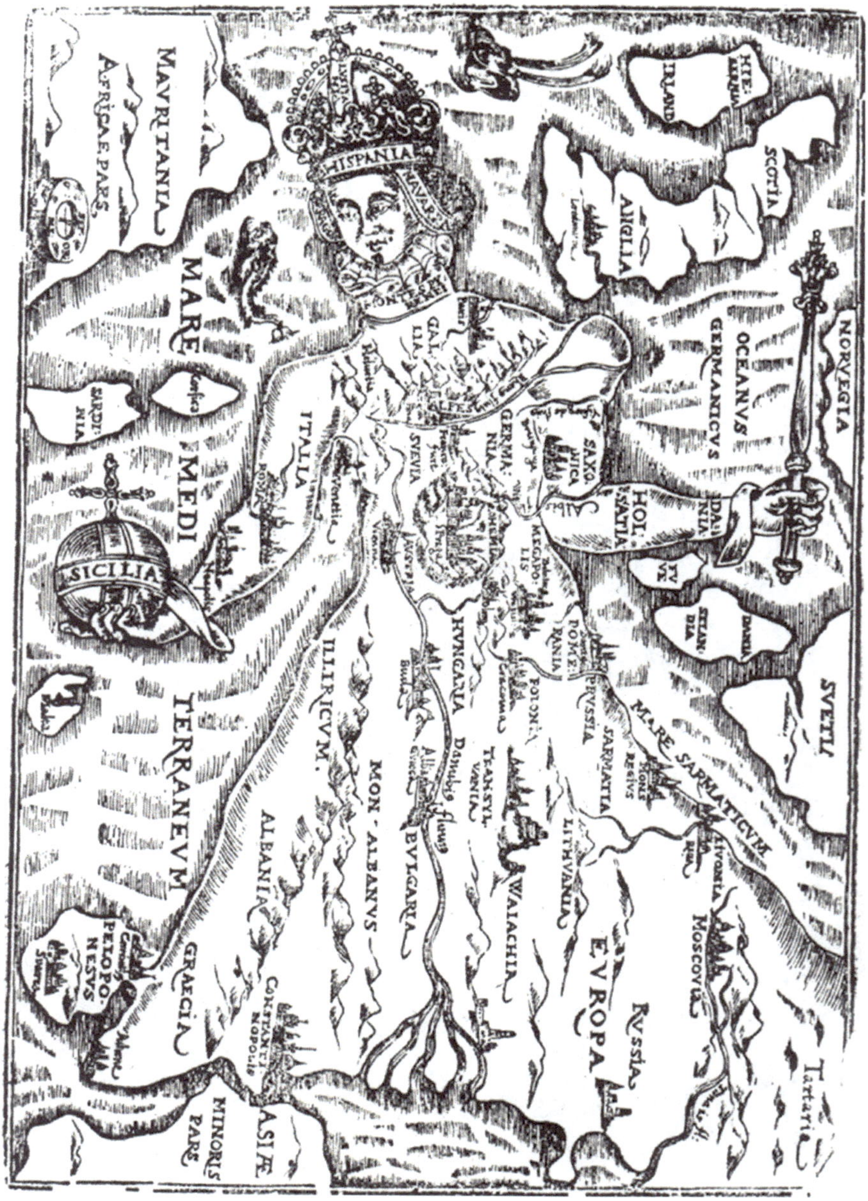

*Fig. 6:* «Allegorie der Europa», 1587, carte imprimée par Matthias Quad, d'après une gravure sur bois de Johann Putsch, 1537. Cliché Staatsbibliothek Bamberg.

# La *Physiologie* de Fernel: L'anatomie et la physiologie, ou la géographie et l'histoire du corps humain

Jean Céard
Université Paris X-Nanterre

La Renaissance éprouve une sorte de fascination pour l'anatomie. Tout se passe comme si accéder aux ressorts internes du corps en l'ouvrant et en le disséquant, c'était soudain découvrir les secrets de sa *fabrica*, entrer en possession d'un savoir caché par lequel on puisse, non seulement comprendre son fonctionnement intime, mais se mettre en état de le rétablir dans son intégrité. Cette fascination est si forte que le verbe *anatomiser* peut être employé métaphoriquement par des hommes de science pour caractériser l'ampleur et la profondeur de leur enquête. Quand Bernard Palissy veut indiquer qu'il a intimement cherché les secrets des métaux, qu'il s'est convaincu que leurs semences restent cachées dans « les entrailles de la terre »[1] et donc que l'homme ne peut agir sur leur croissance, il fait observer qu'il l'a appris « avec un bien grand labeur, et non pas en peu de jours, ny en la lecture de divers livres: Ains en anatomizant la matrice de la terre »[2].

En ce qui regarde le corps humain, l'anatomie ne cherche pas seulement à saisir le mécanisme de la machine du corps, mais aussi à percevoir le secret de la vie qui l'anime. Pierre Boaistuau, au chapitre 28 de ses *Histoires prodigieuses* (1560), rapporte qu'une femme de Nursia enfanta « un fils vif, qui avait la partie supérieure du ventre tellement ouverte qu'on lui voyait les intestins nus et découverts », et le commentaire de l'auteur:

> Si les anciens médecins grecs et arabes, qui étaient si friands de rechercher les secrets de la fabrique du corps humain (qu'ils demandaient aux rois les corps des condamnés, pour les ouvrir tout vifs), eussent eu ce petit monstre à leur commandement, ils n'eussent

1 B. Palissy, *Discours admirables*, dédicace, in *Œuvres complètes*, éd. sous la direction de Marie-Madeleine Fragonard, Mont-de-Marsan, Editions Interuniversitaires, 1996, t. 2, p. 11.
2 B. Palissy, *Discours admirables*, *Traité des métaux et Alchimie*, éd. citée, t. 2, p. 111.

> exercé telle boucherie, tyrannie et cruauté à l'endroit des créatures vives, comme ils faisaient: car jetant l'œil seulement sur le corps de ce petit monstre, ils eussent vu et découvert la substance, la magnitude, le nombre, la figure, la situation, l'utilité et l'action de toutes les principales parties du corps humain, les esprits étant dedans.

La littérature narrative offre d'autres exemples de ce rêve. Sylvain, c'est-à-dire le flamand Alexandre Van den Busche, rapporte l'histoire « D'un Chirurgien qui tua un homme pour voir le mouvement d'un cœur vif »[3]. Un jour un pauvre soldat revenant de la guerre :

> demanda l'aumône au Chirurgien, qui le fit entrer et le nourrit secrètement trois jours à sa fantaisie, puis l'ayant mené en une cave, par quelques gens appostés à cela, le fit lier à un poteau, et l'ouvrant vif, vit en lui ce qu'il avait tant désiré ;

il fut arrêté et mis en procès, et le procureur général lui fit remarquer :

> Cette expérience tant cruelle, si vous eussiez été autant bien avisé que curieux, se pouvait faire sur quelque bête qui n'eût les intestins fort dissemblables à l'homme ;

or, ajoute-t-il, ce chirurgien, étant par son métier habitué à répandre le sang humain, a osé tenter de « toucher jusques au cœur ». Réelle ou fictive, cette histoire, comme la précédente, fait voir à la fois la séduction qu'exerce l'anatomie, et cette sorte de crainte révérencieuse qui entoure sa pratique : l'ambition de l'anatomie est d'accéder au secret de la vie, au point de chercher à l'atteindre en son lieu même, au cœur ; mais en même temps elle est forcée de la détruire au moment même où elle accède à elle, de donner la mort pour saisir la vie.

Le médecin Jean Fernel me paraît l'un de ceux qui – avec plus ou moins de bonheur, comme on le verra – tentent de battre en brèche ce mythe de l'anatomie. Sans la juger le moins du monde inutile, il s'efforce de tempérer les espoirs quasi illimités que ses contemporains placent en elle. Jean Fernel est l'un des plus grands médecins de la Renaissance ; en outre, ses œuvres vont devenir, pour les médecins, des sortes de manuels : il vaut donc la peine de nous intéresser à sa réflexion.

3 Alexandre Sylvain, *Epitomé de cent histoires tragicques, partie extraittes des Actes des Romains et autres, de l'invention de l'Autheur, avecq' les demandes, accusations et deffences sur la matiere d'icelles*, Paris, Nicolas Bonfons, 1581, Epit. 93, p. 193 v° et suiv.

Fernel[4], chose significative, n'a composé aucune œuvre intitulée « Anatomie ». Il l'intégre à sa « Physiologie », qui étudie « la nature de l'homme sain, toutes ses forces et toutes ses fonctions » (*« hominis integre sani natura, omnes illius vires functionesque »*, Préface), et non pas seulement, comme aujourd'hui, les fonctions du vivant. Sous le titre de « Description des parties du corps humain », l'anatomie fait l'objet du premier livre d'un ouvrage en sept livres. Ce premier livre a surpris les historiens :

> Entre ce livre et celui qui suit immédiatement, déclare Louis Figard, il n'y a aucune progression méthodique. On abandonne brusquement les faits positifs pour aborder les abstractions, les généralités, sans que nul lien logique rattache les deux parties.[5]

Ou encore : « Sur les sept livres dont se compose la *Physiologie*, ce premier livre est le seul dans lequel Fernel se soit tenu, malgré tout, près de la réalité matérielle »[6]. Pourtant, notons-le, ce n'est pas l'indigence du savoir anatomique qui a conduit Fernel à agir ainsi : il connaît fort bien les grandes œuvres anatomiques qui l'ont précédé et aurait pu y puiser largement. D'où vient donc sa réticence?

Il faut, pour répondre, suivre la démarche de Fernel. Or il précise lui-même qu'il ne suivra pas l'ordre de la dissection (*consectionis ordo*, p. 3). Dans toutes les sciences, explique-t-il, il existe deux méthodes, l'une d'analyse ou de résolution, l'autre de synthèse ou de composition. La première méthode est la plus scientifique : l'homme de science :

> recherche et recouvre beaucoup de choses par l'assistance des sens, et s'arrêtant premièrement aux choses qui se présentent aux sens, il en recueille enfin avec la seule raison conçue dans son esprit les choses les plus cachées (trad., p. 26) ;

par cette méthode,

> on examine et l'on observe les causes les plus cachées, procédant avec cet ordre, sçavoir ou du tout et du général aux parties et aux particuliers, ou du composé au simple, ou de l'effet à la cause, ou des choses postérieures aux précédentes.

4 Je cite la *Physiologia* de Fernel d'après l'éd. de son *Uniuersa medicina*, Paris, A. Wechel, 1567, en insérant directement dans le texte l'indication de mes renvois à cette éd. Et j'utilise la traduction française de Charles de Saint-Germain, *Les VII. Livres de la Physiologie*, Paris, Jean Guignard, 1655, en insérant de même directement dans le texte, avec la mention *trad.*, mes renvois à cette traduction.

5 L. Figard, *Un médecin philosophe au XVI^e siècle. Etude sur la psychologie de Jean Fernel*, Paris, 1903 (Slatkine Reprints, 1970), p. 89.

6 L. Figard, *ibid.*, p. 97.

L'autre méthode, de composition, qui est celle que suit la nature, mais « quelquefois aussi l'art même », unit :

> les parties au tout, les simples au composé, les causes aux effets, les choses premières aux postérieures, et établit pour première chose ce qui par la résolution avait été trouvé le dernier (trad., pp. 28-29).

Suivant ces considérations, Fernel annonce donc qu'il commencera :

> d'expliquer la Médecine par la description du corps humain, qui est le sujet d'icelle, et qui est le premier et le plus manifeste objet qui se présente à nos sens, lequel, continue-t-il, ayant expliqué jusques à la moindre petite partie, nous passerons ensuite aux choses qui ne se peuvent comprendre que par la seule pensée (trad., p. 29).

Il devrait apparemment s'ensuivre que Fernel, recueillant d'abord ce qui peut être atteint « avec l'assistance des sens », réunira les données anatomiques, telles que l'ordre de la dissection permet de les atteindre. Pourtant il s'y refuse. En effet, explique-t-il, le corps « a été créé pour l'âme », et lui sert non seulement « de demeure, mais aussi d'organe et d'instrument propre et convenable pour exercer ses facultés, ses vertus et ses fonctions » (trad., p. 28). Fernel examine brièvement ensuite de quelle façon le corps en est l'instrument, pour définir l'ordre de sa description, et il conclut :

> Désirant faire la description artificielle de l'homme, nous construirons premièrement son Scelet, c'est-à-dire ses parties sèches, arides et ossées, que nous polirons et perfectionnerons puis après avec des ligaments, des nerfs, des muscles, des veines, des artères, de la peau et enfin de toutes les parties internes, et ainsi par le moyen des simples parties de l'homme, verra qui voudra sa composition universelle, et beaucoup plus amplement et mieux que s'il considérait à part les parties les plus composées suivant l'ordre de la dissection, car par leur inspection l'on ne peut rien savoir de certain, ni connaître et apprendre aucunement les parties simples qui sont répandues par tout le corps (trad., p. 34).

On le voit, ce travail n'est pas du tout celui des dissecteurs : le corps que propose Fernel est par lui « construit », « poli » et « perfectionné », en tant qu'il est l'instrument de l'âme.

De fait, dans le détail, Fernel procède bien ainsi, non sans quelques aménagements significatifs. Il commence par les os, auxquels il annexe les cartilages, ainsi que les muscles, qui, dit-il, ne sont pas certes de substance simple comme celle des os, mais « tiennent le premier lieu dans les parties externes » (trad., p. 61). On le voit, *externe* et *interne* n'ont pas tout à fait le sens que leur donneraient les dissecteurs. Fernel est conduit à le préciser, quand, ayant achevé cette partie de son étude, il remarque :

> Les parties du corps que nous avons ci-dessus expliquées sembleraient être assez suffisantes pour faire toutes les fonctions tant naturelles qu'animales, si cette force de l'esprit qui meut et agite toutes choses par ses mouvements pouvait être arrêtée et contenue en icelles (trad., p. 81).

Il suffirait, en effet, de ces parties externes et du cerveau pour que l'homme eût le sentiment, le mouvement et l'entendement. Mais le sentiment et le mouvement ne peuvent « subsister sans la faculté vitale ». Il faut donc considérer les parties internes où s'élabore la vie, et étudier progressivement l'abdomen, la poitrine et la tête. C'est au terme de cette (longue) étude que Fernel revient aux parties dites couramment « parties similaires », en commençant par « celles dont toutes les autres ont besoin de leur aide et de leur assistance, et qui sont gouvernées par une fonction et une action commune » (trad., p. 148) : les veines, les artères et les nerfs. Il termine par les membranes et la peau, la chair et les parties molles, la graisse, la moelle, les ongles et les cheveux. Ainsi s'achève ce qu'il appelle « l'exacte et la soigneuse description et histoire des parties du corps *(partium descriptio atque historia)* » (p. 43 ; trad., p. 202). Et Fernel fait remarquer qu'il a :

> expliqué chaque partie en particulier, premièrement les similaires ou les simples, et puis en après les composées, car ainsi nous avons estimé que toutes choses seraient plus claires si à l'imitation de la nature, de la connaissance des simples nous prenions celle des composées (p. 203).

Curieuse déclaration, qui étonne d'abord, puisque Fernel a, par exemple, étudié les parties internes, très composées, avant d'expliquer des parties comme les nerfs, les veines et les artères, qu'il appelle lui-même du nom traditionnel de « parties similaires » ; en outre, abordant l'étude détaillée de ces parties dites similaires, il n'a pas caché les avoir déjà quelque peu considérées. Mais lui-même s'en explique, dans une page[7] certes difficile, où il invite à distinguer la substance et la fonction. La forme, la figure, la conformation de certaines parties détermine leur fonction d'instrument, même si elles sont de même substance. L'ensemble des os, l'ensemble des veines, l'ensemble des artères a beau être à peu près de même substance, la

7 Fernel, *Physiol.*, 2, 1, pp. 49-50.

conformation de chacun d'eux, os, veines ou artères, est différente, et c'est cette conformation qui en fait des parties instrumentaires. L'opposition du simple et du composé ne recouvre pas celle de la partie et du tout. Cette démarche, qui, assimilant l'opposition du simple et du composé à celle de la partie et du tout, pourrait, philosophiquement, être fondée, ne saurait convenir au médecin : celui-ci cherche à connaître le corps humain pour agir sur lui ; or, le corps est l'instrument de l'âme ; ce qui lui importe donc, c'est d'examiner le corps en tant que tel ; s'il a été expédient, par exemple, de commencer par les os, c'est qu'ils sont comme les fondations et les colonnes[8] de cette complexe structure instrumentaire.

Certes la dissection n'est pas inutile. Fernel, du reste, lui consacre, à la fin du premier livre de la *Physiologie*, un chapitre assez long. A celui qui voudra « comprendre clairement ce qui a été ci-devant décrit et se le représenter évidemment devant les yeux » (trad., p. 203), il conseille d'apprendre sur un cadavre la dissection des muscles, puis des os ; sur un autre, celle des viscères internes ; sur un autre, celle des veines ; sur un autre, celle des artères ; et enfin, sur un autre, celle des nerfs. Car, conclut-il, « c'est la manière sommaire et principale qui conduit à la recherche de la connaissance exacte des parties du corps » (trad., p. 203). Mais, puisque certains veulent voir tout cela sur un même corps, Fernel explique comment le choisir et comment procéder à sa dissection, en renvoyant souvent aux pages qu'il a antérieurement consacrées à la description pour ainsi dire topographique de telle ou telle région du corps : c'est, en quelques pages, un petit manuel de dissection, qui précède immédiatement la conclusion du livre. Celle-ci souligne que la connaissance ainsi acquise est nécessaire :

> ceux qui se remettent en mémoire les choses qui ont été faites ne les peuvent pas bien concevoir dedans leur esprit, si premièrement ils n'ont ou vu de leurs yeux les lieux et les régions où elles sont arrivées ou, s'ils ne se les sont en quelque façon dépeintes (trad., p. 223).

Fernel, pour finir, résume cette idée dans une comparaison :

> Tout ainsi qu'il faut apprendre la géographie pour la connaissance et la foi de l'histoire, de même il faut apprendre la description du corps humain pour savoir et pour pratiquer l'art de la Médecine *(Ut ad historiæ fidem Geographia, ita ad rem medicam corporis humani descriptio pernoscenda)*[9].

8 « [...] *haud secus atque basis et columna ædibus subiecta* », *Physiol.*, 1, 2, p. 2 ; trad. p. 30.
9 *Physiol.*, livre 1, *Peroratio*, p. 48 ; trad., p. 224.

Intéressante comparaison qui, à la fois, établit l'utilité de l'anatomie, et les limites de ce savoir. L'anatomie est une sorte d'aide-mémoire; elle permet de fixer dans l'esprit les choses mêmes, fait remarquer Fernel en s'autorisant de la physiologie de la mémoire, qui montre que:

> ceux auxquels les sens de l'esprit se perdent, ou par maladie, ou par l'âge fort avancé, ou par la longueur du temps, ceux-là perdent premièrement la connaissance des noms que des choses (trad., p. 223).

Mais ce savoir anatomique ne permet que de mieux se représenter l'« histoire » du corps humain. Ce terme d'« histoire », étrange à première vue, Fernel l'a déjà employé quand, achevant l'étude des parties du corps, il a dit avoir ainsi procédé à l'exacte et soigneuse description et histoire des parties du corps *(partium descriptio atque historia)*[10]. Plus clairement encore, avant d'aborder l'étude des parties internes, qui a requis de lui qu'il fasse appel à la « faculté vitale » pour en justifier l'examen, Fernel a précisé qu'il n'étudiera pas « les fonctions et les usages des parties », que son objet est, pour le moment, « l'histoire pure du corps *(meram corporis historiam)* »[11]. C'est déjà une vaste étude, puisque outre le « dénombrement des parties », elle doit:

> expliquer en particulier quelle substance a chaque partie interne du corps, quelle est la composition de ses parties, quelle figure et conformation elle a, quelle grandeur, quelle situation, et quel accord et connexité propre pour faire ses actions (p. 85).

Mais cette étude n'est pas le tout de la physiologie; il reste à étudier « les fonctions et les usages des parties », ce qui exige qu'on s'élève de l'étude des parties à celle du tout, par rapport auquel peuvent se comprendre ces fonctions et usages; ou, si l'on préfère, ce n'est pas parce qu'on a étudié, dans le premier livre, tout le corps, qu'on connaît maintenant le tout du corps. Après l'histoire particulière des parties du corps, il faut faire place à une histoire universelle du corps. C'est en saisissant cette totalité qu'on pourra déterminer les fonctions et usages des parties qui le composent.

De là vient que le deuxième livre commence par une réflexion sur la notion de partie. Le premier livre, quant à lui, les a encore déterminées par l'anatomie. Mais il s'est déjà gardé de les examiner dans l'ordre de la dissection. Il a déjà procédé à une sorte de recomposition du corps, guidée par une certaine idée, encore postulée, des fonctions générales de l'être humain.

10 *Physiol.*, 1, 15, p. 43; trad., p. 202.
11 *Physiol.*, 1, 6, p. 16; trad., p. 85.

De l'être humain, et non pas seulement du corps humain, car, dès le deuxième chapitre du premier livre, Fernel a souligné, comme on l'a déjà rappelé, que le corps « a été créé pour l'âme » (p. 2 ; trad., p. 28), qu'il est son instrument. La physiologie de Fernel est une physiologie de l'homme tout entier, et non pas seulement de son corps. Aussi l'ouvrage comporte-t-il sept livres, dont les trois derniers sont ouverts par cette remarque : « Nous sommes dedans l'explication non du corps seul, mais aussi de l'homme qui est composé du corps et de l'âme » (trad., p. 386). En outre, la connaissance du corps seul ne peut être atteinte par la seule « inspection » ; dès le début encore, dans un passage déjà mentionné, Fernel a souligné que la « description du corps humain » doit ouvrir cet ouvrage de médecine, en ce que le corps humain est « le premier et le plus manifeste objet qui se présente à nos sens », mais qu'il faudra ensuite aborder « les choses qui ne se peuvent comprendre que par la seule pensée » (trad., p. 29). C'est à quoi il s'emploie à partir du deuxième livre, comme il l'indique dans la préface de ce livre :

> Le corps humain ayant été par l'anatomie divisé en ses parties qui sont apparentes aux sens, il faut ci-après passer à celles qui se connaissent seulement par la pensée, et profonder plus avant, et voir de quels éléments une chacune desdites parties est composée, et quel est le mélange des éléments, quel est leur tempérament, et quelles vertus et facultés sont cachées en icelles, et par quel esprit et par quelle chaleur elles sont conservées (trad., p. 228).

Tel est le plan des livres suivants : le deuxième traite des éléments, le troisième des tempéraments, le quatrième des esprits et de la chaleur naturelle. Ici encore, Fernel l'indique (trad., p. 228), il procédera par la résolution, c'est-à-dire par l'analyse, avant de procéder par la composition, c'est-à-dire par la synthèse, qui permettra de « reconnaître quelles sont les causes efficientes de toutes choses, et quelles humeurs en sont engendrées, et quel est l'Office de toutes ».

C'est vers la connaissance de cette totalité que se dirige tout l'ouvrage de Fernel. L'anatomie n'en est que le préambule, nécessaire mais tout à fait insuffisant. La préface propre du deuxième livre le souligne avec force; elle condamne ceux qui, « entreprenant d'apprendre ou d'enseigner l'art de médecine »,

> estiment avoir assez et beaucoup fait, si, après avoir lu et considéré l'anatomie du corps humain, ils s'emploient à l'instant dans la connaissance et la cure de toutes les maladies (trad., pp. 225-226).

En somme, Fernel critique cette sorte d'illusion qui consiste à penser que tout le savoir est contenu dans le « manifeste », dans le visible, et qu'il suffit d'en faire diligente inspection pour connaître le tout de l'homme. Dès lors, un problème qui occupe les rêveries de ses contemporains apparaît sans objet. Même si la merveille qu'enfanta une femme de Nursia, et « qui avait la partie supérieure du ventre tellement ouverte qu'on lui voyait les intestins nus et découverts », était tous les jours sous nos yeux, elle ne nous apprendrait rien de plus que l'inspection d'un cadavre. A condition que celui-ci soit « non corrompu, et accompli de toutes ses parties, non mort ni de maladie, ni d'une plaie, mais pendu ou étouffé sous des couvertures ou dedans l'eau » (trad., p. 204), il nous apprendra tout ce que peut nous apprendre l'anatomie. A défaut, on pourra recourir à des animaux; car, si l'homme a été, par la nature, « doué et enrichi de trois choses particulières qu'elle a déniées à tous les autres animaux » (trad., p. 28), « une figure haute et droite », « un cerveau très grand et très ample » et « des bras et mains étendus », pour le reste, note Fernel, l'homme « a toutes ses autres parties communes avec tous les autres animaux parfaits » (trad., p. 29). En outre, l'inspection de l'homme comme de l'animal ne permet pas de voir toutes ces choses qui ne sont accessibles que par la pensée. Quand même, ayant sous les yeux l'enfant de Nursia, on verrait, comme écrit Boaistuau, « la substance, la magnitude, le nombre, la figure, la situation, l'utilité et l'action de toutes les principales parties du corps humain, les esprits étant dedans », on n'aurait qu'une connaissance très incomplète de l'homme.

Cette leçon de Fernel a-t-elle été entendue? Dans l'attente d'une enquête plus approfondie, deux exemples suffiront: celui de Jean Riolan et celui d'André Dulaurens. Jean Riolan, médecin de la faculté de Paris, a donné un commentaire étendu de divers livres de Fernel, et notamment de sa *Physiologie.*[12] André Dulaurens, médecin d'Henri IV et professeur royal à Montpellier, a laissé d'amples travaux d'anatomie, notamment son *Historia anatomica humani corporis*. Ces deux médecins, morts l'un en 1605, l'autre en 1609, sont contemporains.

Riolan ne pourra pas nous retenir longtemps, puisqu'il ne dit rien de l'anatomie. Mais c'est ce silence même qui est intéressant. Entreprenant de commenter toute la *Physiologie* de Fernel, Riolan commence par les *Eléments*, c'est-à-dire par le second livre de la *Physiologie*; et il examinera

12 Ioannis Riolani *Prælectiones in libros Physiologicos et de Abditis rerum causis*, Paris, ex off. Plantiniana, ap. Hadrianum Perier, 1601.

ensuite dans l'ordre tous les autres livres. Quant au premier livre, il ne prend même pas la peine de dire pourquoi il s'abstient d'en parler et n'en signale pas, fût-ce d'un mot, l'existence : si nous avions perdu la *Physiologie* de Fernel et tâchions de la reconstituer à partir du commentaire de Riolan, nous ne soupçonnerions pas qu'elle commence par « la description des parties du corps ». Cela étant, on comprend assez bien pourquoi Riolan agit de la sorte : il tâche, au fond, de concevoir, à travers ses commentaires, une sorte de philosophie de la médecine, et il ne juge donc pas utile de s'attarder à commenter un ensemble de connaissances positives accessibles aux démonstrateurs et aux dissecteurs, et qui ne sont qu'une sorte de préalable de la médecine proprement dite. Celle-ci ne commence vraiment qu'avec cette partie de la médecine qu'il appelle « contemplans » – disons théorétique – dont l'objet est la « nature de l'homme »[13]. On pourrait objecter que cette étude n'a rien de spécifiquement médical. Riolan précise donc que la médecine considère le corps humain, non dans sa généralité, mais en tant qu'il est sain ou malade[14]. C'est ce qui distingue le médecin du « physicus » (du physicien ou du naturaliste) ; le médecin ne saurait être ignorant du savoir du « physicus », mais, en tant que médecin, il poursuit une autre fin : *« Ubi enim desinit physicus, incipit medicus »*, « Où finit le physicien, le médecin commence »[15]. De cette considération, on peut conclure que, pour Riolan, l'anatomie est d'abord de la compétence du « physicus ». Il ne se soucie même pas de remarquer que l'anatomie de Fernel est accommodée à la médecine, que, d'un préalable, celui-ci en a fait un préambule. Ainsi Riolan évacue l'anatomie de la médecine.

Quant à André Dulaurens[16], il agit tout autrement. Lui aussi tend à détacher l'anatomie de la médecine, mais d'une manière bien différente de celle de Riolan. Dulaurens emploie tout un chapitre à expliquer « combien l'anatomie est utile au philosophe et à presque tous les hommes de l'art »[17], et peut-être se souvient-il de Riolan quand il précise qu'« on ne doit ni ne

13 Riolan, *ibid.*, p. 6 : « Appello medicinam contemplantem, quæ hominis naturam et affectus considrat : quæ naturam, Physiologia dicitur : quæ affectus, Pathologia ».

14 Riolan, *ibid.*, p. 7 : « Non enim hic scientia est corporis naturalis, sed humani corporis angustiis circunscripta : non quatenus mobile vel naturale, sed qua ratione est sanum vel ægrum ».

15 Riolan, *ibid.*, p. 9.

16 André Dulaurens, *Historia humani corporis*, Paris, 1610.

17 Dulaurens, *ibid.*, 1, 7 (« quam sit utilis Anatome Philosophis et omnibus fere artificibus »), p. 12.

peut être vraiment appelé *physicus* si l'on ignore l'histoire du corps humain »[18]. Parmi les hommes de l'art, il compte assurément le médecin, à qui, comme le montre tout un chapitre, « l'anatomie est non seulement utile, mais absolument nécessaire »[19]. Or, la première phrase de ce chapitre est un évident souvenir de Fernel, même si Dulaurens oublie de le dire :

> De même, écrit-il, que la géographie est estimée contribuer à l'exactitude de l'histoire, de même à l'art de la médecine la connaissance du corps humain semble nécessaire *(Ut ad historiæ fidem conferre creditur Geographia, ita ad artem medicam humani corporis cognitio videtur necessaria)* (p. 13).

Fort bien, mais qu'est-ce à dire? Pour prouver cette proposition, Dulaurens allègue Hippocrate selon qui « c'est la diversité des lieux qui fait la différence des maladies »[20]. Ainsi ce que l'anatomie apporte au médecin, c'est la connaissance des lieux susceptibles d'être affectés. Il ne reste plus rien de cette nécessaire vision d'ensemble du corps à laquelle s'efforçait Fernel. Cette connaissance des lieux, comment l'acquérir? On peut, déclare Dulaurens, utiliser des représentations anatomiques ; mais une expérience directe, une inspection, une autopsie, n'est pas moins souhaitable. Puisque c'est l'homme que soigne le médecin, il lui fait examiner des corps humains. Mais les cadavres humains sont rares (Dulaurens nous apprend qu'à Montpellier les consuls ne mettent à la disposition de l'école de médecine que quatre cadavres par an[21]), et il n'est évidemment pas question de tuer des hommes pour étudier leurs corps. On recourra donc aux animaux – et sans inconvénient – puisque, « dans l'homme et dans les bêtes sont semblables le mouvement du cœur et des artères, de même que ceux du cerveau, du diaphragme, des intestins »[22]. Cette question de la dissection des corps vivants ou morts est, on l'a dit, récurrente chez ceux qui rêvent, par l'anatomie, de saisir les secrets du corps vivant. Fernel, lui, comme on l'a dit aussi, jugeait inutile de

18 Dulaurens, *ibid.* : « Non debet nec potest vere Physicus appellari, quisquis humani corporis historiam ignorauerit ».

19 Dulaurens, *ibid.*, 1, 8, p. 13 : « Medico non modo utilem, sed omnino necessariam esse Anatomen demonstratur ».

20 Dulaurens, *ibid.* : « Sola est locorum varietas, quæ morborum differentiam facit. Quisquis ergo partium humani corporis historiam ignorabit, is earundem affectus male dignoscet, peius curabit, pessime, qui euasuri sint aut non euasuri, prædicet ».

21 Information fournie par Dulaurens lui-même, *ibid.*, p. 14 : « Solent in academia Monspeliensi Consules ciuitatis quatuor cadauera quotannis dare ».

22 Dulaurens, *ibid.*

s'attarder à cette question. Dulaurens, au contraire, la pose à nouveau, sans craindre de se contredire, puisqu'il a employé un chapitre[23] à dire en quoi l'homme est très différent de l'animal – c'est qu'à ses yeux, il y va de la dignité de l'homme – et que maintenant, d'un trait de plume, il pose leur très grande ressemblance. Mais comment ne pas soulever cette question quand on est convaincu que tous les secrets seraient révélés par une exacte *inspectio* du corps humain?

D'autre part, cette *inspectio*, puisqu'elle n'est pas soumise à une enquête ultérieure qui chercherait par la pensée «les choses cachées», peut se faire à partir de la distinction traditionnelle et commune des parties du corps: os, thorax, oreilles, mains, pieds, etc. Voulant construire une physiologie, Fernel se demandait, lui, ce qu'il fallait entendre par «partie» et concluait, après un examen serré, que les parties dissimilaires sont toutes instrumentaires, mais que les parties instrumentaires ne sont pas toutes dissimilaires. Dulaurens aborde donc cette inévitable question,[24] mais pose tout de suite qu'il dira indifféremment partie ou lieu, et il conclut que, du moment que Fernel a minutieusement et soigneusement étudié cette question au deuxième livre de sa *Physiologie*, il lui semble inutile de s'y attarder. Voilà l'une des rares mentions de Fernel dans le gros livre de Dulaurens: on voit que la leçon du maître n'a guère été entendue. Cependant, comme Dulaurens est un homme consciencieux, il ne juge pas avoir définitivement réglé le problème de la définition de la partie, et il y revient plus loin,[25] d'autant qu'il se propose, dans cet ouvrage, d'examiner les points controversés en anatomie; cette fois, il donne raison à Fernel, de nouveau cité, tout en rappelant que sa définition a été discutée par Argenterio, mais en déclarant qu'il n'entrera pas dans ce débat «trop pointu et qui est étranger à la médecine *(nimis arguta haec, et extra medicam considerationem)*», puisque, rappelle-t-il, non sans habileté, le corps humain qui importe au médecin n'est pas le corps en général, mais le corps en tant qu'il est sujet à la maladie ou à la santé. Fernel certes ne disait pas autre chose, mais je doute qu'il eût approuvé la conséquence qu'en tire Dulaurens! De même, Dulaurens commence par les os, et pour la même raison que Fernel (ce sont les fondements et les piliers de tout le bâtiment humain), mais il oublie que Fernel avait commencé en suivant

23 Dulaurens, *ibid.*, I, 4: «Quid hominis corpus à cæteris distet animalibus, et quid habeat peculiare in sua structura».

24 Dulaurens, *ibid.*, I, 16: «Quodnam sit Anatomes subiectum, pars scilicet, ubi partis definitio explicatur».

25 Dulaurens, *ibid.*, pp. 31-32: «De partis definitione».

la description traditionnelle des parties du corps et en commençant par celles qu'on appelle similaires, se réservant de revenir sur leur définition : il ne s'agissait pour lui que de procéder à un premier repérage, et encore avons-nous noté que ce repérage lui-même tenait déjà compte des « choses cachées » que l'analyse rationnelle permettrait de saisir. De tout cela, Dulaurens ne fait nul cas.

Dulaurens est un bon exemple de cette célébration de l'anatomie qui a eu tant de thuriféraires. Lecteur de Paré, il amplifie sa recommandation de l'anatomie, dont la première utilité, disait le chirurgien, est qu'elle :

> nous mène et conduit à la connaissance du Créateur, comme l'effet à la connaissance de la cause, ainsi que témoigne saint Paul, disant que les choses invisibles de Dieu sont manifestées et connues par l'intelligence des choses faites et sensibles.

Cette référence à Saint Paul (Rm, I, 20), Dulaurens n'a garde de l'oublier dans un chapitre intitulé « Combien l'anatomie est utile à la connaissance de Dieu »[26]. Et il invite les athées à méditer sur la merveille du corps humain et sur la puissance et la sagesse de celui qui :

> d'une petite goutte de semence [...], a fait tant de parties diverses, plus de deux cents os, autant de cartilages, une foule de ligaments, des membranes presque innombrables, les canaux des artères, des myriades de veines, plus de trente paires de nerfs, presque quatre cents muscles, et enfin l'ensemble des viscères[27].

L'argument est vieux, mais il n'a pas fini de servir :

> Pouvez-vous voir toutes les inventions dont la machine de l'homme est composée sans admirer de quelle façon cela est agencé l'un dans l'autre? ces nerfs, ces os, ces veines, ces artères, ces..., ce poumon, ce cœur, ce foie, et tous les autres ingrédients qui sont là et qui ... Oh! dame, interrompez-moi donc, si vous voulez. Je ne saurais disputer, si l'on ne m'interrompt[28].

26 Dulaurens, *ibid.*, I, 6, p. 11.

27 Dulaurens, *ibid.* : « In humani corporis structura est nescio quid augustum, lucet quippe in ea admirabilis Dei potentia, incredibilis eius sapientia, et infinita bonitas. Potentiam quis non ex eo iudicet, quod ex tantillo semine, cuius partes videntur homogeneæ, et guttulis aliquot sanguinis, tam varias partes effinxerit, ossa plusquam ducenta, cartilagines totidem, ligamenta quamplurima, membranas pene innumeras, arteriarum tubos, venarum myriades, neruorum plusquam triginta paria, musculos fere quadringentos, viscera denique omnia delineauerit? »

28 Molière, *Dom Juan*, III, 1.

Dulaurens a, sur Sganarelle, l'avantage de pouvoir continuer à disputer sans avoir besoin qu'on l'interrompe. Mais il est à l'image de tous ceux, anatomistes ou non, qui, de son temps, croient pouvoir appeler le témoignage des yeux à étaler au grand jour les secrets du corps humain, pour y faire contempler la haute sagesse de celui qui l'a conçu. Il valait la peine de demander à Fernel de dire que, du point de vue de la médecine, l'anatomie est un savoir à la fois auxiliaire et partiel, que, si l'apologétique s'en empare, c'est en lui attribuant des vertus qu'elle n'a guère, et qu'au fond cette louange inconsidérée dont on l'accable traduit le rêve démesuré d'exposer aux yeux, comme s'il leur était enfin entièrement accessible, le grand secret.

# Le *skeletos* de Montaigne ou la leçon de l'anatomie

Marie-Luce DEMONET
CESR, Tours

> Nous vîmes aussi chez lui et en l'école publique des anatomies entières d'hommes morts qui se tiennent[1].

Comme bien d'autres, cette étude tente d'élucider un passage de la longue addition qui, dans, *De l'exercitation*, est considérée comme l'un des moments majeurs du « connais-toi » socratique chez Montaigne. Il prend place à la suite de l'expression énigmatique « le corps aéré de la voix », dans un passage qui répond à d'éventuels moralistes inquiets de voir une peinture des défauts et sans « production ouvragère », c'est-à-dire qui ne cherche même pas à produire une œuvre :

> A l'adventure, entendent ils que je tesmoigne de moy par ouvrages et effects, non nuement par des paroles. Je peins principalement mes cogitations, subject informe, qui ne peut tomber en production ouvragere. A toute peine le puis je coucher en ce corps aëréе de la voix. (II, 6, 378).

Il convient de revenir sur le sens exact des phrases suivantes, qui contiennent le mot *skeletos* :

> Des plus sages hommes et des plus dévots ont vescu fuyants tous apparents effects. Les effects diroyent plus de la Fortune que de moy. Ils tesmoignent leur roole, non pas le mien, si ce n'est conjecturalement et incertainement : eschantillons d'une montre particuliere. Je m'estalle entier : c'est un Skeletos où, d'une veuë, les veines, les muscles, les tendons paroissent, chaque piece en son siege. L'effect de la toux en produisoit une partie ; l'effect de la palleur ou battement de cœur, un'autre, et doubteusement. Ce ne sont mes gestes que j'escris, c'est moy, c'est mon essence. (378-79).

Tous les interprètes comprennent, à juste titre, que Montaigne utilise ici le modèle anatomique pour exprimer la franchise de ce qu'il appelle sa

1 Montaigne, *Journal de Voyage*, éd. Fausta Garavini, Paris, Gallimard, Folio, 1983, p. 90 (chez Félix Platter à Bâle). Pour les *Essais*, nos références renvoient à l'édition Villey-Saulnier, Paris, PUF, 1965.

« confession », fût-elle « ironique et moqueuse » (III, 11, 1044). Certes, mais il semble que Montaigne s'y engage en la comparant à une autre partie de la médecine, dont il se recommande ailleurs : la symptomatique, partie de la *séméiotike*. Il opposerait alors un registre métaphorique de la transparence et de l'ouverture absolue, l'anatomie, à une autre série de comparants qui relèvent plutôt de la pathologie : la toux, la pâleur, le pouls, comme symptômes d'une maladie invisible. Si les chirurgiens incluent les pathologies dans leurs observations anatomiques ou dans leur suite (c'est le cas de Paré), la science anatomique idéale peut ne s'intéresser qu'à un corps-type, comme le font Vésale et La Rivière dans le traité d'Estienne. C'est Niccolo Bertruccio, le maître de Guy de Chauliac, qui ajoute la maladie à la liste des « observables » établie du temps de l'école de Salerne par Jean Alexandre[2]. Colombo ajoute à son traité très inspiré de Vésale un dernier chapitre *« De iis quæ raro in Anatome conspiciuntur »*, où il rapporte une série de monstruosités anatomiques[3].

On voit aussi les problèmes posés par ce comparant anatomique privilégié qu'est le squelette : au sens littéral, il n'est pas recouvert de chair et, au sens littéral encore, il n'est visible que sur un corps mort, et bien mort. Or Montaigne tient à ce qu'on accepte le livre des *Essais*, le comparé, comme un livre de sa vie et de sa chair. Ces questions d'interprétation conduisent non seulement à vérifier ce que signifiait exactement *skeletos* dans les ouvrages d'anatomie, mais aussi à cerner la portée de la métaphore.

## 1. Le symptôme et la partie

Dans un travail parallèle au nôtre, et qu'il a présenté au colloque de Harvard sur « Montaigne et les arts », Alain Legros s'est intéressé aussi de très près à cette addition, dont il analyse la disposition, les graphies (le mot *skeletos* n'est pas en capitales, contrairement à ce que laisse penser l'édition Villey – et il n'est pas non plus en caractères grecs), attirant l'attention sur le

2 Roger French, *Dissection and vivisection in the European Renaissance*, 1999, Aldershot, Ashgate, p. 66.

3 Realdo Colombo, *De re anatomica libri XV*, Paris, André Wechel, 1572.

sens exact du terme et sur l'importance de la vulgarisation des connaissances anatomiques après Vésale et ses planches si fameuses[4].

Si l'on peut dessiner le corps humain, dans son ensemble et dans ses parties, on ne peut, en revanche, le faire pour des symptômes comme la toux ou le pouls ; à la rigueur pour la pâleur, ce qui ne serait, dans un dessin au trait, guère commode non plus. Les deux parties de la médecine ne correspondent pas au même type de signe : la représentation anatomique par le dessin est iconique, et l'on pourrait dire la plus iconique possible. Parmi les éléments dessinés, certains pourraient être des symptômes, comme l'hypertrophie du foie ou des pierres trouvées dans les reins, représentés par Ambroise Paré dans son traité des *Monstres et prodiges*, mais on ne les trouvera pas dans un dessin-type comme chez Vésale. L'interprétation causale (la raison de cette hypertrophie ou de ces calculs) vient après coup et résulte d'un autre processus sémiotique, spécifique aux symptômes et aux signes, l'inférence. Les symptômes sont, dans la terminologie de Peirce, des « indices », exprimés communément par le terme de *signum* ou d'*indicium* à l'époque. Ils se différencient des signes en général par le fait qu'ils doivent être interprétés conjointement à d'autres et par leur caractère accidentel[5].

Lorsqu'il oppose la transparence iconique du *skeletos* à ce qu'il appelle des « effets », Montaigne sépare le signe iconique de l'indice. Pour le premier, il n'y a pas à inférer, seulement à « voir » le corps dans sa totalité, comme le montrent les expressions « je m'estale entier » et « d'une vue », telles qu'un Michel-Ange a tenté de les restituer dans ses dessins anatomiques[6]. A cette totalité s'oppose le caractère fragmentaire de la perception indicielle :

4 A. Legros, « Cannibale, *imago*, *skeletos* : trois bonnes gravures pour des *Essais* », à paraître dans *Le Journal de la Renaissance*, vol. 4, 2006, sous presse ; André Vésale, *De humani corporis fabrica*, 1543.

5 Sur l'évolution de la science des signes médicaux à la Renaissance, voir Ian MacLean, *Logic, signs, and nature in the Renaissance : the case of learned medicine*, Cambridge University Press, 2001, ch. 5 ; M.-L. Demonet, « Du signe au symptôme : la sémiotique d'Ambroise Paré », *Ambroise Paré (1510-1590). Pratique et écriture de la science à la Renaissance*, éd. E. Berriot-Salvadore, Paris, Champion, 2003, pp. 229-248.

6 La recherche de la « transparence » associée à la fonctionnalité chez ce peintre a été étudiée par Roberto Paolo Ciardi, « Le corps transparent. Modalités d'iconographie anatomique chez Michel-Ange », *L'Anatomie chez Michel-Ange. De la réalité à l'idéalité*, éd. Chiara Rabbi-Bernard, Paris, Hermann, 2003, pp. 51-76. L'artiste avait commencé à collaborer avec Realdo Colombo, et projeté une suite au *Traité des proportions du corps humain* d'Albert Dürer (1528).

ce ne sont que des effets, qui se rapportent « douteusement » et « incertainement » à une partie du corps : « L'effect de la toux en produisoit une partie ; l'effect de la palleur ou battement de cœur, un'autre, et doubteusement ». Si l'on veut cerner le sens de cette phrase, il faut comprendre la préposition « de » comme introduisant un génitif subjectif et non objectif : l'effet *de* la toux, c'est la toux en tant qu'effet et symptôme, qui « produit », c'est-à-dire qui manifeste et révèle l'affection d'une partie du corps, par exemple du poumon ou de la gorge (on peut justement hésiter entre telle et telle partie). La « raison des effets » est donc, comme dirait Pascal, plurielle et rapportable à des causes multiples. Le terme d'« échantillon », intéressant lui aussi parce qu'il est assez technique, ne renvoie pas à ce qu'est sémiotiquement un échantillon, une partie qui par son identité au tout représente le tout, mais une partie qui ne renvoie qu'à une partie du corps, par une « montre particulière », c'est-à-dire par une représentation d'un élément partiel.

Tout ce passage est la métaphore filée de l'écriture des *Essais* dans lesquels, s'ils étaient bien composés, chaque partie renverrait au tout, comme pour un échantillon. Mais ce n'est pas le cas puisque le lecteur est obligé d'exercer sa vue sur l'ensemble, sur le corps dans sa totalité, ces paroles « nues ». Si elles produisent un effet d'ordre ou d'organisation, Montaigne l'attribue clairement au hasard : « Les effects diroyent plus de la Fortune que de moy ». La seule opération de composition qu'il reconnaisse est celle de l'enregistrement, du flux de l'écriture, et le fait de « coucher » ses cogitations dans le corps aérien de la voix.

Nous savons donc, ou nous croyons savoir, à cette étape de l'élucidation du sens littéral, que le livre est un corps nu comme une « anatomie », un corps total, non découpé mais sans la peau de l'apparence, une représentation directe et non décalée comme le symptôme, de ce que Montaigne appelle son « essence ».

Le problème est que, anatomiquement parlant, un *skeletos* n'est pas exactement cela. Dans cette métaphore inadéquate, il faut donc se demander si Montaigne, conscient de l'inadéquation, la maintient dans une sorte de provocation destinée à la sagacité du lecteur ; ou bien si, vaguement informé du sens technique de *skeletos*, il l'utilise seulement d'une manière approximative.

Ailleurs, le modèle du symptôme n'est pas du tout récusé et figure également comme comparant de la production non composée des *Essais.* C'est le fameux début du chapitre « De la vanité » :

> Ce sont icy, un peu plus civilement, des excremens d'un vieil esprit, dur tantost, tantost lache et tousjours indigeste (III, 9, 946).

La couleur des urines et la nature des excréments sont considérées aussi comme des «*signa*» de ce qui se passe dans le corps et qui reste invisible. On peut discuter de leur nature précise de symptôme, comme on le faisait à l'époque, peu importe. La manière à peine «civile» par laquelle Montaigne essaie de donner l'idée de son œuvre a pourtant un point commun avec l'appréhension globalisante du *skeletos*: c'est un signe, lui aussi, globalisé par l'appréciation de l'«indigestion», qui rejoint le principe de l'absence de composition. On a pu rapporter le «dur» et le «lâche» aux deux formes extrêmes du style des *Essais*: le style bref d'un côté, la phrase longue et le récit des anecdotes d'un autre. Mais le *skeletos* semble contredire le caractère inconstant de ces signes extérieurs, du moins si l'on compare cet usage singulier à la façon dont le terme est utilisé par les anatomistes.

## 2. Ce qui ne peut se dire en «langage françois»

Montaigne aurait-il commis un faux-sens sur *skeletos*? Un «Skeletos où, d'une veuë, les veines, les muscles, les tendons paroissent», ce n'est pas vraiment la leçon que l'on peut tirer des ouvrages médicaux. S'ils rappellent tous le sens du terme pour les «anciens Grecs», à savoir celui d'anatomie sèche, ils s'accordent pour donner au mot *skeletos* le sens moderne d'assemblage d'os dans sa disposition naturelle, tel qu'il soutient effectivement le corps[7]. Mais les hommes de l'art hésitent toutefois entre deux appellations: étude du squelette et *ostelogia,* la préférence allant plutôt vers la seconde, à la différence des hommes de lettres qui vont associer assez tôt ce terme technique à l'image du squelette grimaçant. Or l'emploi de Montaigne ne

7 Charles Estienne n'utilise pas le mot *squelette,* mais la traduction-périphrase «anatomie seiche», qui désigne dans une perspective didactique «le narré ou explication des os de nostre corps» (*La dissection des parties du corps humain divisée en trois livres*, Paris, S. de Colines, 1546. I, 6, p. 7); à la toute fin de son ouvrage, lorsqu'il expose la manière d'assembler les os bouilllis et séchés, il reprend la périphrase tout en ajoutant que les Grecs l'appelaient «*sceletos*» (*ibid.*, p. 405). Voir aussi la version en latin, *De dissectione partium corporis humani limitus, ibid.*, 1545.

se situe pas non plus de ce côté, car, sur un squelette de danse macabre, on ne voit pas les veines ni les muscles, sinon en lambeaux putrides. Montaigne semble confondre en fait le squelette et ce que nous appelons l'écorché, terme qui n'est pas attesté avec cette signification avant 1796.

Le mot *squelette*, en français en tout cas, est tout récemment vulgarisé: les premières attestations dans le sens moderne datent non pas du milieu du siècle comme le proposent tous les dictionnaires depuis le *FEW*, mais plutôt des années 1570-75. Chez Paré, il a bien le sens de charpente osseuse et non d'animal empaillé[8]. La date de 1552 donnée par le *FEW* pour les *Monstres et prodiges* est certainement erronée puisque la première édition de ce texte est de 1573[9]. Quant à Ronsard, il utilise le mot «schelette» dans le sonnet I des *Derniers vers,* écrits en 1586, et les autres occurrences ne remontent pas en-deçà de 1580[10]. Le premier utilisateur serait plutôt Pontus de Tyard dans le *Solitaire Second* (1554) qui parle du «scelette» de la tortue, de sa carapace, comme d'une caisse de résonance,[11] ce qui n'est pas exactement le sens anatomique. Les diverses graphies montrent l'hésitation sur la façon d'accommoder le terme grec et la forme actuelle ne semble dater que de Scarron *(FEW).* Montaigne peut très bien l'avoir lue non chez les médecins, mais

8 Contrairement à ce qu'indique le *Dictionnaire Larousse du Moyen Français.*

9 On ne voit pas à quoi se réfère la date de 1552 pour la première attestation. *La maniere de traiter les playes* de Paré (1545) a été rééditée en 1552; à moins qu'il s'agisse de la première édition des *Administrations anatomiques* (1549)?

10 «Je n'ai plus que les os, un squelette je semble...» (*Derniers vers*, I, 1587, composés en 1586 d'après le témoignage de Du Perron). La graphie reproduite par Laumonnier est «schelette». Huguet, le *FEW* et Godefroy signalent une *Elégie* 29 et donnent la date de 1560, mais comme il n'y a jamais 29 poèmes dans les différents recueils des *Elégies*, les dictionnaires semblent avoir simplement répété ces datations erronées. D'après la *Concordance* de Creore, les trois occurrences sont: 1) une variante de 1587 à «Charles, tel que je suis, vous serez quelque jour» («De m'appeller Squelete & Laune (*sic* pour larve) de la mort», Pléiade I, p. 1158; «De m'appeler voisin des ombres de la mort», v. 58); 2) dans les *Œuvres* de 1584, *Les Elegies*, après l'Elégie XXIIII, une pièce intitulée «Discours», «Donques voici le jour qu'en triomphe est menée», appelée ensuite «Dires» («Un squelette seiché, une carcasse etique», v. 133, Pléiade II, p. 403), éditée en 1584, avec une première version manuscrite en 1580; 3) *Derniers vers*, I. Les emplois chez Ronsard sont donc beaucoup plus tardifs qu'on ne l'a dit et la forme grecque maintenue par Montaigne montre au contraire que le calque français n'est que peu répandu dans les années 1580-92. Paré lui-même conserve *«sceletos»* dans l'*Anatomie* de 1585.

11 *Solitaire second*, éd. C. M. Yandell, Genève, Droz, 1980, II, p. 76: «L'un nous renvoie à un dieu Mercure et à sa lyre de quatre ou de sept cordes ou au scelette de sa tortue».

chez Plutarque en grec[12] où il a, toutefois, le sens ancien d'anatomie sèche. C'est également ce sens que reprend Du Vair dans *De la constance* (III) et dans ses harangues funéraires, où il explique le mot ainsi: «un sceletos, c'est à dire la carcasse d'un homme mort»[13]. Un magistrat et poète contemporain de Montaigne, Gérard-Marie Imbert, explicite par des vers sa propre utilisation du mot en 1578: «Ces gens ont ruiné ma pauvre maisonete/ Laquelle tu dirois ressembler un skelete/ *Mot qui ne peut se dire en langage françois*» (Huguet)[14]. Il faut aussi laisser de côté le sens étendu de «cadavre» que Huguet applique à l'expression de Paré dans «le squelette d'un enfant mort»[15], de même que, pour l'autre occurrence («Il te faut avoir le scelete d'un petit enfant»), il vaut mieux suivre le supplément de Godefroy (qui a pourtant inspiré Huguet) avec la définition moderne: «ensemble des os d'un animal dépouillés de la chair et dans leur position naturelle». C'est l'équivalent de celle de Cotgrave:

> The whole coagmentation of bones in their naturall position: also, an Anatomie made thereof: or a carkasse whereof nothing is left but the bones, which we call a Skelton, or Skeliton[16].

Paré ne peut être plus clair lorsqu'il parle du squelette de l'autruche, dont il donne à la suite le «pourtrait» dans le *Traité des Monstres*[17]. D'autres occurrences, mais somme toute, assez rares à l'époque de Montaigne, sont attestées chez Rapin, Chassignet, Palma-Cayet, Sully, avec des graphies à la française.

12 *Banquet des sept sages*, II, 148a, f° 188 de l'éd. de 1579 (Amyot traduit par «anatomie seiche du corps d'un homme mort»). Le traducteur de l'édition des Belles Lettres (J. Defradas) rend *skeletos* par «momie» (Paris, 1985, p. 200); la note indique que l'origine de l'anecdote est sans doute Hérodote II, 78 ou encore Lucien, *De luctu*, 21, ou Pétrone, *Satiricon*, 34.

13 Furetière signale les squelettes décharnés ou desséchés qui ornent les cabinets de curiosités; en revanche, Richelet conserve le sens d'os recouverts ou non de la peau.

14 *Premiere partie des sonnets exoteriques*, Bordeaux, Millanges, 1578, sonnet 86 (Huguet, d'après Godefroy, *Supplément*). Ce personnage a également suivi des études au collège de Guyenne sous Elie Vinet.

15 *Traité des Monstres et prodiges*, éd. J. Céard, Genève, Droz, 1971, ch. 11, p. 43.

16 Randle Cotgrave, *A dictionary of the French and English tongues*, Londres, A. Islip, 1611.

17 A. Paré, *Traité des Monstres et prodiges*, éd. cit., ch. 25, p. 127.

Comme pour le mot « anatomie », les sens métaphoriques sont apparus assez tôt, par hyperbole pour l'extrême maigreur (Ronsard) ; le premier a désigné tout découpage avec examen, effectué par le menu et avec méthode, en synonymie avec *dissectio*, comme le confirment le *Dictionarium* d'Estienne (1549) et Nicot[18]. Puis ou en parallèle, « anatomie » a désigné le résultat visible du travail de dissection, c'est-à-dire un corps représenté écorché ou en cours de dissection.

Le mot « anatomie », en revanche, avait été adopté bien plus tôt (les « fréquentes anatomies » font partie du programme éducatif du jeune Gargantua), utilisé avec un sens figuré de description et d'inventaire par le menu (Boaistuau, Tyard) ; le verbe anatomiser avait déjà pu prendre un sens satirique équivalent à « blasonner », comme dans « l'Anatomie de Quaresmeprenant » (Rabelais, *Quart Livre*, ch. 30-32). Montaigne ne confond pas *skeletos* et anatomie sèche car il utilise cette périphrase dans un autre passage des *Essais* – inspiré par le *Banquet* de Plutarque déjà mentionné – et dans le premier état :

> Ainsi faisoyent les Egyptiens, qui, au milieu de leurs festins et parmy leur meilleure chere, faisoient aporter l'Anatomie seche d'un corps d'homme mort, pour servir d'advertissement aux conviez (I, 20, 87a).

Même si les éditeurs actuels traduisent ici par « squelette », l'expression ne peut pas référer à une anatomie sur laquelle seraient encore tous les organes et les muscles. Montaigne appellerait alors « anatomie sèche » ce qui est pour nous le squelette, et *skeletos* ce qui est pour nous l'écorché.

Huguet traduit *skeletos* chez Montaigne dans un sens purement livresque de « figure anatomique », c'est-à-dire de squelette non pas tel qu'il est en réalité, ni même tel qu'il apparaît lors de la dissection, mais tel qu'il est représenté dans les livres. Or le problème est qu'aucune planche ne peut représenter en même temps un squelette « énervé » comme dit Chassignet, et un écorché avec ses nerfs et ses muscles[19].

Les dictionnaires accusent un certain retard par rapport à ce qui a dû être un usage bien antérieur : l'édition de 1694 du *Dictionnaire de l'Académie* atteste le premier, lit-on, le sens de « squelette artificiel », attaché avec du fil : or on en voit très tôt sur les planches et les frontispices, dans une posi-

18 Dans le *Dictionaire françois-latin* d'Estienne (1549), qui mentionne « Dissequer » sans en donner de définition.

19 *Mespris de la vie*, 144, et *Psaumes* VI selon Godefroy.

tion qui n'est pas toujours celle d'un *memento mori* mais qui rappelle un usage médical. Une sorte de petite poutre en métal permettait d'accrocher les clavicules et le reste des ossements. Vésale raconte, à la fin de sa section sur les os et juste avant la reproduction de ses squelettes en pied, l'histoire de la fabrication de son premier squelette : comment il a découvert un criminel puni pour vol, les os déjà bien nettoyés par les oiseaux mais avec tous ses ligaments, et comment il l'a rapporté chez lui morceau par morceau. Suivent le mode d'emploi et la façon de monter son squelette[20].

## 3. La composition squelettique

En tant que métaphore, le rapprochement entre le *skeletos* et les *Essais* procède à une double sélection sémique, aussi intéressante par ce qu'elle élimine que par ce qu'elle souligne. Commençons par ce qu'elle passe sous silence. Le squelette est utilisé dans les arts libéraux, comme l'anatomie elle-même, pour mettre en évidence le principe de composition. Dans les chapitres épidictiques des traités d'anatomie ou de médecine, il était d'usage d'insister sur l'admirable proportion des membres, sur les effets de symétrie et sur la recherche des similitudes ; ces habitudes étaient anciennes : Galien avait lui-même souligné le caractère providentiel de la structure humaine, manifestation de l'excellence de l'homme grâce à la position debout et à la vue tournée vers le ciel en particulier, la tête en haut, signe de la dignité du microcosme. Ces éloges sont développés chez Estienne, Vésale, Colombo son élève, Fernel, Paré, Du Laurens, etc. Riolan fils se livre encore à cet exercice en 1608, dans une méditation qui concentre tous les *topoi* du genre : la merveilleuse symétrie du corps humain correspond à celle de Vitruve et du canon de Polyclète ; elle est inscriptible dans un carré ; le centre en est l'ombilic, si bien que ce microcosme est à la fois temple de Salomon et

20 Colombo détaille encore bien plus que son maître, et dans un livre séparé, les étapes de la reconstitution du squelette, faisant remarquer que « le bon Vésale » lui-même avait négligé de s'occuper de la mœlle épinière. Mais « l'anatomiste ne peut pas tout voir ». Il insiste sur la nécessaire élégance *(elegantia)* et clarté *(concinnitas)* du squelette, dont les cartilages doivent être desséchés et non bouillis ; il est plus beau *(pulchrior)* de présenter un bras fléchi et l'autre tendu (*De re anatomica*, 1572, p. 207 *sqq*.).

arche de Noé par la mesure de ses membres. Contre l'« *insanus Epicurus* », il réfute l'idée que cette merveille ait pu être créée par hasard et l'éloge culmine dans la perception toute proche de l'âme du grand tout :

> Necesse est humanum corpus perspectum habere, in quo omnia contemplemur et quasi penitus animo cernamus[21].

Certaines méthodes anatomiques de la première moitié du XVIe siècle consistent encore à repérer les dix « observables » en parties similaires, à les apparier les unes avec les autres et à les répartir en deux ensembles, les molles ou sanguines d'un côté, les dures ou spermatiques de l'autre. Ainsi, l'anatomie contient au moins trois leçons : deux qui concernent la métaphysique, par la connaissance de l'homme, de sa vulnérabilité et de sa mortalité, mais en même temps par la reconnaissance admirative envers le travail du Créateur qui s'exprime par l'activité de classement du diligent anatomiste ; enfin, une leçon de physique qui est plus prosaïquement la connaissance du corps humain à des fins thérapeutiques. Aucune trace de ces enseignements chez Montaigne : le « connais-toi » que les réformés semblent avoir appliqué les premiers à l'art de l'anatomie[22], suivis de près par les catholiques de la Contre-Réforme, ne conduit pas à lever les yeux vers le ciel pour remercier d'avoir placé l'homme au centre absolu de la création. Au contraire, Montaigne fait comme s'il ne connaissait pas l'insistance que les anatomistes avaient montrée à rappeler la distance entre l'anatomie des animaux et celle de l'homme : certes, on continuait encore à disséquer des porcs (c'était une spécialité de l'école de Salerne), des chiens et des singes, notamment parce qu'on pouvait se permettre de les disséquer vivants : mais c'était pour mieux établir, au-delà des ressemblances, les différences essentielles, dont la station debout. Plusieurs frontispices conservent encore la présence de ces animaux de référence, la plupart du temps le singe et le porc, mais aussi le chien, comme chez Vésale *(Fig. 1)*[23].

21 Jean Riolan, *Schola anatomica*, Paris, A. Périer, 1608, p. 7.

22 Selon R. French, *Dissection and vivisection…*, *op. cit.*, 1990, p. 455.

23 Avant le frontispice de la *Fabrica*, on voyait le chien sur une gravure tirée du *Propriétaire des choses* de Barthélemy l'Anglais, reproduite dans A. Carlino, *Libri e dissezione nel Rinascimento*, Turin, Einaudi, 1994, fig. 12 : le chien semble plutôt attendre les restes. Voir aussi le frontispice de Valverde, disciple de Vésale, dans l'édition de 1560 où le singe et le porc encadrent le crâne en haut de médaillon ; en revanche, ils ont disparu dans le frontispice de 1572 (Plantin).

C'est une vivisection de chien qui permettra à Colombo de démontrer que la voix ne vient pas du cœur. Dans l'une des lettrines de la *Fabrica* (édition de 1543), des *putti* s'apprêtent à découper un porc ficelé sur une table *(Fig. 2)*. Ce rappel servait aussi à marquer la différence entre la nouvelle anatomie humaine et la dissection galénique qu'on accusait, à tort semble-t-il, d'avoir été exclusivement pratiquée sur des animaux. Or Montaigne feint d'ignorer ce progrès en faisant comme si la nouvelle anatomie continuait l'ancienne analogie :

> Et quelles qualités de nostre corporelle constitution en Platon et en Cicero ne peuvent servir à mille sortes de bestes ? (a) Celles qui nous retirent le plus, ce sont les plus laides et les plus abjectes de toute la bande : car, pour l'apparence exterieure et forme du visage, ce sont les magots : (c) Simia quam similis, turpissima bestia, nobis ! (a) pour le dedans et parties vitales, c'est le pourceau (II, 12, 484).

Alors que chez Vésale la ressemblance soulignée avec la structure interne des animaux le conduit à revendiquer hautement la supériorité de l'âme humaine et de sa raison (inaccessibles à l'anatomie), chez Montaigne cette ressemblance l'amène à construire la singularité humaine sur le sujet et l'individu et non sur la supériorité de l'espèce[24].

Quant au squelette, il est à l'anatomie ce que l'anatomie est à la médecine : un fondement et une « géographie », selon l'expression de Fernel répétée par Riolan[25]. Il représente l'un des deux « états » de l'homme anatomique, tels que les frontispices les montrent en éludant le plus souvent les étapes intermédiaires de la dissection, à partir de l'*accessus* ou début du rituel. Les premières gravures de dissection la représentent à son début, au moment solennel qui précède l'ouverture du ventre ou qui le suit immédiatement, comme chez Vésale, alors que la présence du squelette se remarque soit comme objet du théâtre anatomique lui-même (Vésale, *Fig. 3*) soit

24 « Neque quicquam insuper ab Anatomico, vel theologorum omnem rationis vim ac totam fere principis nobis vocatæ animæ facultatem brutis animalibus adiumentium occasione, indagandum puto : cum cerebri nimirum constructione simia, canis, equus, felis et quadrupeda quæ hactenus vidi omnia, et aues etiam uniuersæ, plurimaque piscium genera, omni propemodum ex parte homini correspondeant : neque ullum secanti occurrat discrimen, quod secus de hominis, quam illorum animalium functionibus statuendum esse praescribat » (*Fabrica*, 1555, VII, p. 773).

25 Jean Riolan, *Schola anatomica*, 1608, p. 8, d'après la « description géographique » de Fernel, partie de la physiologie qui recouvre l'anatomie (voir la contribution de J. Céard dans ce volume).

comme «décor» du frontispice, non seulement par la reproduction d'un squelette entier, mais encore par les différents ornements d'un grotesque macabre: croix et trophées d'ossements, crânes en corniche. Un tableau anonyme de la fin du XVI^e^ siècle présente un état intéressant, car on voit le médecin (John Banister), qui a ouvert un ventre où il plonge la main: il a aussi dégagé les côtes bien visibles et montre avec son autre main et à l'aide d'une baguette ce qui correspond à l'emplacement du ventre sur un squelette «artificiel»[26]. Parmi les gravures visibles chez Du Laurens, l'anatomiste lui-même a le thorax ouvert, et il a les mains dans le thorax évidé de son *alter ego (Fig. 4)*[27]. On pourrait croire que le squelette est l'étape finale de la dissection: il n'en est sans doute rien, car, pour l'obtenir, il fallait réassembler ce qui avait été démembré et dépecé, comme la leçon de Vésale le montrait bien. L'état de squelette est une étape finale plus théorique que réelle et les anatomistes discutent d'ailleurs de l'ordre dans lequel il faut proposer, non pas sur la table de dissection mais dans le livre d'anatomie, la description de la fabrique du corps.

Le squelette ou la partie *«de ossibus»* pouvait en effet se placer soit au tout début du livre soit à la fin. Etant donné qu'il est comme la charpente de la maison, les pieux de la tente ou la carène du navire, comme le rappelle Du Laurens après Vésale, Fuchs, Fernel et Paré[28], il doit venir, par l'importance même de sa fonction structurante, en premier. Mais Du Laurens lui-même en traite à la fin, car il préfère suivre l'ordre de la dissection proprement dite, qui ne peut pas, évidemment, commencer par l'observation du squelette sauf si, comme c'était le cas, un autre squelette accroché à proximité permettait le va-et-vient entre la découverte progressive de l'intérieur du corps et sa dernière étape. Du Laurens semble avoir conscience

26 Dans Andrea Carlino, *Libri e dissezione, op. cit.*, 1994, fig. 15.

27 André Du Laurens, *Anatomia humani corporis*, Paris, Marc Orry, 1600; cette édition, parallèle mais non identique à celle de Francfort, 1600, présente un ensemble de planches au milieu de l'ouvrage; inspirées de Vésale, elles n'en sont pas moins d'un style différent et correspondent à une sélection.

28 Du Laurens, *Anatomia*, 1593, 1600, 1621, II, 1; Vésale, 1543, I, ch. 1, p. 1: «Liber primus, iis quæ universum corpus sustinent ac suffulciunt, quibusque omnia stabiliuntur et adnascuntur dedicatus». Il n'y a pas de mise au point étymologique et épistémologique sur le squelette dans son ouvrage. Jean Fernel, *Physiologia*, éd. de 1638, ch. 3, p. 1; Leonard Fuchs, *Humani corporis fabrica epitome*, Lyon, Jean Frellon, 1551, p. 22. On ne trouve pas cette comparaison dans toutes les éditions des *Œuvres* de Paré: elle figure dans celle de 1585, mais non dans celle de 1652.

du caractère artificiel du livre d'anatomie, et ce n'est pas sans réticence qu'il ajoute une série de planches, tirées de Vésale, à quelques-unes de ses éditions; les premières n'en ont pas, pas plus que la grande édition en français de 1621; il s'excuse d'en avoir ajouté une série au milieu des éditions de 1600 (Francfort et Paris), en disant: «*quod ea studiosos remoretur magis, quam promoveat*»[29].

L'ordre de la dissection et l'ordre de l'anatomie théorique sont donc exactement inverses, comme l'a expliqué Fernel qui a repris la notion de méthode héritée de Galien, avec les deux types de démonstration des *Analytica posteriora*[30].

L'analytique est telle que la dissection se déroule réellement, en partant des viscères pour aller jusqu'aux os; les premiers anatomistes de la Renaissance ne passent pas par des considérations générales sur le squelette et sur les os: chez Niccolo Massa, la dissection s'effectue par morceaux selon l'ordre de la découverte et en enlevant les différentes couches de l'apparence.[31] En 1597, Bauhin appelle cette méthode «*artificiosa dissectio*», car elle suit l'ordre de la technique[32]; elle relève de l'inventaire, partie par partie, sans isoler les catégories (muscles, veines, organes) et significativement son ouvrage s'appelle *historia anatomica.* Charles Estienne faisait de même mais, en pratiquant dans l'exposition l'ordre inverse alors que son livre s'intitule «*De la dissection du corps humain*», il revient sur l'ordre réel, dit «dissolutoire» (III, ch. 45 et suivants) et appelé par Du Laurens «*autopsia*» à la fin de son ouvrage. On retrouve exactement la même opposition que celle qui distingue le chroniqueur, observant l'ordre des faits, de l'historien-philosophe, qui suit l'ordre des causes[33].

La méthode synthétique s'applique à partir des principes et de l'ordre profond du corps, et d'autres anatomistes l'appellent aussi *historia:* dans ce

29 Ed. de Francfort, 1600, p. 153.

30 On les attribue souvent à Ramus, mais elles sont déjà chez Aristote et Galien.

31 N. Massa, *Anatomiæ liber introductorius*, Venise, Stella Jordanus Zilletus, 1559, I, 2.

32 Caspar Bauhin, *Anatomica corporis virilis et muliebris historia*, s. l. [Genève?], Jean le Preux, 1597, I, 1.

33 Charles Estienne rapproche l'anatomie de l'histoire, sans reprendre cette distinction: «L'estat de celuy qui entreprend la description des parties du corps humain ne me semble en riens different de l'officce d'un historien auquel incumbe produire et monstrer par escrit ce qui sert a la memoire des gestes et affaires publiques» (*Dissection...*, 1546, f° a2 r°).

cas, et dans le livre uniquement, on commence par le squelette qui soutient l'ensemble. C'est l'ordre suivi par Galien, repris par Charles Estienne (d'après les travaux anatomiques du chirurgien Etienne de la Rivière), Vésale, Colombo, Paré[34]. Fernel ne cache pas sa préférence pour celle-ci, méfiant comme il peut l'être envers les monstruosités des empiristes. Les observations tirées des sens doivent toujours être dominées par la raison[35]. Très logiquement, il commence par traiter des os, sans toutefois utiliser le terme de *skeletos* ni même en donner une idée dans la récapitulation qui précède la description des muscles. Dans ses livres anatomiques, Paré conserve la forme grecque *sceletos*, bien malgré lui, précise-t-il.

Un article remarquable de Martin Kemp sur les dessins anatomiques de Léonard de Vinci, après 1509, montre comment le peintre passe de la seconde méthode à la première, abandonnant ses *a priori* sur ce qu'il devait trouver en dessinant les dissections, au profit de ce qu'il voyait réellement[36].

Dans son livre II de l'*Anatomia* (1, 32), Du Laurens intitule son premier chapitre vraiment anatomique «Qu'il faut commencer par les os», tout en le faisant précéder de longs chapitres sur l'excellence de l'homme et d'une controverse sur les «parties similaires». Les os viennent en premier «car selon Hippocrate, c'est ce qui donne la fermeté, la rectitude, et la figure à tout le corps»; les étudiants de médecine d'Alexandrie voyaient d'abord:

> des squelettes dessechez, et puis apres des corps entiers. Au reste les anciens Grecs nomment, squelette, l'assemblement et composition de tous les os, depuis la teste jusques aux pieds: or skeletos, est autant, comme qui diroit corps desseché; et vient du verbe Grec, skello, qui signifie je seiche: et de là vient que les Autheurs, qui ont traitté des os, ont mis au front de leurs livres, ces inscriptions les uns, Du squelette; les autres, De l'osteologie, et les autres, Des os: lesquelles reviennent toutes à une[37].

34 Vésale et Colombo suivent un plan synthétique en commençant par le squelette, mais analytique à l'intérieur de la partie concernant les os: le chapitre sur le squelette (intitulé «De sceleto» chez Colombo) clôt le livre sur les os.

35 J. Fernel, *Physiologia*, 1638, ch. 1, pp. 1-2.

36 M. Kemp, «Dissection and divinity in Leonardo's late anatomies», *The Journal of the Warburg and Courtauld Institutes*, XXXV, 1972, pp. 200-225.

37 A. Du Laurens, *Toutes les œuvres de M. André Du Laurens*, trad. Théophile Gelée, Rouen, Raphaël du Petit Val, 1621, II, 1, pp. 32.

L'édition latine de 1593 était plus polémique contre les nouveaux anatomistes:

> Scripsit peri skeletou aureolum ad Tyrones libellum Galenus, quem neoterici fere omnes quo iure quaque iniuria carpunt et lancinant. Ego licet hactenus is fuerim, qui nullius iurare in verba magistri assueuerim; malo tamen praeceptori Galeno probabilia docenti, quam nouis et falsis iuniorum decretis assentiri[38].

Il ironisait alors sur ce dépeçage du corpus galénique par les anti-galénistes, d'autant plus que la dissection pouvait apparaître comme une mise en pièces (en 1600, la polémique s'est adoucie)[39]. L'anatomiste établit ainsi une relation entre la «syntaxe» du squelette (c'est le mot utilisé par Du Laurens) et le principe de morcellement de l'opération anatomique. Or des deux extrêmes Montaigne garde d'une part la notion de «lopin» («chaque lopin y fasse son corps» dit-il du «parler» qu'il aime)[40] et d'autre part cette totalité qui provoque le sentiment d'unité du livre. Mais l'analogie est limitée car Montaigne ne traite jamais du rapport hiérarchique qui lie les parties du corps entre elles, rapport sur lequel Du Laurens s'étend plus que les autres: l'une des leçons de l'anatomie est de nous apprendre le sens de la hiérarchie, ce que c'est qu'un corps social dans une harmonie qui est un ensemble d'assujettissements et de devoirs d'obéissance. Au contraire, Montaigne ne cesse de s'étonner devant le sentiment d'autonomie de certains organes, des reins qui fabriquent la pierre ou de «l'indocile liberté de ce membre». Cette autonomie n'empêche nullement le sentiment qu'ils forment un ensemble singulier et hégémonique.

La réduction en parties fascine dès ses débuts la médecine renaissante, à tel point qu'elle génère en même temps sa métaphore particulièrement sensible dans le verbe «anatomiser». L'*Anatomy of Melancholy* (1621) de Robert Burton est à la fois une description détaillée, partie par partie, du fonctionnement universel de l'imagination, et le livre qui est organisé selon le même ordre. Ce principe d'organisation n'affecte pas le jugement de Montaigne sur les œuvres littéraires et sur les *Essais*; on ne distingue pas l'ossature de l'œuvre, mis à part la structure lâche des trois livres et le nombre de chapitres. Il n'y a pas vraiment de «cœur», malgré les tentatives diverses

38 *Opera anatomica*, Lyon, Jean Baptiste Buysson, 1593, p. 782.

39 Le texte est toutefois modifié et décrit le processus fictif de la reconstitution anatomique à partir du squelette: «sunt enim velut pali quidam, quibus cæteræ partes affiguntur et sæpe finguntur» (éd. de Paris, Marc Orry, 1600, II, 1, p. 51).

40 *Essais*, I, 26, 172.

pour trouver un centre et des symétries. On ne voit pas d'essais qui soient plus « membres » que les autres ; pas d'essais de tête, sinon ceux qui sont en tête, et ne sont pas obligatoirement les plus importants.

## 4. Le squelette écorché

Le référent anatomique pour le *skeletos* de Montaigne semble donc un objet impossible, un de ces « objets fictifs » que seule l'imagination peut se représenter : soit il est squelette « sec », soit c'est un écorché qui laisse tout voir, sauf les os, comme sur le frontispice de Giulio Casserio (1627, *Fig. 5*) : un squelette à gauche, un écorché à droite, un singe en bas à gauche, un sanglier à droite[41].

Or quelques représentations, toutefois, laissent entrevoir à la fois le *skeletos* et ce qui lui est encore attaché dessus. C'est le cas de l'écorché « à la gorge déployée » reproduit à gauche dans le frontispice de Du Laurens (édition de Francfort uniquement, 1600, *Fig. 6*) : la gravure montre le squelette, en partie anatomisé, de la gorge ; les muscles des joues et des maxillaires ont été détachés d'un côté mais pas de l'autre ; la figure semble avoir deux sortes de trompes (les trompes d'Eustache ?) ou d'ailes de chaque côté de la tête. A moitié écorchée également est une variante de l'homme « au masque de peau » repris dans la figure en frontispice (à droite) de l'*Anatome* de Vidius Vidius (1611) et imité de la peinture du martyre de saint Barthélemy par Michel-Ange (chapelle Sixtine). L'homme a vraiment enlevé le masque des apparences, il tient la peau de son visage comme une anamorphose morbide et la soulève pour la montrer au lecteur en trophée. Ce linge fantomatique est ce qui reste de la physionomie une fois qu'on en a enlevé l'enveloppe : un fantôme d'identité. Contrairement à beaucoup d'autres disséqués, celui-ci a gardé un ventre intact et ses viscères : le reste a été dépouillé comme un lapin et l'on voit bien les côtes et le crâne. Plus impressionnant encore est le bras dessiné par Léonard, qui tente de montrer à la fois l'os et ce qu'il y a sur l'os[42],

41 Giulio Casserio, *Tabulæ anatomicæ*, avec les suppléments de Daniel Bucretius, Venise, [Evangelista Deuchinus], 1627.

42 Dessins appartenant à la collection Windsor, reproduits dans l'article de Martin Kemp, « Dissection… », art. cit., pl. 28.

comme par un dévoilement en polytemporalité, différant de la vision synchronique de Vésale dans le portrait de lui-même tenant un bras écorché.

On sait les réticences de Montaigne à l'encontre de tout ce qui concerne la tyrannie des apparences, du rôle qu'elles peuvent jouer dans les relations sociales : la laideur de Socrate, sa propre physionomie plutôt « favorable », les préjugés sur la beauté, la juste proportion des membres et la couleur de la peau. Les *Essais* sont Montaigne sans la peau quand elle joue le rôle de masque, bien qu'il avoue, dans ce même chapitre « de l'exercitation », que la description reste une manière de se présenter à son avantage (« je me pare sans cesse, car je me descris sans cesse »). Malgré le succès du *De humana physiognomonia* de Della Porta (1586), l'interprétation physionomique s'arrête à la frontière du corps ; de même, les observations anatomiques s'opposent à ceux qui prétendent avoir vu par la dissection l'intérieur « noir » d'un mélancolique et à l'idée tenace que la forme du crâne révèle les capacités internes[43], La physiognomonie va surtout devenir une science mondaine et l'anatomiste verra tout aussi difficilement l'affichage des tempéraments dans l'agencement des os et des organes que celui des facultés cérébrales[44].

Le *skeletos* vu par Montaigne élude la question de la découpe et du sang. Il est aussi propre qu'une belle planche dans un livre d'anatomie. Mais en même temps, la force de sa métaphore vient du fait que le corps des *Essais*, ainsi métaphorisé, est un corps vivant, bien loin des élégantes statues de Vésale[45] ; elle est vivisection fictive, comme son écorché-squelette est une figure fictive.

L'ouvrage de Roger French a mis l'accent sur l'importance de la tentation de la vivisection. On connaît la répugnance de Montaigne à l'encontre de ce genre de cruauté courante dans l'application de la torture, non seulement judiciaire, mais aussi guerrière, comme il la dénonce vigoureusement dans « Des Cannibales ». La pratique de la vivisection par les médecins de

43 La réfutation est effectuée par Du Laurens dans l'*Anatomia*, Francfort, Theodor de Bry, 1600, V, 9, p. 524.

44 Sur l'utilisation réservée de cette science par Montaigne, voir notre étude, « Le signe physionomique dans le Livre III des *Essais* », dans *Du signe au sens. Etudes sur le livre III des* Essais, éd. F. Argod-Dutard, Paris, Champion, 2003, pp. 151-178.

45 Au début de son livre sur le cerveau, *« sedes animæ »*, Realdo Colombo reproduit les éloges habituels sur la supériorité de la tête et en vante l'*usus mirificus* fondé sur la comparaison mécanique du reste du corps avec la statue : « absque usu enim cerebri homo esset instar statuæ cujusdam, motus sensusque expers » (*De re anatomica*, 1572, VIII, 1, p. 345).

son époque est souvent mentionnée, sinon avérée : à l'entrée « dissection », Furetière reprend la rumeur selon laquelle Berengario da Carpi et Vésale auraient disséqué des hommes vivants. Un témoignage de vivisection un peu antérieur est particulièrement significatif, car il concerne les fameux calculs que, contrairement à beaucoup de pathologies, l'autopsie permettait de « voir ». Paré en dessine les plus « monstrueux »[46] et Riolan fils raconte sans état d'âme que Louis XI avait ainsi autorisé en 1474 la vivisection d'un soldat sujet aux coliques néphrétiques[47]. Une telle curiosité avait animé Montaigne, on le sait, mais bien moins cruellement. Il relate sa seule expérience d'observation anatomique dans le chapitre « De la ressemblance des enfants aux peres », où il avoue avoir « curieusement » recherché les causes des pierres qu'on avait trouvées dans l'intestin du bouc :

> Car de dire que le sang ne se sent pas de cette contagion et n'en altere sa vertu accoustumée, il est plustost à croire qu'il ne s'engendre rien en un corps que par la conspiration et communication de toutes les parties : la masse agit tout'entiere, quoy que l'une piece y contribue plus que l'autre, selon la diversité des operations. Parquoy il y a grande apparence qu'en toutes les parties de ce bouc il y avoit quelque qualité petrifiante. (II, 37, 780).

Avec la prudence du pyrrhonien, il propose une conjecture négative, contre ceux qui lui avaient fait valoir la qualité du sang de l'animal pour guérir les coliques : ce bouc-là ne lui aurait pas fait de bien. L'anecdote personnelle met en évidence la transformation de l'anatomiste en physiologiste et en interprète. On a beau couper l'intestin, il faudrait voir à l'intérieur du sang où loge cette « qualité pierreuse », selon le désir des anciens anatomistes de discerner par leur science les « humeurs » et les « esprits ». Même si Colombo s'était récemment targué d'avoir découvert le trajet des esprits animaux[48], les anatomistes admettaient qu'ils ne pouvaient pas prouver par la vision que les nerfs sont « creux ». Malgré ces limites dues à la taille des instruments, le chirurgien vaut mieux pour Montaigne que le médecin :

46 *Des Monstres et prodiges*, éd. cit., pp. 50-51.

47 J. Riolan, *Schola anatomica*, 1608, p. 17 : « Ludouicus XI Galliarum rex permisit medicis Parisiensibus militem capite dannatum et calculo laborantem viuum incidere, ut calculi generationem atque extrahendi modum perquirerent, quod factum fuit anno salutis 1474. mense ianuario 27 ».

48 R. Colombo, *De re anatomica*, 1572, VIII, 1, p. 345.

> C'est par là que la chirurgie me semble beaucoup plus certaine, par ce qu'elle voit et manie ce qu'elle fait; il y a moins à conjecturer et à deviner, là où les medecins n'ont point de speculum matricis qui leur découvre nostre cerveau, nostre poulmon et nostre foye[49]. (II, 37, 774a)

Une fois qu'on a vu, il reste à expliquer l'anomalie de la présence des pierres: par le régime trop «chaud» suivi par la bête[50], par son caractère simplement extraordinaire, ou par la «contagion» des parties, comme le fait Montaigne, conjecturalement. Mais la contagion elle-même ne se voit pas. De même, les *Essais* se donnent à contempler et à voir, c'est-à-dire à lire, avant de se donner à interpréter.

Du modèle anatomique, Montaigne garde la vision totale, intérieure, par transparences superposées, sans en écarter totalement la physiologie et la symptomatique, car pour le lecteur les *Essais* sont interprétés comme des symptômes, des manifestations extérieures de soi qui produisent des «parties» à la signification aléatoire. L'ordre anatomique est celui de la production du texte, l'ordre «séméiotique» celui de sa lecture.

## 5. La narration philosophique

La métaphore repose aussi sur l'élément commun qu'est la *«syntaxis»* du squelette. De l'expérience du bouc, on retiendra que les *Essais* ne sont pas liés par une syntaxe de type hiérarchique mais par le principe de contagion et de communication des parties. L'étude des comparants métaphoriques empruntés au corps chez Montaigne montre comment il récuse l'utilisation du corps pour signifier et imposer l'ordre immuable de la hiérarchisation sociale, parce qu'on ignore quels mécanismes subtils régissent le corps, de même qu'on ne peut expliquer pourquoi les plus méchants parviennent à constituer un corps social. On ne peut que le constater. Il n'a pas échappé à Montaigne que les anatomistes de son temps, qui auraient dû se mettre d'accord à partir de

49 Quatre «portraits» de *speculum matricis* étaient représentés par Paré (*Œuvres*, 1585, livre XXIV, «De la generation», p. 1012).

50 Paré explique que les principales causes de l'apparition des calculs sont la gloutonnerie et trop d'exercice après le repas (XVII, ch. 24, p.528). Son régime préventif est particulièrement sévère et l'on comprend pourquoi Montaigne s'en est dispensé.

l'expérience du corps disséqué, continuent leurs disputes, plus vives encore qu'au temps où l'on se battait seulement à coups d'autorités :

> Or il est vray-semblable que, si l'ame sçavoit quelque chose, elle se sçauroit premierement elle mesme ; et, si elle sçavoit quelque chose hors d'elle, ce seroit son corps et son estuy, avant toute autre chose. Si on void jusques aujourd'hui les dieux de la medecine se debatre de nostre anatomie. (II, 12, 561a)

Malgré ces divergences entre les interprètes, Montaigne conserve son intérêt pour le corps vu dans ses mouvements internes, qui signifieraient la franchise même des *Essais*. Et pourtant, il sait aussi faire fonctionner métaphoriquement le *skeletos* dans l'autre sens, comme dans « De l'education des enfants », où il recommande la « nonchalance de l'art » :

> (a) Je n'ayme point de tissure où les liaisons et les coutures paroissent, tout ainsi qu'en un beau corps, il ne faut qu'on y puisse compter les os et les veines. (c) Quæ veritati operam dat oratio, incomposita sit et simplex. Quis accurate loquitur, nisi qui vult putide loqui ? (I, 26, 172).

Ici l'anatomie renvoie à ce qui faisait, pour les médecins anatomistes, la beauté du modèle : l'ordre oratoire, la disposition des parties organisées selon l'art et la visibilité même de ces parties. Son anatomie personnelle correspondrait alors à l'*oratio incomposita et simplex*, et donc à un corps lisse, dont la composition interne est dissimulée par la peau, un corps avant dissection, intact. L'incompatibilité avec l'écorché et le squelette est flagrante, mais un écrivain n'est pas tenu à la cohérence métaphorique. La différence avec le *skeletos* de II, 6 tient dans le critère « esthétique » : rien ne dit dans I, 26 qu'il parle des *Essais*, de ce texte écorché « sans ordre ni proportion que fortuite ». Comme il revendique justement le droit à autre chose qu'une « production ouvragère », donc effectuée selon les règles de l'art, on distingue une ligne de partage entre le « beau corps » de la littérature élégante et la rudesse crue des *Essais*.

La comparaison anatomique a aussi gagné la poétique, au moins chez l'un de ceux qui ont, les premiers en Italie, tenté de théoriser le roman. Chez Giovambattista Giraldi Cinzio, en 1554, le squelette est présenté comme la métaphore de la fable :

> Et après que le poète a trouvé le sujet, dont nous avons déjà dit qu'il ressemble aux os (– quoiqu'il paraisse qu'Aristote veuille que la fable, qu'il tient pour le sujet, soit l'âme du poème, moi maintenant je l'utilise autrement ici dans une autre intention, qu'il n'a pas –, il me semble bon de le comparer aux os, dans la mesure où le sujet est le soutien de

> l'œuvre), ce poète doit s'appliquer et étudier la disposition, laquelle occupe dans le poème le même lieu qu'occupent les nerfs et les ligaments dans le corps. Non seulement parce qu'elle fournit l'ordre des parties, comme le font les ligaments, avec lesquels une partie se joint à l'autre, si elle est soumise au jugement de l'écrivain habile : et non seulement elle occupe cette fonction, mais encore celle du remplissage, qui se compare à la chair, d'où se fait la proportion des membres[51].

Retenons de cette comparaison systématique que la fable ou sujet est l'ossature, le squelette, alors qu'on aurait attendu la disposition : en effet, la métaphore architecturale qui double la métaphore organique y encourageait. Si c'est la *favola*, c'est le récit, l'enchaînement des événements : qu'il soit, comme dans l'anatomie théorique, l'*ordo artificialis* de l'épopée classique, ou qu'il soit, comme dans l'anatomie pratique, la succession des événements et de leurs dévoilements. Les romans étaient accusés de ne pas avoir d'ordre, et Cinzio s'applique à leur en assigner un, plus libre, plus « naturel » – la comparaison organique est là pour le prouver –, que la composition épique, mais en même temps l'ordre *in medias res* permet de mettre en action la sagacité du lecteur qui s'interroge sur les causes des événements : là encore l'ordre de la lecture, nettement inférentiel dans la conception de Cinzio, se distingue d'un ordre naturel qui serait celui de la chronologie stricte.

La relation que Montaigne propose lui-même entre les *Essais* et les genres du récit, – ce que confirme l'organisation de ses phrases, les rectifications de la ponctuation, et la volonté délibérée de ne pas composer une matière qui se compose elle-même –, fait que l'on peut assimiler la *favola* de Cinzio au sujet de la peinture de soi. Montaigne ne se prétendrait toutefois pas du tout écrivain habile *(« accorto compositore »)*, car ses *fantasies* sont faites « par sort » et c'est selon le mouvement naturel de l'écriture que le corps se construit, « chaque piece en son siege ». Quant à la proportion des membres que le poéticien demande, elle n'apparaît pas dans les *Essais* sous une autre forme que celle de la contagion et de la communication : « Mes fantasies se suyvent, mais par fois c'est de loing, et se regardent, mais d'une veuë oblique » (III, 9, 994). C'est ce que nous avons appelé la « narration philosophique » des *Essais*[52], qui

51 Giovambattista Giraldi Cinzio, *Discorsi... intorno al comporre dei Romanzi...*, Venise, Gabriel Giolito, 1554, p. 17 (notre traduction, avec la collaboration de Frank La Brasca).

52 Dans *A plaisir. Sémiotique et scepticisme chez Montaigne*, Orléans, Paradigme, 2002, ch. 10.

outrepasse les préceptes des poéticiens comme des orateurs dans une libre disposition, ce qui n'empêche pas, une fois le livre écrit, que chaque lopin y soit à sa place. Le rôle du sujet ou de la *favola* dans les *Essais* est tenu par « moi », « mon essence ».

Montaigne éloigne ainsi le spectre du *memento mori*. Loin de faire du squelette dansant une leçon ténébreuse que beaucoup de théâtres livresques d'anatomie reprennent dans une sorte de morbidité scientifique, c'est un *skeletos* d'étude qui correspond à la curiosité envers soi-même : se connaître dans ses « naturels plis » ; se déplier, soulever la peau et la chair pour voir ce qu'il y a dessous. Entre les trois stades du sujet anatomisé (avec peau, écorché, squelettique, mais Léonard en distinguait onze...), Montaigne ne choisit pas : il les présente dans une sorte de superposition possible seulement par l'imagination, par le travail créatif de la *fantasia*, rejoignant ainsi l'expérience fantastique de l'imaginatif Béroalde de Verville. Si le lecteur pouvait absorber de la « liqueur d'apparence », celle que Béroalde fait boire à l'un des personnages du *Voyage des princes fortunez*, il ferait l'expérience extraordinaire de la traversée des écorces humaines :

> ceste liqueur vous causera un doux & delectable sommeil plein de belles souvenances, & se jettant en sa vigueur és parties exterieures de vostre cuir, & parmy vos muscles & parties solides, environnantes les esprits, le sang & les mouvemens les rendra vitrifiées, & transparantes, ne laissant en leur naturel que les parties interieures qui aussi se vitrifiront, l'une apres l'autre, à ce que les facultez, desirs & pensees paroissent. [...] nous vismes les functions du cœur, le devoir du foye, l'ordinaire du poulmon, la coustume du cerveau, le flus du sang, le cours des esprits, le battement de l'artere, & les autres secrets en ce que nature fait de beau dans ces lieux occultes. Que j'eusse esté content de voir ainsi ma Maistresse, pour discerner la source des alterations du courage des belles. Quand ce fut à remarquer le cerveau plus diligemment, nous aperçeusmes beaucoup de nuages descendans au cœur, & dans ce trouble on apercevoit une belle petite image uniquement logee en ceste capacité qui retient les affections[53].

Bien qu'on ne voie pas les os de l'amant soumis à cette expérience de vitrification organique, apparaissent ses images mentales et ses pensées, mieux encore qu'avec un *speculum*. Cette histoire anatomique réalisée *in vivo* détourne par la fiction scientifique le fantasme et l'interdit de la vivisection. Il réalise celui de la lecture des âmes.

53 François Béroalde de Verville, *L'Histoire veritable ou le Voyage des Princes Fortunez*, Paris, Claude de la Tour, 1610, pp. 332-333.

L'appropriation peu orthodoxe du *skeletos* par Montaigne, pour dire le dessein et la réalisation des *Essais*, révèle l'influence de la science anatomique chez un auteur qui décriait tant la médecine. Même s'il semble avoir laissé de côté le fait que le squelette est décharné, il en a conservé la fonction structurante et la conscience d'une totalité visible au moins par son auteur. Que le lecteur soit en revanche limité par le tissu opaque du texte laisse à l'interprétation la tâche de suivre le chemin oblique du symptôme.

*Fig. 1:* André Vésale, *De humani corporis fabrica,* Bâle, 1543, Centre d'Etudes Supérieures de la Renaissance, f° * 2r°.

*Fig. 2:* André Vésale, *De humani corporis fabrica, ibid.*, frontispice.

*Fig. 3:* André Vésale, *De humani corporis fabrica, op. cit.*, frontispice (détail)
*Fig. 4:* Valverde, Antonio, *Anatomia del corpo humano*, Rome, Antonio Salamanca, 1560, Bibliothèque Interuniversitaire de Médecine, Paris

*Fig. 5:* André Vésale, *De humani corporis fabrica*,1543, *op. cit.*, frontispice (détail)
*Fig. 6:* Vésale, *Fabrica…*, 1543, *op. cit.*, f° * [5] v°

# Montaigne et l'« anatomie de la philosophie »

Nicola PANICHI
Unversità degli studi di Urbino

Mais pourquoi les chaussures?
Tu continues à dire des sottises
(Platon, *Gorgias,* 490e)

## 1. L'horizon épistémique

*Que sais-je?* demandent les *Essais.*[1] La question n'est pas simplement interlocutoire, elle renvoie à l'autre: *Qui suis-je?*[2] – qu'est-ce que c'est le moi, le « sujet »? Toutes les deux alimentent le vertige des distinctions: différences, ressemblances, dissymétries, analogies, duplications, identités, le pluralisme des formes épistémologiques et morales, et atteignent le point de non-retour: le moi est double en soi-même. Mais la duplicité du moi pose à son tour le problème de son identité. Duplication et identité légitiment la question sur le statut du moi de la raison théorique, raison « faible » et « trouble-fête », et du moi de la raison pratique, raison « saine » qui invite au *sapere aude,* art de savoir être homme. Dans l'*Apologie de Raymond Sebond,* l'écart est presque sans appel, mais Montaigne a la force théorique de relancer la question: si l'écart y est, quel instrument sera le plus apte à en vérifier la consistance et en mesurer la valeur, si ce n'est la raison elle-même? Et si c'était le langage – à son tour expression du rapport dramatique entre mots

1 Imprimerie Nationale, Paris 1998, *Présentation, établissement du texte, apparat critique et notes* par André Tournon, 3 vol. On donne les pages de référence, entre parenthèses, dans le texte, suivies de la pagination de l'édition Villey-Saulnier, PUF, Paris 1965 (Quadrige, 1988).

2 Pour cette problématique, voir: André Tournon, *L'humaine condition*: *Que sais-je? Qui suis-je?,* in Plures, *Montaigne et la question de l'homme,* PUF, Paris 1999, pp. 15-31, coordonné par Marie-Luce Demonet.

et choses, et souffrant lui-même du marché symbolique[3] – d'accomplir la tâche, car il simplifie le paradoxe de la condition humaine et il lui donne une forme? Nous ne pouvons nous emparer du monde des choses au moyen du langage, mais c'est le langage, le seul lien intersubjectif, plus que la raison elle-même, qui légitime notre appartenance à la condition humaine, «faire linguistique» et miroir d'un monde incertain…

Montaigne, c'est un *topos*, démystifie avant tout la foi dans l'«individu» fixe et immuable en la considérant comme sans fondement sûr, dans le sujet fermé dans la prison d'une connaissance impossible. Il en représente la nature oscillante, protéiforme, muable, instable, *en mouvement*. Pourtant, il le rend capable de se construire moyennant l'expérimentation de soi et l'ouvrage de son art, art de vivre, de penser, de parler avec les autres présuppposés rhétorico-éthiques typiques de la «civil conversation» de la Renaissance:

> Il se tire une merveilleuse clarté pour le jugement humain de la fréquentation du monde (I.26.271A, 157)[4].

Sous la perspective de la dialectique intersubjective, le savoir n'acquiert de sens que s'il est mis en rapport à la formation «à divers étages» de l'individu. Il peut devenir œuvre d'art se réalisant à travers la vie. La sagesse est science de vie. «C'est être, mais ce n'est pas vivre que se tenir attaché et obligé par nécessité à un seul train» (III.3.64B, 818). *Vivre* pour Montaigne signifie mener sa vie à son degré de vitalité le plus haut: être «en vérité vivant», précise Marcel Conche,[5] thèse qu'il soutient dans sa trilogie montaigniste.[6]

3 En ce sens Blas Matamoro, *Montaigne, moderno y trasmoderno,* «Cuadernos hispanoamericanos», 509, noviembre 1992, pp. 15-32.

4 Cf. Nicola Panichi, *La virtù eloquente. La «civil conversazione» nel Rinascimento,* Pubbl. dell'Università di Urbino, Montefeltro, Urbin 1994; Ead., *Picta historia. Lettura di Montaigne e Nietzsche,* Quattroventi, Urbin 1995; Ilana Zinguer, *Les Trois commerces ou Principes pour une théorie de la communication,* in *Le lecteur, l'auteur et l'écrivain. Montaigne 1492-1992*», «Actes du Colloque International de Haïfa, avril-mai 1992», édités par Ilana Zinguer, pp. 54-68.

5 Marcel Conche, *Montaigne et la philosophie,* Editions de Mégare, Treffort-Cuisat 1992[2], p. 61. Voir aussi: André Comte-Sponville, *Montaigne ou la philosophie vivante,* in *Une éducation philosophique,* PUF, Paris 1995[5], pp. 236-244.

6 Outre *Montaigne et la philosophie,* cit., voir du même auteur: *Le fondement de la morale,* Editions de Mégare, Treffort-Cuisat 1990 et *Montaigne et la conscience heureuse,* Editions de Mégare, Treffort-Cuisat 1992.

Nietzsche l'avait très bien compris et pour cette raison il définit Montaigne (et soi-même) « bon disciple » de Dionysos.[7] Ethique et esthétique ici coïncident : le métier de vivre que la philosophie ancienne a toujours enseigné, implique l'*operari* et l'exercice continu. L'étude de l'« histoire de la philosophie », qui est encore « histoire des sectes », sert au Bordelais à converser avec les anciens et leur histoire dans le but de chercher des « expérimentations » de « vivre à propos » (III.13. 492C, 1108) – son chef-d'œuvre. L'effort, comme pour Nietzsche,[8] est de *devenir ce qu'on est,* la construction la plus légitime et la plus ambitieuse.

Il est inévitable que Montaigne établit, plus ou moins consciemment, un parallèle entre la réflexion sur l'art d'être soi (au moyen de l'écriture/langage) et la conception de l'histoire, « tour de l'humaine capacité ». « Faire histoire » et « faire soi-même » deviennent des processus inséparables : à la forme ouverte du sujet – porteur d'un « nouveau langage » qui, s'il ne réussit pas à exprimer complètement l'être, *agira* certainement sur lui – correspond une histoire ouverte, non bridée par des lois préfixées ou des fins prédéterminées, capable de se mettre continuellement en question. Si la philosophie est « formatrice des jugements et des mœurs » (I.26. 282A, 164), son œuvre « vraie et naïve » consiste à inventer et expérimenter de nouvelles formes de vie. La « connaissance pure » cède sa place à l'art de vivre, même si Montaigne lui-même met en évidence que la découverte de la « vérité » (la tension métaphysique vers la « certitude » ou la recherche de la « cause première » de l'« être de l'être ») devait être indéfinie, sans prescription, sans déclaration. Que ce n'était autre chose que l'extrême effort de notre imagination vers la perfection, chacun en amplifiant l'idée selon sa capacité (II.12. 290A, 513).

Une sorte d'idée régulatrice, à quoi *penser* pour *agir*, s'empare paradoxalement des *Essais* et finit par donner voix à l'ouverture épistémologique de l'individu et de l'histoire qu'elle « dimensionne » d'une certaine manière et « règle », justement là où elle la légitime – et elle légitime le « comme si » *(als ob).* Ainsi on comprend mieux, peut-être, pourquoi Montaigne pense que l'art de vivre est le chef-d'œuvre de la philosophie.

Bien que ses « cogitations » et son « jugement » avancent à tâtons, incertains et boiteux, et que « quand je suis allé le plus avant que je puis, si ne me

7 Friedrich Nietzsche, *Eh, Warum ich so klug bin,* 3.285, in *KGW*, Walter de Gruyter, Berlin 1967 éd. par Giorgio Colli et Mazzino Montinari.

8 Friedrich Nietzsche, *Die fröhliche Wissenschaft,* in *KGW,* cit., III, 270, 519.

suis-je aucunement satisfait», Montaigne déclare qu'il voit «encore du pays au-delà, mais d'une vue trouble, et en nuage, que je ne puis démêler» (I.26.254A, 146). Entrevoir un «pays au-delà», même si d'une manière incertaine et confuse, justifie la recherche de la vérité, sa «chasse», son assomption comme idée de la totalité *(perfection),* regardée comme extrême effort de la faculté imaginative devenue, dans cette forme, la faculté du philosophe[9]. Dans l'histoire de la philosophie c'est Pythagore, selon Montaigne, qui approche «le plus» de la vérité, car il a justement suivi cette méthode *(Ibid.).* La correction historique du jugement formulé par l'auteur des *Essais* sur le philosophe de Samos, ici, ne nous intéresse pas évidemment. La considération insérée dans ce contexte est symptomatique: elle fait penser que c'est l'histoire de la philosophie (les philosophes et leurs conceptions), qui assume une valeur paradigmatique pour orienter l'action (comme le démontre aussi II.12. 396B, 578), condition non complètement satisfaite, ou mieux parfois inappliquée par l'histoire tout court et ses *exempla.*

## 2. Faire l'histoire, faire soi-même: l'historicité comme horizon de sens

L'insistance montaignienne sur «nous sommes nés pour agir» soude fortement la construction de soi et la construction de l'histoire malgré le pessimisme montré quelque part: «La plupart des choses du monde se font par elles-mêmes» (III.8.233B, 933). L'intérêt pour l'histoire-vie dans les *Essais* est hors de question. Celle-ci apparaît, notamment, comme «un livre à étudier et apprendre» (III.8.244B, 941), «une pépinière de discours éthiques et politiques» (*Ibid.*, 245). Même si Montaigne déclare que «l'Histoire c'est plus mon gibier» (I.26. 254A, 146) et qu'il considère les historiens comme sa «droite balle» (II.10.137A, 416), capables de sonder la profondeur opaque de l'âme pour mieux la comprendre, l'histoire ne se pose pas comme source certaine de paradigmes moraux aptes à guider la pratique. L'histoire-

9 Cf. Nicola Panichi, *Tra Mercurio e Saturno. L'immaginazione messaggera, Introduzione a M. de Montaigne, L'immaginazione,* Olschki, Florence 2000 *(Introduction, traduction et notes),* pp. VII-CXXV.

vie est pourtant un sûr stimulant pour le jugement et pour la vie morale si elle réussit à comprendre « la merveilleuse nature d'Alcibiade » (I.26.286A, 167). Elle est l'espace intertextuel auquel Montaigne recourt versant et vidant sans pause, comme les Danaïdes (*Ibid.*, 254C, 146) : « essai » de ses « facultés naturelles » et de son « jugement » (*Ibid.*, A), matière première de sa vie et dans l'élaboration de son art de vivre.[10] Justement la fonction d'intertexte que l'histoire recouvre dans les *Essais* et le fait que le Bordelais la considère comme *conditio sine qua non* de tout discours possible, peuvent expliquer l'absence dans « histoire de ma vie » (III.9. 300B, 980), dans la « galimafrée » montaignienne, d'un essai intitulé *De l'histoire,* circonstance qui a retenu l'attention de Steven Rendall.[11]

Mais dans des essais divers, Montaigne s'occupe de l'histoire et de son statut épistémologique : écriture, lecture cognitive et interprétative.[12] C'est la conversation quand même avec son « suffisant lecteur » qui la fait exister pleinement (le Plutarque de Montaigne l'enseigne, au moment où il trouve chez Tite Live des sens non pas saisis par d'autres ou échappés à l'auteur même). Elle se pose comme voie privilégiée pour la connaissance de l'homme – et ici histoire et histoire de la philosophie entrecroisent leurs parcours : l'histoire est quand même « anatomie de la philosophie » (I.26. 270C, 156) ; bien que dans cette forme elle pose à l'interprète d'autres problèmes épistémologiques : le rapport, par exemple, de modernité et de tradition, de *nouvelletés* et *coutume,* pour employer la terminologie montaignienne. Histoire, comme l'a montré Pérouse, signifie aussi « être verbal », conte. Ce n'est pas un cas si les *Essais* déclarent qu'ils ne veulent pas former l'homme mais le raconter ; décrire l'histoire de sa propre vie signifie raconter aussi celle des autres : « chaque homme porte la forme entière de l'humaine condition » (III.2.44B, 805). L'autobiographie se pose, alors, comme l'élément distributeur de la compréhension éthico-politique.

D'autre part, Montaigne fournit une contribution décisive au concept moderne d'historiographie, il amplifie le rôle de l'historien et il considère les « faits » comme produit de la connaissance et du jugement de l'historien :

10 Voir Kiriaky Christodoulou, « Le rôle de l'histoire dans l'élaboration de l'art de vivre de Montaigne » : « *une ame à divers estages* », in Plures, *Montaigne et l'histoire,* Klincksieck, Paris 1991, pp. 223-232, textes réunis par Claude-Gilbert Dubois.

11 Steven Rendall, « Of History », *Montaigne Studies*, 1994, pp. 3-5.

12 Voir Gabriel Pérouse, *Le mot « histoire » dans les Essais de Montaigne,* in Plures, *Montaigne et l'histoire,* cit., pp. 11-20.

> [A]… les Histoires que j'emprunte, je les renvoie sur la conscience de ceux de qui je le prends. [B] Les discours sont à moi, et se tiennent par la preuve de la raison, non de l'expérience: Chacun y peut joindre ses exemples
>
> Et qui n'en a point, qu'il ne laisse pas de croire qu'il en est, vu le nombre et variété des accidents.[C] Si je ne comme bien, qu'un autre comme pour moi. Aussi en l'étude que je traite de nos mœurs et mouvements
>
> Les témoignages fabuleux, pourvu qu'ils soient possibles, y servent comme les vrais. Advenu ou non advenu, à Paris ou à Rome, à Jean ou à Pierre, c'est toujours un tour de l'humaine capacité duquel je suis utilement avisé par ce récit (I.21.193, 105)[13].

L'infinie multiplicité du devenir historique ne cesse pas d'actualiser, sous des formes nouvelles, l'infinie pluralité de l'« homme en général », thème devenu objet d'un essai de Stierle, avec la conséquence que la perspective montaignienne sur l'histoire est devenue perspective sur les histoires qui ne présentent pas le « général » sous forme exemplaire (Koselleck aussi l'avait éclairci). En ne signifiant qu'elles-mêmes, elles deviennent constitutives d'une infinie « diversité » du possible.[14] Si le « sens » de l'histoire n'est pas certain[15] et si les actions exemplaires, sont parfois soustraites à la responsabilité du

13 On lit un important commentaire de ce passage et ses implications théoriques dans André Tournon, *« Advenu ou non advenu.. »*, in Plures, *Montaigne et l'histoire,* cit., pp. 31-38. Sur l'entrée « commer » utilisé par Montaigne, quelques réflexions dans Yves Delègue, *Du commentir*, « Le temps de la réflexion », V, 1984, pp. 167-182. Voir du même auteur pour des questions et des perspectives plus générales, *La perte des mots,* Presses Universitaires de Strasbourg, Strasbourg 1990.

14 Sur les catégories de « possibilité » et de pluralisme chez Montaigne je renvois à Nicola Panichi, *Il pluralismo come religione del nuovo umanesimo: Montaigne,* in Plures, *Pluralismo e religione civile. Una prospettiva storica e filosofica*, Atti del convegno internazionale Vercelli 25-26 maggio 2001, Bruno Mondadori, Milan 2003, pp. 9-40.

15 Karlheinz Stierle, *L'Exemple comme Histoire, l'Histoire comme Exemple*, « Poétique », 1972, 10, en part. p. 193. Voir aussi, outre Hugo Friedrich, *Montaigne*, A. Francke, Bern 1949 [1967], en part. p. 246 suiv.; tr. franc. *Montaigne,* Gallimard, Paris 1968, en part. p. 211 et suiv., Claude Blum, *Ecriture et système de pensée, 1580: l'Histoire dans les « Essais »*, in Plures, *Montaigne et les Essais, 1580-1980*, Actes du Congrès de Bordeaux, présentés par Pierre Mchel, Champion-Slatkine, Paris-Genève 1983, pp. 3-13; Antoine Compagnon, *Les allégories de l'Histoire,* in *Montaigne et le Nouveau Monde,* « BSAM », juill.-déc. 1992/janv.-juin 1993, n. 29-30-31-32, pp. 29-41; Edward Benson, *The historicity of the Essais: Montaigne's « registre de durée » and his « contrerolle »*, in Plures, *Le parcours des Essais 1588-1988,* Colloque international Duke University, Caroline Nord-Chapel Hill, textes réunis par Marcel Tetel et G. Mallary Masters, Aux Amateurs de livres, Paris 1989, pp. 211-224 et Enea Balmas, *Montaigne et l'inquisition,* in *op.cit.,* pp. 239-249.

sujet, l'exemplarité même de l'exemple est mise en question. Comme, du reste, la conception « providentialiste » de l'histoire, dominante à l'époque.[16] Mais Montaigne ne cesse pas, pour cela, d'insister sur le rapport entre *exemplum* et autobiographie, entre histoire ou discours des autres et histoire ou discours de soi permettant de fonder le sujet moderne et de conjuguer *récit de l'histoire* et « conte du philosophe »[17]. La dialectique historique exige la cœxistence de l'intertexte avec le projet ou pacte autobiographique, malgré le « déclin du monde »[18] et un siècle « si plombé », pour lequel « l'imagination même de la vertu en est à dire » (I.37.377A, 230). L'« état trouble et malade » (III.8.245B, 941), le « temps malade » (III.9. 320B, 993) du présent, ne garantit aucune réalisation possible de la subjectivité[19] et de la raison. Si la « modernité » est le présent, avec sa recherche du « profit »[20] (I.22.196A, 107; III.6.199B, 910; III.9.261B, 954) et ses « inégalités » (I.42.415A, 258; 418A-C, 260), « certitude » et « clairvoyance », ces dernières étant filles d'une sorte de raison « éclairée », Montaigne ne la refuse pas au nom d'une « pré modernité » ou d'une « postmodernité » comme Starobinski semble suggérer (thèse qu'il éclaircit par la suite, jusqu'à différencier, malgré les analogies, Montaigne du « postmoderne »).

C'est la construction de son livre qui expérimente la rupture avec le présent, lieu de nouvelle altérité, après la mort de La Boétie, moi / autre. Là n'est pas annoncé la fin de l'intelligibilité du présent par la philosophie, mais le sujet sent paradoxalement l'histoire du passé comme son « pays au-

16 Voir Franck Lestringant, *Montaigne et la laïcisation de l'histoire : l'exemple du Nouveau Monde,* in Plures, *Montaigne et la révolution philosophique du XVII*^e^, Editions de l'Université de Bruxelles, Bruxelles 1992, p. 45, sous la direction de Jacques Lemaire.

17 Voir Marcel Tetel, *Le Conte du Philosophe,* in Plures, *Montaigne. Penseur et philosophe (1588-1988),* Actes du Congrès de Dakar réunis par Claude Blum, Champion, Paris 1990, pp. 73-87.

18 L'expression est d'Andrée Comparot, *Augustinisme et aristotélisme de Sebond à Montaigne,* Thèse, CERF, Lille, sd, p. 20.

19 François Paré aussi avance cette hypothèse, *L'impossible histoire du temps présent,* « Montaigne Studies », cit., pp. 53-62.

20 Cf. Géralde Nakam, *Les Essais de Montaigne, miroir et procès de leur temps,* Nizet, Paris 1984 (rééd. Champion, Paris 2001) et Philippe Desan, *Les commerces de Montaigne. Le discours économique des Essais,* Nizet, Paris 1992. Voir du même auteur : *Valeur d'usage et valeur d'échange dans les Essais,* in *Or, monnaie, échange dans la culture de la Renaissance,* Actes du Colloque International de l'Association Renaissance, Humanisme, Réforme, Lyon 1991, Publications de l'Université de Saint-Etienne 1994, textes réunis et présentés par André Tournon et Gabriel Pérouse, pp. 213-226.

delà». Dans l'opposition entre incertitude/troubles du présent et clarté morale de l'histoire, la mémoire faillit devenir «hypertrophique».

Montaigne se refuse à la narration étendue, il pense qu'il est moins risqué de parler du passé que du présent: «Je tiens moins hasardeux d'écrire les choses passées que presentes» (I.21.194C, 106). L'exemplarité du passé, si on pouvait la concevoir dans ce sens, servirait à opérer dans le présent, mais la narration du présent n'emprunte à aucune exemplarité. Face à la civilisation gréco-romaine, le présent, la contemporanéité, est miné par le dépérissement et le déclin. Même si l'histoire avance par fragmentations, le projet autobiographique montaignien met en rapport passé et présent, antiquité et modernité; il ne se soustrait pas au conte fragmentaire permettant de recouvrer les actions qui ont fait de tous les individus des sujets contés dans l'histoire.[21] On ne fait pas d'histoire du présent: d'où désagrément et méfiance à l'égard du *dire* du monde contemporain. Pourtant la «sociologie» montaignienne (Desan a formulé pour Montaigne une sorte de «doute sociologique»)[22] est toute placée dans l'intersection et le rapport entre «histoire» politique de son présent et lecture de l'histoire passée.[23]

Quel rôle joue-t-elle, dans cette conjoncture, la philosophie?

## 3. Quelle philosophie?

Le but de la recherche philosophique est la formation de l'intellect, de la capacité de jugement et des mœurs. Son attitude critique est adressée non à l'égard de la spéculation philosophique, mais de la philosophie académique qui a rendu la philosophie abstraite, «perdue» dans la logique et la recherche métaphysique, un projet vain et insensé, improbable «registre [...] des affaires célestes» (II.12.322B, 533). La philosophie authentique, la «vraie et naïve philosophie», la philosophie comme science de la vie ayant «des discours pour la naissance des hommes comme pour la décrépitude» (I.26.

21 Voir François Paré, *L'impossible histoire...*, cit., p. 57.

22 Cf. Philippe Desan, *Naissance de la méthode, La Ramée, Bodin, Montaigne, Descartes*, Nizet, Paris 1987, p. 134.

23 Dans ce sens va la contribution d'Eric Aaron Johnson, *Knowledge and Society. A Social Epistemology of Montaigne's Essais*, Rookword Press, Charlottesville, Virginia 1995, p. 3.

280A, 163) se pose comme approfondissement et sonde de la condition humaine et a en vue une fin essentiellement éthique, normative, perfectible. Elle se donne comme dimension de l'éthique que Montaigne estime la source la plus significative de la santé, du bonheur et de la conquête de vie par la société.

Montaigne reconnaît l'utilité de la logique, mais, pourtant, il ne peut pas critiquer les sophismes de ses divulgateurs (il déclare qu'il aime autant la logique qu'il hait les logiciens),[24] les alchimies intellectuelles et énigmatiques de ses estimateurs modernes qui font triompher le culte de la logique sur la logique de la vie, du vivant et de sa vitalité, en tant logique du concret, sur la logique de la vie. Toujours dans I.26, il distingue entre grammairien et philosophe. L'« imitation du juger » est art beaucoup plus difficile à apprendre que l'« imitation du parler ». Quiconque approche la philosophie de la dégénérescence de la logique et de la grammaire lui rend un mauvais service :

> C'est Barroco et Baralipton qui rendent leurs suppôts ainsi crottés et enfumés, Ce n'est pas elle [la philosophie] : ils ne la connaissent que par ouïr dire (I.26. 277A, 161).

Ce sont les « ergotismes » qui ont envahi ses sentiers en décrétant le caractère abstrait. Montaigne craint la servitude de pensée et de parole : la philosophie qu'il combat est celle qui nourrit l'asservissement avec l'arrogance du savoir aspirant irrationnellement à la « vérité », à la science, aux « belles et certaines instructions que nous tirons de la science humaine » (II.12. 360A, 556). Il apprend qu'elle est le fruit d'une arrogance paradoxale (*Ibid.*, 285C, 511) : elle produit des argumentations « fortes » d'autant plus que son contenu et son instrument sont faibles et incertains. Pluralité et désaccord des opinions des philosophes, dans ce contexte, sont le symptôme d'une perverse prétention métaphysique (*Ibid.*, 314A, 528 et 332A, 539 et suivantes).

Une raison *index sui* n'intéresse pas. Montaigne estime qu'il n'est pas possible de construire une métaphysique comme science. Comme l'on a démontré, il produit au moins trois incursions dans la métaphysique,[25] « pays

24 Sur l'attitude ambivalente de Montaigne à l'égard de la philosophie traditionnelle, voir Ian Maclean, *« Le païs au delà : Montaigne and philosophical speculation »*, in Plures, *Montaigne. Essays in memory of Richard Sayce*, Edited by Ian D. McFarlane et Ian Maclean, Clarendon Press, Oxford 1992, pp. 101-102.

25 Voir Jaume Casals Pons, *Trois incursions de Montaigne dans la métaphysique,* in Plures, *Montaigne. Penseur et philosophe…*, cit., pp. 45-52.

ennemi», trois échecs pour la connaissance («nous n'avons aucune communication à l'être» (II.12.434A, 601); «ce que je serai dorénavant ce ne sera plus qu'un demi-être: ce ne sera plus moi. Je m'échappe tous les jours et me dérobe à moi» (II.17.497A, 642); «Le monde n'est qu'une branloire perenne» (III.2, 43B, 804). L'idée de Dieu, de l'homme et du monde n'apparaissent pas comme un modèle pour pouvoir penser «l'être en tant que tel».

Si l'homme n'a pas de communication avec l'être, s'il est quand même un «bois courbe» (III.10.339B, 1006), sociable et dissociable à la fois («Il n'est rien si dissociable et sociable que l'homme...» (I.39.388C, 238), s'il possède les biens par imagination et les maux par essence (une sorte de « mal radical» (II.12.249-250B, 489), si nous ne faisons rien d'autre que marcher sur nos pas «nous n'allons point, nous rôdons plutôt, et tournoyons çà et là» (III.6.194C, 907), on ne peut pas redouter «que *notre connaissance soit faible en tous sens*: nous ne voyons ni guère loin, ni guère arrière, elle embrasse peu et vit peu, courte et en étendue de temps et en étendue de matière» (*Ibid.*, 194-195B, c'est moi qui souligne). Et que la philosophie traditionnelle soit «faible»:

> La philosophie ne me semble jamais avoir si beau jeu que quand elle combat notre présomption et vanité – quand elle reconnaît de bonne foi son irrésolution, sa faiblesse et son ignorance (II.17. 484A, 634).

Montaigne voit la « mère nourrice » de toutes les fausses opinions, publiques et privées, dans l'opinion trop bonne que l'homme possède de soi: «Ces gens qui se perchent à chevauchons sur l'épicycle de Mercure, qui voient si avant dans le ciel, ils m'arrachent les dents» (*Ibid.*, 484-485). L'étude que Montaigne conduit, «duquel l'objet est l'homme», le fait rencontrer avec une variété de jugements, un labyrinthe de difficultés: justement ceux qui regardent si loin, ils ne connaissent pas ce qui est sous leur nez, surtout eux-mêmes et:

> leur propre condition, qui est continuellement présente à leurs yeux, qui est dans eux puisqu'ils ne savent comment branle ce qu'eux-mêmes font branler, ni comment nous peindre et déchiffrer les ressorts qu'ils tiennent et manient eux-mêmes – comment je les croirais de la cause du flux et reflux de la rivière du Nil (*Ibid.*, 485A 634-635).

Certes, Montaigne avait conçu un éloge de la raison: *Sapere aude* (I.26.274A, 159); il en avait revendiqué l'utilisation «publique» et «privée», comme un type de sagesse pratique qui enseigne à vivre droitement, à bien agir. Il invitait, à la suite d'Horace, à la pratiquer et à ne pas faire ainsi que ce paysan attendant en vain que la rivière cesse de couler : *il faut commencer.* Il s'était plaint que l'intellect ne bouge qu'à crédit, lié et obligé au désir des fantaisies des autres, serf et prisonnier « sous l'autorité de leur leçon » (I.26. 262B, 151) : « on nous a tant assujectis aux cordes, que nous n'avons plus de franches allures » *[Ibid.].* Même si l'homme est plus riche qu'il ne le pense lui-même, on l'habitue à emprunter et mendier. A se servir de l'intellect des autres à la place du sien propre (III.12.385B, 1038). Vigueur et liberté ont été éteints : « *Numquam tutelae suae fiunt* ». C'est la leçon de Sénèque de la *Lettre* 33 à Lucilius. On en retrouve une trace dans *Beantwortung des Frage : Was ist Aufklärung?* de Kant et dans les écrits de Fichte sur la Révolution française. Il s'agit ici d'un intellect « qui dispose tout, qui agit, qui domine et qui règne » (*Ibid.,* 263A, 152). Il organise et agit. Dans la gnoséologie montaignienne, les autres facultés « sont aveugles, sourdes, et sans âme ». C'est l'intellect qui « voit » et « entend », synthétise tout ce que lui apporte la sensibilité. Mais si « l'orgueil gît en la pensée » (II.6.81C, 379), l'homme, dans une espèce de vertige d'omnipotence, tente toujours de s'élever et d'augmenter ses qualités, à son gré : « Enfle-toi, pauvre homme, et encore, et encore, et encore, *Non, si te ruperis, inquit* » (II.12.319B, 531). Il alléguera toujours et quand même une « loi municipale », sa propre cave, en la croyant loi « universelle » (*Ibid.,* 307A, 524). Et plus il s'élèvera, plus sa tombée sera douloureuse : du pays de la métaphysique à l'abyme de Phæton.

Montaigne est à la recherche d'une « raison saine ». Une raison capable de reconnaître comme sienne la question : « Que sais-je? » (*Ibid.,* 313B, 527) et de la reconvertir en « Que puis-je faire? » de l'essai *Du pédantisme.* Il s'agit d'une entreprise presque titanesque. Mais ici demeure sa santé : « le souverain bien ». Le souverain bien consiste « à la reconnaissance de la faiblesse de notre jugement » (*Ibid.,* 254A, 491). Si la connaissance est restreinte, l'imagination dans son usage erroné et déréglé pose l'homme au-dessus du cercle de la lune (*Ibid.,* 191A, 452), car la présomption « est notre maladie naturelle et originelle ». Quand je joue avec ma chatte, poursuit Montaigne, qui sait si elle ne fait pas de moi son passe-temps? En réalité, « les yeux humains ne peuvent apercevoir les choses, que par les formes de leur connaissance » (*Ibid.,* 325B, 535). Phæton, par présomption, tombe; ainsi, l'intellect humain qui voudrait étendre ses pouvoirs au-delà de ses propres confins et de sa propre « jurisdiction » : « Notre esprit retombe en pareille profondeur, se dissipe, et se froisse de même, par sa témérité » *(Ibid.).* Il tombe dans le même abîme. La philosophie et l'intellect ne sauront pas donner de réponses cognitives, poursuit Montaigne, aux questions : « Qu'est-ce que c'est

Dieu?», «Qu'est-ce que c'est le monde?», «Qu'est-ce que c'est la nature?». L'intellect, «nostre science», ne peut atteindre ces domaines (*Ibid.*, 536A). La connaissance est faible «en tous sens» (III.6.194B, 907) et la «raison», «outil souple, contournable, et accommodable à toute figure», est instrument adaptable à toute forme: «ainsi se remplit le monde et se confit en fadaise et mensonge» (II.12.332A, 539). C'est la raison, alors, qui nous fait tromper. Avec sa faiblesse, «sa certitude», sa «clairvoyance» (*Ibid.*, 334A, 541), la «belle raison humaine» s'estime juge de tout, devient «contrerôleuse generalle», s'illusionne («nous tenons cette fantasie») de tout embrasser, de tout pouvoir et que par son intermédiaire on peut tout connaître (*Ibid.*, 335C). C'est la pierre de touche: «Mais certes c'est une touche pleine de fausseté, d'erreur, de faiblesse et défaillance» (*Ibid.*, 336A). Il faut la mettre à l'épreuve: «Par où la voulons-nous mieux éprouver, que par *elle-même?*» (*Ibid.*, c'est moi qui souligne). La façon la meilleure pour la mettre à l'épreuve est celle de la faire mettre à l'épreuve toute seule: la faire devenir «jugeant» et «jugé» à la fois. Si on ne lui fait pas confiance, quand elle parle d'elle-même, elle sera capable avec peine à juger les choses extérieures *(Ibid.)*. Ce peu qu'elle connaît devra être, au moins, son «être» et sa «demeure». Elle devra répondre à elle-même de son identité et de son siège. «Si l'homme ne se connaît, comment connaît-il ses fonctions et ses forces?» (*Ibid.*, 368A, 561), ses facultés et ses formes cognitives? S'il ne se connaît pas, comment connaîtra-t-il, en outre, la bonté ou la méchanceté de *ses mœurs*? Justement en ce point, le *nosce te ipsum* acquiert toute sa valeur pratique.

Mais dans ce tribunal hypothétique de la raison, où «nous l'avons proposé lui-même (l'homme) à soi, et sa raison à sa raison, pour voir ce qu'elle nous en dirait», Montaigne pense avoir montré combien elle comprend peu sur elle-même (*Ibid.*, 361A, 557). Et si on ne comprend pas soi-même, que peut-on comprendre? Il faut créer des confins à l'esprit humain, à la «belle raison», les barrières les plus contraintes qu'on peut. En l'étude, comme au reste, il lui faut compter et régler ses marches, il lui faut tailler par art les limites de sa chasse (*Ibid.*, 364A, 559).

Qu'on lui donne des bornes, des règles et des limites appropriées. Elle tentera, quand même, par sa nature d'échapper à tout lien: «C'est un corps vain, qui n'a par où être saisi et asséné; un corps divers et difforme, auquel on ne peut asseoir nœud ni prise» *(Ibid.)*; c'est un glaive double et dangereux (II.17. 517C, 654), «un pot à deux anses» qu'on peut prendre à gauche ou à droite (II.12. 402B, 581), toujours double et contradictoire; par sa souplesse «c'est le soulier de Théramène: bon à tous pieds» (III.11. 381B,

1034). La vue de notre jugement, selon le *topos* aristotélicien, peut approcher de la vérité autant que l'œil du chat-huant de la splendeur du Soleil (II.12. 353B, 552). C'est par hasard que l'homme trouve la vérité et si elle tombe en main, il ne réussit pas à la saisir et la garder, car la raison « n'a pas la force de s'en prévaloir » (*Ibid.,* 354A 553). En ce sens aussi la raison est faible. Indépendamment de sa fausseté ou de sa véridicité, tout concept produit par le raisonnement est sujet à incertitude, abâtardi et corrompu par notre même faiblesse. Mais la maladie de la raison ne se découvre pas facilement, parce que cette dernière « va toujours et torte, et boiteuse et deshanchée », avec le mensonge et la vérité. Par conséquent, il est difficile de découvrir son « mesconte », son « dérèglement », sa faute: « J'appelle toujours « raison » cette apparence de discours que chacun forge en soi – cette raison dont la condition peut avoir cent contraires autour d'un même sujet:

> c'est un instrument de plomb, et de cire, allongeable, ployable, et accomodable à tout biais et à toutes mesures: il ne reste que la suffisance de le savoir contourner (*Ibid.*, 374A, 565).

Il faut donc la surveiller et savoir la limiter. Si bonnes que puissent être ses raisons, un bon juge peut se tromper, s'il ne *s*'examine bien: « Quelque bon dessein qu'ait un juge, s'il ne s'écoute de près... ».

En exorcisant l'orgueil de l'esprit humain qui s'attribue une capacité illimitée, Montaigne ne cache pas qu'au fil de cette voie du « Que sais-je? » on peut tomber dans l'excès opposé, celui de montrer une raison impuissante, nihiliste, incapable de tout. Montaigne considère la deuxième attitude, à la suite de la première, comme véritable excès: science et ignorance deviennent les deux « extrêmes » où s'arrête une connaissance impossible. Mais ces deux extrêmes démontrent à la fois que la limite de l'homme, son « arrest » est dans la *« necessité et impuissance d'aller outre »* (III.11. 382B, 1035, c'est moi qui souligne). Et que son humanité se mesure à l'incontournable impulsion à aller au-delà des limites de la connaissance et de ses pouvoirs et, en même temps, à reconnaître l'impuissance à les dépasser. Si sa nature le pousse vers cet abîme où la raison humaine, comme Phaéton, retombe inexorablement, l'homme doit apprendre à construire ses propres confins, même s'il n'est pas par sa nature porté à la « modération » et qu'il embrasse toujours davantage ce qu'il ne peut serrer. En rien l'homme ne sait s'arrêter à la limite: dans le savoir aussi « il se taille de la besogne bien plus qu'il n'en peut faire, et bien plus qu'il n'en a affaire... » (III.12.386B, 1038):

> Nous sommes toujours dans notre filet, nous les araignées et tout ce qui est emprisonné ici dedans, nous ne pourrions pas le saisir si ce n'est que ce qui se fait exprès prendre dans notre filet

répétait Nietzsche dans l'aphorisme 117 d'*Aurore*. L'aphorisme en question rappelle la reprise montaignienne des sens comme « prison » et du manque présumé dans l'homme d'autres sens pour « mesurer » le monde. Nietzsche se rapporte ici, selon toute probabilité, directement à Montaigne :

> Les sens sont encore une fois les fondements « de tous nos jugements et de toutes nos connaissances ».

Il n'y a pas d'issue, ni aucune route pour glisser et échapper du monde réel. Même si chez Montaigne est présente une ambivalence fondamentale : il est quand même :

> malaisé de donner bornes à notre esprit : il est curieux et avide, et n'a point d'occasion de s'arrêter plutôt à mille pas qu'à cinquante (II.12. 366A, 560).

Le Bordelais lit aussi dans cette tendance naturelle à vouloir dépasser ses propres bornes un signe de générosité, d'une tension vers d'autres nouveaux possibles dont les ingrédients sont *étonnement, chasse, ambiguïté*:

> Nul esprit généreux ne s'arrête en soi : Il prétend toujours et va outre ses forces. Il y a des élans au-delà de ses effets. S'il ne s'avance et ne se presse et ne s'accule et ne se choque, il n'est vif qu'à demi (III.13. 429C, 1068).

Et encore : « ses poursuites sont sans terme, et sans forme... » (*Ibid.* B).

Le fondement et la preuve de notre ignorance sont dans nos sens. Tout ce qui est connu, l'est, sans aucun doute, par la « faculté du connaissant » ; l'acte de juger est accompli par les moyens typiques du jugement et il est volontaire (II.12. 411A 587) : ce serait le contraire si « nous connaissions les choses par la force et selon la loi de leur essence ». C'est le jugement qui détermine la connaissance de l'objet suivant ses propres formes : il l'organise et la structure. La faculté de la connaissance est l'intellect qui connaît par ses moyens, par ses propres formes et non par les formes propres des choses, de la réalité, qui s'imposeraient à la connaissance selon leur essence avec la conséquente annulation de la liberté de l'acte de connaître. Tout serait nécessité, science et connaissance de l'essence. « Or toute connaissance s'achemine en nous par les sens. Ce sont nos maîtres » *(Ibid.)*. Le philosophe se rappelle de Lucrèce qui voyait les sens comme *« via qua munita fidei/ Proxima fert humanum in pectus templaque mentis*»[26]. Et encore: « La science commence par eux et se résout en eux» *(Ibid.).* La sensation est fondement et principe de la connaissance et les sens en sont «commencement» et « fin» (*Ibid.,* 412A, 588). Selon quelques-uns, précise Montaigne, «science n'est autre chose que sentiment»[27] (*Ibid.*, 412C, 588). Il est indéniable que « par leur voie et entremise s'achemine toute notre instruction» *(Ibid.).* En effet, « toute connaissance vient en nous par leur entreprise et moyen» (*Ibid.,* 415A, 590), dans le sens qu'ils forment, tous ensemble la ligne extrême de nos facultés (*Ibid.,* 413A, 588). Il est impossible de faire voir à celui qui est aveugle ce qu'il ne peut pas voir. Montaigne se demande s'il est par manque de quelque sens que le genre humain ne comprend pas l'être des choses, leur essence, la chose en soi. Il se demande s'il est justement par le manque de facultés sensorielles aptes à la percevoir et à la juger que la véritable essence des choses nous est inconnue:

> nous avons formé une vérité par la consultation et concurrence de nos cinq sens mais à l'aventure fallait-il l'accord de huit ou de dix sens et leur contribution pour l'apercevoir certainement et en son essence (*Ibid.*, 416A, 590).

Du moment que l'homme connaît par l'intermédiaire du « sentiment», de la sensibilité, si les sens faillent en corrompant et altérant « ce qu'ils nous charrient du dehors», si les sens se révèlent eux aussi imparfaits, incertains et faibles, l'homme dans sa connaissance n'a plus aucun soutien solide *(Ibid.).* Dans la difficulté de ces passages s'appuie l'arbitre de l'interprétation. Certes, l'incertitude des sens rend incertaines aussi leurs productions. Les sens ne peuvent juger tout seuls: ici « il nous faut un juge», un juge impartial, « sans préoccupation de jugement» (*Ibid.,* 431A, 600), « il nous faudrait un juge qui», en définitive, « ne fût pas». Même si les sens sont nos premiers juges (*Ibid.,* 426A, 596), pour juger des apparences nous ne pouvons pas recourir à eux (les sens ne peuvent quand même ni leurs productions ni eux-mêmes), il faut:

> un instrument judicatoire – pour vérifier cet instrument, il nous y faut de la démonstration – pour vérifier la démonstration un instrument – nous voilà au rouet. Puisque les

26 Lucrèce, *De rerum natura*, V, 102-103.

27 Pour une tentative d'approfondissement du concept d'« expérience» chez Montaigne, voir: Daniel Aris – Françoise Joukovskj, *Une philosophie de l'expérience*, « BSAM», *L'expérience philosophique,* juillet-déc. 1990, 21-22, pp. 85-94.

> sens ne peuvent arrêter notre dispute, étans pleins eux-mêmes d'incertitude, il faut que ce soit la raison – aucune raison ne s'établira sans une autre raison – nous voilà à reculons jusques à l'infini (Ibid., 433A, 600-601).

L'imagination («fantasie»)[28], poursuit Montaigne, ne s'appliquant pas aux choses extérieures («étrangères»), est fondée sur la médiation *(entremise)* des sens; les sens n'embrassent pas les objets extérieurs, mais simplement leurs propres impressions *(passions)*; ainsi l'imagination et l'apparence ne sont pas à l'objet, mais seulement à l'impression et à la modification du sens, et cette impression et cet objet sont deux choses différentes. La vérité est donc *souffrance*. Si on dit que les impressions sensibles transmettent à l'âme la qualité des objets extérieurs par ressemblance, comment peuvent l'âme et l'intellect être sûrs de cette *ressemblance* du moment qu'ils n'ont aucun rapport immédiat avec les objets extérieurs? *(Ibid.)*. Celui qui juge sur la base de l'apparence (de ce qui apparaît par l'intermédiaire de l'imagination), juge sur la base d'une chose diverse de l'objet.

28 Dans l'état actuel des recherches philologiques et historiographiques, on ne peut pas affirmer avec certitude que Montaigne connaisse *De imaginatione* de Jean-François Pic de la Mirandole. Outre l'édition de 1501, parue à Venise, et celle de 1507 à Strasbourg, Montaigne aurait pu bénéficier aussi de la traduction française aux soins de Jean-Antoine de Baïf, publiée à Paris chez André Wechel en 1557. Pour l'imagination chez Montaigne, voir: Charles Pecheresse, *Montaigne et l'imagination* «BSAM», 1963, 27, pp. 18-29; Grahame Castor, *Pléiade Pœtics. A Study in Sixteenth-Century Thought and Terminology,* Cambridge University Press, Cambridge 1964, pp. 151-154, 158-159 et *passim*; Ian D. MacFarlane, *Montaigne and the Concept of the Imagination,* in Plures, *The French Renaissance and its Heritage. Essays presented to Alan M. Boase,* Methuen, London 1965, pp. 117-137; S. John Holyoake, *Further Reflections on Montaigne and the Concept of the Imagination,* «Bibliothèque d'Humanisme et Renaissance», XXXI, 1969, pp. 495-523; Marcel Tetel, *Montaigne et le Tasse: imagination poétique et espace imaginaire,* «Cahiers de l'Association Internationale Etudes Françaises», 1981, 33, pp. 81-98; Renzo Ragghianti, *Nota sull'immaginazione in Montaigne,* in Plures, *Studi sul Seicento e sull'immaginazione,* a cura di Paolo Cristofolini, Scuola Normale Superiore di Pisa, Pise 1985, pp. 115-127; James J. Soupple, *Les images comme moyen de persuasion (Sur des vers de Virgile),* in Plures, *Rhétorique de Montaigne,* Actes du Colloque de la S.A.M., Paris 14 et 15 déc. 1984, réunis Frank Lestringant, Champion, Paris 1985, p. 185-189; Françoise Y. Close, *De la force de l'imagination: la critique par l'amour,* «BSAM», janv.-juin 1985, 21-22, pp. 5-19; Dora Polachek, *Montaigne and Imaginaion: the Dynamics of Power and Control,* in Plures, *Le parcours des Essais…,* cit., pp. 135-146; Claude-Gilbert Dubois, *La régulation de l'imaginaire. Ethique et politique,* Paradigme, Cæn 1992; Nicola Panichi, *Tra Mercurio e Saturno. L'immaginazione messaggera,* cit.

En dernière analyse, il n'est pas possible de trouver de permanence dans le moi et dans les objets. « Jugeant » et « jugé » sont en continuel changement et mouvement. Nous n'avons, comme l'enseigne Plutarque, aucune communication à l'être qui manifeste de soi simplement « obscure apparence et ombre ». La raison qui cherche dans les choses sa « réelle subsistance », à cause de leur changement, reste déçue : tout va être et n'est pas encore du tout *(Ibid.)*. Ainsi il arrive que nos raisonnements anticipent souvent les faits et que l'extension de leur juridiction soit si infinie qu'ils jugent et s'exercent sur la vanité même et le non-être (III.11.380B, 1034) :

> Non, non, nous ne sentons rien, nous ne voyons rien, toutes choses nous sont occultes, il n'en est aucune de laquelle nous puissions établir quelle est (II.12. 284-285B, 510)[29].

Celui qui a comparé la vie au rêve a peut-être raison. Mais ici le rêve qui est apparence par excellence a une valeur positive. Montaigne pense évidemment à Sénèque : quand on rêve, l'âme dort, agit, exerce toutes ses facultés, bien que faiblement et plus obscurément ; la différence n'est pas entre obscurité et lumière mais entre obscurité et ombre. La même différence existant entre dormir et sommeiller, « plus et moins » « Ce sont toujours ténèbres, et ténèbres Cimmériennes » (II.12.426B, 596) :

> Nous veillons dormant, et veillant dormons. Je ne vois pas si clair dans le sommeil. – Mais, quant au veiller, je ne le trouve jamais assez pur et sans nuage *(Ibid.)*.

Le sommeil dans sa profondeur endort souvent les rêves :

> mais notre veiller n'est jamais si éveillé qu'il purge et dissipe bien à point les rêveries : qui sont les songes des veillants – et pires que songes *(Ibid.)*.

Et c'est à propos de l'apparence et du rêve, de la persuasion que la vie est songe, donc « conscience de l'apparence », que les parcours de Montaigne et Nietzsche se croisent encore une fois.[30]

29 En polémiquant contre la thèse de Marcel Conche, selon laquelle Montaigne ne niant jamais le fondement philosophique de la morale fait de sorte que les droits moraux restent intacts et s'exercent *pour* et *dans* l'usage de la raison, Claude Lévi-Strauss objecte que le Bordelais se montre si radical qu'il nie à la raison n'importe quel pouvoir (*En relisant Montaigne*, in *Histoire de Lynx,* Plon, Paris 1991, p. 287).

30 Voir Nicola Panichi, *Picta historia. Lettura di Montaigne e Nietzsche,* op. cit., deuxième partie.

Montaigne est préoccupé de « ménager sa volonté » ; soit, il figure une économie de la volonté (III.10), où la volonté cède au jugement, en évitant ainsi de devenir volonté « violente et tyrannique ». Seul le jugement, et non la volonté, peut faire un bon usage des apparences. Chez Montaigne, grâce au « long usage », la forme est devenue substance. Le philosophe est de l'avis que les désirs doivent être circonscrits. La réconciliation sait succéder à une négation.[31] Montaigne s'était libéré de la « comédie du monde », en reconnaissant une valeur éthique au *topos* du « théâtre du monde », en lui remettant, comme d'autres humanistes, une valeur hautement symbolique.[32] Voila pourquoi il ne se laisse pas séduire par le « dogmatisme des essences cachées » et il revient à l'apparence en gardant dans sa mémoire toute la distance que le mouvement a interposée (III.8). La même intériorité, comme valeur, se réalise par rapport et à travers la communication et l'extériorisation : la visibilité. La conscience libre n'est pas la conscience unitaire. Elle s'oppose au monde et habite le monde : elle est quand même en garde. Montaigne établit un présupposé inaliénable entre communication et apparence, et « réévalue » cette dernière (extériorité et monde phénoménal de se présenter du soi). L'apparence est le trait qui soude communication et extériorité. Dans un certain sens, les « bonnes manières » de l'apparence sont réévaluées. Elles sont considérées comme des premiers pas vers la sociabilité qui est l'extériorisation et la sortie de soi par excellence : « la science de l'entregent », de la *civilité*, « est une très utile science ». Elle se figure, comme le suggérera Kant dans son *Anthropologie pragmatique*, en tant que « conciliatrice des premiers abords de la société » et « par conséquent nous ouvre la porte à nous instruire par les exemples d'autrui – et à exploiter [et produire notre exemple, s'il y a quelque chose d'instruisant] et communicable » (I.13. 108C, 49).

Mais l'apparence procure à Montaigne aussi la conciliation entre santé personnelle et communication.[33] Le devenir intérieur se figure comme sa-

31 Jean Starobinski, *Montaigne en mouvement,* Gallimard, Paris 1982, *passim.*

32 Jean-Pierre Cavaillé a dédié à cet argument, il y a longtemps, de brillantes observations, *Theatrum mundi. Notes sur la théâtralité baroque,* « Working Papers », European University Institute, Florence, 318 (1987), 87. Le *topos* du théâtre du monde sert « à fonder et à inscrire une critique à l'égard de la nature, tout en donnant un sens positif à la liberté [...] Le théâtre comme symbole de la condition humaine sert ainsi à articuler nature et liberté » (p. 10). La référence au monde est réclamée pour une réélaboration positive de l'action.

33 Cf. Nicola Panichi, *Le scepticisme comme figure de l'éthique,* in Plures, *L'écriture du scepticisme chez Montaigne : médicine, droit, théologie,* Actes des journées d'études, Tours, 15-6 nov. 2001, Droz, Genève, édités par Marie-Luce Demonet et Alain Legros, Droz, Genève 2004, pp. 239-261.

gesse au moment où le rapport avec soi se mesure sur le rapport avec les autres – la *gaieté sociable inséparable de l'art de converser.*

Maurice Merleau-Ponty a fait remarquer que justement Montaigne, qui à plusieurs reprises s'était exprimé d'une façon si négative sur la raison et avait montré qu'on ne pouvait pas sortir de l'opinion, avait fait recours, comme *ultima ratio*, à la « semence de la raison universelle empreinte en tout homme non dénaturé » (III.12.418C, 1059). Si rien n'est en notre pouvoir, si nous ne sommes pas capables d'être autonomes, si la précision de la loi peut égaliser la variété des cas ; si la raison ne peut penser la vie publique se brisant en mille conflits particuliers ; si la corruption est et dehors et dedans, si la même division entre extérieur et intérieur est abstraite, comme celle entre nécessité et liberté et si l'homme est indivisiblement dedans et dehors – et la duplicité alors cesse d'être possible : extérieur et intérieur ne se distinguent pas par « faiblesse et [...] mensonge » (II.12.425A, 596), il faut entrer dans la folie du monde « et nous avons besoin d'une règle pour ce moment là ».[34] On revient au monde avec des règles : « La défaillance d'une vie est le passage à mille autres vies » (III.12. 412B, 1055).

Le savoir scientifique, et en général spéculatif,[35] se soustrait toutefois à cette vision négative. Montaigne reconnaît, contre la philosophie « ostentatrice et parlière » (I.39.402A, 248), la légitimité de la connaissance et de l'enrichissement de l'horizon spéculatif. Le désir de connaître de l'homme s'allie à sa nécessité. Le savoir scientifique est utile, justement l'*incipit* de l'*Apologie* l'enseigne, mais il doit être précédé par un examen liminaire mené par le tribunal de la raison qui devient, dans la métaphore montaignienne, jugeant et jugé (le cœur du même essai le met en évidence à la lettre : ce n'est pas par hasard que Kant considérait les *Essais* comme son livre de chevet)[36]

34 Maurice Merleau-Ponty, *Lecture de Montaigne,* « Les Temps Modernes », 1947, 27, p. 1053, reproduit aussi comme *Préface* à *Essais,* III, Gallimard, Paris 1960.

35 Pour des précisions sur le concept de « science » chez Montaigne, je renvoie à Georges Pholien, « Montaigne et la science », in Plures, *Montaigne et la révolution philosophique...*, cit., pp. 61-74.

36 Eu égard les fortes et évidentes analogies avec quelques aspects fondamentaux de la gnoséologie et de la morale kantiennes, je signale les ouvrages qui se sont occupés, d'une certaine manière, du rapport Montaigne-Kant, ou qui ont indiqué l'intérêt de Kant pour Montaigne : Rudolph Reicke, *Kantiana, Beiträge zu Immanuel Kants Leben und Schriften,* Th. Theile's Buchhandlung, Königsberg 1860 ; Arthur Warda, *Immanuel Kants Bücher,* Martin Breslauer, Berlin 1922 ; René Bernoulli, « A propos de quelques thèmes de Montaigne dans la philosophie allemande », *BSAM*, 7, juillet-sept. 1966, pp. 84-95, en part. pp. 90-95 ; Jean Ferrari, *La bibliothèque de Kant et les sources*

sur ses limites et sur ses pouvoirs réels, savoir s'arrêter dans «certaines et limitées cogitations» auxquelles s'étend sa juridiction, parce que ses connaissances s'effectuent dans des «barrières» très bornées. La seule philosophie possible est une phénoménologie, science de l'expérience de la conscience,[37] une peinture du passage, non de l'être. Priorité de la science de l'homme, donc, sur toute autre discipline. Le «connais-toi même» assume une valeur épistémologique, anthropologique et éthique. Lévi-Strauss a eu raison d'antidater de Rousseau à Montaigne la naissance de l'anthropologie moderne.

Comme plus tard Nietzsche, Montaigne aussi va à la recherche de «couples philosophiques» illustrant par des exemples les deux manières de philosopher: Pline et Cicéron, Epicure et Sénèque. Le premier couple, l'a fait remarquer Edilia Orlandini Traverso,[38] représente la philosophie «ostentatrice et parlière»; le deuxième, la philosophie qui prend sa forme dans la vie, réflexion sur la réalité vécue, à quoi il faut ajouter, comme pour Guazzo, Plutarque, dont le rapprochement de Sénèque est récurrent: «c'est mon homme» (II.10.137A, 416) et «crème de la philosophie» (*Ibid.*, 132A, 413). Montaigne n'a pas de doute: c'est justement l'absorption de la philosophie dans la morale qui en garantit utilité, vitalité et universalité. Il l'affirme à maintes reprises. Science réglant les mœurs, *scientia ad vitam:* il souhaite qu'elle soit enseignée aussi aux enfants:

*françaises de sa philosophie,* «Les Etudes Philosophiques», oct.-déc. 1971, pp. 477-482; Augusto Guerra, *Scienza e vita morale negli scritti kantiani del 1754,* «Giornale critico della filosofia italiana», genn.-mar., 1973, pp. 83-106: sur Montaigne, en part. p. 102 et suiv.; Jean Ferrari, *Les sources françaises de la philosophie de Kant,* Klincksieck, Paris 1979, en part. p. 125 et suiv.; Sergio Landucci, *L'etica di Kant,* Guerini e Associati, Milan 1994, en part. pp. 38-41. Pour Pope comme intermédiaire entre Montaigne et Kant, voir Emile Audra, *L'influence française dans l'œuvre de Pope,* Champion, Paris 1931, en part. pp. 466-480. Une indication à ce sujet aussi dans Max Horkheimer, *Kritische Theorie,* S. Fischer Verlag, Frankfurt am Main 1968. Voir en outre Raymond C. La Charité, *The Concept of Judgement in Montaigne,* Martinus Nijhoff, The Hague 1968; Emmanuelle Baillon, «Une critique du jugement», *Revue Internationale de Philosophie,* 46, 1992, 181, *passim,* et Jaume Casals Pons, *Le «kantisme» esthétique de Montaigne,* «BSAM», 1991, 11-12, pp. 87-94.

37 C'est la même thèse de Jaume Casals Pons, *Trois incursions de Montaigne dans la métaphysique,* cit., p. 48.

38 Cf. Edilia Orlandini Traverso, *La fonction de la recherche philosophique dans les Essais de Montaigne,* «BSAM», 5, janv.- mars 1973, pp. 25-38. Voir du même auteur, *Montaigne e Aristotele,* Le Monnier, Florence 1974.

> Puisque la philosophie est celle qui nous instruit à vivre, et que l'enfance y a sa leçon comme les autres âges, pourquoi ne la lui communique l'on? (I.26.280A, 163).

Et encore :

> On a grand tort de la peindre inaccessible aux enfants, et d'un visage renfroigné, sourcilleux et terrible [...] Il n'est rien plus gai, plus gaillard, plus enjoué, et à peu que je ne die folâtre. Elle ne prêche que fête et bon temps (Ibid., 276A, 160).

Elle ne devrait être exclue ni des fêtes ni des jeux *(Ibid.)*; elle doit parler le langage de la *civil conversatione :*

> Et Platon l'ayant invitée à son convive, nous voyons comme elle entretient l'assistance d'une façon molle et accommodée au temps et au lieu, quoi que ce soit de ses plus hauts discours et plus salutaires: *Æque pauperibus prodest, locupletibus æque, Et neglecta, æque pueris senibusque nocebit* (*Ibid.*, 282-283A, 164-165).

En conclusion, la recherche théorétique du moi est de fait pratique. Il s'agit d'une action qui profite du savoir même et de la raison dans son usage régulateur, principe de subjectivité et non d'individualité *(individuum est ineffable).* Le vrai philosophe ne sera que celui qui est capable de faire correspondre théorie et pratique, d'expérimenter celle que Platon appelait dans son *Lachès* « harmonie attique »: la vie est le meilleur miroir des raisonnements (I.26.287C, 168). « Ma philosophie est en action, en usage naturel et présent – peu en fantasie » (III.5.98B, 842). *Nous sommes nés pour agir,* c'est la thèse paradoxale de l'essai *Que philosopher c'est apprendre à mourir.*

La philosophie, justement parce qu'elle n'est pas, comme l'estime son siècle, « un nom vain et fantastique, qui se trouve de nul usage et de nul prix, et par opinion et par effet » (I.26.275A, 160) doit mettre le sujet à même de construire le monde extérieur. La charge de former l'homme équivaut à la conquête de la subjectivité consciente, de l'esprit libre: son premier devoir est de faire croire dans la liberté de pensée. De ce point de vue, les limites de la raison sont plus rassurantes que décourageantes,[39] si elles obligent l'homme à juger et se juger, à *penser la limite,*[40] à mesurer les étapes

39 Jean-Yves Pouilloux, *Montaigne et l'éveil de la pensée,* Champion, Paris 1995, pp. 215-226. Pour Pouilloux aussi chez Montaigne «la vérité ontologique est hors de notre atteinte, mais pas hors de notre poursuite : « Car nous sommes nais à quester la verité... » (p. 167).

40 *Ibid.,* p. 135.

progressives de l'émancipation de l'intellect des «cordes» auxquelles il est soumis. La conquête de la vie correspondant à la conquête de la subjectivité demande une attitude critique, constructrice de la liberté à l'égard du monde et donne sens à «nous sommes nés pour agir»:

> En s'incluant ainsi dans la critique, non comme sujet qui juge, mais comme sujet-objet du jugement, Montaigne déplace toute perspective, et se met lui-même en demeure de réagir. Ou, pour user d'autres termes, de se réveiller[41].

Cette philosophie ouvre l'homme à un rapport d'altérité universelle (avec les anciens, les sauvages, les contemporains, avec le livre: le sujet est tel par rapport à l'autre, il est reconnu par l'autre), regarde à une parole ouverte, avec une remarquable épaisseur sémantique et assume la vie/histoire, dans ses multiples formes, comme objet de la discussion philosophique, précisément comme avait fait Socrate, en parlant d'habits et de chaussures à un étonné Calliclès – ou de cordonniers, cuisiniers et médecins...[42]

## 4. «Généreuse ignorance» et registre des affaires terrestres

L'intérêt de Montaigne pour l'histoire des sectes qu'il met en évidence dans l'*Apologie*, en général, se réfère davantage à la nécessité de l'historiographie philosophique pour une reconstruction de la dimension authentique du philosopher dans le temps et l'espace.[43] Le but est explicite:

41 *Ibid.* Une lecture dans cette direction est due à Catherine Demure, *Montaigne et le travail philosophique (lecture de III, 6: «Des coches»)*, «BSAM», 17-18, juill.-déc. 1989, pp. 43-62. Voir aussi: Pascal Bouchard, *Recherche sur la structure philosophique des essai 9 et 10 du livre III des Essais,* «BSAM», 10-11, avril-déc., 1974, pp. 63-70 et Id., *Recherche sur la structure philosophique des Essais 11, 12, 13 du Livre III,* «BSAM», 14-15, avril-sep.1975, pp. 81-88, et enfin Id., *Recherche sur la structure philosophique du Livre III,* «BSAM», 18-19, avril-sep. 1976, pp. 57-68.

42 Platon, *Gorgias,* 491a.

43 Cf. Luciano Malusa, *Le premesse rinascimentali dell'attività storiografica in filosofia,* in Plures, *Dalle origini rinascimentali alla «Historia philosophica,* La Scuola, Brescia 1981, vol. I, p. 49, a cura di Giovanni Santinello. Sur l'importance de Montaigne pour la naissance de l'historiographie philosophique, voir aussi Martial Gueroult, *Histoire de l'histoire de la philosophie,* Aubier, Paris 1984, vol. I, pp. 156-157 (avec le titre: *Mon-*

> Combien je désire que pendant que je vis, ou quelque autre, ou Justus Lipsius, le plus savant homme qui nous reste, d'un esprit très poli et judicieux, vraiment germain à mon Turnebus, eût et la volonté, et la santé, et assez de repos, pour ramasser en un registre, selon leurs divisions et leurs classes, sincèrement et curieusement, autant que nous y pouvons voir, les opinions de l'ancienne philosophie sur le sujet de notre être et de nos mœurs, leurs controverses, le crédit et suite des parts, l'application de la vie des auteurs et sectateurs à leurs préceptes, ès accidents mémorables et exemplaires. Le bel ouvrage et utile que ce seroit! (II.12. 396-397B, 578, c'est moi qui souligne).

Comme l'on a remarqué, le texte contient la contribution de la perspective sceptique à la naissance de l'historiographie philosophique, en tant qu'étude historico-critique organique des philosophies anciennes.[44] Cette même persuasion a poussé Martial Gueroult à discuter la pensée de Montaigne à l'intérieur des deux catégories épistémologiques de « certitude » et « incertitude ». Quelques paragraphes de son *Histoire de l'histoire de la philosophie* sont engagés à redessiner l'aspiration montaignienne à la construction d'une science certaine, comme il est déjà arrivé, et à légitimer théoriquement cette tension,[45] malgré la conscience que les résultats qu'elle pourra obtenir seront toujours incertains. Avec la même ambivalence, en maints endroits des *Essais,* Montaigne semble vouloir repousser la tradition, la *coutume*, mais il ne réussit pas à saisir la pleine légitimité de la modernité, qu'il identifie parfois avec la mauvaise *nouvelleté.* En tout cas, il affirme que « le jugement tient chez moi un siège magistral » (III.13.440B, 1074). C'est pour cela qu'il obscurcit la science et l'art de la mémoire à l'avantage d'une « science de jugement » ce qui est, comme il est apparu, la philosophie dans sa fonction critique. Mais en ayant à faire avec l'histoire, la mémoire joue un rôle non négligeable. Montaigne recourt à la tradition parce que cette même « science de jugement » ne peut fonder aucune science certaine – tandis que la tradition est à son tour une forme de « certitude », même si discutée et discutable, pour laquelle l'« advenu ou non advenu » comme guide de la faiblesse du jugement ne peut pas valoir. Le refus de la tradition, qui est quand même présent, par son visage tyrannique et furieux, s'accompagne et

*taigne et la tradition philosophique*, déjà paru dans « Bulletin de la Classe des Lettres et des Sciences Morales et Politiques », L, 1964, pp. 307-319 et Lucien Braun, *Histoire de l'histoire de la philosophie*, Ophrys, Paris 1973, pp. 57-58.

44 Cf. Nicola Panichi, entrée *Histoire de la philosophie,* in *Dictionnaire Montaigne,* Paris, Champion, 2004. Voir aussi *Jugement* et *Etre ad volem.*

45 Martial Gueroult, *Histoire de l'histoire de la philosophie*, cit., pp. 156-157.

s'identifie avec le refus de la fausse philosophie, de la fausse érudition, de la philosophie qui, selon une efficace image suggérée par Montaigne, criaille aux oreilles comme dans un entonnoir (I.26.260A, 150) en faveur de la philosophie critique qui apprend à passer le tout à l'étamine *(Ibid.)*. L'aspiration à une science « d'entendement », le rappelle Gueroult, principe de toute sagesse, mène Montaigne « contre la tradition » et « pour la tradition ».

> La simultanéité du pour et du contre que l'on trouve à d'autres propos dans les *Essais* marque ici moins l'ambiguïté d'une attitude que le conflit inhérent au moment historique d'une transition.[46]

En général, la contradiction est assumée par la critique la plus avertie comme une « structure productrice des *Essais* ».[47]

Certainement on peut conclure que Montaigne ne considère pas raison et « jugement » comme des synonymes, sans oser affirmer qu'il n'emploie « presque jamais le mot jugement », comme l'a fait remarquer Baraz (en réalité Montaigne l'emploie plusieurs fois). C'est la raison qui peut avoir des « excès », des certitudes illimitées, alors que le « jugement » est la faculté dont la même nature, précise Baraz, est d'empêcher les excès, les illusions, de ne pas dépasser ses limites. La philosophie de Montaigne est avant tout une *critique.*[48] Comme il a paru, sa préoccupation est la formation du « jugement » tandis que les principes, les normes, fournis à l'intellect par la raison, seront assumés par ce dernier avec une valeur « régulatrice », en tant que dépassant ses réels pouvoirs cognitifs. Cette tâche est à la philosophie, « vraie et naïve », philosophie critique et philosophie de la vie.

Sur le rapport problématique de « certitude » et d'« incertitude », Montaigne fonde la nécessité de l'histoire de la philosophie qui démontrerait *(post festum)* la tension jamais éteinte vers la certitude. En outre, justement parce qu'il est en mesure de concevoir le projet d'une histoire de la philosophie (même si encore sous forme d'histoire de sectes), il peut garder une attitude critique à l'égard de la tradition philosophique, car les présumées contradictions ou *querelles* où se débattent les différentes doctrines sont entendues comme preuve de la faiblesse de l'intellect humain. Si la pensée

46 Françoise Charpentier, *La philosophie des « Essais »,* Hatier, Paris 1979, p. 70.

47 Michaël Baraz, *L'être et la connaissance chez Montaigne,* José Corti, Paris 1968, p. 128.

48 Cet aspect a été souligné aussi par Zbigniew Gierezynski, « Le rationalisme de Montaigne et l'unité de sa pensée », in Plures, *Montaigne et les Essais, 1580-1980*, cit., p. 146.

humaine était capable d'emprunter à la certitude, sans tomber en erreur ni en contradiction, ne se poserait même pas l'éventualité du projet de l'histoire de la philosophie, histoire des opinions « incertaines », partielles, entamées ou mises en doute par les philosophes successifs, qui reproposent d'autres « incertitudes », des points de vue partiels, mais qui tendent tous vers la certitude et dans la tentative de se reconnaître dans le « visage universel » de la raison : « la vérité doit avoir un visage pareil et universel » (II.12.397A, 579) ; « l'essence même de la vérité [...] est uniforme et constante » (*Ibid.,* 355A, 553). Chemin long et difficile : effort infini, en tant que « idée de vérité », comme suggère aussi André Comte-Sponville.[49]

La confusion infinie d'opinions est le fruit de la « belle » raison humaine changeant souvent, par certitude et clairvoyance, l'incertain contre l'obscur. En outre : « l'impression de la certitude et un certain témoignage de la folie et d'incertitude extrême » (*Ibid.*, 334C, 541) ; elle crée les philodoxes de Platon non les philosophes dont Montaigne même fournit une espèce d'« échantillonnage » :

> Si me faut-il voir en fin s'il est en la puissance de l'homme de trouver ce qu'il cherche – et si cette quête qu'il y a employée depuis tant de siècles, l'a enrichi de quelque nouvelle force et de quelque vérité solide. Je crois qu'il me confessera, s'il parle en conscience, que tout l'acquêt qu'il a retiré d'une si longue poursuite, c'est d'avoir appris à reconnaître sa faiblesse. L'ignorance qui était naturellement en nous, nous l'avons par longue étude confirmée et avérée (*Ibid.*, 268A, 500).

Montaigne ne veut pas faire l'histoire des erreurs, la *historia stultitiæ,* comme fait remarquer Gueroult, pour mieux fonder une impossible certitude. Il regarde plutôt à la libération de l'homme,[50] qui est avant tout libération des *idola.* La tradition philosophique, avec sa diversité d'écoles, a le mérite, selon l'auteur des *Essais,* de nous enseigner la condition originaire pour la fondation de toute philosophie, soit de la liberté de l'esprit, de l'autonomie de la réflexion, de la rupture avec le formalisme scolastique. Mais cette dette à l'égard de la tradition se doit traduire dans une nouvelle considération épistémologique au sujet des contenus de la tradition même qui l'éloigne de l'« histoire des sectes ». Sa recherche de l'art de vivre, d'une science utile à la vie, est fondée sur le jugement et pas sur l'autorité des livres. Mais si

49 *Montaigne cynique?* « Valeur et vérité dans les Essais », *Revue internationale de philosophie*, 46, 1992, 181, p. 240.

50 Cf. Martial Gueroult, *Histoire de l'histoire...*, cit., p. 158.

l'opposition des dogmes respectifs ne produit qu'incertitude, quelle science peut-elle en dériver, sur quoi se doit-elle appuyer la vérité qui pour être considérée comme telle doit présenter « un visage pareil et universel » ?

Même l'esprit fort et libre pourrait ne pas posséder un nord pour s'orienter. Il ne peut pas s'appuyer sur la raison, « faible en tous sens » d'où est née la multiplicité des sectes. L'expérience aussi, comme la raison est incertaine. La crainte est surtout d'exposer l'homme au gouffre du rien. Et refuser la tradition, de son point de vue, équivaudrait à le faire. Son doute cela ne mène ni au « nihilisme philosophique », comme le soutient Lévi-Strauss[51], ni ne constitue la « préhistoire » du nihilisme contemporain[52]. Montaigne est péremptoire à ce propos : il condamne le doute et l'incertitude poussés jusqu'au nihilisme en philosophie :

> ...la fierté de ceux qui attribuaient à l'esprit humain la capacité de toutes choses, causa en d'autres [...] cette opinion : qu'il n'est capable d'aucune chose. Les uns tiennent en l'ignorance cette même extrémité que les autres tiennent en la science (III.11. 381B, 1035, c'est moi qui souligne).

Ignorance qui ne doit pas être confondue avec celle « forte et généreuse » qui ne doit rien en honneur et courage à la science : « ignorance pour laquelle concevoir il n'y va pas moins de science que pour concevoir la science » (*Ibid.*, 374-375C, 1030). C'est justement cette science-de-ne-pas-savoir qui confère à la tradition une valeur nouvelle. Si la philosophie, en fait, naît, comme pour Aristote et Platon de l'« admiration » (« L'admiration est fondement de toute philosophie » : *Ibid.*), de l'étonnement, elle se doit composer dans une socratique « science [...] de l'inscience » (III.12. 414C, 1057) qui donne voix au socratisme substantiel des *Essais*, professé par Montaigne et reconnu par l'historiographie[53].

51 Claude Lévi-Strauss, *En relisant Montaigne,* in *Histoire de Lynx,* cit., pp. 277-297.

52 La thèse selon laquelle le nihilisme contemporain emprunte à Montaigne et plonge ses racines dans la reprise du scepticisme européen du seizième et du dix-septième siècles se lit chez F. Walter Lupi, « Montaigne o il mattino degli spiriti liberi », in Plures, *Tra scetticismo e nichilismo,* ETS, Pise, 1985, pp. 11-58.

53 A ce propos, voir Margaret MacGowan, *Montaigne's Deceits. The Art of Persuasion in The Essais,* Temple University Press, Philadelphia 1974 : « Socrate's oblique approaches to Thruth have many affinities with Montaigne's « craftie methode » (p.150). Voir aussi Zoé Samaras, « Le portrait de Socrate dans les Essais », *BSAM*, juill-déc. 1980, pp. 3-4, pp. 67-75.

Au moment où le philosophe est prêt à refuser les philosophies passées, il se voit toutefois dépourvu d'un sûr instrument jugeant. Pour ne pas se réduire à rien, il doit reployer sur la tradition que Montaigne considère comme la seule voie praticable. Le manque d'ordre et de mesure, de critère et de méthode mène à donner crédit à la *coutume:* « Il n'y a point de mal. Nous ne saurions pirement choisir que par nous, en un siècle si faible » (III.12. 383B 1037), un siècle où (répétant Saint Paul, *Lettre aux Corithiens* I, 1) il n'existe pas un sage, il n'y a ni un écrivain, ni un polémiste. « Où est le sage? Où est l'écrivain? Où est le disputeur de ce siècle? » (II.12. 268A, 500). Et ce ne sera pas peut-être le Rousseau de la *Préface au Narcisse* à confirmer, sur le plan historique, que le moindre changement dans les mœurs, quand même avantageux sous certains aspects, s'accomplit toujours aux dépens de la collectivité, et à définir les mœurs comme « la morale du peuple »?[54] Au moment où les mœurs ne sont plus respectées, le peuple même n'a plus de règle. Vices et vertus sont, toutefois, des « notions collectives », « qui ne naissent que de la fréquentation des hommes »[55].

Cette faiblesse aussi, pourtant, doit être en partie historicisée. Elle appartient à la raison humaine mais elle est aveuglante chez des hommes qui vivent le « déclin du monde » dans leur propre siècle, un siècle de sectes et de divisions plus que dans le passé (II.12. 382A, 569). Il y a eu quand même des « siècles plus heureux » (I.14.115A, 54). La modernité, paradoxalement, est toujours dans une forme virtuelle de déclin.

Dans l'impossibilité d'atteindre la certitude ou de construire une nouvelle science, Montaigne se contentera-t-il du contenu de la doctrine approuvée par l'histoire? Si les jugements et les opinions humains:

> ont leur révolution, leur saison, leur naissance, leur mort, comme les choux – si le ciel les agite et les roule à sa poste, quelle magistrale autorité et permanente leur allons-nous attribuant? (II.12.391A, 575).

En soustrayant aux philosophies toute prétention absolue de vérité, Montaigne les considère « fictions qui appartiennent à une plénitude presque ineffable »[56]:

54 Jean-Jacques Rousseau, *Préface à Narcisse ou l'amant de lui-même,* in *OC,* édition publiée sous la direction de Bernard Gagnebin et Marcel Raymond, Bibliothèque de la Pléiade, Gallimard, Paris, 1964, II, p. 971, texte établi et annoté par Jacques Scherer.

55 *Ibid.*

56 Martial Gueroult, *Histoire...*, cit., p. 163.

> … les productions de ces riches et grandes âmes du temps passé sont bien loin au-delà de l'extrême étendue de mon imagination et souhait. Leurs écrits ne me satisfont pas seulement et me remplissent, mais ils m'étonnent et transissent d'admiration (II.17.488A, 637).

Dans l'histoire de la philosophie «doute» et «certitude» sont considérés comme une authentique valeur méthodique[57]. Le doute, en plus, est subsumé comme règle de nature:

> Protagoras dit qu'il n'y a rien en nature que le doute – Que de toutes choses on peut également disputer – Et de cela même, si on peut également disputer de toutes choses (II.12. 311C, 526).

La seule certitude est le doute, l'«incertitude» *(Ibid.).*

A y regarder de près, toute la philosophie passée se présente aux yeux de Montaigne avec un dessein unifiant et précis: «chercher la vérité, la science et la certitude» (*Ibid.,* 271A, 502), malgré la diversité des méthodes, des approches adoptées et des résultats accomplis. Sur cette «recherche» la philosophie se partage «en trois genres», chacun d'eux prend une position sur son propre objet – la recherche de la vérité: «ou qu'il dit qu'il l'a trouvée, ou qu'elle ne se peut trouver, ou qu'il en est encore en quête» *(Ibid.).* Péripatéticiens, épicuriens et stoïciens pensent qu'ils l'ont trouvée: ils ont construit les sciences historiques et ils les ont douées de connaissances sûres; Clitomaque, Carnéade et les Académiciens ont au contraire désespéré de leur recherche et ont estimé que la vérité ne pouvait pas être conçue par nos propres moyens à cause de la faiblesse et de l'ignorance humaine. Pyrrhon et d'autres affirment qu'ils sont encore à la recherche de la vérité et de la certitude. Montaigne, en «nouveau pyrrhonien»[58], appartient à cette catégorie: il est encore à la recherche de la vérité et de la certitude, même s'il ne sait pas encore s'il pourra les trouver. Pyrrhon et les autres, commente encore Montaigne, estiment que celui qui pense les avoir trouvées se trompe et que de même celui qui croit que les forces humaines ne peuvent pas les atteindre se trompe:

57 Rachel Bespaloff a écrit: «Ne prenons pas pour du nihilisme cette ascèse mentale du doute. Montaigne veut exercer l'esprit à saisir le mouvant, à supporter l'insécurité du devenir; il veut désespérer la raison, pour la forcer de connaître ses bornes» («L'instant chez Montaigne», *Deucalion*, 3, 1950, p. 86. L'auteur s'intéresse aussi dans cet article aux «dettes» de Montaigne envers Augustin.

58 Pour l'hypothétique influence de Gian Francesco Pico della Mirandola, je renvoie à Fortunat Strowski, *Montaigne,* Paris, Alcan, 1931, en part. pp. 119-216.

> Car cela, d'établir la mesure de notre puissance, de connaître et juger la difficulté des choses, c'est une grande et extrême science, de laquelle ils doutent que l'homme soit capable [...] L'ignorance qui se sait, qui se juge et qui se condamne, ce n'est pas une entière ignorance : pour l'être, il faut qu'elle s'ignore soi-même (*Ibid.*, 272A).

Ainsi, le rôle des pyrrhoniens est de « branler ; douter et enquérir, ne s'assurer de rien ; de rien ne se répondre » *(Ibid.)*. Mais les mêmes dogmatiques n'ont pas fourni de certitudes ; ils ont plutôt indiqué jusqu'où ils sont arrivés dans la « chasse de la vérité » (*Ibid.*, 279A, 507). Montaigne s'appelle aussi à Cicéron (*Tusculanæ disputationes*, I, 9) qui affirmait de chercher, par conjecture, à découvrir la vraisemblance, de s'arrêter au probable.

Avec une évidente allusion au premier livre de la *Métaphysique*, Montaigne rappelle la façon de faire histoire de la philosophie d'Aristote ; et il est surprenant que les coordonnées, dans lesquelles ce passage se rend lisible, sont dans une large mesure utilisées par Hegel et l'historiographie suivante, évidemment assorties :

> Aristote nous entasse ordinairement un grand nombre d'autres opinions et d'autres créances, pour y comparer la sienne, et nous faire voir de combien il est allé plus outre, et combien il a approché de plus près la verisimilitude – car la vérité ne se juge point par autorité et témoignage d'autrui (*Ibid.*, c'est moi qui souligne).

Conception de tribunal du philosophe.

## 5. Ethique de l'acceptation ou éthique de la responsabilité?

Dans un article dédié à *Au-delà de la Renaissance 1580-1630 : Genèse d'une modernité,*[59] publié pour la première fois au début des années quatre-vingt, Jean Mesnard mettait en garde contre l'ambiguïté du concept même de « moderne » à cause de la complexité et de l'imprécision structurale des thématiques qu'il évoque, la faiblesse des confins, la fausse chronologie et la fausse généalogie qu'il suggère, les diverses vicissitudes de la Renaissance

59 L'article a été publié pour la première fois comme *Préface* à Plures, *L'automne de la Renaissance,* Vrin, Paris 1981, pp. 5-16, études réunies par Jean Lafond et André Stegmann, maintenant dans Jean Mesnard, *La culture du XVII^e^ siècle,* PUF, Paris, 1992, pp. 27-42.

même, le nouveau modelage de vieilles formes qui acquièrent significations si différentes que le terme même de « renaissance » sera perçu comme impropre.[60]

A la lumière de ces indications, il est opportun de s'interroger ultérieurement sur le sens de la critique de Montaigne à la « nouvelleté » et il n'est pas étrange de chercher à placer la critique montaignienne au « moderne » dans le grand processus d'historicisation qu'accomplit Mesnard faisant un bilan historico-critique sur l'année 1580, date de publication de la première édition des *Essais,* « œuvre majeure de ce temps ». Il souligne le processus de renouvellement intérieur auquel la Renaissance était appelée, processus partagé par Montaigne qu'il préfère, peut-être, à la nouveauté « étonnante » et absolue. Mais des facteurs extérieurs devaient peser sur l'« évolution de la forme ». Ce sont des événements connus, mais jamais oubliés : guerres de religion, Concile de Trente qui, selon Mesnard, place le catholicisme dans la « modernité » et met en garde contre l'esprit de compromission avec le paganisme. A la suite de cette interprétation, le mouvement de révision intérieure de la Renaissance s'accomplit avec Montaigne et il touche, entre autres, sa critique à la « nouveauté » linguistique des contemporains :

> pourvu qu'ils se gorgiasent en la nouvelleté, il ne leur chaut de l'efficace : Pour saisir un nouveau mot, ils quittent l'ordinaire, souvent plus fort et plus nerveux (III.5.146B, 874)[61].

Cette critique doit être lue, pour n'être pas mal interprétée, à la lumière de et par rapport à des réflexions antécédentes et contemporaines de Montaigne sur la fonction du langage et sur la recherche, de son côté, d'un langage où la matérialité n'est pas disjointe de sa spiritualité : des mots qui agissent, qui ont mouvement et action, des mots de chair et d'os, mais des mots aussi de sang – et le sang est esprit, dira le *Zarathoustra* de Nietzsche.

L'évolution de la théorie du langage réfléchit une évolution générale de l'esthétique.[62] Le projet de Montaigne de « naturaliser l'art » définit une vision du monde. L'univers de concordances et de consonances est désor-

60 *Ibid.,* p. 29.

61 Ici Montaigne semble penser à son propre usage de la langue : « Le maniement et emploite des beaux esprits donne prix à la langue : Non pas l'innovant tant, comme la remplissant de plus vigoreux et divers services, l'étirant et ployant. Il n'y apportent point des mots, mais ils enrichissent les leurs, appesantissent et enfoncent leur signification et leur usage ÿ lui apprennent des mouvements inaccoutumés, mais prudemment et ingénieusement » (*Ibid.,* 145B, 873)

62 Jean Mesnard, *Au-delà de la Renaissance…,* cit., p. 32.

mais déplacé et décentralisé : un oison, ou une grue, précise Montaigne, peut prétendre de gagner le centre et de s'installer dans son cœur ; de construire son univers avec la même légitimité que peut vanter un insensé anthropocentrisme. Entre culture et nature, entre *techné* et *physis* il y a hiatus, divorce, il n'y a plus d'unité. La diversité et l'inconsistance sanctionnent la règle de la distinction, de la prolifération de formes sans fin, des apparences sans substance, un inventaire d'un monde qui a le délire, théâtre, paradoxe, redoublement, métamorphose : *vanitas vanitatum.* Les *distinguo* se composent dans un vertige. S'il n'est possible de saisir la totalité, Montaigne cherchera idéalement l'unité dans les parties, la répétition dans la multiplicité : c'est là sa manière qui ne perdra jamais de vue la tension vers le « pays au delà », « tant y a que je me contredis bien à l'aventure, Mais la vérité [...] je ne la contredis point » (III.2. 43-44B, 805).

Son esthétique, donc, est celle de la manière : l'art appliqué à la vie, le *vivre à propos* réglant son éthique mais aussi son esthétique. Le *vivre à propos* fait partie de cette « sagesse tragique » par laquelle beaucoup d'interprètes ont lu la position montaignienne.[63] « Pari tragique » qui touche la vanité de la sagesse même (III.9. 314B, 988) qui ne s'efforce pas de vivre suivant l'essence de la vie. Conche observe que malgré l'adjectif *toute* ajouté par Montaigne sur l'exemplaire de Bordeaux (« vanité toute sagesse »), il s'agirait, en réalité, ici, d'une forme particulière de sagesse, celle de l'harmonie, de l'équilibre, du repos, sagesse apollinienne, dont les maximes (sois tempérant, rien de trop) révèlent un idéal ascétique de privation, en contradiction avec l'essence de la vie :

> Quoi qu'ils disent, en la vertu même le dernier but de notre visée, c'est la volupté. Il me plaît de battre leurs oreilles de ce mot qui leur est si fort à contrecœur. Et s'il signifie quelque suprême plaisir et excessif contentement, il est mieux dû à l'assistance de la vertu qu'à nulle autre assistance. Cette volupté, pour être plus gaillarde, nerveuse, robuste, virile, n'en est que plus sérieusement voluptueuse. Et lui devions donner le nom du plaisir, plus favorable, plus doux et naturel – non celui de la vigueur, duquel nous l'avons dénommée (I.20.157C, 82).

63 On peut la considérer comme texte fondateur de cette perspective et de cette « mentalité » tragiques la contribution d'Elie Faure, « Montaigne poète tragique », *Hyppocrate,* I, 1933, 5, pp. 1123-1138 ; aussi dans *Equivalences,* Marin, Paris 1951, pp. 73-94. Mais voir aussi : Marcel Conche, *Montaigne et la philosophie,* cit. pp. 62-78 ; Giuliano Borghi, « La politica e la tentazione tragica ». In *La « modernità » in Machiavelli, Montaigne e Gracián,* Franco Angeli, Milan, 1991. Une brève allusion à cette problématique se lit chez André Comte-Sponville, *Introduction* à Michel de Montaigne, *De la vanité,* Rivages, Paris 1989, p. 13.

L'excès, auquel fait allusion Montaigne dans ce passage, est une marque de la poésie. Elle se manifeste comme signe de supériorité, en mettant en évidence l'écart entre la pensée des intellects communs et la beauté poétique qui leur est niée.[64] «La bonne, l'excessive, la divine» poésie (I.37.380C, 231), est comme un aimant qui attire le poète, l'acteur et enfin «tout un peuple» ou comme «l'enfilure de nos aiguilles, suspendues l'une de l'autre» (*Ibid.,* 232C). Il faut pratiquer:

> cette vertu suprême, belle, triomphante, amoureuse, délicieuse pareillement et courageuse, ennemie professe et irréconciliable d'aigreur, de déplaisir, de crainte et de contrainte, ayant pour guide nature, fortune et volupté pour compagnes (I, 26, 278C, 161).

Il faut abandonner cette «sotte image» qui la représente «triste, querelleuse, dépite, menaceuse, mineuse», et la place «sur un rocher à l'écart emmi des ronces: fantôme à étonner les gens» *(Ibid.).*

La vraie sagesse parle le langage de la contradiction, car la réalité et la vérité sont contradiction, tandis que le langage de la dissonance – l'existence inauthentique, comme le répétait Nietzsche[65] – se manifeste par l'absence, la peur ou la haine pour la contradiction.[66] La vraie sagesse fait partie de la vie («Notre vie est composée, comme l'harmonie du monde de choses contraires, aussi de divers tons, doux et âpres, aigus et plats, mols et graves» (III.13. 463B, 1089) et comprend l'appel de Dionysos: elle préfère les tentatives, les expérimentations; elle affirme les contraires – la simultanéité du *pro* et du *contra,* rappelé aussi par Gueroult. Elle ne connaît pas l'inséparabilité de la mort de la vie. Elle apporte avec elle une «joie tragique» qui est le bonheur face à la mort: Socrate, Caton, Sénèque sont des morts qui parlent et qui apportent «contentement nouveau» et authentique «allégresse» (II.11.151A, 425). Elle sait regarder la mort dans les yeux. Elle ne regarde pas ailleurs, car la mort est la plus grande action de la vie (II.13.439A, 605). Sachant que vie et mort sont inséparables et ne pouvant avoir l'une sans l'autre, Montaigne affirme toutes les deux: et… et.., logique aporétique.

La vraie liberté, insiste Montaigne «c'est pouvoir toute chose sur soi» (III.12. 397B, 1046). La vraie liberté est puissance. Et la vie s'accomplit à tout moment: «Quand je danse, je danse; quand je dors, je dors»

64 Jean Starobinski, «Quali eccessi», *La rivista dei libri,* nov. 1991, p. 22.
65 Friedrich Nietzsche, *Eh,* cit., *Warum ich so weise bin,* 3, 268.
66 Voir Rachel Bespaloff, *L'instant chez Montaigne,* cit., p. 90.

(III.13.491B, 1107). Montaigne a peur de sortir continuellement hors de soi, en « voyageur de train », l'expression est nietzschéenne, de l'homme moderne qui « court ailleurs [et] à l'avenir d'autant que nul n'est arrivé à soi » (*Ibid.,* 396C, 1045). Vivant dans l'attente d'un temps meilleur, beaucoup espèrent: la vie meilleure viendra après. Ce regarder trop avant préjuge la vue et la joie du présent: « Il y a du ménage à la [la vie] jouir » (*Ibid.,* 497B, 1111). Le troisième livre des *Essais* se termine par une précise indication dans cette direction :

> C'est une absolue perfection, et comme divine, de savoir jouir loiallement de son être – Nous cherchons d'autres conditions, pour n'entendre l'usage des nôtres – et sortons hors de nous, pour ne savoir quel il y fait (*Ibid.*, 504B, 1115).

Montaigne suggère que si l'on adhère à sa propre radicale imperfection, l'on pourrait atteindre la plénitude de son être. « L'imperfection humaine est une plénitude d'être »,[67] et l'anthropologie qui en dérive est une anthropologie « pleinement métaphysique ».[68] La « modernité », alors, à la lumière de ces indications, est vue dans l'incapacité de l'homme d'adhérer pleinement au présent, à son propre discours – et de se placer toujours dans un horizon qui transcende la contemporanéité, et par-là même, implique un manque de prise de responsabilité.

Mais c'est justement l'éthique de l'« acceptation », de la perspective et de la tolérance, qui mène Montaigne vers une éthique de la responsabilité. Montaigne est toujours de l'avis que

> [B] la plus honorable vacation est de servir au public et être utile à beaucoup [C]. Fructus enim ingenii et virtutis omnisque praestantiae tum maximus accipitur, cum in proximum quemque confertur (III, 9, 952).

Ce n'est pas étonnant que la citation soit tirée de Cicéron, *De amicitia,* XIX.

67 Cf. Jean-Yves Pouilloux, *Montaigne. L'éveil de la pensée,* cit., p. 226.

68 Claude Blum, *L'être et le néant. Les Essais, voyage au bout de la métaphysique*, in Plures, *Montaigne. Penseur et philosophe…*, cit., p. 134.

# Le corps et l'*indice*: L'enjeu de la description anatomique chez Agrippa d'Aubigné

Patricia Eichel-Lojkine
Université du Maine (Le Mans)

L'intérêt pour les théories psychophysiologiques se propage au-delà des cercles exclusivement médicaux à la Renaissance, surtout depuis Ficin, et se manifeste aussi bien dans la poésie dramatique[1] que dans la poésie lyrique. Il y a longtemps que les poètes empruntent à la doctrine humorale par l'intermédiaire du néo-platonisme florentin[2]. Mais, dans la seconde moitié du XVI^e^ siècle, le corps blessé et ses signes cliniques sont de plus en plus fréquemment décrits sur le modèle de l'observation anatomique, qui se développe parallèlement[3]. L'emprunt aux théories humorales permettait au poète de rendre compte des dynamiques internes du corps, et donc de son

1 Sur ce sujet, voir Olivier Millet, « La représentation du corps souffrant dans la tragédie humaniste et baroque (1550-1630) », in *Corpus dolens, Les représentations du corps souffrant du Moyen Âge au XVII^e^ siècle*, études réunies par L. Borot et M.-M. Fragonard, Publications de l'université de Montpellier III, 2002, pp. 147-163.

2 Voir l'ouvrage de référence de R. Klibansky, E. Panofsky et F. Saxl, *Saturne et la mélancolie* [1964], tr. fr., Paris, Gallimard, 1989.

3 Rappelons que la parution des traités anatomiques, illustrés de planches, les plus importants, précède de peu l'essor de la poésie ronsardienne et accompagne les développements de la poésie maniériste et baroque; on peut citer ainsi les traités de Johann Eichemann dit Dryander, 1537; A. Vésale, 1543 (sur ses planches, voir en part. Pierre Huart et Marie-José Imbault-Huart, *André Vésale. Iconographie anatomique*, Paris, Roger Dacosta, 1980); Ch. Estienne, 1545-1546; J. Valverde, 1560; J. Grévin, 1569.
Notons que le discours médical, de son côté, ne se montre pas absolument imperméable à l'analogie et à la métaphore, comme le prouvent certains développements de Charles Estienne. On peut citer par exemple cette comparaison du réseau veineux parcourant tout le corps avec le réseau des conduites d'eau alimentant les différents quartiers d'une ville: « Nous est besoing monstrer la position et conduicte des vaisseaux [= veines] lesquelz ont communaulté par tout le corps en general ainsy que nous voyons les ruysseaulx des fleuves et fontaines estre conduitz et amenez en divers lieux d'une grande cité pour la commodité d'icelle ». *La dissection des parties du corps humain, divisée en trois livres, par Ch. Estienne, docteur en médecine, avec les figures et déclarations des incisions, composées par Estienne de La Rivière, chirurgien*, Paris, Simon de Colines, 1546, ch. III, f. 131.

état pathologique causé par un déséquilibre physiologique (ou « dyscrasie ») ; l'observation anatomique favorise maintenant une description plus statique des organes affectés.

Le poète baroque, qui se consacre à la représentation de la « passion » sous ses deux aspects, physiques et moraux, a toute liberté pour combiner ces deux modèles médicaux (le paradigme humoral et le paradigme anatomique). Dans les Stances III, Agrippa d'Aubigné[4], au lieu de décrire directement les blessures reçues, anime la nature en projetant sur le paysage son corps souffrant et son âme dolente. L'écho de la doctrine humorale y est perceptible dans la représentation des chênes qui ne suent plus le miel comme à l'âge d'or, mais produisent de la bile amère (ou « cholere ») qui en a seulement le couleur, par sympathie avec l'amant désespéré[5]. Le modèle anatomique, quant à lui, se manifeste avec la description des rochers et des monts pourvus d'un réseau veineux :

> Les plus sterilles mons en ont ouvert leurs vaines
> Et ont les durs rochers montré leur sang esmeu.
> (Aubigné, *Printemps*, Stances III, v. 44-45)

De même, dans ses Stances I, Nuysement[6] fait référence aux quatre tempéraments de la médecine galénique avec la comparaison liminaire entre microcosme et macrocosme[7], et réserve la thématique anatomique aux strophes

4 Le Canzoniere du jeune Agrippa d'Aubigné, qui ne verra le jour qu'au XIXe siècle sous le titre *Le Printemps*, a été rédigé vers 1571-1573. Edition de référence : éd. crit. d'Henri Weber, Montpellier, Presses universitaires de France et Publications de la faculté des lettres de l'Université de Montpellier, s. d. [1961] ; extraits dans *Œuvres*, Bibliothèque de la Pléiade, Paris, Gallimard, 1969, rééd. 1987.

5 « Les chesnes endurcis ont hors de leur saison/ Sué, me ressentant aprocher, de cholère, / Et de couleur de miel pleurerent à foison, / Mais cest humeur estoit pareil à ma misere, / Essence de mon mal aigre plus que poison ». (Aubigné, *Printemps*, Stances III, v. 46-50)

6 C. Hesteau de Nuysement, *Les Œuvres poétiques*, livres I et II, éd. crit. R. Guillot, Genève, Droz, TLF, 1994.

7 « Et s'il est en moy sec, leger, pesant, humide, / Doux, amer, calme, ireux, et content et avide, / Ne puis-je comparer mon corps à l'univers? » (*Les Œuvres poétiques*, Stances I, v. 3-6). La doctrine galénique couple les quatre humeurs du corps que sont le froid, l'humide, le chaud et le sec aux quatre éléments de l'univers que sont l'air, l'eau, le feu, la terre (cités par Nuysement dans les vers précédents). Mais il y a une certaine latitude dans ces catégories. Le poète remplace ici le froid et le chaud par le léger et le pesant, et introduit trois couples antithétiques complémentaires pour décrire son corps (doux-amer, calme-ireux, content-avide).

suivantes, avec l'évocation métaphorique des veines souterraines grâce auxquelles la lave et les eaux se fraient respectivement un passage :

> Les monts tousjours bruslans de leurs veines souffreuses
> Chassent en tourbillons les fumieres venteuses,
> [...]
> Le grand père Océan [...] renverse
> L'eau qui de veine en veine en la Terre traverse
> Et resourd en maints lieux dont se font les ruisseaux ;
> (Nuysement, *Œuvres poétiques*, Stances I, v. 31-32 et 37-39)

Au-delà du lieu commun qui associe la mort et l'esthétique baroque[8], on peut essayer de cerner l'emprise du modèle anatomique sur les poètes baroques, et voir plus précisément comment Aubigné utilise ce modèle de manière originale, à des fins de vengeance en premier lieu. Le corps souffrant porte les marques, les empreintes du supplice infligé par la dame ; l'exposition du corps souffrant révèle donc des plaies qui sont autant d'indices accusateurs. Mais de ces plaies béantes peuvent aussi s'écouler du sang, des humeurs qui pourront « déteindre » à leur tour sur le corps de la dame. L'indice, au sens juridique (suspicion de preuve), devient *indice* au sens sémiotique (image produite après une réaction au contact du modèle, comme la trace de pas imprimée sur le sable ou la photographie)[9]. C'est ce trajet que nous invite à accomplir le poète décrivant son corps meurtri.

8 Les travaux fondateurs sur l'esthétique baroque (peinture et poésie) sont notamment ceux d'André Chastel, « Le baroque et la mort », in *Retorica e barocco*, Rome, 1955, repris in *Fables, formes, figures*, Paris, Flammarion, 1978 et de Gisèle Mathieu-Castellani, *Emblèmes de la mort. Le dialogue de l'image et du texte*, Paris, Nizet, 1988, en part. ch. VII (dorénavant : *Emblèmes de la mort...*). Pour la peinture, voir aussi Nadeije Laneyrie-Dagen, *L'Invention du corps*, Paris, Flammarion, 1997, en part. ch. VI.

9 L'analyse s'appuie sur la tripartition de la représentation entre *symbole*, *icône* et *index* (ou *indice*) chez Peirce (quand ces mots sont cités au sens que leur donne Peirce, ils seront toujours mis en italiques). L'*indice* est « un signe réactionnel, qui est tel en vertu d'un lien avec son objet » ; sa fonction est double : indiquer l'objet signifié, sa source, et représenter cet objet, en constituer un subtitut. Cf. Charles Sanders Peirce, *Pragmatisme et pragmaticisme, Œuvres philosophiques*, vol. I, tr. fr., Paris, Cerf, 2002, pp. 309-311.

## 1. Décrire le corps et exhiber ses plaies

Le corps de l'amant porte les marques des peines que lui font subir Amour vainqueur ou la dame inhumaine, transformée en tigresse sanguinaire. Cette détérioration physiologique peut provenir d'un embrasement intérieur (Habert), d'un carnage (Nuysement), d'un empoisonnement (Ronsard), ou de plusieurs causes combinées (Aubigné). Le corps dolent peut être également décrit sous des biais divers. Si le poète choisit de détailler, de passer en revue les organes concernés, il met en œuvre une rhétorique énumérative, qui sera éventuellement soutenue par des effets de rythme (procurés notamment par une construction en vers rapportés), et associée à une gradation (dans le sens d'un rayonnement du cœur vers les organes périphériques ou dans le sens d'une progression de l'extérieur vers l'intérieur) :

> Tousjours Amour de mon ame vainqueur
> De feux, de traits, brûle et perce mon cœur,
> Et va rongeant mes nerfs, mes os, mes veines
> (Habert, *Amours de Diane*, s. 30, v. 9-11)[10].

> Amour me va plongeant dans mon mortel tourment,
> Me rond, trouble, ravit, os, sang et sentiment
> (Nuysement, *Œuvres poétiques*, s. 61, v. 12-13).

Si le poète représente l'acte homicide en lui-même, il préférera l'hypotypose à l'énumération et usera d'images brutales, comme celles du corps broyé et mis en pièces ou du corps déchiré pour en arracher l'organe vital :

> Comme on voit un chevreuil qu'un grand tigre terrasse,
> Qui deça qui delà, ore haut ore bas,

10 Isaac Habert, *Amours et Baisers*, éd. crit. N. Mahé, Genève, Droz, 1999. L'association de la thématique du corps brûlé et de la formulation énumérative apparaît systématique chez Habert. Voir aussi chanson 2, v. 42-44: « Maistresse esteins l'ardeur/ Du brazier qui me ruine, / Le sang, les nerfs, le cœur/ Les poumons, la poitrine »; s. 42, v. 10-14: « Il sent incontinent un soleil dedans l'ame/ Qui luy va consumant les arteres, les os, / Les muscles, les tendons, les nerfs, le sang, les veines/ Les poumons et le cœur [...] »; élégie 1, v. 33-34: « Las ! n'est-ce pas assez qu'un brasier me devore/Les veines, et le cœur [...]; Discours pitoyable d'un amant, v. 37-38 et 89-92: « A ma voix qui raconte qu'une cruelle flamme/ Brusle mes nerfs, mes os, mon sang, mon cœur, mon ame. [...] Les plaintes que je fais des flammes amoureuses, / Qui devorent mon cueur, et me vont recercher/ Les os, le sang, les nerfs, les veines et la chair ».

Le vautrouille et l'estend dans son sanglant trespas,
Pavant des os, du sang et de sa peau la place
(Nuysement, *Œuvres poétiques*, s. 61, v. 1-4)[11].

A longs filetz de sang, ce lamentable cors
Tire du lieu qu'il fuit le lien de son ame,
Et séparé du cueur qu'il a laissé dehors
Dedans les fors liens et aux mains de sa dame,
Il s'enfuit de sa vie et cherche mille morts.
(Aubigné, *Printemps*, Stances III, v. 1-5).

L'évocation paroxystique des tourments aboutit au portrait de l'amant en mort-vivant, qui conjugue l'aptitude du corps sensible, bien vivant, à souffrir, et l'impossibilité, pour celui qui est déjà mort, de mettre un terme à ses souffrances[12]. C'est pourquoi le mort-vivant voudra fuir dans des lieux déserts et macabres correspondant à son humeur mélancolique[13] ; s'infliger des sévices supplémentaires, étant « soy-mesme son bourreau », pour punir son corps dans un acharnement masochiste[14]; fuir le supplice amoureux soit dans le sommeil[15], soit dans le suicide[16], la mort étant éventuellement figurée par une descente aux enfers[17].

11 On reconnaît bien sûr dans l'incipit le modèle ronsardien (*Amours*, sonnet 60), détourné par un imaginaire sanglant. *Vautrouiller* = rouler sur le sol.

12 Sur le fantasme du mort-vivant dans le théâtre contemporain, voir O. Millet, art. cité, p. 161.

13 Cf. Aubigné, *Printemps*, Stances I, v. 23-24 et v. 90 : « Faisons un dur combat et noïons en nos larmes/ Le reste de nos jours en ces sauvages lieux. [...] en ce qui est hideux je cherche mon confort » ; Habert, *Amours*, s. 29, « Sur un bois », v. 11 : « Je me plais dans l'horreur de ces deserts plaisants ».

14 Cf. Aubigné, *Printemps*, Stances I, v. 65-80 : « Je veulx punir les yeux... » Suivent les punitions du pied, dénudé et condamné à marcher sur de « hideuses roches » ; de la dextre, privée de gant et obligée de tenir un épieu raboteux; de la poitrine, découverte à tous vents...

15 Cf. Habert, *Amours de Diane*, s. 26 : « Nuict fille de la terre ameine tes flambeaux... » (invocation de la Nuit et du Sommeil qui peut seul « m'aider et deffendre/ Contre amour inventeur de martires nouveaux », v. 7-8).

16 Cf. Aubigné, *Printemps*, Stances VII, v. 7-8 : « Le cors vaincu se rend, et lassé de souffrir/ Ouvre au dart de la mort sa tremblante poitrine » ; stances XVI, v. 55-57 : « Frape doncq, il est temps, ma dextre, que tu face[s]/ Flotter mon sang fumeux, bouillonnant par la place/ Soubz le cors roidissant » ; Habert, « Discours d'un pitoyable amant », *Amours de Diane*, v. 75 : « Dois-je d'un fer trenchant meurtrir mon propre corps? » ; Nuysement, *Œuvres poétiques*, s. 100, v. 13-14 : « De ce poignard icy je perceray mon cueur, / Et rendray de mon sang ma fureur assouvie » et Stances II, v. 158 : « Encontre moy chetif j'arme ma propre main ».

17 Cf. Habert, *Amours de Diane*, s. 43, v. 5-8 : « Je veux donc invoquer l'infernalle Megere,/

Si dans la tragédie humaniste, « la souffrance corporelle semble inscrite plutôt que ressentie dans le corps »[18], c'est aussi vrai dans la poésie amoureuse baroque. Mais il y a dans la relation amoureuse étroite qui se tisse entre le *je* du poète-amant et le *tu*/*elle* de la dame une forme de huis-clos qui favorise le retournement de l'amour en haine (l'*hainamoration* chère à Gisèle Mathieu-Castellani), les dérives perverses et les désirs vengeurs.

## 2. Obtenir réparation : une plaie polyvalente

Aubigné n'est pas le seul poète à enfreindre le code pétrarquiste – selon lequel Amour est, en dernière instance, le vrai responsable du martyre enduré par l'amant, et non la dame – en exprimant ouvertement un désir de vengeance à l'encontre de sa maîtresse. Habert, par exemple, met en scène un dialogue entre Pluton et un amant au cours duquel le dieu propose de châtier la dame comme elle le mérite, à l'aide d'un cortège infernal de furies et de vipères –proposition qui séduit l'amant dans un premier temps, avant qu'il ne recule devant tant d'audace[19]. Mais le *je* du *Printemps* est le seul à assouvir sa soif de vengeance au moyen d'une représentation toute matérielle du corps blessé : en exposant, en mettant à nu son corps accusateur d'abord, en imaginant comment atteindre le corps de l'aimée par le biais d'un contact sensible, ensuite.

Le passage de l'exposition à la contamination apparaît de manière exemplaire au tournant du premier et du deuxième quatrain du sonnet C de l'Hécatombe à Diane. La première strophe de ce sonnet fatidique relève encore d'un usage rhétorique de la preuve matérielle :

La Parque inexorable, et l'homicide mort/ Pour me faire passer l'Acherontide bord :/ Car vivre je ne puis en douleur si amere ».

18 O. Millet, art. cité, p.163.

19 A l'amant qui s'étonne de la présence de démons et de furies, Pluton répond : « C'est ores pour meurtrir, embrazer, effroyer/ Le corps, le cœur, l'esprit de ta fiere maitresse » (*Amours de Diane*, troisième dialogue d'un amant et de Pluton, v. 5-6). On retrouve dans les supplices promis à Diane la construction en vers rapportés utilisée pour passer en revue les plaies de l'amant.

> Au tribunal d'amour, apprès mon dernier jour,
> Mon cœur sera porté, diffamé de bruslures,
> *Il sera exposé*, on verra ses blesseures,
> Pour cognoistre qui fit un si estrange tour.
> (*Printemps*, Hécatombe à Diane, C, v. 1-4)[20].

L'exposition du corps supplicié comble certes un désir de provocation teinté d'exhibitionnisme[21], mais il tient aussi lieu de chef d'accusation contre Diane, comme dans le discours judiciaire, tel qu'il était défini par l'ancienne culture oratoire, l'exhibition d'un objet (vêtement déchiré, blessure, plaie, cadavre…) pouvait servir de pièce à conviction pour confondre un inculpé. On peut y voir aussi, plus lointainement, une référence à « l'œuvre anatomique » ou « diligente inquisition par dissections de corps mortz », dont le but général est la connaissance du corps humain, et qui peut être utilisée plus spécifiquement pour connaître les causes d'une mort (mais il va sans dire que l'optique thérapeutique qui guide les chirurgiens est absente chez Aubigné)[22]. De même, dans « Misères », le cadavre accuse ; il équivaut à une pièce à conviction, à une preuve produite devant un tribunal :

> […] ainsi que le corps mort
> Monstre, en monstrant les os, que quelqu'un lui fait tort.
> (*Tragiques*, I, v. 323-324)[23].

Or la deuxième strophe du sonnet C inaugure un dispositif différent. Par un détour inattendu, archaïque – la référence au rituel judiciaire médiéval consistant à rapprocher le cadavre d'un inculpé pour voir s'il saigne contre lui – le poème ne met plus au centre le cœur, mais le sang ; l'exposition accusatrice, mais la contagion vengeresse ; l'anatomie fournissant une preuve,

20 Les passages soulignés le sont toujours par nous.

21 Cf. G. Mathieu-Castellani, *Emblèmes de la mort…*, p. 136 : « Transgressant cet interdit qui porte encore sur l'exhibition du dedans du corps, et sur son découpage, mettant en jeu une curiosité jugée dangereuse […], l'ouverture du corps *provoque* ».

22 « Ladministration ou œuvre anatomicque est une diligente inquisition par dissections de corps mortz exactement faictes des parties diceulx lesquelles ne se peuvent bonnement appercepvoir a lœil et desquelles sans ce moyen en aurions trop incerteine et obscure congnoissance. La fin de laquelle dissection disent estre : a ce que nous puissions plus aysement entendre a profliger et combatre les maladies : et entretenir la santé des hommes : qui est la principale intention et vocation du medecin ». (Charles Estienne, *La dissection…*, 1546, ch. I, f. 4)

23 Ed. crit. de J.-R. Fanlo, Paris, Champion, 1995.

un indice juridique, mais l'anatomie produisant une image *indicielle*, une trace, par le biais d'un contact :

> A la face et aux yeux de la celeste cour
> Où se preuvent les mains innocentes ou pures,
> Il seignera sur toy, et compleignant d'injures,
> Il demandera justice au juge aveugle Amour.
> (*Printemps*, Hécatombe à Diane, C, v. 5-8).

La dame se trouve contaminée de la même façon par le contact avec la plaie ouverte de l'amant dans les Stances IV :

> Ses mesmes actions luy seront mille mortz,
> Ses traitz la fraperont et la plaie mortelle
> Qu'elle fit en mon sein reseignera sur elle.
> (*Printemps*, Stances IV, v. 76-78).

Œil pour œil, dent pour dent… et plaie pour plaie : l'amant n'attend pas le jugement de la Cour, mais se venge directement en marquant d'une sorte de plaie (une tache de sang) celle qui a causé sa plaie, en atteignant corporellement celle qui l'a atteint, en touchant celle qui l'a touché. Une telle configuration est la plus synthétique, la plus économique qui soit. Une même plaie sert de preuve qu'on produit publiquement et d'instrument qui accomplit le désir de vengeance, de rétorsion, de réciprocité. On peut donc y voir une illustration de l'emprise du modèle judiciaire sur le poète : la plaie prend place dans un acte d'accusation et établit un lien, réalise une sorte de pacte, de contrat pervers entre victime et coupable. Mais au-delà de cet horizon judiciaire, exploré par G. Mathieu-Castellani[24], on peut être sensible à l'imaginaire de l'*indice*, de la trace, présent dans le recueil. Le *je* est bien une victime souffrant et réclamant justice contre un homicide au crime impuni ; mais c'est aussi un corps blessé, atteint, qui tente à son tour de blesser, d'atteindre le corps de l'autre, en y déposant une marque.

On peut relire les Stances VI à la lumière de ce schéma. Un corps à la fois disséqué (« J'ouvre mon estommac », « mon cueur party en deux ») et immolé par le feu (« Et mes poumons gravez d'une ardeur viollente », « tout noircy par la flamme », « secz de langeurs ») s'exhibe dans les quatrains. Il

24 Voir *Agrippa d'Aubigné. Le Corps de Jézabel*, Paris, PUF, Le texte rêve, 1991 et *La Scène judiciaire de l'autobiographie*, Paris, PUF, 1996.

remplit un double rôle : le rôle d'hostie, d'objet sacrificiel offert à une déesse cruelle, et le rôle de preuve, de témoignage (« tourne tes yeux, Diane, et voy [...], Voy [...] ») attestant de la bonne foi, de la sincérité amoureuse de la victime (« Mais considere aussi ce que tu ne vois point/ Le reste des malheurs qui saccagent mon ame ») comme de l'ingratitude, de l'insensibilité de l'amante-bourreau (« et tes yeux inhumains pleurent, non de pitié, mais flambantz de cholere »). Or un élément issu du corps de la victime réalise effectivement un lien entre les deux acteurs de la tragédie amoureuse, tout en retournant le tort subi sur l'agent du supplice. Il s'agit de l'âcre fumée qui s'élève du brasier édifié par Diane (« Tu me brusle » [*sic*]) et qui la touche à son tour : « Ton œil enflé gemist », « Rien n'attendrit tes yeux que mon aigre fumée ». La fumée par laquelle l'amant parvient à atteindre la dame n'est pas une partie de son corps (comme le sang), mais est bien associée à son corps par métonymie (c'est l'effet de son immolation). Elle n'a pas une simple valeur symbolique, mais elle est mise au contact du corps de la dame et produit sur elle un effet matériel. On peut donc reconnaître ici, en arrière-plan, ce même dispositif de vengeance où le corps de la victime « reseigne » sur celui de la dame. Se dégage du corps supplicié un élément propre à modifier, à blesser le corps coupable.

L'originalité de cette configuration complexe, dense, est évidente. D'abord, Aubigné est le seul à donner au corps supplicié la valeur d'une preuve, là où généralement la demande de réparation est dissociée de la représentation du corps meurtri. Dans les Stances II de Nuysement, par exemple, on reconnaît le motif du corps de l'amant supplicié par Amour (« De mille et mille traits il m'entrouvre le flanc, / Il se baigne cruel dedans mon tiede sang, [...] Et mon corps ne luy sert que d'une vaine escorce », v. 49-50 et 54). Mais ce corps n'est pas cité comme témoignage dans l'appel à la justice lancé quelques vers plus haut ; de manière plus traditionnelle, c'est à la plainte qu'est dévolu ce rôle (« Nymphes qui sejournez le long de ces rivages, / Jugez, helas, jugez, entendant ma clameur », v. 27-28). Puis Aubigné va encore plus loin en articulant, sous la forme d'une image unique, la marque reçue, qui a valeur de preuve, et le marquage de l'autre, qui tient lieu de châtiment. Et ce désir de marquer l'autre matériellement, à partir d'une humeur issue de son propre corps, n'est pas sans incidence sur l'héritage pétrarquiste.

En effet, cette idée se concilie mal avec la représentation pétrarquiste de la gravure, de l'inscription, où l'amant ne fait que recevoir une impression de l'extérieur, sous la forme de l'image obsédante de la dame[25]; pour sa part, l'amant-poète n'est à l'origine d'aucune inscription, si ce n'est l'impression de ses vers. Cette représentation va donc subir des modifications sous l'influence de l'imaginaire d'Aubigné. Certes, l'amant ne cesse pas, dans le *Printemps*, d'être le support d'une impression venant de l'extérieur. Amour imprime le portrait de l'aimée dans ses pensées; ses poumons sont «gravez d'une ardeur viollente» (Stances VI, v. 4); par extension, même son environnement – sa demeure, sa chambre – porte les traces de la passion et de ses effets mélancoliques:

> Relégué parmy vous, je veux qu'en ma demeure
> Ne soit marqué le pied d'un delicat plaisir [...].
> Le lieu de mon repos est une chambre peinte
> De mil os blanchissans et de testes de mortz
> Où ma joie est plus tost de son object esteinte[26]:
> Un oubly gracieux ne la poulce dehors. (Stances I, v. 45-46 et 49-52).

Mais l'amant souhaiterait pouvoir graver à son tour le cœur de sa dame avec le trait de Cupidon. Il se heurte alors à une dureté insensible rebelle à toute inscription:

> Mais en ne trouvant lieu[27] pour mes larmes non feintes
> Dans son cueur endurcy aux viollantes plaintes
> D'un miserable amant:
> Non plus que l'on verroit engraver quelque trasse
> De l'inutille fer pressé dessus la face
> D'un ferme diamant
> C'est fait, je veux mourir [...]
> (*Printemps*, Stances XVI, v. 37-42).

25 Ce motif est particulièrement bien représenté chez Nuysement. Dans le s. 35, il désigne l'image obsédante de la dame par la périphrase: «ce que la destinee/ Engrave nuict et jour dans mon triste cerveau»; dans le sonnet suivant, on voit l'amant tenter en vain d'effacer les marques forgées par Amour, dont le fameux portrait des beautés de la dame (le lexique de l'inscription y abonde avec «forge», «rengrave», «grave», «insere», «impriment», «peint»); dans les Stances I, ce sont les vers qui, par métonymie, sont chargés de porter les marques de la douleur ressentie par le poète: «Imprimez sur vos fronts ce que je sens en moy» (v. 87).

26 Où ma joie est aussitôt éteinte par ce qu'elle voit.

27 Puisque je ne trouve lieu...

Quand il ne renonce pas en caressant l'idée du suicide, le poète, prenant acte de cette impossible réciprocité, met en place des dispositifs permettant à sa souffrance de «déteindre» sur le corps de l'aimée. Ainsi l'image de la dame se trouve-t-elle encadrée par des os reflétant l'humeur macabre de l'amant:

> Je mire en adorant dans une anathomye
> Le portrait de Diane, entre les os [...].
> (*Printemps*, Stances I, v. 57-58).

Allégoriquement, cette organisation de l'espace où Diane, qui est la vie du poète, est placée au centre d'ossements, signifie que sa propre vie est environnée par la mort:

> Dans le cors de la mort j'ay enfermé ma vie
> [...] Voilà commant ma joye est de regret suivie,
> Commant de mon travail ma mort seulle a repos.
> (*Printemps*, Stances I, v. 61 et 63-64).

Mais au-delà du renversement rhétorique entre la vie et la mort, cet encadrement, cet enfermement doit aussi se comprendre au sens fort, matériellement, et non pas seulement au sens métaphorique. Il relève d'une logique métonymique, qui conduit l'image de Diane à partager le sort du poète, par contiguité:

> [...] afin
> Que voiant sa beauté[28] ma fortune ennemie[29]
> L'environne partout de sa cruelle fin. [...]
> Et ma beauté[30] paroist horrible dans les os
> (*Printemps*, Stances I, v. 58-60 et v. 62).

Ailleurs, la main de la dame se trouve teinte du sang de l'amant agonisant:

> Rougir de mon sang chault l'yvoire de ses doitz
> (*Printemps*, Stances VIII, v. 19).

28 *Voiant sa beauté* = alors que (tandis que) je vois sa beauté.
29 *Ma fortune ennemie* = ma mort.
30 *Ma beauté* = la beauté de ma dame.

Ici, la codification rhétorique, qui joue de l'alliance du chaud et du froid, du rouge et du blanc, ne doit pas faire oublier l'essentiel: la figuration d'un contact, une contamination qui atteint, qui marque le corps de l'autre.

Il existe un état transitoire, moins achevé de cette représentation du corps souffrant qui « déteint » sur la dame. Le sang ou tout autre humeur, s'épanche non pas directement sur le corps du persécuteur, mais laisse une trace sur un objet intermédiaire (qui est souvent un élément végétal: buissons, fleurs…). Alors, ce n'est pas le corps supplicié lui-même qui est exhibé en guise de preuve par l'accusation, mais cet objet qui en est le substitut.

Lorsque, dans les Stances III, le poète se compare à une bête traquée perdant son sang et laissant des traces de son agonie sur la nature, le sang qui s'écoule de sa blessure produit des marques rouges sur les buissons, ce qui révèle le dommage (« l'injure ») subi. Le sang issu de la victime ne touche pas directement l'auteur du forfait, il ne s'imprègne pas directement sur le corps féminin, comme dans le cas de la plaie qui « reseigne » sur la dame (selon la pratique médiévale) ; il laisse des traces sur un objet naturel (« les buissons rougis ») que l'avocat peut citer au tribunal d'Amour (selon l'usage antique) :

> Qui me voudra trouver destourne[31], par mes pas,
> *Par les buissons rougis*, mon cors de place en place :
> Comme un vaneur[32] baissant la teste contre bas,
> Suit le sanglier blessé aisement *à la trasse*
> Et le poursuit à l'œil jusqu'au lieu du trespas.
> (*Printemps*, Stances III, v. 11-15).

Dans un passage de « Princes », les Mignons remplacent Diane et les protestants l'amant, dans une configuration similaire où le sang déversé se transmet à un objet naturel qui servira à plaider contre les criminels. Les joyeux bourreaux de la cour d'Henri III ont beau recouvrir d'une jonchée de fleurs le sang versé, ces fleurs, en se desséchant, libéreront l'odeur du sang qui signalera leur forfait à la postérité :

> Mais ces fleurs secheront, et *le sang recelé*
> *Sera puant au nez*, non aux yeux revelé
> (*Tragiques*, II, v. 215-216).

31 *Destourne* (subj.)… = qu'il découvre (mon corps) en tournant autour de mes traces de pas et des buissons rougis (langage de chasse).

32 *Vaneur* = veneur.

Les fleurs sont les supports d'une trace olfactive là où les buissons portaient des traces visuelles, et elles remplissent la même fonction d'objet intermédiaire faisant le lien entre victime(s) et coupable(s). A l'origine, elles portent la trace des corps immolés et, finalement, elles touchent indirectement les Mignons en produisant une exhalaison puante qui révèle leurs crimes. Tel est le circuit du crime et de sa réparation : dans un premier temps, les bourreaux répandent impunément le sang des persécutés, mais un objet de transition a recueilli ce sang qui finit par rejaillir sur eux symboliquement, par plaider contre eux.

## 3. Atteindre à tout prix celle qui est hors d'atteinte

Atteindre la dame, la blesser, l'accuser ou tout simplement la toucher (au sens moral et au sens matériel), établir un contact avec elle, tel est le projet de l'amant dans le *Printemps* – projet qui ne peut que se heurter au statut inaccessible de la dame dans la culture courtoise et dans ses développements néo-pétrarquistes. Il s'agira donc d'atteindre la dame par cercles concentriques, en commençant par toucher, par contaminer la nature :

> Les herbes secheront soubz mes pas, à la veue
> Des miserables yeux dont les tristes regars
> Feront tomber les fleurs et cacher dans la nue
> La lune et le soleil et les astres espars.
> Ma presence fera dessecher les fontaines
> Et les oiseaux passans tomber mortz à mes pieds,
> Estouffez de l'odeur et du vent de mes peines :
> Ma peine estouffe moy, comme ilz sont etouffez !
> Quant vaincu du travail, je finiray par crainte,
> Au repos estendu au pied des arbres verts,
> La terre autour de moy crevera de sang teinte,
> Et les arbres feuilluz seront tost descouvertz.
> (*Printemps*, Stances I, v. 133-144).

A la différence de l'amant errant qui imprime des traces de pas sur le sable, chez Nuysement[33], l'amant albinéen est plus actif et veut rendre son deuil

33 Cf. Stances II, v. 73-74 : « Je cerne ces forests de maints et maints circuits, / J'imprime mille pas sur ces sablons recuicts ».

communicatif. Il n'est pas seulement le réceptacle de la passion mortelle infligée par une maîtresse dédaigneuse, il devient lui-même, par un contact magique, un agent mortifère pour ce qui l'entoure. De même, dans les Stances III, le souffle mortifère de l'amant se communique matériellement, physiquement, aux éléments naturels :

Mais ils [mes yeux] vont effraiant de leur regard les lieux
Où se trame ma mort, et ma presence effraye
Ce qu'embrassent la terre et la voûte des cieux.
[…]
Alors des cleres eaux l'estommac herissé
Sentit jusques au fons l'horreur de ma presence.
(*Printemps*, Stances III, v. 28-29 et 56-57).

Or certains poèmes font apparaître clairement l'équivalence entre la nature et la dame. Dans les Stances XVI, à qui s'adressent les imprécations contre une Nature meurtrière, mère-marâtre au cœur inflexible, tigresse sanguinaire, sinon à la dame, généralement qualifiée par les mêmes termes ? Les premiers vers de ce poème hétérométrique sont éloquents :

Ores es-tu contente, o Nature meurtriere,
De tes plus chers enfants impitoiable mere,
Tigresse sans pitié,
As tu saoullé de sang ta soif aspr'et sanglante […] ?
(*Printemps*, Stances XVI, v. 1-4).

Dans le sonnet LX de l'Hécatombe à Diane, qui le poète cherche-t-il à outrager au bout du compte, en insultant Nature, si ce n'est la dame?

Je despite à ce coup ton inique puissance,
O Nature cruelle à tes propres enfantz !
(*Printemps*, Hécatombe à Diane, sonnet LX, v. 1-2).

On retiendra de ces vers le caractère ambivalent de l'image de la femme (maternelle-cruelle)[34], mais aussi l'ambition du sujet qui s'y fait jour. La provocation à destination des astres n'a qu'un but : toucher, faire réagir ces acteurs lointains, inaccessibles, qui déterminent votre destinée et échappent

34 Pour une analyse de cette ambivalence dans les représentations féminines (la mère, l'amante, la nature), cf. G. Mathieu-Castellani, *Agrippa d'Aubigné. Le Corps de Jézabel*, éd. cit., pp. 47-51.

pour leur part à toute influence extérieure (autant de caractéristiques qui définissent la dame également) :

> [...] ô astres rougissantz,
> Bourreaux du ciel injuste, avecq leur influence,
> Je n'ay peur d'eschauffer sur mon outrecuidance
> Vostre aveugle fureur, vos courroux impuissantz,
> Ils sont sourds, je le sçay, car mes souspirs cuisantz
> N'ont peu impetrer d'eux une povre audience ;
> Si en les diffamant je les puis faire ouyr,
> J'auray ne les faschant de quoy me resjouir
> (*Printemps*, Hécatombe à Diane, sonnet LX, v. 3-10).

Ces tentatives pour toucher la nature ou les astres ne sont qu'un prélude à la contagion de la dame elle-même ou du moins de son portrait :

> Tant qu'on trouve seché de mes peines cruelles
> Un coffre, ton portrait, et rien au demeurant.
> (*Printemps*, Stances III, v. 19-20).

Quand le contact entre les corps des deux amants n'est pas possible directement, le poète dépêche un objet qui tient lieu de substitut et qui joue le rôle d'intermédiaire :

> O Saine ! di je alors, mais je n'y puis aller,
> Tu vas, et si pourtant je ne t'en porte envie,
> Pousser tes flotz sacrés, abbreuver et mouiller
> Les mains, la bouche et l'œil de ma belle ennemie,
> Et jusques à son cueur tes undes devaler.
> (*Printemps*, Stances III, v. 66-70)[35].

Eloigné, empêché, l'amant désire toucher, atteindre le corps de la dame, fût-ce par procuration ; il veut combler la distance, matérielle et symboli-

35 Imitation de Pétrarque, Canzoniere, I, 208 (v. 1 et 12-14) :
« *Rapido fiume [...]*
*Basciale 'l piede, o la man bella et bianca ;*
*Dille, e 'l basciar sie 'nvece di parole :*
*Lo spirto è pronto, ma la carne è stanca* ». (« Fleuve rapide [...]/Baise son pied, ou sa belle main blanche ;/Dis-lui, et ton baiser tienne lieu de parole :/L'esprit est prompt, mais la chair est lasse » ; traduction Pierre Blanc, Paris, Classiques Garnier, 1989).

que, qui sépare son corps à elle, bien vivant, de son corps à lui, las ou agonisant ; mais cette distance est peut-être insurmontable :

> Tu es loin de pitié et plus loin de ma mort
> (*Printemps*, Stances III, v. 95).

L'abondance, la diversité et la violence des images dérivant du paradigme anatomique chez Aubigné risquent de disperser l'attention du lecteur et lui faire oublier l'enjeu de la description. Si le désir de vengeance, l'idée d'une rétribution de la souffrance justifient en grande partie l'emploi de ces images, on peut y lire aussi, plus profondément, une volonté d'atteindre l'autre, d'établir un contact, qui dépasse le projet de blesser ou d'accuser pour obtenir réparation. Il faut que son portrait se trouve enlaidi au contact des os dont je l'entoure (Stances I), ou asséché par mes soupirs (Stances III) ; il faut que son pied soit baigné par un fleuve qui est comme mon rival heureux (Stances III) ; il faut que sa main soit teinte par l'écoulement de mon sang (Stances VIII) ; il faut que sa glace se fonde sous le soleil de mon amour (Stances XX)… Il faut tout mettre en œuvre pour se rapprocher de ce corps inaccessible, hors d'atteinte.

« Que ton baiser tienne lieu de parole » ordonnait Pétrarque au fleuve baignant les pieds de Laure : que le contact prenne le relais de la parole, c'est bien là ce qu'imagine Aubigné, et ce qui fait sans conteste la modernité de ses figurations.

# L'anatomie par le rire: *Les Erreurs populaires* de Laurent Joubert

Dominique BRANCHER
Université de Genève

Dans le vaste courant *contra medicos* qui, de Pétrarque à Montaigne, se déploie dans toute l'Europe renaissante, le médicastre bouffon fait les frais de la plume acérée des satiristes. Accusé de faire sa comédie aux patients, voilà le médecin vendeur d'oribus et prétendu opérateur de miracles, voilà ce «maistre Fify» comme on appelait les nettoyeurs de latrines, devenu à ses dépens héros ridicule de farces qui moquent l'ordure viscérale liée à sa profession[1]. Cornelius Agrippa vitupère allègrement ces «mangemerde, fouillemerde ou regardeurs de merde» sans cesse occupés à mendier «s'il y a quelque urine à voir, ou s'il se presente quelque chair percée»[2]. Touchant aux fonctions et aux zones les plus triviales du corps, qu'une nouvelle civilité cherche de plus en plus à reléguer hors du regard public, la médecine docte prête donc le flanc à tout un humour scato-sexuel.

Si la médecine en est souvent la victime, il lui arrive aussi de se réapproprier le rire dans son propre discours comme instrument rhétorique, heuristique et thérapeutique. A cet égard, la question du rôle joué par le registre comique dans le développement de l'écriture médicale en français au XVI^e^ siècle se pose avec une particulière acuité à propos du médecin protestant Laurent Joubert (1529-1582), riche d'une œuvre tant latine que vernaculaire[3]. En

1 Etienne Pasquier associe le mot «fy», dont on n'use «qu'aux choses les plus ordes et sales qui se presentent», au «physicien» (*Les Recherches de la France,* éd. critique établie sous la direction de M.-M. Fragonard et F. Roudaut, tome III, Paris, Honoré Champion, chap. XXVI «De ces mots, de *Fy* entre les François, et de *Physicien* usurpé pour Medecin par nos ancestres», pp. 1592-1595).

2 *Déclamation sur l'incertitude, vanité et abus des sciences,* traduction en françois du latin de Henry Corneille Agrippa, Paris, I. Durand, 1582, chap. LXXXIII, «De la medecine operatrice».

3 Joubert est nommé professeur d'anatomie à la Faculté de Médecine de Montpellier en 1567, puis chancelier en 1578, prenant la succession de son maître Rondelet. Pour la bio-bibliographie de Joubert, nous renvoyons à P.-J. Amoreux, *Notice historique et*

effet, son plus grand succès, le traité virulent et enjoué des *Erreurs populaires,* publié pour la première fois à Bordeaux en 1578, et suivi, dans les six mois d'éditions pirates à Paris, Lyon et Avignon, a des inflexions rabelaisiennes qui ne sont pas étrangères à une réception scandalisée. Manifestement sous pression, Joubert devra d'ailleurs concocter dans l'urgence une version expurgée et l'éditeur Millanges l'assortira d'astérisques prophylactiques à destination des vierges et des chastes. Dans cette vaste enquête ethnographique sur les croyances erronées du peuple en matière sexuelle, Joubert n'est plus le médecin ridicule : à son tour de manier le bâton pour éreinter et tourner en dérision les pratiques populaires. Qui plus est, il juge à propos de republier en 1579, dans une nouvelle traduction, son fameux *Traité du ris,* l'année même où paraît la version assagie des *Erreurs Populaires.* Cette contemporanéité participe-t-elle de la stratégie défensive d'un auteur pris violemment à parti pour avoir dévoilé les secrets de la médecine en des termes « assez chatouilleux », et soucieux de réfléchir à ce qui fait le « style » médical dans un sens à la fois littéraire et éthique ? La coïncidence éditoriale invite en tous les cas à faire dialoguer ces deux textes, l'un mettant en pratique la « passion risolière » que l'autre théorise. Le *Traité du Ris* permet ainsi d'éclairer les dispositifs discursifs alléchants qui ont fait le succès controversé des *Erreurs populaires,* ouvrage qui jongle habilement avec les principes d'une rhétorique humaniste et procède à un savant dosage entre vocabulaire scientifique, littéraire et populaire. Je me propose donc de mettre à jour l'ambiguïté du statut générique d'un tel texte, pris entre verve comique et vocation didactique, tout en examinant les enjeux rhétoriques et moraux qui accompagnent le dévoilement de l'anatomie féminine.

En effet, de quoi s'agit-il dans les *Erreurs Populaires ?* Après un premier livre encomiastique qui redore le blason de la médecine institutionnelle (« De la médecine et des médecins »), seul livre à avoir été repris dans la traduction latine,[4] les quatre livres suivants se consacrent exclusivement à des questions

*bibliographique sur la vie et les ouvrages de Laurent Joubert, chancelier en l'Université de Médecine de Montpellier au XVI^e siècle,* Montpellier, 1814 ; J.L.V. Broussonnet, *Notice sur Laurent Joubert, professeur et chancelier de l'Université de Médecine de Montpellier,* Montpellier, 1829 ; et E. Wickersheimer, « Un brave homme et un bon livre : Laurent Joubert et les *Erreurs populaires au fait de la médecine et du régime de santé* », *La médecine et les médecins français à l'époque de la Renaissance,* Paris, 1906.

4 *Prime partis de Vulgi erroribus medicine medicorumque dignitatem deformantibus librum primum latinitate donabat et scholiis illustrabat Joannes Bourgesius,* Anvers, M. Nutius, 1600.

sexuelles et gynécologiques (« De la conception et génération », « De la groisse », « De l'enfantement et gesine », « Du lait et nourriture des enfants »). Non seulement Joubert participe ici au renouvellement du discours sur la sexualité et l'obstétrique favorisé par le développement de l'anatomie[5], mais il s'inscrit aussi dans le violent conflit professionnel qui s'amorce dans le dernier tiers du XVIe siècle et oppose hommes d'art et sages-femmes[6]. Aux matrones ignorantes qui règnent de manière trop présomptueuse dans la chambre des accouchées, il administre une volée de bois vert. Les voilà sommées de se mettre sous la tutelle des porteurs de bonnet doctoral et de s'instruire au théâtre d'anatomie. Pour autant, on ne saurait se passer d'elles. Sur le plan de la pratique sociale, l'intrusion masculine dans l'intimité des femmes est en effet jugée indécente : en 1522, le docteur Wertt, chirurgien à Hambourg, est exécuté pour avoir assisté une femme en couche déguisé en matrone[7]. Comme le rappelle le docteur Venette, la statue d'Esculape était faite en bois d'agnus-castus, l'arbre de la chasteté, et

> dans la cérémonie du doctorat des médecins, on ceint les reins du nouveau docteur avec une chaîne d'or, qui rafraîchit d'elle-même, pour lui marquer qu'en faisant la médecine, il doit être pudique et retenu avec les femmes[8].

Ce qui inquiète les mœurs affecte aussi les représentations. Le problème de la pudeur se repose ainsi dans les *Erreurs populaires*, un livre que l'honnêteté eût préféré latin et qui veut excuser par le voile comique l'exploration des

5 Voir *Sexual Knowledge, Sexual Science. The History of Attitudes to Sexuality*, éd. R. Porter; Cambridge, M. Teich, 1994.

6 En 1798, le titre de Philippe Hecquet – *De l'indécence aux hommes d'accoucher les femmes* – est toujours d'actualité. Sur cette rivalité, voir l'introduction de W. Arons, *When Midwifery became the male Physician's Province, The Sixteenth Century Handbook, The Rose Garden for Pregnant Women and Midwifes*, newly englished, translated from the German, Mc Farland & Company, Jefferson, North Carolina and London, 1994. A propos de Louise Boursier, sage-femme militante, voir l'excellente et toute récente édition critique de F. Rouget et C. H. Winn, *Louise Boursier, Récit véritable de la naissance de Messeigneurs et Dames les enfants de France, Instruction à ma fille et autres textes,* Genève, Droz, 2000.

7 Voir R. Frydman, *L'irrésistible désir de naître,* Paris, PUF, 1986, p. 37.

8 *La génération de l'homme,* Londres, 1779, I, 231-232, cité par A. de Gubernatis, *La Mythologie des plantes ou les légendes du règne végétal,* t. I, Paris, C. Reiwald et cie, 1878, rubrique « agnus castus ». Le problème est posé dès l'Antiquité, voir D. Gourevitch, « Pudeur et pratique médicale dans l'Antiquité classique », *La Presse médicale,* 2 mars 1968, pp. 544-545.

parties honteuses. On s'intéressera donc au bon (ou mauvais) usage de la farce dans la prose médicale française, à travers l'édition mouvementée des *Erreurs populaires.*

## 1. Des contes «pour rire»: les affabulations du populaire

Sans précédent dans le siècle, le traité novateur de Joubert trouve vraisemblablement sa source et son esprit, encore qu'il ne le mentionne pas, dans l'ouvrage antique de l'épicurien Polystrate, *Sur le mépris irrationnel des opinions populaires.* Ce dernier prétend libérer l'âme des affections inutiles par la connaissance de la nature et la compréhension des «erreurs de ce que nous transmettent les mythes, les opinions des poètes ou quelque autre vaine tradition»[9]. Joubert se rattache donc à cet antique courant philosophique qui veut que la santé du corps et de l'esprit dépende de l'expression de nos croyances, et qui fonde son action thérapeutique sur une conception assainie du langage. Véritable cabinet de curiosités linguistiques, les *Erreurs populaires* se proposent ainsi de réunir pour les passer au crible tous les dits étonnants, «propos vulgaires», «locutions populaires» ou encore «avis du pays» découverts en vingt-cinq ans de pratique[10]. Le lecteur obligeant est lui-même invité à amplifier cette collection folklorique en envoyant à Joubert «des propos semblables à ceux-ci, que j'ai recueilli en long temps, de plusieurs personnes, en divers pays»[11].

9 XIV, 23-XVI, 9, cité par A.-J. Voelke, *La philosophie comme thérapie de l'âme, Etudes de philosophie hellénistique,* Paris, Cerf, 1993. Sur ce texte, voir Philipp De Lacy, «Limit and Variation in the Epicurean Philosophy», *Phœnix 23,* 1969, pp. 104-113 (p. 105), et Robert Philippson, «Polystratos' Schrift...», in *Studien zu Epikur und den Epikureern,* Hildersheim, Olms, 1983, pp. 4-26.

10 Le titre de 1578 – *Erreurs populaires au fait de la medecine et regime de santé* – se voit significativement modifié dans l'édition de 1579 en *Erreurs populaires et propos vulgaires touchant la medecine.* Pour le rôle important joué par Joubert dans la lexicographie historique du français, voir M.-J. Brochard, «Une source du dictionnaire de Randle Cotgrave (1611)», *Zeitschrift für Romanische Philologie,* 106 (1990), pp. 225-288.

11 *Erreurs populaires,* «Au lecteur d'esprit libre et studieux», Bordeaux, Millanges, 1578 (conservé dans l'édition de 1579). Le «ramas de propos vulgaires et erreurs populaires ...envoyés de plusieurs à M. Joubert» témoigne dans la *Seconde partie des Erreurs populaires* du succès de la collecte. Il regroupe des dictons tant espagnols, hébreux, français

Dans cette vaste entreprise de correction épistémologique, la maladie qui s'impose donc en tout premier lieu est celle du langage et surtout de ses usagers populaires, piètres herméneutes qui savent sans savoir, par « manière de dire ». Au peuple « syllogisant mal », le médecin philologue se propose de faire la leçon, et raille ses « comtes mal raisonnés ». De fait, le peuple se fourvoie car il est souvent incapable de décrypter la part du littéral ou du figuré dans des énoncés ou des faits, et pèche par « abus de translation ». Quelques petits cahiers, insérés grâce à un ami de Joubert, l'apothicaire Ian Imbert, dans la *Segonde partie des Erreurs populaires,* publiée en 1579[12], dénoncent précisément ces dérives analogiques et la croyance bien ancrée selon laquelle les lois naturelles obéissent aux mêmes modalités que les tropes de la rhétorique. Dans le cahier intitulé « Remedes metaphoriques et extravagans », Joubert tance celles qui placent un aimant sur les cuisses des parturientes pour faciliter la délivrance, comme ceux qui se gavent de poisson, animal fertile, pour accroître leur production séminale. A ce compte, qui voudrait être agile, mangerait du singe, en vertu des principes de la « pensée sauvage ». De manière inverse, la valeur figurative d'une expression peut être ignorée, et le peuple pèche alors par excès de littéralité. Les « bonnes femmes » disent communément que la *vedille* (cordon ombilical) des filles, transformée en philtre érotique, « sert à leur faire des amoureux ». Joubert se moque et révèle la « secrete allegorie » :

> Et c'est (paravanture) que si les hommes viennent a si grand familiarite des filhes trop faciles et ployables, qu'ils puissent faire toucher et joindre leurs nombrils, qu'elles les attirent par là, et font la conjonction de l'Androgyne Platonique par telle rëunion. Et voilà commant le nombril des filhes, non pas le mort ains le vivant, duquel on donne gout aus hommes, an les affriand, les rand echauffés et abetis, si la raison ne les domine et regit[13].

que latins, indice s'il en est de la valeur plus épistémologique que sociale du terme « vulgaire ». Sur la parenté des *Erreurs Populaires* avec les *Paradoxa,* autre ouvrage de Joubert qui s'attaque aux idées reçues, voir l'article de J. Céard, « Paradoxe et erreur populaire : le projet de Laurent Joubert », in *Le paradoxe au temps de la Renaissance*, dir. M. T. Jones-Davis, Paris, 1982, pp. 125-142.

12 Paris, Abel l'Angelier et Lucas Breyer. C'est Cabrol qui assume la responsabilité de cette publication, opérée à ses dires à l'insu de Joubert.

13 *Erreurs Populaires,* Bordeaux, Millanges, 1578, livre IV, chap.4. L'explication est du goût de Jacques Ferrand qui paraphrase l'explication de Joubert dans son lascif *Traité de l'essence et guérison de l'Amour ou de la Mélancolie érotique* de 1610. L'édition censurée de 1623 (notamment pour des raisons de décence) se contente prudemment de renvoyer à Joubert.

Paradoxalement, les erreurs sont ainsi souvent des erreurs *vraies*, qui ne souffrent que d'être livrées aux aberrations interprétatives d'usagers qui en méconnaissent les véritables significations.

Dans un autre cahier, les « Propos fabuleux », c'est le bestiaire mythologique qui est mis à l'épreuve et confronté aux exigences nouvelles du naturaliste, attaché à restituer aux mots leur juste valeur sémantique et à démystifier les représentations trompeuses du réel. C'est par « maniere de parler hyperbolique » qu'on dit que l'ours « n'enfante qu'une pièce de chair, sans forme d'animal », peu à peu modelée par ses coups de langue, alors que l'ourson est tout simplement couvert de bave ; et c'est « pour manière de comparaison » qu'on appelle les « moles », ces amas de chair dont accouchent parfois les femmes, des « harpies », monstres hérités des poètes latins[14]. Bien crédule, Agrippa d'Aubigné en aurait vu une ruchée s'accrocher aux courtines honorables d'un lit genevois.

Voilà autant de contes pour « rire » et d'erreurs populaires « tant epaisses, grossieres et lourdes pour la plus-part, qu'elles meritent plus risée, que reprehansion » comme l'annonce Joubert à la dédicataire de son traité, la reine Marguerite de Valois. Sœur d'Henri III et femme d'Henri de Navarre, comme le précise l'épître consensuelle de Joubert qui officiait comme médecin des deux rois, cette reine de mauvaise réputation venait de prendre ses quartiers à la cour libertine de Nérac en décembre 1578, lorsque paraissent les *Erreurs Populaires.* Dans sa dédicace, loin de louer la beauté de la marguerite comme le voudrait la tradition encomiastique, Joubert célèbre la « studieuse condition » et l'« assiduel estude » de son archilectrice, invitée à arbitrer le débat et à juger l'erreur ridicule. La tradition du *Philèbe* de Platon est ici implicitement convoquée, où ce n'est pas la perception de la laideur comme chez Aristote, mais la perception de l'ignorance de ceux qui croient savoir, les *doxosophoi,* qui déclenche le rire[15]. Il n'en reste pas moins

14 *Erreurs populaires,* livre IV, chap. VII « Des Harpies qu'on dit voler, et s'attacher aux courtines ».

15 Pour Socrate, le ridicule « est une sorte de vice, qui tient son nom d'une disposition particulière ; dans l'ensemble du vice, il s'agit de celui dont l'affection est opposée à ce que prescrit l'inscription de Delphes », à savoir le fameux *gnôthi seauton.* (*Philèbe,* 48C, intr., trad., et notes par J.-F. Pradeau, Paris, GF, 2002). Sur les problèmes philologiques posés par le texte aux éditeurs humanistes, voir M.A. Screech, *Laughter at the Foot of the Cross,* England, Penguin Books, 1997, chap. 17 « Ignorance or Madness? The importance of a Gamma – More Socratic laughter in the *Philebus* ». Des commentateurs d'Aristote comme Maggi (*De ridiculis,* 1550), Castelvetro, ou Bonciani, qui écrit sur la

que le rire dans les *Erreurs populaires* ne se contente pas de sanctionner une incompétence herméneutique sous les regards conjugués de l'érudition savante et de la perspicacité royale. S'il est objet de la risée, le «peuple malsage» selon les termes de Joubert est aussi invité à y participer, et plus particulièrement dans les chapitres touchant de près à la question sexuelle. En effet, comme Joubert l'explique dans ses *Annotations sur toute la chirurgie de M. Guy de Chauliac*, la fable est le moyen idéal pour instruire et édifier le peuple «de soy rude et brutal», «en meslant de bonne grace le plaisant et recreatif, avec le profitable»[16].

## 2. La séduction par le rire

Au XVI$^{e}$ siècle, les conditions aussi bien que la *conception* de la connaissance anatomique se modifient. Sur le marché du livre, auteurs et éditeurs n'hésitent pas à séduire leur lectorat en stimulant, plus ou moins explicitement, la curiosité voyeuriste naturellement attachée à la découverte du corps[17]. C'est dans cette perspective qu'il faut comprendre la mise en scène opérée par Joubert dans le chapitre «de la cognoissance du pucellage des filles», énorme digression dont il reconnaît lui-même l'incongruité au sein du dernier livre des *Erreurs populaires*, consacré à la puériculture: «le propos n'est d'icy proprement». Joubert aura cédé à une tentation qui ne lui est que trop familière: le plaisir narratif et le goût de la bonne histoire autour d'un sujet aussi attrayant que celui des critères de la virginité. Le chapitre promet ainsi au lecteur l'exploration du sexe féminin en termes boccaciens, descente aux «abismes» de l'enfer d'Alibec «auquel le bon et saint hermite Rustic mettoit son diable». Riant de la naïveté de la nonne Alibec, dupée par un débauché, le lecteur des *Erreurs* est ainsi invité à réfléchir aux contre-vérités dont il est

composition de la nouvelle (*Lezione sopra il comporre delle novelle,* 1574) combinent la théorie de la *Poétique* avec celle du *Philèbe,* en associant l'ignorance de soi platonicienne à la *turpitudo sine dolore,* la laideur sans douleur ni dommage d'Aristote.

16 Dédicace à Catherine de Gelas, sa mère, Tournon, L. Michel, 1598.

17 Pour cette proposition, voir A. Carlino, *Paper Bodies, A catalogue of anatomical fugitive sheets, 1538-1687,* translated by N. Arikha, *Medical History,* Supplement N° 19, London, Wellcome Institute for the History of Medicine, 1999, pp. 23-24.

lui-même victime[18]. Apostrophant son lecteur à la deuxième personne (« il faut encore donner là-dedans, si *vous* voulez entrer au fort, et y planter l'enseigne ») et glissant parfois au « nous » dans l'exploration du « cabinet de virginité », la voix énonciatrice installe une complicité indiscutablement masculine aux dépens du sexe faible. De fait, comme objet inférieur (« la femelle est comme un défaut quand ne se peut mieux faire » dit Joubert en bon galéniste), la femme se prête à merveille au rire. Au rire cœrcitif à l'endroit du populaire, empiétant sur les prérogatives du médecin, succède ainsi un rire misogyne aux dépens de la « beste qui a deux trous dessous la queue ». Morceau de bravoure du chapitre, la citation critique de trois dépositions de matrones, enrôlées par la justice pour faire l'anatomie d'un viol, y contribue. En effet, elle permet à Joubert de railler la nomenclature burlesque des sages-femmes, qui témoigne d'un vocabulaire extrêmement riche de l'anatomie des parties sexuelles externes de la femme (quatorze termes dans le rapport béarnais de 1545, quinze dans le rapport parisien de 1532, et enfin huit dans celui de Carcassonne)[19]. Aux yeux de Joubert, tous les signes invoqués par les sages-femmes sont frauduleux. Seul le « miroir matrical » peut donner une preuve assurée de la défloration, en permettant d'observer si le col de la matrice, « le principal cloître ou l'arrière-fort de la virginité », est bien ouvert. Ce qui distingue donc le savoir du médecin de celui des « levandières », c'est qu'il est fondé sur l'exploration anatomique, ce regard porté à l'intérieur du corps auquel n'ont pas accès les matrones.

A défaut d'être fiables, les dépositions ont la qualité poétique d'exhiber le pouvoir incroyablement suggestif et récréatif de ce « gingibert fendu », de ce « pepilhon recoquillat », de cet « entrepé ridat », bref de tous ces termes patois qui esquissent une architecture fantastique du sexe féminin. Qu'on ait pu accuser Joubert d'avoir forgé ces dépositions de toutes pièces révèle l'ampleur menaçante du fictionnel dans un discours qui risque de perdre toute crédi-

18 Cette fable exemplifie dans le célèbre commentaire à la *Poétique* de Castelvetro une des causes les plus importantes du rire : les *inganni,* ou tromperies. Le premier *Decameron* épuré de 1573 la supprime, tandis que la version expurgée de Venise, publiée en 1588 pour satisfaire le pape Sixte-Quint, se contente d'éliminer les allusions théologiques en changeant le diable en dragon et les portes de l'enfer en une gueule de serpent. Voir C. Dejob. *De l'influence du Concile de Trente sur la littérature et les Beaux-Arts chez les peuples catholiques,* Paris / Genève, Slatkine reprints, 1969, (1884).

19 Sur ces termes, qu'on retrouve dans le *Traité des Hermaphrodites, parties génitales, accouchements des femmes* de Jacques Duval en 1611, voir A. Klairmont-Lingo, « The Fate of Popular Terms for Female Anatomy in the Age of Print », *French Historical Studies*, 22, 3, été 1999, pp. 335-349.

bilité scientifique. Quant à la conclusion des matrones – « Et le tout veu et visité fueillet par feuillet, avons trouvé qu'il y avoit trace de vit » –, on n'en pardonnera pas à Joubert la franchise. Il lui faudra invoquer un typographe indélicat ou maladroit, coupable d'un « vit » qui se voulait « vir ». (L'édition pirate de Méhubert à Paris optera quant à elle pour un discret « v »).

L'édition repentie de 1579 des *Erreurs Populaires* ne fait que renchérir sur cet esprit farcesque, alors même qu'elle semblait vouloir en atténuer les équivoques. Si d'une main Joubert corrige la métaphore « enfer » en matrice, rien ne le retient de compléter la fable de Boccace d'un riche développement narratif emprunté à *l'Heptaméron*[20] et ailleurs l'on découvre les performances sexuelles hyperboliques d'un fripon, qui « se trouva avoir couru vint postes ». La fable burlesque s'entremêle à l'exploration rationnelle, la voix neutre du médecin cède la place à celle de l'observateur partial et du conteur obscène qui trahit son intérêt pour un thème clé de la médecine renaissante, le corps féminin. Ce n'est d'ailleurs pas en citant des ouvrages médicaux mais les nouvelles d'une « princesse, traitant de l'amour joyeusement » que Bertravan, un ami de Joubert, légitime la lecture féminine des *Erreurs Populaires*:

> toute femme mariée peut honnestement lire et entendre les Erreurs non moins que l'Heptameron [...] car il y a des comptes qui ne sentent pas moins son Caresmeprenant (comm'on dit) que ceux de Joubert[21].

Cependant comment comprendre l'usage de la Fable grivoise dans un projet « scientifique » qui se présente comme une véritable épistémologie de l'erreur et qui prétend opposer une vérité aux affabulations du populaire?

20 « Il faut s'approcher de plus pres, et dessandre aus abimes de l'anfer de la tres-devote Alibec de Boccace, auquel le bon et saint hermite Rustic mettoit son diable. C'est là où l'on trouvera le secret du pucellage, et où l'on saura de ses nouvelles. [Ce que tresbien antandoit le venerable prieur, lequel (com'il est ecrit an L'heptameron des nouvelles de la Royne de Navarre) se disoit visiteur tant des cors, que des ames: affirmant à une nonnain, que ses abbesses et prieures avoint passé par ses mains à visiter leur virginité. Car ne s'arrestant point aus signes qu'on prand des tetins (où il voulut neantmoins mettre la patte) ou du col, ou du nez, il voulut bien voir par où elle pissoit: luy comandant de se jetter sur un lit, et mettre sur son visage le devant de son habilhemant. parce que (disoit il) la chose git an preuve.] » (le passage entre crochets est l'objet de l'ajout de 1579).

21 *Seconde partie des Erreurs populaires*, Paris, Abel l'Angelier, 1579, « Epistre de B. Cabrol, Maistre juré en la Faculté de Chirurgie de l'Université, Cité et Ville de Montpellier, Chirurgien ordinaire du Roy. Repulsive des envieux et venimeux propos tenus contre l'Auteur des erreurs populaires ».

Le statut générique et éthique du traité médical n'en est-il pas perturbé? Après tout, il en va de l'honneur des jeunes filles, de la condamnation d'un homme accusé de viol ou encore de la dissolution d'un mariage contracté avec un homme impuissant. De manière indirecte, le *Traité du ris* nous permet d'éclairer la fonction de cette scénographie burlesque dans l'investigation médicale, et partant ses enjeux rhétoriques et moraux[22].

## 3. *Le Traité du Ris* comme poétique des *Erreurs populaires*

Traitant en premier lieu de la «matiere du ris», Joubert commence par souligner la complicité du sexe et du rire, si manifeste dans les *Erreurs populaires:*

> Ce que nous voyons de laid, difforme, deshonneste, indessant, mal-seant, et peu convenable, excite en nous le ris, pourveu que nous n'an soyons meus à compassion. Si on vient à decouvrir les parties honteuses, lesquelles par nature ou publique honnesteté nous sommes coutumiers de cacher, pour ce qu'il est laid, toutefois indigne de pitié, incite les voyans à rire[23].

On reconnaît la marque d'Aristote, qui le premier définit le risible comme une partie du laid *(aischon)*, difformité esthétique ou morale, sans dommage ni douleur et inapte à susciter la compassion tragique[24].

Rappelons qu'à la Renaissance les accointances du sexe et du rire ne sont pas du goût des moralistes. Tous ceux qui partagent un intérêt commun pour l'éthique de la langue puisent dans une double tradition, scripturaire et

22 *Traité du ris,* traduction de Zangmaistre, un disciple de Joubert, Paris, Nicolas Chesneau, 1579, dédicacé à nouveau à Marguerite de Navarre. L'ouvrage est publié pour la première fois en 1560, dans la traduction de Louys Papon chez Jean de Tournes à Lyon (voir C. Longeon, «Louys Papon, Laurent Joubert et le *Traité du ris*», *Réforme, Humanisme et Renaissance,* 7 (1978), pp. 9-11).

23 *Traité du Ris, contenant son essance, ses causes et mervelheus essais,* Paris, Nicolas Chesneau, 1579, chap. II, «Des fais ridicules», pp. 16-17.

24 «Car le risible est un défaut *(hamartêma)* et une laideur sans douleur ni dommage; ainsi, par exemple, le masque comique est laid et difforme sans expression de douleur». (*La Poétique,* texte établi et traduit par J. Hardy, Paris, les Belles Lettres, 1969: 1932, 1449a).

rhétorique, pour condamner de telles joyeusetés. D'un côté, St. Paul impose d'éviter tout à la fois « les grossièretés *(turpitudo)*, les inepties *(stultiloquium)*, les facéties *(scurrilitas)* », et réunit ces diverses aliénations de la parole dans une même sphère de péché[25]. La présence de l'obscénité parmi les paroles qui provoquent le rire est si importante dans la détermination du caractère coupable de la *scurrilitas* que les deux péchés sont souvent amalgamés chez les théologiens du Moyen-Age[26]. De son côté, la tradition rhétorique antique, si elle admet la fonction rituelle des mots obscènes dans le culte de certaines divinités, ne traite la plaisanterie sexuelle que sur le mode de l'exclusion. Pour Cicéron, avoir égard aux circonstances, modérer ses saillies, tempérer sa langue, telles sont « les qualités qui distinguent l'orateur du bouffon » (*De Oratore,* II, LX, 247). Lorsqu'on plaisante, renchérit Quintilien, l'*obscenitas* doit non seulement être bannie du langage, il ne faut même pas la suggérer (*Inst. Or.* VI, 3, 29). Définie comme *deformitas* (VIII, 3, 44-47), ne menace-t-elle pas de déformer le discours ? Sur ses traces, Erasme, dans le *de lingua,* stigmatise ceux qui étalent les badineries de la vie conjugale devant autrui, révélant « ce dont la couche et les coussins devraient être les seuls confidents »[27] et n'a pas de mots assez durs pour le moine, l'évêque, ou le prêcheur bouffons[28]. Quant au *Decameron* de Boccace ou aux *Faceties* du Pogge, elles sont mises à ban dès le terrible index de Paul IV en 1559, en vertu de cette

25 *Ep* 5, 3-4. La Vulgate traduit par *scurrilitas* le terme grec *eutrapelia,* alors que cette notion est souvent prise en bonne part dans la tradition moraliste: selon Aristote, St. Augustin et Thomas d'Aquin, elle stimule la santé physique et mentale. Pour rester en accord avec l'Ecriture sainte, on considérera que St. Paul condamne une *eutrapelia* immodérée. Sur ce problème, voir M.A. Screech, *Laughter at the Foot of the Cross, op. cit.,* chap. 33, « Christian Laughter all but Nipped in the Bud: Eutrapely condemned », pp. 132-140.

26 Voir C. Casagrande et S. Vecchio, *Les péchés de la langue,* Paris, Cerf, 1991, chap. XI « Turpiloquium, scurrilitas, stultiloquium », pp. 281-289.

27 *La Langue,* texte introduit, traduit et annoté par J.-P. Gillet, Genève, Labor et fides, 2002, 146 (texte original publié en 1525 à Bâle chez Froben).

28 Voir aussi l'*Ecclésiaste* (1535), où Erasme s'indigne de l'histoire racontée lors de la liturgie pascale de cette religieuse qui cède à un jeune homme dans le dortoir sous prétexte qu'il y est interdit de parler. Sur la condamnation des sermons obscènes de l'office pascal, qui veulent faire rire l'auditoire des fidèles en suivant la lettre du psaume (« Voici le jour que le Seigneur a fait: qu'il soit notre bonheur et notre joie »), voir D. Ménager, *Le Rire à la Renaissance,* Paris, PUF, 1995, pp. 142-143.

règle énoncée clairement, quelques années plus tard, dans l'index de Trente. Elle condamne *spécifiquement* les livres lascifs et obscènes[29].

En contrepoint du regain puritain de la Contre-réforme, Joubert met en valeur cette dimension sexuelle et s'arrête longuement sur la puissance de l'image obscène. Il n'est pas le seul. Dans le débat renaissant sur les typologies du «laid» aristotélicien, la dimension érotique assume une place de choix. Castelvetro, qui consacre plus de trois pages de commentaires aux six lignes de la *Poétique* sur le rire, range comme Joubert le *diletto carnale,* les *congiungimenti lascivi* et les *membra vergognose* parmi les causes les plus importantes du rire, à côté des erreurs et des vices[30]. Seulement la plaisanterie doit être voilée de sorte que le rieur puisse feindre de rire pour une «altra cosa». Dans le contexte d'une civilité de mieux en mieux affirmée, Joubert lui aussi prend des précautions. Tout en mettant en garde contre les dangers (parfois mortels) d'une «risée» incontrôlée, il se sert de l'*aurea mediocritas* aristotélicienne pour légitimer le rire en lui assurant la qualité de vertu. On peut rire en paix, pour autant qu'on n'ignore pas la mesure en se pliant aux codes de la rhétorique[31].

On peut dès lors réfléchir aux modalités de l'effet comique analysées dans le *Traité du ris.*[32] Reprenant la distinction aristotélicienne et cicéronienne entre le «ridicule en faitz» (comique d'action), qui engage la vision, et le «ridicule en dit» (comique verbal), qui engage l'ouïe, Joubert la traite cependant de manière inédite. Bien menée, la narration comique lui apparaît en effet comme une catégorie superlative qui brouille cette distinction sensorielle, puisque par effet d'hypotypose on peut voir ce qu'on entend:

29 *Index librorum prohibitorum cum Regulis confectis per Patres a tridentina Synodo delectos, auctoritates Sanctiss. D.N. Pii IIII, Pont. Max. comprobatus.* Roma, Paolo Manuzio, 1564. Nicolas Boucherat et Antoine de Mochares, théologiens français, ainsi que Jérôme de Bourges, évêque de Châlons-sur-Marne, semblent avoir participé à l'entreprise.

30 Dans le schéma proposé par Ludovico Castelvetro, les «cose piacenti che ci muovono a riso» sont: «Prima maniera: Carità; Seconda maniera: Inganni; Terza maniera: Vizii coperti; Quarta maniera: Disonesta» (*Poetica d'Aristotele vulgarizzata e sposta,* 1570, a cura di Werther Romani, volume primo, Gius. Laterza & Figli, 1978, partie 5, commentaire à 1449a, 31, pp. 126-135).

31 Sur les contorsions argumentatives de Joubert, voir D. Ménager, *Le rire à la Renaissance, op. cit.,* pp. 36-37.

32 Sur le détail de l'analyse, voir G. de Rocher, «Le rire au temps de la Renaissance: le *Traité du ris* de Laurent Joubert», *Revue belge de philologie et d'histoire,* 56 (1978), pp. 629-40.

> Acecy donc appartiennent les fables et contes facecieux, come de Poge Florantin, et les nouvelles de Boccace : desquelles nous plaisent mieus pour rire, celles qui dient les tromperies faites des fames à leurs maris[33].

Joubert attribue aux contes grivois une capacité imageante dont il cherchera justement à tirer profit dans les *Erreurs Populaires,* faisant du lecteur un spectateur au théâtre de la sexualité. Cette puissance d'évocation, servie par une langue populaire qui « ha plus de signification et energie qu'on ne panse communemant » (p. 194), recèle d'indiscutables qualités heuristiques. Encore que Joubert n'y fasse pas allusion, on pourrait aussi penser au rôle joué par la représentation laide *(turpe)*, obscène *(inhonestum)* ou ridicule *(ridiculum)* dans les arts de la mémoire, où les *imagines agentes*, qui sont des « formes permettant de reconnaître et représenter l'objet qu'on veut se rappeler », doivent choquer pour provoquer la commotion émotionnelle indispensable à la mémorisation (*Rhétorique à Herennius,* III, 35).

Non content d'être instruit et diverti, le lecteur pourra de surcroît profiter de l'action thérapeutique mise en œuvre par le comique du texte. Le *Traité du ris* nous apprend en effet « quel bien apporte le Ris et si quelque malade peut guerir à force de rire » (III, 14), et l'exemplifie allègrement, notamment avec ce singe qui s'étrangle de l'amertume d'un « potus de rabarbe » et sauve un agonisant hilare[34]. Si les académiciens italiens, suppléant aux lacunes de

33 *Traité du ris, op. cit.,* chap.III « Des propos ridicules », p. 30. L'humour autour du cocufiage, poncif des « livres d'amour », séduit particulièrement Joubert. A l'occasion d'une discussion sur le coccyx (ou « croupion »), il ne manque pas de réactiver ce type d'équivoque sémantique : « Les Grecs l'ont nômé Coccix, à la semblance d'un bec de Cocu. Ie ne sçay si pour cela les François appellent Cocu, celuy qui permet à sa feme de remuer ceste partie là à l'appetit d'autruy. Car de l'appeler Cocu, pour semblable façon de faire, que l'oiseau nommé Cocu, ce seroit trop grand faute [...] : car c'est au paillard adultere d'estre ainsi nommé » (livre I, chap. IV, et voir aussi livre II, chap. 9). Joubert emprunte aussi à Rabelais (Tiers-Livre, chap. 28), qui s'inspire lui-même du Pogge, l'histoire de la jalousie obsessionnelle de Carvel. Ce dernier se réveille le doigt dans le vagin de sa femme, après un rêve où le diable lui garantit la fidélité de son épouse tant qu'il portera une bague au doigt (livre V, chap. 4).

34 Voir M. Lazard, « La thérapeutique par le rire dans la médecine du XVI^e siècle », *Littérature et Pathologie,* Presses Universitaires de Vincennes, 1989, pp. 13-27 ; V. C. Machline, « The Contribution of Laurent Joubert's *traité du ris* to Sixteenth-Century Physiology of Laughter », *Reading the Book of Nature : The Other Side of the Scientific Revolution,* A. Debus and M. Walton eds., Kirksville, MO, Sixteenth Century Journal, 1998.

la *Poétique*, défendent les bienfaits d'une *catharsis* comique[35], les médecins quant à eux développent les aspects physiologiques de cette réflexion esthétique : le rire revigore les esprits, rétablit l'équilibre humoral. Cette qualité curative est devenue un *topos* et une manière de légitimation dans tous les traités de contes facétieux[36]. Pour ne citer que le *Decameron*, la parole conteuse y fournit l'enceinte d'un rire prophylactique pour préserver les devisants de la peste et autres maladies sévissant à l'extérieur, maladies qui, remarque malicieusement Boccace, pourraient bien avoir pour cause l'incurie des médecins.

Par ailleurs, cette thérapie du corps est aussi celle de l'âme si l'on se tourne vers la fameuse lettre apocryphe d'Hippocrate à Damagète qui, traduite par Guichard, accompagne fort à propos l'édition de 1579 du *Traité du ris*. Le médecin y raconte sa rencontre avec le « fou » d'Abdère, Démocrite, dont l'hilarité ininterrompue inquiète ses concitoyens alors qu'elle constitue un diagnostic lucide et roboratif sur un monde malade. La lettre clôture donc parfaitement le traité en fournissant l'étiologie mythique d'une thérapeutique « risolière » qui, aux dires de Démocrite, permet de rendre sage les autres. Tel est bien le but prétendu de Joubert : grâce au retournement cognitif induit par la pointe comique[37], dessiller les yeux du peuple et venir en aide à ses jeunes confrères, souvent trop pusillanimes pour oser contrecarrer l'erreur populaire. Cette « merveille » qu'est le rire servira d'autant mieux à dévoiler les « merveilles de Dieu » et de la science qu'il fait voler l'ignorance en éclats.

35 Voir notamment les traités d'Antonio Riccoboni et d'Antonio Sebastiano Minturno, réunis dans *Theories of Comedy*, Paul Lauter ed., Garden City, New-York, Anchor Books, 1964. Pour une discussion sur les rapports entre l'*hamartêma* comique et l'*hamartia* tragique, ainsi qu'entre *katharsis* comique et tragique, voir S. Halliwell, *Aristotle's Poetics*, London, Duckworth, 1998:1986, pp. 266-276, et surtout pp. 274-275 ; R. Janko, *Aristotle on Comedy*, Berkeley and Los Angeles, University of California Press, 1984, pp. 136-151 ; 208-211 ; P. Stewart, « De la *catharsis* comique », *Littératures classiques, L'esthétique de la comédie,* numéro 27-printemps 1996, Paris, Klincksieck, pp. 183-193

36 On le retrouve chez le Pogge, Jacques Tahureau, Bénigne Poissenot, Gabriel Chappuys, Guillaume Bouchet et bien d'autres. Voir N. Ordine, « Rire thérapeutique et théorie de la nouvelle à la Renaissance », *Le Rire des Grecs, Anthropologie du Rire en Grèce ancienne,* sous la direction de M.-L. Desclos, Grenoble, Jérôme Million, 2000, pp. 525-556.

37 Sur les sources émotionnelles et cognitives du rire, voir D. Beecher, « Muted Laughter : The Æsthetics of Renaissance Tragicomedy », in *Tudor Theatre, Puzzling laughter in plays of the Tudor Age,* Vol. 6, Table ronde VIII, Peter Lang, pp. 143-160.

## 4. Le scandale des *Erreurs Populaires*

Au terme de ce parcours, on serait tenté de répudier l'anachronisme des découpages modernes entre écriture «scientifique» et «littéraire» pour apprécier la cohérence d'une poétique médicale qui fait rimer récréation avec instruction. Pourtant il n'en est rien, à en juger à la fois par la réception scandalisée des *Erreurs Populaires,* et par la stratégie défensive ambiguë proposée par Joubert. Aux yeux des détracteurs, non seulement le français vulgarise au tout-venant la pensée médicale et menace le monopole du latin comme langue de science, mais il paraît d'autant plus suggestif que Joubert témoigne d'une verve grivoise et imagée qui dépasse la seule visée didactique. De la guérison à la diversion, il y a un pas trop facilement franchi. Sébastien Colin, parti en croisade contre ces charlatans histrioniques avec lesquels Joubert révèle d'évidentes affinités, le dénonce:

> combien que l'office du malade soit de guérir son malade asseurement bien tost et joyeusement, joyeusement ne s'entend pas qu'il faille que le medecin soit danceur, bateleur, gambadeur, joueur, fabulateur. (*Déclaration des Abuz et tromperies que font les Apothicaires,* Tours, 1553)

Dans les *Erreurs Populaires,* c'est bien une rhétorique trop charnelle qui échaude les esprits. Comme l'écrit la Croix du Maine, sous couvert de ridiculiser les sottises du peuple, Joubert aurait «parlé trop librement» et usé de termes «assez chatouilleux pour les délicates oreilles»[38]. A la police des énoncés s'ajoute le contrôle des destinataires. En dédicaçant l'ouvrage à une reine, en soumettant à son bon goût ces «grasses et fretillantes matieres»[39], Joubert a commis un impair dont on lui fera grief en tout premier lieu. L'édition corrigée y remédiera en remplaçant la reine par son chancelier, Guy du Faur de Pibrac, chaperon chargé de contrôler sa lecture. Les normes de civilité du «savoir faire rire» et les exigences du bon goût sont alors enfin

38 *La bibliothèque du sieur de la Croix du Maine,* Paris, 1584, cité par Pierre Bayle, *op.cit.* t. 8, p. 396, article Joubert. Dans son «epistre repulsive des envieux et venimeux propos tenus contre l'auteur des erreurs populaires», qui accompagne la *Seconde partie des Erreurs Populaires,* Cabrol offre un compte rendu précis des différents chefs d'accusation.

39 Dominique Reulin, *Contredicts aux Erreurs Populaires de L. Joubert, Medecin du Roi,* Montauban, Loys Rabier, 1580, préface. Il juge d'intérêt public de s'opposer à ce livre, «afin d'obvier aux inconveniens que la lecture d'icelui peut porter à la plupart des homes qui se delectent de telles grasses et fretillantes matieres».

satisfaites, celles qui chez Castiglione interdisent au bon courtisan de faire rougir les femmes par des plaisanteries salaces[40].

Plus surprenant, dans l'épître apologétique qui accompagne la version corrigée de 1579, Joubert est le premier à endosser la soutane du moraliste pour condamner les livres d'amour et les vaudevilles salaces, véritables aiguillons à la chair. « Ce sont tels propos, polémique-t-il, qui corrompent le cœur chaste des fames & filhes, de par Dieu, nompas les miens ». Loin de plaider la cause de ces textes, Joubert s'indigne donc du laxisme des censeurs. Quelques années plus tôt, en 1575, Ambroise Paré avait employé un argument similaire pour défendre la décence de son *Livre de la Génération*, lors du procès qui l'opposait à la Faculté de Médecine de Paris. Pourquoi condamner le livre médical en français alors que des ouvrages autrement pernicieux, comme Bandello et le Pogge – qu'il se refuse à citer « de peur de scandalle » – circulent en toute impunité entre les mains des jeunes filles[41] ?

Par une stratégie comparative ambiguë, le conte gaillard devient le repoussoir malhonnête d'une écriture médicale aspirant à la représentation neutre et objective du réel. Selon l'adage horacien cité dans la préface du *Traité du ris*, « La chose ne veut être ornée / Il suffit que soit enseignée ». Le *topos* anti-rhétorique est pourtant allégrement transgressé dans les *Erreurs populaires*. Chez Joubert, le discours médical sur la sexualité ne peut en effet s'arracher à la tentation d'un comique dont l'outrance obscène entre en tension avec les normes peu à peu établies d'une esthétique raisonnable et d'une scientificité plus rigoureuse. Certes, en tant que médecin, Joubert revendique la franchise éclairée du spécialiste –

> sachant qu'on peut honnestement parler (comme je fais) de toutes actions naturelles, non moins que de toutes parties du corps humain, les plus secretes et cachees, qu'on dit honteuses.

Mais dans son discours, le déguisement comique du sexuel trahit un investissement affectif et moral persistant.

40 « ...pensant par ce moyen qu'on les trouvera spirituels et facétieux, ils se mettent à dire en présence des dames honorables, et souvent en s'adressant à elles-mêmes, des paroles très sales et licencieuses ; et plus ils les voient rougir, plus ils se prennent pour de bons courtisans, et ils rient sans cesse et se réjouissent d'une si belle vertu qu'ils pensent avoir ». Baldassar Castiglione, *Le Livre du Courtisan*, présenté et traduit de l'italien d'après la version de G. Chappuis (1580) Paris, par A. Pons, Gérard Lebovici, XXXVI.

41 *La responce de Monsieur Ambroise Paré aux calomnies d'aucuns médecins et chirurgiens touchant ses œuvres, parues à Paris*, 1re édition, 1575.

## 5. Lecteur complice ou lecteur victime?

Les *Erreurs populaires* réunissent donc bien une double tradition générique, celle des contes grivois et celle des traités de médecine, au risque de menacer la cohérence d'un métadiscours qui réprouve les contes d'amour corrupteurs. Cette indétermination générique se double d'une ambiguïté allocutoire. A qui est destiné en premier lieu le traité, question déterminante pour définir les modalités acceptables du comique.

D'un côté, Joubert prétend s'adresser au peuple « mal-sage » (pour autant que ce dernier ait accès au livre),[42] le conviant, pour mieux le purger de ses erreurs, à des hilarités devenues inconvenantes à l'aune des nouveaux étalons du tact et de la bienséance. En effet, à erreur populaire, public populaire, et langue familière:

> icy ie n'en veux qu'au populaire, luy refuter ses erreurs, & l'instruire de ce qu'il desire sçavoir en toute modestie. Donques s'il veut entendre ce que ie pense estre la cause de ceste diversité, ie luy expliqueray familierement, (en laissant toutesfois le iugemant aux plus sçavans que moy) (III, 2).

D'un autre côté, Joubert prend indiscutablement plaisir à convier un public de lettrés curieux au spectacle risible du populaire, à exhiber ses trésors linguistiques devant une reine raffinée et sa cour, où il jouit d'un statut bien établi. Cette élite, à laquelle on peut associer le «lecteur d'esprit libre et studieux» invité à communiquer à Joubert des erreurs du même calibre, semble dessiner la partition sociale d'un comique qui exclut son autre: le charlatanisme médical, mais aussi la grossièreté et l'inculture populaire. (En effet, il n'est pas sûr qu'une matrone possède la compétence culturelle nécessaire pour déchiffrer une allusion cryptée à l'anneau de Carvel de Rabelais). Dans le *Traité du ris,* Joubert oppose d'ailleurs les «joyeus propos», convenant à chacun, à l'impudeur des «facecieux», convenant à gens de basse condition, registre dans lequel il peut impunément puiser sous prétexte de redresser le peuple. Dans le Prologue de la *Veuve,* une des six «comédies facétieuses» publiées en même temps que la *Segonde partie des Erreurs populaires* chez le même éditeur, Abel l'Angelier, Pierre de Larivey

42 Sur la question de savoir si les sages-femmes peuvent lire, voir M. Wiesner, «Early Modern Midwifery: A Case Study», *International Journal of Women's Studies,* 6, n° 1 (january-february 1983), pp. 26-43.

confirme ce partage strict entre les « inepties » peu honnêtes qui font rire les ignorants et les discours emplis d'une « modeste gaieté et soigneuse prudence » à destination des doctes[43]. Heinsius, grand lecteur d'Aristote, donnera à cette opposition le patronage d'autorités antiques. Dans sa dissertation de 1611 sur le jugement d'Horace au sujet de Plaute et de Térence, le gros sel d'Aristophane et de la comédie ancienne est déclaré coupable d'émouvoir violemment le peuple et de le tromper, tandis que Ménandre et Térence sont loués d'apporter des plaisirs décents au sage[44].

Cependant, le partage des publics et des rires que nous venons d'esquisser ne résiste pas à une lecture attentive des *Erreurs populaires*. Si le rire est pour le lecteur supérieur affirmation d'une distance (on souffre avec le personnage tragique, on repousse l'identification avec le populaire comique), cette distance s'écroule, du simple fait que l'erreur populaire est celle de tous, et ne se résout pas à une catégorie sociale. A travers un dispositif illocutoire complexe, le noble, le courtisan, la femme de rang ou même le médecin accrédité, se voient en effet pris à parti par l'énonciateur joubertien, non en tant que témoins mais en tant que dupes de l'erreur populaire. Derrière les clivages se révèlent les affinités, et le partage des lieux communs fallacieux qui contaminent en définitive toute la hiérarchie sociale. Ainsi un bachelier de l'Université de Montpellier peut-il justifier l'insertion, dans l'édition corrigée des *Erreurs populaires*, d'un petit traité de Joubert sur « La santé du Prince », puisqu'il

> remonte l'erreur de tous ceus qui ne sont reiglés an leurs accions ordinaires, au prejudice et interest de leur santé. C'est une erreur assez populaire, quoi qu'il soit plus frequent aus grands qu'aus petits[45].

43 Voir D. Bertrand, « De la légitimité du rire comme critère de la comédie (XVI^e^-XVII^e^ siècle) », *Littératures classiques, L'esthétique de la comédie,* 27, 1996, *op. cit.*, pp. 161-170.

44 Voir J.-M. Civardi, « La dissertation de Heinsius sur le jugement d'Horace au sujet de Plaute et de Térence », *Littératures classiques,* 27, 1996, *op. cit.*, pp. 67-118. L'article a l'avantage de proposer, en sus d'un commentaire, le texte latin avec sa traduction. Daniel Ménager rappelle que pour Huarte, la qualité du rire permet de trier l'humanité en témoignant de la différence des esprits. Ceux dont l'imagination est bonne ne rient qu'aux mots d'esprits, les autres applaudissent aux farces faciles et à tout ce qui est vulgaire (*Le rire à la Renaissance, op. cit.*, p. 23).

45 « A. I. D. N. Bachelier an Medecine de l'Université de Monpelier, au benin lecteur », *Erreurs Populaires,* Bordeaux, Millanges, 1579.

Quant à Dominique Reulin, auteur polémique d'un *Contredicts aux Erreurs populaires*, il reproche à Joubert l'intronisation remarquée de cette nouvelle notion, *erreur populaire*, «supposant ces deux mots signifier la mesme chose...»[46].

Si la catégorie d'«erreur populaire» est perméable, il en est de même pour celle de «langue populaire». Réabsorbée dans le discours savant de Joubert qui ne se contente pas d'en faire son objet mais l'instrumentalise, elle y gagne une valeur conflictuelle et dialogique. A côté de termes techniques dérivés du grec (*œsophague*, *oxydercíques*, *parastates*, etc...), le texte est ainsi tissé de régionalismes, qui donnent le ton à l'ouvrage et en font la saveur: «estre camus de la brayette», avoir un petit pénis; «remplir ses paniers», se faire engrosser; ou encore: «on dit vulgairement que les femmes qui sont fendues de bouche, sont aussi bien fendues en bas». Joubert passa la plus grande partie de sa vie dans le midi de la France, qu'il sillonna au cours de ses visites, d'où son goût prononcé pour les dialectes occitans et notamment languedocien[47]. Aux yeux de Joubert, loin d'être seulement ridicule:

> la maniere de parler vulgaire [...] sert maintefois de probacion vray-semblable an choses de grand'importance: ayant l'autorité pour l'ancienne observacion venuë de main en main jusques à notre tans, prise des plus savans, qui premiers ont instruit les peuples, fassonnans leur langage, et l'accordans à un sans naturel, qui est demy-savoir[48].

Cette réappropriation paradoxale de la langue populaire le distingue des savants collectionneurs de proverbes, qui policent leur récolte en la traduisant en français «commun» et en l'expurgeant de toutes les métaphores inconvenantes[49]. La représentation savante du corps ne s'élabore pas ainsi

46 *Contredicts aux Erreurs Populaires de L. Joubert, Medecin du Roi,* Montauban, Loys Rabier, 1580, p. 12.

47 «Telles bagasses eschaufadasses (comme on dit en Languedoc) n'ont garde d'angroisser» – il faut comprendre, les nymphomanes de petite vertu n'ont pas peur de tomber enceinte; «entre la merde et lou pis se nourris lou bel fiz», ce qui veut dire, explique Joubert, «que tout enfant est nourry entre la fiante et l'urine, soit beau, soit laid».

48 *Traité du ris,* Paris, N. Cheneau, 1579, p. 61.

49 N. Z. Davies (*Society and Culture in Early Modern France,* Stanford, Stanford University Press, 1975, chap. VIII) remarque que sauf les *Proverbes communs* de Gilles de Noyer presque aucune des compilations de proverbes ne conserve le moindre dicton grossier. *Les Explications morales d'aucuns proverbes communs en la langue francoyse* laissent tout au plus passer: «On auroit aussitost un pet d'un asne mort» (pour désigner

dans un espace clos, coupé de la langue et des traditions populaires, mais au contraire les unes et les autres appartiennent au même ensemble, conflictuel peut-être, mais symbiotique.

Le texte de Joubert hésite ainsi entre la dénonciation d'une culture populaire dévalorisée, et la reconnaissance d'un vivier commun de croyances, de plaisanteries, et de pratiques, partagées par toute la société[50]. La volonté de discrimination aussi bien sociale que culturelle des *Erreurs Populaires* est pervertie par les ambiguïtés du discours, et la question du rire, d'une manière bien démocritéenne, en est le révélateur. L'alibi épistémologique par lequel Joubert prétend lever les inhibitions de la censure masque un véritable principe de plaisir où se retrouvent l'auteur et ses lecteurs.

quelqu'un qui refuse obstinément de répondre à une question, aussi pressante soit-elle) avec ce commentaire: « Entre les adages qui sont un petit sales, cestuy-cy en est l'un » (p. 20, in *le Thresor de la Langue fracoyse, tant ancienne que moderne... Reveu et augmente... par Iean Nicot... avec une grammaire francoyse et Latine et le recueil de vieux proverbes de la France,* Paris, David Douceur, 1606).

50 Pour ces rapports complexes entre culture savante et populaire, voir notamment A. Klairmont-Lingo, « Empirics and Charlatans in Early Modern France: The Genesis of the Classification of the « Other » in Medical Practice », *Journal of Social History,* 19, Summer 1986, pp. 583-603; N. Belmont, « Corps populaire et corps savant dans l'œuvre de Laurent Joubert, *Erreurs Populaires au fait de la Médecine et Régime de santé* (1578) », in *Le corps humain, nature, culture, surnaturel,* Actes du 110$^{e}$ congrès national des sociétés savantes, Paris, 1985.

# Les mots du corps. Figurations du corps et investissements rhétoriques dans quelques Mémoires de la seconde moitié du XVIe siècle en France

Nadine TSUR-KUPERTY
Université de Tel Aviv

Le genre des Mémoires prend corps à la Renaissance en France avec, comme modèle pionnier, l'œuvre de Philippe de Commynes. La modernité mais aussi la raison d'être de ce genre sont liées à l'expression inédite de la nouvelle place que revendique l'individu dans l'histoire de sa nation. L'apparition des Mémoires correspond à la volonté d'exprimer un nouveau rapport de la personne au monde, rapport qui se lit au travers des différentes catégories employées par le mémorialiste pour se présenter au lecteur, pour le séduire et si possible, le convaincre. La prise de conscience individuelle de l'importance de l'histoire se traduit par une volonté de laisser, coûte que coûte, sa trace personnelle dans la fresque nationale, d'où le recours à l'écriture par un nombre croissant de grands nobles qui ont davantage pour vocation le maniement de l'épée que celui de la plume. Ils poursuivront cependant par la plume, le combat qu'ils ont mené leur vie durant pour la défense de leur nom et de leur honneur en péril.

Les Mémoires sont souvent exploités pour les événements historiques qu'ils relatent et pour les détails pittoresques et inédits qui s'y trouvent, mais l'axe central qui organise le récit mémorialiste, c'est l'histoire du moi qui y est racontée[1]. Les mémorialistes, tous issus de la noblesse, construisent avec soin leur récit de vie et s'y inscrivent au sens fort. Ils en sont eux-mêmes à la fois protagonistes et signataires et leur récit est destiné à les définir, à leur faire justice mais aussi à les immortaliser. Cette inscription au sens fort met en jeu toutes les composantes de leur personne d'autant plus qu'il s'agit pour eux de démontrer la réalité de leur engagement à la vie publique et de signaler à la postérité l'importance de leur

1 On trouvera une démonstration plus complète de cette thèse dans Nadine Kuperty-Tsur, *Se dire à la Renaissance*, Paris, Vrin, 1997.

contribution, dans l'espoir peut-être plus immédiat d'en recevoir une juste rétribution. Dans ce cadre bien précis qui définit l'écriture des Mémoires à la Renaissance, le corps, comme le reste mais peut être plus que le reste, est partie prenante de leur rhétorique, c'est ce que je voudrais montrer ici.

Le corps n'est pas évoqué au hasard du récit mais bien utilisé pour produire ou bien ajouter au sens et à la crédibilité que le mémorialiste désire donner à son texte. Le corps, pris dans le projet argumentatif qui anime les Mémoires, ne saurait être un figurant naïf, et encore moins innocent, il soutient l'argumentation, l'illustre et au risque de faire un mauvais jeu de mots, je dirais même qu'il fait corps avec l'entreprise de persuasion qui caractérise l'écriture mémorialiste. Reste donc à vérifier cette hypothèse mais aussi à l'affiner en évoquant les différents types de fonctions que le corps assume dans le discours mémorialiste.

## 1. Les maladies du corps

### *1.1 La fièvre*

Le corps se manifeste le plus souvent par ses dérèglements, notamment par de fréquentes notations de fièvres. Dans la vie comme dans le texte, la fièvre fonctionne comme un signal d'alarme destiné à attirer l'attention du lecteur sur une crise que traverse le sujet. Or, la fièvre est perçue comme une réaction corporelle, indépendante de la volonté de l'individu, elle est exploitée, en tant que telle, dans le texte, et représente un indice objectif qui bien souvent sert à accréditer la gravité d'un état non pas corporel mais mental.

Dans ses *Mémoires*, Charlotte Duplessis-Mornay témoigne de la peur que suscite le massacre de la Saint Barthélemy. La peur, phénomène psychologique, se traduit par une réaction corporelle, la fièvre, qui donne au récit un relief et une authenticité supplémentaires, comme on peut le voir dans ce dialogue que Charlotte transcrit à la manière d'un témoin objectif. Ces paroles sont échangées à la suite du massacre, entre une femme et un soldat, tous deux catholiques:

> Vous me cognoissez, je ne suis point huguenotte, je vas tous les jours à la messe, mais je suis sy effrayée que depuis huit jours, j'en ay la fièbvre;» l'ung des soldatz respond: «Pardieu, et moy et tout, j'en ay le bec tout galeux»[2].

Ces indices des réactions corporelles, relatés de façon spontanée par une femme et un homme du peuple, fonctionnent comme des preuves matérielles, car physiques, de la réalité de l'angoisse provoquée par le massacre. Par des symptômes dont l'évidence ne peut être discutée, le corps exprime les troubles de ce que le XVI^e^ siècle appelait l'âme et qu'on nommerait sans doute aujourd'hui, psychisme.

Mon deuxième exemple sera tiré du récit d'enfance d'Agrippa d'Aubigné, à six ans, assis dans son lit, il se produit une chose assez extraordinaire:

> (il) ouit entrer dans la chambre, et puis en la ruelle de son lict, quelque personne de quy les vestements frottoyent contre les rideaux, lesquels il veit tirer aussi tost, et une femme fort blanche, qui luy ayant donné un baiser froit comme glace, se disparut... et ce qui fist despuis croire le rapport de telle vision fut une fiebvre continüe qui luy dura quatorze jours[3].

Cette fièvre de quatorze jours vient au secours de l'enfant pour accréditer sa vision et la manifestation récurrente de la fièvre au cours du récit aura la même fonction, auprès du lecteur, cette fois, pour le convaincre de la gravité des différents épisodes dans lesquels où d'Aubigné en est victime. C'est le cas pour l'exemple suivant: où enfant précoce, Agrippa fait la fierté de son père mais dès qu'il fait mine d'abandonner ses études, le père réagit par la manière forte:

> Un jour il [le père] envoya au compagnon [Agrippa] par son despensier, un habillement de bureau, avec charge de le mener par les bouticques pour choisir quelque mestier, puisqu'il quittoit les lettres et l'honneur[4].

La peur de l'enfant face aux menaces de sanction du père se traduit par une fièvre qui se manifestera à maintes reprises, par la suite, toujours associée à

2 Toutes les citations des *Mémoires* de Madame de Mornay son tirées de l'édition de Madame de Witt, Paris, Société de l'Histoire de France, M DCCC LXIX. (Johnson Reprint Corporation, USA, 1968), p.66.

3 Toutes les citations des Mémoires d'Agrippa d'Aubigné sont tirées de Agrippa d'Aubigné, *Sa Vie a ses Enfans*, in *Œuvres*, H. Weber, J. Bailbé et M. Soulié éditeurs, Paris Gallimard, 1969, p. 387.

4 D'Aubigné, *op. cit.*, p. 388.

une menace: « Nostre escolier print à tel cœur ceste rude censure, qu'il en tomba en fievre frenetique et faillit à en mourir »[5]. La réaction fébrile n'est pas le seul apanage de l'enfant sensible, elle se manifeste également à l'âge adulte, par exemple lorsque le père de Diane Salviaty refuse d'accorder à d'Aubigné, sa fille, Diane, et qu'il en tombe gravement malade:

> le chevalier Salviaty rompit le mariage sur le different de la religion, dont le desplaisir d'Aubigné fut tel, qu'il en tumba en une maladie si extreme, qu'il fut visité de plusieurs medecins de Paris et outre de Postel[6].

La fièvre, et par extension la maladie, fonctionnent de façon à peu près identique dans tous les textes comme symptômes corporels et donc comme signes indiscutables d'une perturbation mentale. De ces exemples, il apparaît deux choses. La première, triviale, est que le corps entretient un rapport métonymique à l'âme. La seconde, plus subtile, ouvre la porte aux investissements rhétoriques qui nous intéressent ici : comme le corps ne ment pas, il représente, pour cette raison, une pièce argumentative de premier ordre. Le corps est d'autant plus sollicité dans l'argumentation des mémorialistes qu'il passe pour exprimer de façon objective et donc indiscutable, les malaises de l'individu.

Le lien entre les maladies du corps et les maux de l'âme relève d'une croyance commune à laquelle tous les mémorialistes souscrivent qu'ils soient hommes ou femmes, catholiques ou protestants. Charlotte Duplessis-Mornay, par exemple, n'est âgée que de 19 ans, lorsqu'elle se retrouve veuve et mère d'une petite fille et qu'elle apprend la mort de son père; de plus ses biens sont confisqués à cause des troubles. Elle se trouve dans un état de deuil et de total dénuement. Elle cite l'avis des médecins pour confirmer que cette accumulation de difficultés génère des « mélancholies » autrement dit un état dépressif, cause de sa maladie:

> Tousteffois depuis ce temps là, j'ay esté quasy tousjours travaillée de maladie, et la pluspart des médecins qui m'ont pensée ont jugé que s'avoit esté des mélancholies que j'avois eues[7].

5 *Ibid.*
6 P. 396.
7 Madame de Mornay, *op. cit.*, p. 58.

Le corps, microcosme, apparaît bien comme le miroir reflétant les désordres psychiques, eux-mêmes causés par le malaise social et politique.

Le lien entre corps et âme, mais aussi entre l'individu et la société, est encore plus prononcé sous la plume de Marguerite de Valois: elle tombe malade, non pas par «la contagion du mauvais air», bien que toute une armée en soit victime, mais bien à cause de ce qu'elle nomme «ennui» et qu'on pourrait traduire en français moderne par une profonde frustration dont Marguerite dénonce les responsables dans son entourage. La méfiance, par exemple, que lui manifeste sa mère, Catherine de Médicis, l'affecte d'autant plus qu'elle affiche sa préférence pour son fils:

> Depuis ce jour-là, elle alla tousjours me diminuant sa faveur, faisant de son fils son idole, le voulant contenter en cela et en tout ce qu'il désirait d'elle. Cet ennui me pressant le cœur et possédant toutes les facultés de mon âme, rendant mon corps plus propre à recevoir la contagion du mauvais air qui était lors en l'armée, je tombai à quelques jours de là extremement malade d'une grande fièvre continue et du pourpre... lui temoignant assez la principale cause de mon mal n'être que la contagion des mauvais offices, et non celle de l'air infecté... l'on m'emporta dans des brancards, où tous les soirs, arrivant à la couchée, je trouvais le roi Charles, qui prenait la peine, avec tous les honnêtes gens de la Cour de porter ma litière jusques au chevet de mon lit... En cet état, je vins de Saint Jean d'Angely à Angers, malade du corps, mais beaucoup plus malade de l'âme... [8]

Les récits de frustration se multiplient dans les Mémoires, systématiquement signalés par les fièvres et maladies qu'ils suscitent, mais aussi doublés d'une mise en accusation de leurs responsables[9]. Durant sa maladie, Marguerite souligne que le roi de Navarre ne prend même pas la peine de lui rendre visite, trop occupé à servir sa maîtresse, Madame de Sauve. Pour Marguerite, les motifs de la maladie sont essentiellement psychiques: «mais plus malade en l'âme qu'au corps de l'ennui qui me possédait»[10]. Mais c'est

8 Marguerite de Valois, *Mémoires et autres écrits*, Eliane Viennot éd., Paris, Champion, p. 87.

9 Sur les conseils de du Guast, son proche conseiller et ennemi juré de Marguerite, Henri III essaie de brouiller François d'Alençon, Henri de Navarre et Marguerite réagit par un rhume violent:
*moi, le lendemain du departement de mon frère, les pleurs qui m'avoient accompagnée toute la nuit m'émurent un si grand rhume sur la moitié du visage, que j'en fus, avec une grosse fièvre, arrêtée dans le lit pour quelques jours, fort malade et avec beaucoup de douleurs.*
Id., p. 126.

10 Id., p. 129.

avec le récit du sort tragique de mademoiselle de Tournon que la démonstration de Marguerite, liant contrariétés et maladie, trouve une illustration magistrale : le corps est bien le miroir des maux de l'âme. Marguerite décrit l'enchaînement des faits dont cette jeune personne de sa suite est victime ainsi que leur une issue fatale. Sans égard pour son âge, ni pour la présence de l'ami de sa fille, sa mère la harcèle sans pitié :

> Et comme elle femme un peu terrible et rude, sans avoir égard que cette fille était grande et méritait un plus doux traitement, elle la gourmande et la crie sans cesse, ne lui laissant presque jamais l'œil sec… Le dépit le regret et l'ennui lui serrent tellement le cœur – elle s'étant contrainte de faire bonne mine tant qu'il fut présent, sans montrer de s'en soucier – soudain qu'ils furent hors du bateau où ils nous dirent adieu, qu'elle se trouve tellement saisie qu'elle ne pût plus respirer qu'en criant, et avec des douleurs mortelles. N'ayant nulle autre cause de son mal, la jeunesse combat huit ou dix jours la Mort, qui, armée du dépit, se rend enfin victorieuse, la ravissant à sa mère et à moi, qui n'en fîmes moins de deuil l'une que l'autre[11].

Digne d'une tragédie, cette scène est contée avec un art grandiloquent exquis, mais elle ne s'achève pas là. L'indélicatesse de l'amant aura causé la mort de mademoiselle de Tournon, mais lui, ignorant son décès, et se repentant, mais un peu tard, de sa conduite, retourne sur ses pas pour la demander à sa mère et débarque dans la ville, précisément, hélas, au moment de l'enterrement :

> L'Amour ainsi vengeur de l'ingrate inconstance veut faire éprouver à son âme ce que, par son dédaigneux oubli, il a fait souffrir au corps de sa maîtresse : les traits de la Mort. […il demande le nom du défunt] A ce mot (le nom de sa maîtresse), il se pâme et tombe de cheval, il le faut emporter en un logis comme mort[12].

Dans ce récit édifiant, Marguerite démontre la gravité extrême de l'agression psychologique. Pour l'avoir elle-même éprouvée, elle sait les désordres que ces agressions causent et son récit en présente une scrupuleuse recension lui permettant, d'une part de se poser en victime, et d'autre part de dénoncer ses agresseurs. L'évocation des maux du corps dans les Mémoires de Marguerite de Valois, n'est que le début d'un processus complexe qui vise à exprimer l'impact des agressions psychologiques et à dénoncer en dernier lieu – c'est bien le but du récit – les responsables, qui, dans l'ensemble, se recrutent dans son entourage immédiat. Les maux du corps se

11 M. de Valois, p. 160.
12 *Ibid.*, p. 162.

muent en mots du corps et permettent aux mémorialistes de prendre leur ultime revanche, lors de ce règlement de compte unilatéral que représente leur récit.

## *1.2 La maladie bénéfique*

A la fièvre, témoignage objectif du malaise mental, il faut ajouter sous la plume de d'Aubigné une variante significative de sa rhétorique, réquisitionnée pour promouvoir l'éthique protestante. La maladie est en effet présentée comme une épreuve bénéfique pour l'individu, puisque telle une purge, elle le restitue à sa vraie nature : « Ceste maladie le changea entierement et le rendit à luy mesmes »[13] :

> Il demeura sans appareil et sans manger deux jours ; enfin il reprint vie avec les restaurements, et on a jugé de luy que sans ce changement de sang, il n'eut peu soy mesmes se supporter en la petulence naturelle qui le dominoit[14].

Cette notion de maladie salutaire, régulatrice d'un trop plein d'énergie ne se lit pas seulement dans les *Mémoires* d'Agrippa mais aussi sous sa plume dans l'Elégie III, comme où elle est signe du châtiment divin punissant l'orgueil insolent et mécréant de d'Aubigné :

> Car j'estois Capitaine et parfait dessus tous
> Aux vices adorés et du temps et de nous.
> Dieu estoit mort pour moy et son yre alumée,
> A ce point foudroya sa main severe armée,
> Me frappa insolent, changeant de furieux
> Sur un lit en deux jours, le sens, l'ame et les yeux :
> Je trouvay Dieu encor' et par la maladie
> Qui me mit à la mort je retrouvay ma vie[15].

D'Aubigné fournit un exemple emblématique de la façon dont les mémorialistes protestants interprètent les éléments de leur existence. Lui, en particulier, cherche à se montrer en élu de Dieu, chargé d'une mission. Aucun événement, y compris les maladies, ne saurait être fortuit, tout trouve son

13 A. d'Aubigné, p. 393.
14 Id., p. 396.
15 Extrait de l'Elégie III, Poésies diverses, in *Œuvres*, H. Weber, J. Bailbé et M. Soulié éditeurs, Paris Gallimard, 1969, p. 328.

sens dans la «grille interprétative» protestante. Le mal, ainsi déchiffré, est un bien dont la personne doit témoigner et pour lequel il lui faut rendre grâce, témoignage et acte de foi représentent la double fonction qu'assume le récit.

La maladie doublée d'une prise de conscience reste l'apanage des élus comme le prouve l'épisode suivant où Henri de Navarre souffre de maux dont d'Aubigné prétend l'avoir guéri en lui faisant reconnaître ses fautes:

> le Roy frappé de ceste grande maladie fit cercher Aubigné partant, l'ayant enfermé en sa chambre; apres avoir mis deux fois le genouil en terre, et prié Dieu, il luy commanda.... de luy prononcer s'il avoit péché contre le Saint Esprit... Après un discours de quattre heures, et s'estre mis six fois en prieres, ce Dialogue fut separé, et le Roy se trouvant mieux le lendemain ne voulut plus l'ouir parler[16].

La maladie, signe de Dieu, permet deux figurations contraires: celle de d'Aubigné, pécheur méritant parce que repenti, s'oppose à celle du roi, pécheur et non repenti mais qui pis est, aux yeux de d'Aubigné, ingrat et instrumentaliste car une fois guéri Henri-, préfigurant le futur parjure que d'Aubigné dénoncera –, le rejette tout comme sa prétendue confession[17].

16 *Id.*, p. 432.

17 Le corps des catholiques se fait également porte-parole de la Providence, Marguerite de Valois tient à relater cet épisode:
Toutefois pour ne taire comme ingrate des grâces que j'ai eues de Dieu ...j'avouerai n'avoir jamais été proche de quelques signalés accidens, ou sinistres ou heureux, que je n'en aie eu quelque avertissement, ou en songe ou autrement. Et puis bien dire ce vers:
*De mon bien ou mon mal mon esprit m'est oracle.*
Or en l'occurrence, c'est son corps qui donne l'alerte. Henri d'Anjou, qui vient d'être couronné roi de Pologne, revient précipitamment en France parce que son frère, Charles IX agonise, Marguerite se dit alors traversée par un frisson qu'elle ne peut réprimer et qui se livre à son insu au regard des autres.
«Ce que j'éprouvai lors de l'arrivée du roi de Pologne... bien que ce fût en un temps si chaud qu'en la presse où nous étions on s'étouffait, il me prit un frisson si grand, avec un tremblement si universel, que celui qui m'aidait s'en aperçut».
Catherine malade fait un rêve prémonitoire de l'issue de la bataille de Jarnac que ses proches mettent sur le compte de sa fièvre. Elle rêve la victoire de son fils et la mort du prince de Condé. «Lors on reconnut que ce n'était point rêverie de la fièvre, mais un avertissement particulier que Dieu donne aux personnes illustres et rares», p. 108.

## 2. L'anatomie burlesque

Ce qui précède pourrait induire à croire que le corps est uniquement voué à être le théâtre des désordres de la psyché humaine ou de la volonté divine, ce qui n'est pas exclusivement le cas. En adressant leurs écrits à leurs enfants ou à leurs proches, les mémorialistes s'affranchissent d'un style d'écriture officiel et contraignant. Ils se donnent ainsi la liberté d'user d'un ton familier convenant au registre intime mieux adapté, peut-être, pour figurer le corps. D'Aubigné relate cette histoire insolite où refusant de se laisser aller au chagrin qu'il éprouve du deuil de sa femme, il a recours à une bien curieuse méthode dont voici le détail, qui, avouons-le, n'aurait pas été à sa place dans son *Histoire Universelle:*

> Aubigné arriva pour le siege de la Fere à Chauny, portant le deuil de sa femme morte quelques mois auparavant, et pour laquelle il fut trois ans, ne passant gueres nuit sans pleurer: Or pour ce que s'en voulant empescher, il se pressoit avec les mains le costé de la ratte, il se fit un amas de sang recuit, duquel il se deschargea un jour par le derrière en forme d'un saumon de plomb[18].

En introduction à son récit, d'Aubigné s'y représente, en père affectueux, tenant ses enfants sur ses genoux pour leur conter l'histoire de sa vie en sa privauté toute paternelle. Ce registre familier permet, en effet, le mélange des genres où la connotation burlesque repose sur le détail anatomique et comique tout à la fois mais aussi insolite puisque l'évocation pathétique du deuil se terminera, si j'ose dire, en queue de poisson.

Dans le même registre scatologico-burlesque, dont cette fois Henri de Navarre est la cible, d'Aubigné raconte qu'il a, de justesse, sauvé le roi de la serpe d'une vieille paysanne furieuse, le trouvant en train de faire ses affaires derrière un mait. Comme l'observe Gilbert Schrenck, la scatologie accompagne la mise en scène d'un comportement grotesque qui, s'il suscite le rire, exprime également une image dégradée du roi[19].

18 D'Aubigné, p. 430.

19 Gilbert Schrenck: «Cette image d'un prince bestial envahit l'ensemble de la vision albinéenne» in: «Episodes du Sud-Ouest: 1577-1584 dans l'œuvre d'Agrippa d'Aubigné. La vision du ‹certificateur des enormitez›», in *Monluc, d'Aubigné, deux épées, deux plumes*, actes du colloque d'Agen, réunis par J. Cubelier de Beynac et C.-G. Dubois, Centre Matteo Bandello, 1999, p. 207.

## 3. Le corps chez Marguerite de Valois

La complexité de la problématique corporelle chez Marguerite de Valois apparaît dès l'ouverture de ses Mémoires. Marguerite s'y définit par la négative en rejetant d'abord le portrait que l'historien Brantôme trace d'elle, ce paraître somptueux mais factice, la trahit. Elle cherche à se distinguer des stéréotypes féminins et les rejette notamment pour leur caractère réducteur. Le divorce entre l'image sociale, extérieure et l'image de soi, s'exprime par la célèbre anecdote de cette femme qui, ne s'étant pas regardée dans une glace depuis son veuvage, sursaute, bien des années passées, à la vue inattendue de son reflet corporel dans le miroir car elle ne s'y reconnaît pas. Le miroir est ici une métaphore des textes et des discours qui véhiculent de Marguerite une image qu'elle désavoue. Cette image corporelle, donc extérieure mais aussi changeante et périssable, occulte celle que Marguerite veut révéler, l'image de soi, intérieure et inaltérable.

Les premières figurations de Marguerite dans les *Mémoires* sont très corporelles, elle évoque la scène où, assise sur les genoux d'Henri II, celui-ci lui demande sur le mode ludique de choisir entre deux prétendants, le duc de Guise[20] et le marquis de Beaupréau. Ce choix préfigure celui qui marquera de façon tragique l'existence de Marguerite mais à ce stade, alors qu'elle est protégée par la présence du père, littéralement assise dans son giron, rien ne la menace. La disparition brutale d'Henri II correspond à un changement dans la figuration corporelle de Marguerite, l'image du corps de l'enfant protégé par celui du père, fait place au corps menacé par le fouet du frère qui tente de la convertir, de là Marguerite se figure en impuissante victime.

Sa beauté, par exemple, marque de perfection corporelle indépendante de sa volonté, est paradoxalement cause de sa ruine, notamment quand se pose la question des alliances.

> Sur ce sujet, lui, voyant le temps de l'invention qu'il avait fabriquée pour me ruiner, lui dit que je devenais belle, et qu'il savait que Monsieur de Guise me voulait rechercher, et que ses oncles aspiraient à me le faire espouser[21].

L'évocation de sa beauté permet une manipulation rhétorique étonnante puisque Marguerite la rend responsable de son imprudente liaison avec le

20 Henri de Lorraine (1550-1588), duc de Guise.
21 M. de Valois, p. 85.

duc de Guise, elle n'y est pour rien. Le corps, en l'occurrence la beauté, occulte, tel un masque, tout débat autour des enjeux politiques de cette éventuelle alliance.

## 4. La rhétorique anatomique des soldats

L'instrumentalisation du corps, autrement dit son investissement par la rhétorique, est encore plus manifeste dans les récits des soldats qui en présentent une variante particulièrement éloquente. Monluc et d'Aubigné écrivent leur vie, à une époque où ce geste n'est pas encore passé dans les mœurs. D'Aubigné manie la plume avec autant de talent que l'épée et les qualités de stratège de Monluc se retrouvent sous sa plume et en dépit de son dédain bien aristocratique pour l'écriture, il fait preuve d'une admirable virtuosité rhétorique[22]. Tous deux atteignent un âge où la plume remplace l'épée pour mener un dernier combat mais pas le moindre puisqu'il s'agit de défendre leur réputation contre la diffamation. Leurs récits retracent une vie consacrée au service du roi, et rien n'est plus éloquent que leurs corps dévoués au combat et qui en portent les traces.

D'Aubigné dans une harangue pleine d'amertume au roi de Navarre, invoque ses plaies en témoignage objectif mais aussi symbolique du long service rendu au chef des protestants:

> Sire, Vostre memoire vous reprochera, douz'an de mon service, douze playes sur mon estomac: elle vous fera souvenir de vostre prison, et que ceste main qui vous escrit en a desfaict les verrous, et est demeurée pure en vous servant, vuide de vos biensfaicts et des corruptions de vostre ennemi et de vous[23].

Le chiffre 12, consacre, bien entendu le caractère symbolique et hautement significatif de ces plaies, affichées avec orgueil comme les 12 stigmates. La parfaite correspondance entre les années de service et le nombre des blessures

22 C'est l'idée que développe Claude-Gilbert Dubois: «Ecrire ainsi suppose un art de tacticien qui use avec une égale dextérité des ruses de guerre et des stratagèmes du langage». In «La rupture du pont de Port-Sainte-Marie (1569) d'après les Commentaires de Monluc» in *Monluc, d'Aubigné: deux épées, deux plumes*, colloque d'Agen 1996, Centre Matteo Bandello, 1999, p. 131.

23 A. d'Aubigné, p. 407.

établit un lien d'équivalence entre les deux pour témoigner d'un engagement total et spectaculaire dont le corps offre à la fois le théâtre et le criant témoignage. Les blessures du soldat au service du roi, expriment la profondeur du dévouement de l'homme à la cause protestante et confèrent au corps une dimension sacrée. Les exemples d'investissements symboliques du corps dans les Mémoires sont nombreux, c'est un exercice où d'Aubigné excelle. Faute de ne pouvoir tous les nommer ici, je rappellerai le plus célèbre qui se lit dans la réplique qu'adresse d'Aubigné à Henri de Navarre, à la veille de sa seconde conversion, le prévenant que Dieu punit par là où l'homme a fauté, le corps du roi, parjure, devient le théâtre du jugement divin:

> Sire, vous n'avez renoncé Dieu que des levres, il s'est contenté de les percer; mais quand vous le renoncerez du cœur, il vous percera le cœur[24].

Le récit d'Agrippa d'Aubigné, de sa naissance à la fin de sa vie, est ponctué de menaces pesant sur sa vie, jusqu'à Genève, son dernier refuge où le poursuivent les arrêts de mort par contumace. Les images qu'utilise d'Aubigné pour exprimer le poids de la menace au fil du texte sont celles du corps inquiet, tendu pour esquiver le coup ou pour le porter mais aussi celles du corps malade, du corps souffrant qui exhibe ses blessures comme preuve de son dévouement et de la vérité de son engagement. Ses sauvetages de situations extrêmes, tout comme ses guérisons, sont présentés comme miraculeux. Alors qu'on le tient à chaque épisode pour perdu, il en réchappe contre tout espoir, preuve que la Providence l'assiste et le réserve pour accomplir sa mission.

## 5. *Commentaires* de Monluc. Blessure et écriture

Le 25 juillet 1570, au siège de Rabastens, Monluc est blessé au visage, la gravité de sa blessure le condamne à de longs mois d'immobilité pendant lesquels il écrira, à la manière de César, ses *Commentaires*:

24 *Ibid.*, p.431.

> me voyant stropiat presque de tous mes membres d'arquebuzades, coups de pique et d'épée, et à demy inutile, sans force et sans esperance de recouvrer guerison de ceste grande arquebuzade que j'ay au visage, [...] j'ay voulu employer le temps qui me reste à descrire les combats ausquels je me suis trouvé[25].

La situation de Monluc n'est guère enviable, à l'âge où il aurait pu prétendre à un repos glorieux, il se retrouve doublement défiguré, une première fois littéralement par cette hideuse blessure au visage qui l'oblige à porter un masque, tant pour éviter l'infection que pour soustraire au regard l'horrible spectacle du nez arraché et de la blessure purulente. Monluc entame le plaidoyer de l'écorché, se plaignant que ses blessures ne lui donnent droit à aucune compensation, il essaie d'en tirer un parti rhétorique en en faisant l'argument central de son plaidoyer *pro domo*:

> Et verra l'on bien que ceux qui ont obtenu plus de bienfaictz du Roy, ... ce sont ceux là qui se plaignent le plus et qui uzent de plus grandz reproches envers le Roy, disans qu'ilz ont faict de grandz services et enduré beaucoup de peynes et travaulx aux guerres. Que si l'on les despouilloit tous nudz, l'on verroict de belles personnes qui n'auroint pas unne seulle playe sur leurs corps[26].

Or l'octroi des bienfaits dépend d'une autre logique. L'anatomie ne faisant pas partie des critères pertinents, Monluc la réintroduira en se livrant à une véritable exhibition (littéraire) de ses plaies, témoignage en elles-mêmes mais à présent témoignage textuel de la qualité de son service au roi:

> aussi ne m'a l'on jamais ouy plaindre du Roy, pour ne m'avoir recompencé des services que je luy ai faictz ny de ce que j'ai prins tant de playes en lui faizant service...et n'y a rien au monde qui m'aye tant reconforté aux grandes playes que j'ay receues que ce qui se me presentoict tousjours devant mes yeux, que je les avois prises en faisant service à mon Roy, n'y ayant jamais voullu espergner la vie ny la personne, comme, il appert en mon corps, et aussy mes playes m'en portent bon tesmoeignage. Et quand je seray mort, à grand peyne dira on que j'en apporte le jour de la résurrection en paradis tout le sang, oz, nerf et voynes que j'ai pourté au monde du ventre de ma mère[27].

On ne peut rêver d'une inscription plus anatomique du sujet que cette citation où Monluc, pour représenter ce qu'il a perdu de lui-même, a recours à une minutieuse comptabilité. Il entrera au paradis avec moins de substance

25 Blaise de Monluc, *Commentaires 1521-157*, Paul Couteault éd., Paris, Gallimard, 1964, p. 224.
26 *Id.*, p. 12.
27 *Id.*, p. 14.

anatomique (os, nerfs et veines) que ce qu'il possédait à sa naissance et c'est au roi qu'il réclame la différence puisque c'est à son service que son corps s'est usé. Mais à la différence de d'Aubigné, le vocabulaire n'évoque le paradis ou la résurrection que comme fin de parcours et on ne relève aucun procédé de sacralisation.

Il est clair que les évocations des nombreuses blessures corporelles de Monluc[28] vont bien au-delà de l'expression de la seule douleur dans le lien explicite et même lourdement répétitif qu'il établit entre ses blessures et le service royal. Mais la blessure corporelle, de toute évidence, en exprime une autre qui n'est pas aussi visible que celle du nez (ou précisément de l'absence de nez) au beau milieu du visage. La blessure est une métaphore de l'atteinte aux composantes fondamentales de l'identité de Monluc. De même que le tir d'arquebuse le défigure, les accusations à peu près contemporaines dont il est assailli, le dépouillent de son honneur de noble. Il est démis de ses charges sur décret royal qui lui parvient avant même que sa propre lettre de démission n'arrive au roi. Il est atteint dans sa stature de maréchal, c'est-à-dire de soldat méritant, on l'accuse de s'être dérobé aux combats en invoquant des prétextes qu'il qualifie de fallacieux. Sa loyauté est également en cause, on l'accuse de haute trahison pour avoir composé avec l'ennemi en cherchant à rallier l'Espagne, enfin son humanité est concernée puisqu'il est accusé d'actes de cruauté gratuite et de pillages abusifs dérogeant à l'éthique militaire, bien que, certes, ces deux mots fassent souvent mauvais ménage.

En comparant la façon dont ces deux soldats que sont d'Aubigné et Monluc, traitent de leurs blessures, il apparaît qu'elles font, dans un cas comme dans l'autre, l'objet d'un surinvestissement symbolique, mais que chacun lui confère un sens spécifique. Pour Monluc, les blessures représentent un témoignage concret, mais aussi une métaphore de sa déchéance sociale et tout cela ensemble participe de son appel à la pitié et à la justice.

Pour d'Aubigné, les blessures sont également liées au service du roi, Henri de Navarre en l'occurrence, mais elles sont investies d'un caractère religieux transcendant qui leur confère une signification essentiellement sacrée. Tout

28 Récit de la presque amputation: «Je demeuré en ce lieu deux mois et demy, où je couché sur les reins, tellement que tout le grand os qui est le long de l'eschine me persa la peau, qui est la plus grand douleur que je pense que l'on puisse souffrir en ce monde... si n'ay je pas esté exempt de grandes blessures et de grandes maladies: car j'en ay autant eu que homme du monde sçaurait avoir sans mourir». Monluc, *op. cit.*, p. 49.

comme les guérisons miraculeuses, les blessures doivent être lues dans le registre des signes de la Providence comme autant d'épreuves envoyées à l'élu et qu'il surmontera pour signaler la grâce dont il jouit. Cette figuration n'est pas sans rapport avec le discours du martyr dont la souffrance corporelle garantit le salut de la communauté[29].

## 6. Les *Mémoires* de Charlotte Duplessis-Mornay. Le corps, lieu et miroir de la souffrance

Les métaphores corporelles sont légion dans le discours mystique de Mme de Mornay, visant à soumettre à la volonté divine les événements les plus significatifs de la vie physique. S'adressant à Dieu dans un style qui n'est pas sans évoquer le pseudo-dialogue des *Confessions* de Saint Augustin, elle se figure accompagnée dès sa naissance par la présence divine intimement associée au corps :

> C'est toy qui m'as retiré du ventre, qui m'as donné assurance dès que je sucey les mammelles, qui es mon Dieu dès les entrailles de ma mère.

Dieu, on ne s'en étonnera pas, intervient sans cesse, ainsi une chute de cheval par exemple, n'arrive pas par hasard, sa signification ne saurait être anodine car tout fait sens afin d'illustrer le dessein divin et sera pour cette raison relaté dans les *Mémoires* :

> mais Dieu qui en vouloit faire autre chose, ne permeit qu'il se desbauchast sytost de ses estudes, car presque au sortir du logis...il eut une jambe rompue en deux endroitz, de la cheute d'un cheval turg qui tomba sur luy, dont fut contraint retourner au logis[30].

29 Alain Cantillon : « Corpus Pascalis » in *Yale French Studies*, n° 86, « Le corps existe et n'est sauvé qu'en tant que lieu de souffrance. Ce n'est pas suffisant de fuir les plaisirs, on doit accueillir la douleur et ne pas chercher à l'éviter... La maladie est ce qui remet le corps à la place qu'il mérite. Elle empêche l'illusion corporelle de la chair qui attribue au corps et à la chair une vitalité évidente et fondamentale. La souffrance étant le signe du corps saint, c'est en tant que tel que l'attention qu'on lui porte est légitimée ». p. 48-49.

30 Madame de Mornay, *op. cit.*, p. 24.

Les *Mémoires* de Charlotte Duplessis Mornay relatent les tribulations de cette famille et le dévouement de Philippe Duplessis-Mornay à la cause protestante. Le récit culmine avec l'annonce de la mort de leur fils à qui la mère destine ses Mémoires, et qui marque le sommet de la douleur. La violence du choc s'exprime par les réactions corporelles telles qu'évanouissements, convulsions, aphasie qui ravagent la mère :

> « Ma mye, me dit il, c'est aujourd'huy que Dieu nous appelle à l'espreuve de sa foy et de son obeissance ; puisqu'il l'a faict, c'est à nous à nous taire ». Auquel propos, douteuse jà que j'estois et allangourie de longue maladie, j'entray en pasmoison et convulsions, je perdis longtemps la parole non sans apparence d'y succomber, et la première qui me revint, fut : La volonté de Dieu soit faicte ! …Le surplus se peut mieux exprimer à toute personne qui a sentiment par un silence[31].

Mais contrairement au silence annoncé – difficilement compatible avec la figuration littéraire, c'est le corps à nouveau qui parlera précisément parce qu'aucun discours ne pourrait atteindre une puissance d'évocation semblable à celle du spectacle du corps souffrant. Madame Duplessis-Mornay poursuit ainsi la description de son impossible douleur : « Nous sentismes arracher noz entrailles, retrancher noz esperances, tarir noz desseins et noz desirs »[32]. Ses *Mémoires*, destinés à servir de guide à ce fils trop tôt disparu, s'achèvent sur ce point, elle décèdera peu après.

Les nombreux récits de souffrances, de persécutions qu'on retrouve dans les récits protestants sont à lire dans leur dimension théologique, plus elles sont violentes et plus elles expriment la volonté de résistance des persécutés dont la survie relève du miracle. La douleur (l'affliction) est en rapport à l'élection[33].

31 Id., tome II, p. 108.

32 Id., p. 108.

33 Claude-Gilbert Dubois, *La conception de l'Histoire en France au XVIe siècle*, Paris, Nizet, 1977 : « Plus les persécutions sont violentes, plus elles mettent en valeur les capacités de résistance des persécutés, dont le pouvoir de survie est associé à un miracle. Il s'agit ici d'exploiter le caractère conflictuel entre la force et la vérité. Les « Martyrologues » protestants et les recueils d'actes des martyrs ont pour finalité, outre leur caractère hagiographique affectif, de fonder l'idée d'élection sur celle d'affliction. En somme, ils prennent le contre-pied de l'argument triomphaliste qui établit l'équivalent de la puissance et de la gloire, de la vérité et de la réussite immédiate », p. 219.

## 7. Conclusion

Le corps, tel qu'il apparaît dans les Mémoires, est doué d'une plasticité rhétorique étonnante. J'ai essayé ici de décrire l'arc des attitudes que les mémorialistes lui font prendre pour cautionner leur discours. Le corps ne figure pas ou bien rarement en tant que tel dans les Mémoires, il donne le plus souvent lieu à des investissements rhétoriques spécifiques. De façon générale, comme le corps ne ment pas, il est toujours évoqué pour exprimer une vérité qui relève d'un état d'âme, d'un désordre psychique destiné à convaincre le lecteur que le mémorialiste se trouve dans un état grave dont le coupable est clairement désigné par le texte. Les maladies du corps et en premier lieu la fièvre, signalent une agression psychologique dont les mémorialistes cherchent à souligner la gravité et qui s'insère dans une argumentation qui vise à les figurer en victimes.

Monluc, qui n'a rien du mystique, opposera aux chefs d'accusation, le pathos de ses blessures comme témoignage de l'intensité de son engagement mais aussi comme appel à la reconnaissance et à la rétribution. De la situation d'accusé qui est la sienne à l'ouverture des *Commentaires*, il opère un formidable retournement et parvient à se poser en victime exhibant tout particulièrement son corps supplicié et ses douleurs.

Les images de corps battus, de corps blessés, d'entrailles déchirées, prennent un sens particulier dans les récits protestants où la douleur corporelle est associée à l'épreuve religieuse et revêt les dimensions d'un acte de foi. Elle témoigne de l'élection et rend compte de la problématique particulière des récits d'Agrippa d'Aubigné et de Madame de Mornay.

Enfin, ces exemples dessinent les règles que le genre des Mémoires impose au discours sur le corps ; rares sont les épisodes où le corps est associé au rire ou au plaisir, et quand rire il y a, c'est le plus souvent le rire de la dérision.

Exhiber ses souffrances est une attitude commune aux mémorialistes qui leur permet de se transformer d'accusés en victimes. Mais on notera également que les souffrances corporelles bien réelles ne sont rien comparées aux souffrances morales, motif réel de l'écriture, qui en réaffirmant le lien entre corps et âme fait des maux de l'âme, les mots du corps.

# Le théâtre des représentations : métaphore ou anatomie de la conscience?*

Donald Beecher
Université Carleton, Canada

All unified theories of cognition today
involve theater metaphors.
Bernard J. Baars

Parmi les questions les plus problématiques qui se posent aux philosophes de la cognition, se trouve celle du représentationnalisme, particulièrement les thèses de Gilbert Ryle qui remettent en cause l'existence d'un « fantôme dans la machine » (« ghost in the machine »), celle des structures langagières de la cognition, ainsi que l'idée d'un « moi » à la fois auteur et spectateur des phénomènes de la conscience[1]. Chacune de ces problématiques peut être articulée sous la forme de métaphores théâtrales. L'esprit humain se présente par exemple comme un espace théâtral où les images et les pensées, pour ainsi dire, se préparent et entrent en scène successivement, au rythme rapide de la représentation. La conscience est une machine de théâtre, derrière laquelle se tient un metteur en scène qui oriente à sa façon le déroulement des scènes intérieures. Dans le théâtre de la conscience, le rôle discret du « je » est non seulement celui du souffleur, mais aussi celui du spectateur devant lequel se jouent toutes ces scènes. Ou enfin, pour reprendre les termes de C. S. Sherrington : « Each waking day is a stage dominated for good or ill, in comedy, farce or tragedy by a *dramatis persona*, the ‹ self ›, and so it will be until the curtain drops »[2]. La difficulté qui se pose, cependant, lorsque l'on touche à des matières aussi complexes que celle du fonctionnement du cerveau humain et des opérations mentales qui l'accompagnent, c'est que les métaphores tendent à se prolonger dans des directions qui leur sont propres, et un raisonnement, qui s'y trouve entraîné, perd de sa souplesse

* Traduit par Marie-Alice Belle, Université de Paris III, Sorbonne.

1 Gilbert Ryle, *The Concept of Mind*, New York, Barnes and Noble, 1949, *passim*.

2 Cité par Karl R. Popper et John C. Eccles, *The Self and Its Brain*, New York, Springer Verlag, 1977.

analytique. C'est ainsi que, pour avoir souvent été employée à la caractérisation des opérations spécifiques de la conscience, l'analogie avec le théâtre n'en a pas moins fait souvent l'objet de critiques, ses détracteurs lisant en elle l'emblème d'une philosophie qui postulait – et postule encore – la séparation entre la conscience, d'une part, et d'autre part les émotions, le corps et le monde de la matière. C'est généralement sur ce dernier argument que la métaphore théâtrale est jugée déficiente, comme en témoigne la critique virulente par Dennett de ce qu'il appelle le «théâtre cartésien». Et pourtant, il y a lieu de penser que cette métaphore est appelée à subsister encore quelque temps comme l'image la plus apte à illustrer les opérations de la conscience.

C'est au début du XVI^e^ siècle que l'on peut raisonnablement situer les premières intuitions d'une ressemblance possible entre le théâtre et l'esprit humain. Il s'agit non seulement d'une époque où l'on observe un intérêt renouvelé pour le spectacle et la mise en scène, mais aussi où une conscience accrue de la nature illusoire de l'expérience humaine trouve son expression dans l'imaginaire du théâtre. Il est vrai que l'émergence du théâtre moderne et la spéculation sur la réalité du monde, en relation avec les processus mentaux qui la construisent, sont des phénomènes bien distincts; cependant, il semble que le théâtre – pensé comme un lieu de mémoire, d'expérience sensorielle et d'illusions présentées comme réelles – fournit alors la meilleure «expérience de pensée» qui soit pour aborder les paradoxes de l'activité de l'esprit. De fait, la conception qui se développe alors d'une réalité qui n'est qu'illusion, représente un changement de paradigme majeur, sur lequel repose en grande partie la philosophie occidentale de Descartes à nos jours. Avec l'idée d'une disparité entre les phénomènes de l'esprit et le monde de l'étendue, se renversait tout le système épistémologique prévalent jusqu'alors; en conséquence les illusions associées à la perception sensorielle allaient désormais être illustrées par celles qu'implique toute représentation théâtrale. C'est ainsi que la métaphore médiévale du *speculum*, qui faisait de l'esprit humain un miroir fidèle de la réalité, se voit remplacée par celle du théâtre; quant au système de conventions, visant à obtenir la sympathie du spectateur le temps de la représentation théâtrale, devient un modèle sur lequel il était possible de penser la représentation mentale des données sensorielles. En un mot, les conventions sont au théâtre ce que la représentation du monde est à l'esprit: des approximations nécessaires pour que les perceptions puissent opérer comme des réalités.

Une conception, assimilant l'esprit humain à un théâtre, allait apparaître à travers les recherches menées au XVI^e^ siècle sur les techniques mnémoniques d'aide à la mémoire. La métaphore s'établit alors par analogie avec les théâtres de la mémoire dont le plus emblématique est celui présenté par Giulio Camillo dans son *Idea del Teatro* (1550). Ce dernier avait choisi l'édifice du théâtre simplement parce qu'il offrait une structure propice à son système complexe d'aide-mémoire. Camillo avait pour but de mettre en place un véritable outil de travail qui puisse de fait aider à développer la mémoire : avec sa complexité architecturale et son potentiel de sectionnement à l'infini, le théâtre présentait un support idéal pour les informations à mémoriser, et c'est cela qui avait motivé le choix de Camillo. Cependant, dans la mesure où le théâtre était relié par son rôle mnémotechnique au travail de la mémoire, il en vint à constituer une prolongation de l'esprit humain, et, par analogie, un modèle sur lequel former le théâtre intérieur de la mémoire : dans leur travail de classification des informations en des lieux de mémoire accessibles à la pensée, les opérations mnémoniques reproduisaient le même système de remémoration auquel répondait, dans l'édifice extérieur, l'organisation des *loci*. Avec l'appui de mécènes, Camillo avait commencé à construire cette machine, une machine où lui-même devait jouer le rôle d'opérateur. Ainsi, « tout le monde » qui viendrait à passer sur la scène et « tout le monde » en tant qu'objet de la remémoration consciente ne faisaient plus qu'un. C'est à cette même époque et de manière assez semblable que l'on créait l'amphithéâtre d'anatomie, afin de « mettre en scène », tableau après tableau, selon l'ordre préétabli de la leçon d'anatomie, et sous la direction du professeur, toutes les connaissances de l'époque concernant le corps humain. Quant à l'anatomie elle- même, par son association avec la mise en scène de la dissection et avec le développement d'un savoir encyclopédique, elle se mit à son tour à servir de métaphore pour évoquer un savoir et une raison de plus en plus cloisonnés. Ce que ces matérialisations variées de la métaphore théâtrale impliquent, c'est une conception du monde comme une vaste encyclopédie que l'on pourrait (littéralement) garder à l'esprit et consulter à loisir. De telles notions reposent sur la capacité du théâtre, comme lieu de représentation, à évoquer le champ désormais sans bornes de l'expérience humaine[3] – en témoigne l'*Henry V* de Shakespeare, où le petit « wooden

3 Louis van Delft, « L'idée de théâtre (XVI^e^ siècle) », *Revue d'Histoire Littéraire de la France*, 101, No. 5, Paris, Presses Universitaires de France, 2001, p. 1350.

O» du théâtre du Globe est célébré en sa capacité de couvrir les «vasty fields of France» (Prologue, 12-13). A l'inverse, on pouvait se figurer le monde entier comme un théâtre, spectacle dans lequel l'humanité entière venait jouer. C'est à cette image que retourne Nodier, en 1841, lorsqu'il décrit la Révolution Française en termes de scène vivante sur laquelle «le peuple entier venait de jouer le plus grand drame de l'histoire»[4]. De telles associations ne vont pas sans rappeler la conception de l'esprit humain comme un théâtre, auquel le monde entier vient fournir les «lieux» de sa topique. Tel une scène de théâtre, l'esprit est un lieu de perception et de mémoire, d'illusions à l'apparence de réalité, d'acteurs et de manœuvres en coulisse, de veille et de rêve entremêlés dans le flux éphémère des expériences.

On peut voir, dans le théâtre de Camillo, une réponse au défi que posait, à la mémoire humaine, l'explosion d'informations provoquée par l'avènement des modes humanistes de la connaissance. Le sujet a été suffisamment traité dans les œuvres de Frances Yates, Lina Bolzoni et autres pour qu'un simple résumé suffise ici[5]. Camillo avait pour projet de construire un édifice en forme de théâtre dans lequel l'opérateur, placé sur la scène, ferait face à des gradins divisés en sept allées s'élevant jusqu'au mur du fond. Là, se trouveraient fixés une variété immense et précataloguée de figures et d'emblèmes mnémoniques. Une telle installation demandait une ingéniosité prodigieuse de la part du manipulateur, mais dans les mains de Giulio Camillo, cette entreprise monstrueuse se transforma en célébration «baroque» du mage-opérateur capable de tirer le plus grand parti d'un théâtre où les figures mnémoniques engendraient des événements mentaux, relevaient le défi de la mémoire universelle et ouvraient d'infinies possibilités d'invention. Le but ultime de l'exercice était de créer un système mécanique qui agisse en corrélation avec l'esprit humain afin que toute opération dans l'un provoque une opération correspondante dans l'autre. Le rapport ainsi établi, entre l'esprit humain et le théâtre, confirme, par extension, le modèle qui veut qu'il y ait un *deus in machina*, un je-opérateur, ou «first-person operationalist», selon le terme de Dennett[6], qui dirige ouvertement les

4 Alan Richardson, *A Mental Theatre: Poetic Drama and Consciousness in the Romantic Age,* University Park, Pennsylvania Sate University Press, 1988, p. 3.

5 Lina Bolzoni, *The Gallery of Memory*, trad. Jeremy Parzen, Toronto, University of Toronto Press, 2001.

6 Daniel Dennett, *Consciousness Explained,* Boston, Little, Brown and Co., 1991, p. 132.

mouvements intérieurs de l'esprit humain, par son contrôle sur les transactions à l'œuvre au sein d'un tel théâtre de la mémoire. Il s'agissait en réalité d'un théâtre inversé, puisque c'était depuis la scène que l'esprit pouvait contrôler ou réagir au jeu des images qui se présentaient devant lui. Le théâtre offrait un espace de spectacle intérieur, de représentation d'images, d'associations mnémoniques équivalentes aux processus même de l'esprit humain dans la mesure où toute découverte, innovation ou perception, se fait en relation avec un déjà connu, cependant enfoui, le plus souvent, dans la mémoire. De même que la conscience humaine, la machine de Camillo mettait en valeur la succession, une à une, de pensées et impressions isolées. En matérialisant une métaphore, Giulio Camillo offrait un modèle selon lequel toute cognition repose sur un travail incessant de la mémoire visant à réactiver des associations déjà établies; il mettait aussi en avant le rôle premier de la volition consciente comme moyen réflexif et méthodique d'accès par le «moi» à tout le domaine du connu – ou du connaissable.

On se gardera cependant d'attribuer à Camillo plus qu'il ne lui est dû. Son propre système artificiel était fondé sur une architecture complexe de correspondances entre les corps planétaires, les figures mythologiques, les éléments, les plantes et les minéraux, tous reliés entre eux par des liens magiques[7]. De telles conceptions étaient vouées à disparaître au bout d'un siècle à peine, et les excentricités brillantes d'un Robert Fludd n'en offrent finalement que les dernières manifestations. De fait, il est moins que certain que son invention ait jamais été utilisée avec succès par d'autres opérateurs que lui-même, ou que son système universel d'emblèmes ait été achevé. Il n'en reste pas moins que son invention se présente comme un théâtre de l'esprit modelé sur sa théorie des mécanismes de la mémoire, dans un retournement du modèle théâtral qui se voit alors appliqué rétrospectivement à cette même conscience à l'œuvre dans tout processus mnémonique d'association. Sa conception de la conscience était celle d'un lieu régi par des processus d'association et d'inventaire, et balisé de figures mnémoniques encodées d'après toutes sortes d'images archétypales.

Par ailleurs, en choisissant le théâtre comme modèle de la mémoire, Camillo souligne l'importance cruciale de la perspective ou du point de vue: le manipulateur est en effet placé au centre de l'édifice afin d'avoir la vision la plus large possible des images qui l'entourent. Le principe ici sous-

7 Ioan Couliano, *Eros and Magic in the Renaissance*, Chicago, University of Chicago Press, 1966, p. 144.

jacent, c'est que toute connaissance, telle qu'elle se représente sur la scène de la mémoire, ne peut être contemplée que d'un seul point de vue à la fois – ce qui ne va pas sans évoquer un « moi » établissant une perspective unique selon laquelle approcher toutes les expériences de l'organisme auquel il est relié. C'est seulement en poussant le raisonnement jusqu'au bout, que l'on pourrait dire que ce modèle cognitif, tel qu'il est envisagé par Camillo dans sa relation avec le problème de la mémoire, ouvre la voie à une conception de la mémoire comme un système opérationnel, un lieu où des perceptions occupent le devant de la scène avant de retourner en coulisse, un lieu de sélection, d'attention, et d'oubli. Car le théâtre de Camillo était aussi un espace physique, organisé selon des principes mécaniques de stockage et de mise en circulation des informations. En un mot, tout ce que la métaphore du théâtre comporte de bon et de moins bon se trouve déjà mis en lumière dans la structure imaginée par Camillo.

Frances Yates irait encore plus loin dans les implications que comporte l'invention de Camillo en tant que modèle de la conscience. En effet, elle lui attribue aussi la création de « courants émotionnels »[8] : si le sujet de l'exercice est, implicitement, le dieu dans la machine, en tant qu'il a accès au contenu de la conscience, il n'en est pas moins soumis à la charge émotive que portent les images qu'il manipule. Une telle analyse anticipe de très loin la critique articulée par Antonio Damasio dans son *Erreur de Descartes*, selon laquelle le rationalisme occidental a donné naissance à un dualisme corps / esprit, et a ainsi séparé les fonctions cognitives des « marqueurs somatiques » qui informent la pensée[9]. Selon Yates, les icônes planétaires de Camillo avaient non seulement le pouvoir de provoquer des pensées spécifiques, mais aussi d'éveiller des émotions qui agissaient à leur tour sur le processus de remémoration. On touche ici au sujet controversé des états mentaux, et à la question de savoir quelle est la part des émotions dans le conditionnement de l'attention qui correspond aux phénomènes de la peur (par exemple) ou de l'obsession. Lorsque l'on fait mémoire de quelque chose, on retrouve aussi l'émotion qui avait accompagné la découverte de cet objet, ce qui implique que la mémoire possède aussi tout un catalogue de passions ordonnées aux différents processus de réactualisation des informations. Voici

8 Frances Yates, *The Art of Memory*, Chicago, University of Chicago Press, 1966, p. 144.

9 Antonio Damasio, *Descartes' Error: Emotion, Reason and the Human Brain*, New York, G. P. Putnam's Sons, 1994, *passim*.

donc le théâtre au point de jonction entre, d'une part, les activités spécifiques aux opérations mnémoniques, et de l'autre, les passions de l'âme, elles-mêmes pensées en relation avec l'ordre de l'univers. Selon Yates, c'est bien ainsi que Camillo l'entendait, dans son désir de parachever son système de correspondances entre une anatomie de l'esprit humain et une anatomie de l'ordre du monde. La question de savoir si Camillo était conscient des implications que son invention pouvait avoir dans le domaine de la cognition est peut-être ici secondaire. Ne serait-ce que par défaut, on peut lui attribuer la création d'une structure spécifique pour penser la conscience humaine – avec toutes les conséquences qu'un modèle théâtral pouvaient entraîner sur la représentation de l'esprit comme un lieu où se jouent des actes tels que la mémoire volontaire, la création d'images ou l'invention – une structure impliquant un *locus* de représentation à la fois interne et externe, dans lequel le moi des «versions multiples» se met en scène devant le moi de la remémoration.

Chez Descartes, la métaphore théâtrale est absente de toute analyse de l'activité mentale. Cependant, sa philosophie est tout entière fondée sur une phénoménologie de l'esprit selon laquelle la conscience, en tant que suite d'opérations logiques, est contrôlée par un sujet pensant qui, tel un metteur en scène, conçoit et dirige le jeu de la pensée et des idées. La pensée n'est pas seulement preuve de l'être: elle est aussi, déployée sur le théâtre de l'esprit, la mise en scène du sujet agissant. C'était là la seule chose dont Descartes pouvait former une certitude absolue en ce monde: il était *res cogitans.* Le *cogito* cartésien permet ainsi une forme de définition du moi par rapport à la connaissance imparfaite que nous avons du monde de l'étendue; sans le *cogito,* la logique du scepticisme cartésien nous avait déjà placé dans un monde en trompe l'œil, où seule la pratique rigoureuse de la logique et de la raison pouvait offrir à l'esprit quelque connaissance, et sauver le moi de l'impasse où l'enferment les limites de sa propre conscience. C'est à cette condition que l'esprit se maintient comme un espace privé, un espace de représentation, doué d'une capacité réflexive qui, selon Descartes, permet à l'homme de parvenir à la connaissance de sa nature propre. Si les lecteurs de Descartes, ont par la suite, comparé sa phénoménologie de l'esprit au fonctionnement d'une représentation théâtrale, c'est à la fois parce qu'un tel modèle est implicitement supposé par l'analyse cartésienne de la représentation, et parce qu'une formulation en termes de théâtre permettait de révéler plus clairement les failles de l'analyse paradigmatique qui préside, chez Descartes, à la séparation entre le domaine des opérations mentales et celui du corps et de l'étendue. C'est dans la mesure où ce dernier n'est qu'illusion aux yeux de l'esprit, que le théâtre et ses opérations offrent à Descartes une manière de penser la vérité du moi et de l'être.

L'échappatoire cartésienne qui consiste à postuler un lien essentiel entre la pensée et l'être ne fait place à aucune activité de l'esprit dont ce dernier ne soit conscient. La seule nature de l'esprit, c'est la pensée. D'où le fait que Descartes ne fasse aucune distinction entre le rêve et la veille. Au centre de sa pensée, se trouve une conception de l'esprit humain comme une entité simple, harmonieuse, mécaniquement ordonnée, et capable, à condition d'un certain effort, de percevoir le degré de vérité de différentes pensées et perceptions[10]. Ce principe fondamental du système cartésien a vite été reconnu comme axiome sous-jacent du rationalisme occidental, bien que ses limites en tant qu'élément d'une théorie de l'esprit aient été immédiatement identifiables – et Descartes lui-même tentera d'en corriger certains aspects. Au dix-neuvième siècle, en l'occurrence, Karl Jaspers fonde sa critique de Descartes sur l'idée que l'esprit se présente comme « a kind of stage on which psychological phenomena are displayed »[11]. Seulement, il s'agit d'une scène qui se joue non seulement devant des processus rationnels, mais aussi devant des impulsions parfois lâches ou arbitraires, la poursuite de nos désirs et les stratégies instinctives de la survie pure et simple, le tout accompagné d'un certain degré de rationalisation et de manœuvres d'affirmation du moi sous forme de mensonges complaisants. Pour Jaspers, la métaphore du théâtre était encore viable bien que la définition cartésienne soit insuffisante à évoquer pleinement les complexités de notre vie cognitive et affective.

Dans son ouvrage intitulé *Consciousness Explained*, Daniel Dennett recouvre l'ensemble de cette philosophie de l'esprit sous le terme de « théâtre cartésien », en référant d'ailleurs plus à ce qu'elle exclut ou ce qu'elle ne peut expliquer qu'à ce qu'elle contient. Il est révélateur que Dennett a choisi la métaphore théâtrale comme élément-clé de sa critique ; en soulignant les insuffisances des théories cartésiennes sur l'esprit humain, il dénonce aussi celles de l'application de l'image du théâtre aux phénomènes de la conscience, rejetant au passage des éléments de la métaphore qui pourraient par ailleurs être utilisables. Par exemple, Dennett ne saurait nier que l'esprit

10 E. M. Curley, *Descartes Against the Sceptics*, Cambridge, Harvard University Press, 1978, p. 178.

11 Karl Jasper, *Leonardo, Descartes, Max Weber: Three Essays,* London, Routledge and Kegan Paul, 1953, p. 83.

humain, tel une scène de théâtre, possède un vaste potentiel, cependant limité dans sa portée par son fonctionnement séquentiel. Il s'agit là d'un principe encore valable pour toute définition de la conscience. Bernard Baars l'articule en termes de « vast access » et « limited capacity »[12]. Là où Dennett diverge, cependant, c'est dans sa description des processus qui ordonnent la sélection des objets de la conscience et qui, selon lui, n'ont absolument rien en commun avec le théâtre. C'est cette analogie qui, selon lui, pose problème, puisque le cerveau, lorsqu'il produit les contenus de la conscience, n'est soumis ni à un metteur en scène intérieur, ni à une intentionnalité transcendante ; il est seulement réglé par des opérations modulaires aveugles, qui construisent, à degrés variés, des éléments de messages eux-mêmes en compétition avec les informations produites par les modules environnants. Descartes avait eu une intuition du problème, et l'avait abordé en divisant le cerveau en lieux spécifiques – en une approximation à nouveau inadéquate, puisque encore dominée par le modèle « théâtral ». Si la pensée se caractérise par le traitement linéaire du matériel « sélectionné » dans le vaste monde de la connaissance et des sensations, il faut bien un endroit de filtrage des informations. Descartes choisit de le situer dans la glande pinéale, en une hypothèse que Spinoza lui-même allait tourner en dérision. Il s'agissait cependant d'un problème véritable, fondé sur la nécessité de localiser le théâtre de la cognition, de situer l'espace où le jeu des différentes pensées vient atteindre la « ligne d'arrivée », selon le terme de Dennett, de la sélection. Le débat sur le lieu de la conscience est encore bien vivant de nos jours, même si l'on s'accorde de plus en plus à penser qu'il s'agit d'une série d'interactions entre le cerveau tout entier et un certain nombre de fonctions spécialisées, à une échelle de temps de l'ordre de la milliseconde. Il n'en reste pas moins que, vue pour ainsi dire « de haut », la conscience continue à ressembler à un théâtre, dans la mesure où l'image évoque un « point de vue » à partir duquel le moi opère, comme le suppose implicitement le « théâtre cartésien ». En un mot, la métaphore est utile, malgré tout, comme illustration des propriétés d'une métaconscience grâce à laquelle il nous est possible de fondre les activités simultanées du jugement et de la perception « extérieure » en une expérience consciente immédiate. Seule une telle métaconscience, indépendante du flot désordonné d'images imprécises qui passent, vacillent et s'entrechoquent en notre esprit comme dans un rêve,

12 Bernard Baars, *In the Theater of Consciousness : The Workspace of the Mind,* Oxford, Oxford University Press, 1997, p. 54.

saurait assumer les décisions nécessaires aux moments critiques où notre survie dépend de nos capacités à mobiliser notre attention, à établir des scénarios de simulation de situations, et à les ordonner en un plan d'action efficace. C'est dans cette mesure qu'il y a un «je» dirigeant la machine en tant que *res cogitans* — ou du moins tel est l'effet immédiatement apparent des opérations de la conscience. Dennett se refuse cependant à faire du modèle cartésien d'un théâtre de processus rationnels le seul mécanisme par lequel se forment les fonctions de la conscience ci-dessus mentionnées. On ne peut retourner à l'analogie entre le moi en tant que conscience et le théâtre qu'à condition de bien établir auparavant la relation entre l'esprit et le cerveau, une relation reposant sur des mécanismes de liaison au terme desquels l'état de conscience est à la fois tributaire des sous-structures modulaires du cerveau, des apports plus complexes du système limbaire et de sa relation avec le corps.

Ainsi, les questions de savoir comment le cerveau raisonne, dans quelle mesure il y a participation réelle de la volonté et dans quelle mesure ce raisonnement ressemble à nos systèmes de logique, demeurent en suspens. Il est évident que le cerveau est capable de structurer des arguments, de se livrer à des opérations d'analyse complexe et de les mettre en scène devant l'instance cognitive qui pose les questions autant qu'elle manipule les opérations, comme dans un théâtre de la pensée soumis à ses conventions méthodologiques propres. En témoigne le livre récent de Paul Thagard, intitulé *Mind: Introduction to Cognitive Science*, et dont les titres des chapitres 2 à 7 sont les suivants: «Logic», «Rules», «Concepts», «Analogies», «Images», «Connections»[13]. Le théâtre cartésien était un espace d'opérations homogènes, où on doute, on affirme, on veut, on rejette, on accepte, on imagine, on se souvient et on sent, le tout selon les règles d'une véritable grammaire de l'esprit. Mais l'argument majeur que Dennett oppose à Descartes n'est pas seulement que le raisonnement ne représente, pour la grande majorité des personnes, qu'une part minimale de l'activité de la conscience; bien plus, si on pense cette dernière en termes de fonctions cérébrales, d'opérateurs et de lignes de sélection, il devient absolument impossible de situer un lieu de la représentation, en quelque sens théâtral du terme que ce soit. Dans cette attaque contre Descartes, les manquements qui lui sont imputés sont tout autant d'avoir sous-estimé le rôle de la recherche empirique que

13 Paul Thagard, *Mind: An Introduction to Cognitive Science*, Cambridge, MIT Press, 1996.

de n'avoir pas fait place à l'inconscient. Aux yeux de Dennett, la définition de la conscience inhérente au *cogito* fait une trop grande part à la pensée et à la raison. Quant au rôle de la conscience en tant qu'acteur dans le spectacle contingent du monde, Descartes n'en fait mention nulle part. Voilà qui peut encore être compté à sa décharge, ne serait-ce qu'en vue du fait que l'esprit humain est clairement programmé pour répondre aux situations d'urgences qui se présentent sur le « théâtre de la survie ». Les thèses de Descartes ne manquent pas d'adversaires parmi les philosophes contemporains de l'esprit, tel Antonio Damasio, dont l'ouvrage *Descartes' Error : Emotion, Reason, and the Human Brain* dénonce la manière dont Descartes dématérialise l'esprit humain et ignore la relation qu'il entretient avec le corps, ses besoins et les émotions qui leurs sont liées. Ses objections rejoignent celles de Dennett, bien que son analyse ne s'attache pas à la métaphore théâtrale. Nous voilà donc en présence d'un débat complexe qui s'articule autour de trois questions : la pertinence de la métaphore théâtrale dans la description du système cartésien ; les difficultés que présente, aux yeux des philosophes de la cognition, la conception cartésienne de l'esprit humain ; et l'utilité, malgré tout, de formes modifiées de la métaphore théâtrale pour expliquer les opérations de la conscience.

En quoi consiste donc l'utilité de ces métaphores? On ne peut encore apporter de réponse définitive. La conscience ressemble à une scène de théâtre en tant qu'espace de représentations successives, lesquelles semblent *a posteriori* former une séquence narrative. Elle lui ressemble moins si l'on prend en compte les différents « états » de l'esprit qui accompagnent la représentation et en modifient et intensifient constamment la mise en scène. La conscience ressemble à un théâtre dans la mesure où l'esprit qui assiste à la représentation peut, tel un public de théâtre, en modifier la charge émotive par ses propres réactions. Elle lui ressemble moins dans la mesure où l'on semble observer un certain décalage entre les réactions provoquées par une expérience et celles provoquées par la conscience de cette même expérience – quoique cela même évoque à nouveau une ressemblance certaine avec le théâtre. Chaque instant où opèrent les « acteurs » cognitifs de la conscience est préparé en coulisse par toutes sortes de mécanismes qui colorent et intensifient chaque image ; cependant, il serait excessif et hors de propos d'étendre la métaphore jusqu'à comparer à des machinistes de théâtre des processus neurologiques tels que les interactions cortico-thalamiques. David Hume avait toléré une telle métaphore dans sa description de l'esprit comme « a kind of theatre, where several perceptions successively make their appearance ;

pass, repass, glide away, and mingle in an infinite variety of postures and situations». Cependant, ce qu'il cherche alors à démontrer, c'est à quel point le *moi* lui-même doit être transitoire et éphémère, si sa nature consiste seulement et nécessairement d'un tel flot précipité de perceptions successives. A ses yeux, il n'existe pas d'identité fixe. Même le mécanisme du théâtre se révèle insuffisant : il nous manque en effet « the most distant notion of the place where the scenes are represented, or the materials of which it is composed »[14]. William James allait au contraire remettre l'image à l'honneur dans son étude de l'attention comme « focalisation », notion fondamentale encore de nos jours à toute analyse de la conscience. Selon lui, les opérations de sélection et d'unification qui contribuent au spectacle de la conscience sont dues à notre incapacité à prendre en compte simultanément la multiplicité de nos impressions et sensations et son analyse a encore sa place dans tout débat sur la théâtralité de la conscience humaine. En même temps, la ressemblance avec le théâtre est de plus en plus remise en cause dans la mesure où l'on ne peut identifier aucun metteur en scène, ni faire place à ce que Gilbert Ryle a appelé en 1949 le « dogme du fantôme dans la machine » (« dogma of the ghost in the machine »), même si la notion d'un moi immatériel à la fois metteur en scène et spectateur des opérations de la conscience, véritable « non-corps » dans le corps, est une construction philosophique qui se refuse à disparaître[15]. Et, pour compliquer encore notre étude, cette séparation entre l'esprit et le corps se voit qualifiée par Ryle, dans un entretien à la radio de 1950, de « légende des deux théâtres »[16]. Le théâtre qui émerge de ces théories est un théâtre virtuel, né de la manière dont nous interprétons notre activité consciente, qui s'exerce sous les formes de l'intérêt focalisé, l'attention, la formation de séquences narratives, la sélection de souvenirs ; ce sont tous ces éléments qui, à leur tour, nous donnent l'impression quasi empirique que la conscience fonctionne comme une machine à identité unique.

Selon Dennett, le problème posé par les métaphores théâtrales, c'est qu'elles suggèrent la présence d'un *locus* physiologique de la conscience, alors que ses opérations sont réparties sur l'ensemble du cerveau. Qu'en est-il alors de l'idée d'une ligne d'arrivée (« finishing line »), où les différents noyaux d'ac-

14 David Hume, *A Treatise of Human Nature,* I, « Of the Understanding », ed. D.G.C. Macnabb, Cleveland, The World Publishing Company, 1985, p. 302.

15 Dans *The Concept of Mind* (1949). Cité par Dennett, *Consciousness Explained*, p. 33.

16 Cité par Popper et Eccles, *The Self and Its Brain*, p. 151.

tivité neuronale en compétition pour accéder à la conscience sont alignés et sélectionnés, selon les critères du faible et du fort, du conscient et de l'inconscient? A nouveau, si ces opérations peuvent évoquer une scène de spectacle, leur mise en œuvre est trop bien répartie sur la totalité du cerveau pour que la métaphore du théâtre soit appropriée. Ce qui est évident, c'est qu'il existe des circuits spécialisés opérant comme des cyclotrons en miniature, créant des « noyaux dynamiques » qui se présentent, puis s'accumulent jusqu'à atteindre le niveau critique où ils se forment en représentation[17]. Si cela ressemble ou non à un théâtre reste à discuter. Mais on ne peut ignorer l'argumentation de Dennett qui affirme que, face aux réseaux vastes et complexes du cerveau, il n'y a ni sujet agissant, ni identité, ni point de vue[18]. Par conséquent, le théâtre cartésien, ou toute autre forme de théâtre de la conscience n'est, en ses termes, qu'une « metaphorical picture of how conscious experience must sit in the brain »[19], une image motivée, dans la mesure où le spectacle est accepté comme réel, par la recherche d'un certain confort et, par extension, une manière de renforcer l'idée de « moi »[20]. La métaphore théâtrale est rassurante parce qu'elle évoque des lieux physiques, des représentations concrètes, des auteurs et des spectateurs ; c'est en tout cela qu'elle est aussi trompeuse, lorsqu'on considère les réseaux efficaces et auto-déterminés de cellules et synapses qui, réglés par des fonctions purement physiologiques et sans intervention aucune de la volonté, remplissent leur rôle infime dans la construction des opérations phénoménologiques de la conscience. La seule volonté ici présente a été prédéterminée par le même processus évolutif qui a ordonné le fonctionnement du cerveau lui-même. Quant à la conscience, elle est le sous-produit de procédures systémiques désignées par Dennett sous le nom de « modèle des versions multiples » (« multiple drafts model ») et qui excluent entièrement tout metteur en scène ou point de vue[21]. Ce que Dennett tient à souligner, c'est le fait que les distinctions opérées par la conscience, le souvenir ou la mémoire volontaire, y compris celles de la nature la plus rationnelle qui soit, n'arrivent pas au seuil de la conscience sans avoir été considérablement contaminées par les opérations neurales à l'origine de la

17 Voir Gerald M. Edelman et Giulio Tononi, *A Universe of Consciousness : How Matter Becomes Imagination*, New York, Basic Books, 2000, pp. 148-150. *A Universe of Consciousness.*

18 *Consciousness Explained*, p. 105.

19 *Consciousness Explained*, pp. 105-113.

20 *Consciousness Explained*, p. 132.

21 *Consciousness Explained*, p. 113.

« version finale ». A l'échelle minimale, le cerveau a un fonctionnement hétérophénoménologique et si diffus qu'il nous est souvent difficile de déterminer si ce que nous voyons est de l'ordre de la réalité ou du souvenir.

Combien d'impressions le cerveau doit-il confier à la mémoire, puis reconstruire, avant qu'elles ne viennent former une représentation ? Dans quelle mesure le cerveau, lorsqu'il est confronté à des impressions conflictuelles, choisit-il des solutions de facilité ? La leçon de choses présentée par Dennett, où l'on voit l'esprit humain « inventer » une ligne lumineuse continue entre deux lampes qui clignotent à toute vitesse, a des répercussions importantes sur toute théorie de l'esprit comme espace de représentation. C'est ce même phénomène qui se produit lorsque l'on tente de se représenter la même image pendant plus de dix secondes : le cerveau va la remettre en scène encore et encore, en la modifiant à chaque fois, jusqu'à ce qu'elle disparaisse tout à fait. C'est ainsi que l'on ne peut méditer sur Dieu sans constituer auparavant une suite narrative d'images et d'idées susceptible de captiver les opérations de la conscience par la séquence ainsi constituée. Voilà peut-être en quoi se résume la définition de toute culture, y compris le théâtre lui-même. Et par conséquent, en admettant que la conscience se présente comme un théâtre, il s'agit d'un théâtre étrange et immatériel. Nous voici bien loin, en effet, de la conception cartésienne d'un esprit autonome et voué à la seule pensée – pensée dont le fonctionnement même vient appuyer le modèle réconfortant d'une machine animée par un sujet, qui trouve en soi-même la preuve de son existence et se dirige par sa volonté.

En suivant ce raisonnement, on peut dire que le seul public qui compte pour le cerveau évolutif, c'est son propre système de mesures adaptatives ordonnées à la survie. Même en adoptant un modèle où l'activité cérébrale/mentale est dispersée et où des « noyaux » de sensations et de pensées entrent en compétition pour parvenir au niveau de la conscience, on peut considérer le processus tout entier comme un élément avantageux d'adaptation : aussi fugaces que puissent nous paraître des impressions impulsives et souvent incompréhensibles à tout autre que nous, la multiplicité des opérations neuronales qui sont à leur source viennent se fondre en un flux unifié d'informations. Toutes ces données sont construites pour être soumises à la mémoire, de même que chaque son potentiellement reconnaissable comme un mot est passé au crible d'un vocabulaire allant jusqu'à 100 000 mots, afin d'être instantanément identifié parmi tous les mots ou non-mots auxquels il pourrait correspondre. Dans ces interactions entre les sensations et la mémoire, on remarque la présence d'habitudes formées à partir d'expériences précédentes ou de connaissances acquises, ou celle de configurations uniques, reliées à une certaine forme d'expérience par opposition à d'autres; peu à peu, l'analogie théâtrale s'impose à nouveau comme métaphore de toutes les mises en scène auxquelles nous opérons dans le domaine de la pensée, de la mémoire et de la formation des images et des idées. Par là même, on retourne à l'idée d'un moi devant lequel se jouent tous ces actes et qui dirige aussi le théâtre, si bien que nous voilà entraînés à penser à nouveau en termes de lieux de représentation et de séquences narratives, selon le seul modèle que nous soyons capables d'imaginer quand il s'agit d'expliquer au moi son propre fonctionnement. Mais il s'agit à présent d'un théâtre de la conscience qui inclut non seulement la perception et la pensée, avec les différents niveaux d'intérêts qui les accompagnent, mais aussi les émotions, les variations des états de l'attention, ainsi que les réactions plus ou moins indépendantes du système limbaire.

C'est dans ce cadre qu'Edelman (lauréat du Prix Nobel) et Tononi retournent au modèle théâtral. Dans le chapitre de leur livre *A Universe of Consciousness* intitulé « Everyman's Private Theater: Ongoing Unity, Endless Variety », la validité de la métaphore est confirmée lorsqu'ils démontrent comment l'esprit bénéficie d'une faculté de réflexion à l'infini sur la variété encyclopédique du monde et subit en même temps les limites de cette aptitude. On retrouve ici, appliquée à l'esprit humain, la conception du théâtre à la Renaissance: célébré pour sa capacité à englober le monde entier, il était aussi réduit à la simplicité linéaire d'une narration soumise au rythme d'un mot, d'une phrase, d'une scène à la fois. De nos jours, ce n'est plus le monde qui est un théâtre, mais l'esprit: en une version intérieure du théâtre de Camillo, les 55 à 100 milliards de neurones qui constituent le cerveau humain sont capables de garder en suspens des millions de données, qui peuvent rester sans usage pendant des années, jusqu'à ce qu'apparaisse l'objet qui réactivera, par association, une configuration neurale particulière. La conscience est à la fois le point de vue et la scène où tout un monde d'images résiduelles est en attente, pour ainsi dire, sur le mur du fond, jusqu'au moment où, en réponse à un stimulus précis, chacune se voit à son tour réactivée et recombinée.

Alors que Ryle, vers la moitié du XX^e^ siècle, remettait en cause l'utilité de l'idée d'un « je » spectateur de la conscience[22], Sherrington, autour de ces mêmes années, considérait le moi comme partie intégrante de la conscience,

22 *In the Theater of Consciousness: The Workplace of the Mind*, p. 143.

en tant qu'agent nécessaire à l'intégrité, l'unité et la cohérence de l'expérience[23]. Selon lui, il existe bien un point de vue inhérent aux opérations mentales, grâce auquel nous pouvons distinguer l'autonomie de l'organisme particulier auquel notre conscience singulière appartient et percevoir ses intérêts. Il doit donc exister une fonction quelconque dont le rôle, semblable à celui d'un sujet agissant, est d'établir la hiérarchie des finalités sur le laquelle se règle l'attention – d'où l'illusion du bon sens apparent, selon laquelle l'esprit appartient à un moi défini en fonction de telles finalités, sur fond d'une histoire personnelle particulière. Il apparaît assez clairement qu'une telle impression repose en fait sur un raisonnement circulaire: le sous-produit de l'activité consciente est d'abord constitué comme sujet agissant, puis placé aux commandes d'une conscience qui confirme à son tour son rôle de sujet. Du fait de la relation synergique et symbiotique qu'entretiennent la pensée active et la pensée résiduelle, cette illusion prend une telle réalité qu'il est difficile à tout théoricien de l'esprit d'en faire l'économie – quitte à la voir inévitablement dénoncée par tous les spécialistes du cerveau. Il s'agit ici d'une nouvelle version du *cogito* cartésien. C'est par cette illusion que se crée un public de la conscience, sans lequel ce même phénomène perd tout avantage. Bien qu'éphémère, le moi apparaît alors comme le produit ultime du processus évolutif de sélection dont la conscience elle-même dérive, et auquel l'efficacité du moi est ordonnée. Le moi se définit donc comme l'instance auto-déterminante qui altère à son propre avantage les activités de l'organisme.

Le moyen par lequel s'équilibre la pulsion auto-centrique d'un tel théâtre motivé par la curiosité, les sentiments ou l'intérêt, semble consister en la limitation de la durée de notre attention à un intervalle de 100-150 millisecondes au minimum et 10 secondes au maximum ; au delà, la fatigue empêche toute réactivation à l'identique des configurations neuronales, et l'organisme reprend le balayage aléatoire des phénomènes extérieurs qui le tient incessamment sur le qui-vive. C'est cette dimension arbitraire de la conscience qui, pour notre bonheur sans doute, nous empêche de tomber dans les excès dangereux d'une pensée concentrée jusqu'à l'hypnose – particulièrement si l'objet en est religieux : l'ascèse ne nourrit pas son homme, et assure encore moins sa descendance. Cette limitation de l'intervalle tempo-

23 Sir Charles Sherrington, *Man on His Nature*, Gifford Lectures 1937-1938, Cambridge, Cambridge University Press, 1951.

relle de perception (Edelman parle de « psychological refractory period »[24]) est la caractéristique principale du théâtre de la conscience ; elle témoigne du bon fonctionnement d'un cerveau attaché à la transformation des phénomènes extérieurs en scènes cohérentes. Le théâtre humain d'illusions efficaces ainsi constitué doit prendre en compte en même temps tout ce que nous savons des informations tronquées, des souvenirs imprécis, de la recherche aléatoire de données disparues par voie de probabilité, de la résolution de discontinuités problématiques et autres processus d'auto-justification qui mènent à la déformation mensongère des informations. La difficulté majeure consiste à se défaire de l'idée d'un metteur en scène personnel et d'envisager à la place des milliards d'opérations simples d'ordre mécanique, chimique et électrique, remplissant leur fonction sans notion aucune du produit qu'elles contribuent à créer au sein de la conscience. Le moi est alors un état réactif des neurones engagés à déclencher, au niveau moléculaire, les schémas d'interaction dont dérive la perception des informations. Selon Dennett, le moi n'est autre chose qu'un « sous-ensemble spécialisé de neurones » (« specialized subset of neurons »[25]. Même William James, un siècle auparavant, avait reconnu que les activités de la conscience étaient réparties sur l'ensemble du cerveau, sans mentionner celles associées aux fonctions vitales, où le cerveau envoie sans discontinuer les messages subconscients nécessaires à l'accomplissement des tâches communes, depuis la marche ou l'analyse syntaxique jusqu'à celles dont nous n'avons jamais conscience, telles la respiration ou les battements de notre cœur. Pourtant, souligne Michael Gazzaniga, l'instance qui interprète les séquences narratives mises en scène dans la conscience doit bien représenter une forme du moi[26] ; quant à Bernard Baars, il soutient que, du fait même de sa nature réflexive, il y aura toujours une partie de notre esprit qui s'intéressera à ses propres activités de mémoire, de réaction et de réflexion. Ceci nous rapproche à nouveau de la notion de métaconscience sur laquelle repose le rationalisme occidental. Et c'est ainsi que se boucle, encore et toujours, le cercle des inévitables déconstructions et reconstructions d'une métaphore, celle de la description de l'esprit humain comme un théâtre.

24 *A Universe of Consciousness: How Matter Becomes Imagination*, p. 27.

25 *Consciousness Explained*, p. 140.

26 Michael Gazzaniga, *Consciousness and the Cerebral Hemispheres* , Boston, MIT Press, 1995, p. 85.

Lorsque Bernard Baars propose un survol du débat dans son ouvrage de 1997 intitulé *In The Theatre of Consciousness*, il est parfaitement conscient des objections soulevées contre cette métaphore par les théories fondées sur la dispersion des opérations mentales, sur le système des « noyaux » et de la « ré-entrance », ou sur celui des « versions multiples ». La théorie qu'il expose lui-même, selon laquelle la conscience repose sur un mouvement en spirale de création et réduction de blocs d'informations, est fondée sur l'analyse des circuits d'activité neurale à double sens qui marquent l'interaction entre le cortex et le système thalamique du cerveau central. Tout au long de sa démonstration, Baars prend soin de souligner le rôle crucial des activités cérébrales préconscientes ; quant à son identification de réseaux localisés qui contribuent à l'activité conscience, il ne cherche pas à contredire la thèse d'une activité corticale dispersée. Et pourtant, l'analogie théâtrale subsiste comme le modèle le plus approprié pour mettre en lumière la présence d'une instance intentionnelle performative et intégrée qui transforme en narration les événements de la conscience. C'est de cette instance que dérivent à la fois notre impression qu'il existe un lieu dans le cerveau où ces activités se produisent, la conscience que nous avons de notre activité imaginative, ainsi que notre conception d'un moi qui ordonne et détermine l'activité réflexive. La pensée rationnelle, telle que Descartes la définit, ne représente qu'une petite partie des activités du théâtre ici envisagé ; ce dernier est également consacré à la perception des sensations auxquelles les cognitivistes se réfèrent sous le nom de « qualia ». Les seules directives qui régissent son jeu, ce sont celles-là même d'une réalité qui impose les tâches exigeantes de la reconnaissance et de l'orientation. L'esprit transforme ces « objets spatio-temporels » (« space-times »[27]) primaires en équivalents neuronaux, que certains estiment de nature symbolique (ou allégorique) et d'autres, de nature réaliste (ou représentationnelle). Nous laissons ce débat aux cognitivistes. Ce qui est certain, c'est que le théâtre de notre esprit a la capacité infaillible de nous faire accepter comme réalité la recomposition de l'espace-temps à laquelle il se livre.

Au terme des modifications ainsi apportées au théâtre cartésien, la postulation du moi comme *res cogitans* ne s'articule plus en termes ontologiques, mais plutôt en termes de fonction et de point de vue. La manière dont notre conscience est orientée fait que nous assistons toujours à la re-

27 Barry Berger Jr., *Second World and Green World : Studies in Renaissance Fiction-Making*, Berkeley, University of California Press, 1988, p. 113.

présentation de notre expérience dans l'espace et le temps à partir d'un point de vue unique. Comme le théâtre, la conscience est soumise à la perspective. Nous savons bien que la réalité dépasse ce que notre angle unique de vision nous en donne à voir, et que l'expérience se résume en grande partie, à un jeu d'arrangement et de variation des éléments de la narration, par l'ajustement volitionnel de notre point de vue. Nous déplaçons notre corps, notre regard, notre perspective d'analyse, présentant à notre conscience un modèle après l'autre, jusqu'à ce que les stimuli extérieurs soient assimilés à ses schémas familiers. Ainsi, le point de vue de la conscience est actif, et non passif: en traitant les données qui lui sont soumises, il contribue à affiner les stratégies dont nous usons pour nous livrer à des analyses toujours plus justes et plus exhaustives. Nous sommes des êtres d'interprétation et, dans notre fuite de l'impasse à laquelle nous réduit l'isolement de notre théâtre intérieur, nous cherchons toujours en l'autre un public qui vienne donner réalité au jeu de nos actions personnelles[28]. Chez Descartes, la combinaison du rationalisme sceptique et des méthodes d'analyse rigoureuse constituait les fondements sur lesquels il s'appuyait pour tenter de résoudre les contradictions qui surgissent de la confrontation de l'esprit avec sa perception de la réalité. Les solutions qu'il présente sont pour la plupart froides, mathématiques et sans passion – et par conséquent – limitées. Après lui, un certain pyrrhonisme moderne a eu pour résultat de réduire la conscience à un ensemble de combinaisons neurales spécialisées et au conditionnement aveugle des neurotransmetteurs. Ce mouvement a paradoxalement remis en valeur toute une variété d'opérations inconscientes et émotives jusque-là ignorées, tout en procédant à une telle décentralisation et dispersion du seuil de la conscience, que l'idée d'un moi s'en trouve dissolue – ainsi que tout projet visant à localiser l'âme humaine. Ainsi réduits à notre nature misérable, nous n'avons d'autre efficacité, comme organismes vivants, que l'avantage qu'en tire le système évolutif et notre participation à un «pool» génétique donné. Néanmoins, la faculté d'improvisation dont témoigne notre conscience dans ce monde soumis aux lois de la contingence et de la survie nous donne au moins l'intuition qu'il existe une instance qui, en évoluant et s'adaptant sans cesse aux données qu'elle traite, joue le rôle d'un sujet agissant. Tels des acteurs devant leur public, les différents niveaux de conscience se mettent en scène les uns devant les autres, alternant action et réaction. C'est ainsi que, aussi longtemps qu'une telle

28 *Second World and Green World: Studies in Renaissance Fiction-Making*, p. 44.

dynamique sera au cœur de nos théories de la conscience, la métaphore du théâtre demeurera utile et pertinente pour évoquer la succession linéaire de scènes dont nous sommes à la fois les créateurs et les spectateurs et que nous livrons tour à tour à notre expérience, notre mémoire – et notre oubli.

# L'anatomie du désir dans la philosophie de l'amour au XVI$^{e}$ siècle : *Les dialogues d'amour* de Léon Lhébreu*

Ilana Zinguer
Université de Haïfa

Les textes de la Renaissance ne s'épuisent pas au fil des ans ; les lectures nouvelles les remettent à jour et les approches contemporaines y trouvent encore matière à réflexion. Pour interpréter les *Dialogues d'amour* de Léon Lhébreu, afin de dévoiler les mouvements intimes de leur écriture, une méthodologie appropriée serait celle qui permettrait d'une part de comprendre la tension entre la conscience humaine et la culture de l'époque et d'autre part d'en mesurer les dimensions universelles qui font l'actualité de cette œuvre. Lors de leur publication, en 1535, en pleine Renaissance italienne, les dialogues, se situent à un moment où la représentation des émotions était encore aussi hésitante que l'était la représentation du corps lui-même ; elle demandait qu'une édification se fît rapidement, tout aussi révolutionnaire et scientifique que celle que Vésale entreprit pour le corps humain.

L'histoire du concept de l'amour est plus que millénaire. Notre tentative s'inscrit à un moment culturel précis. Les œuvres auxquelles sont souvent identifiés les *Dialogues d'amour*, comme les œuvres de Castiglione, Bembo, Sperone Speroni et d'autres, traitent d'un amour communément amalgamé et identifié à un éthos, destiné à servir la conduite morale et religieuse. Quant au désir, ce concept primordial, bien que partout présent – est fréquemment identifié avec le plaisir intense de l'expérience corporelle – le concept du désir restait dans l'ombre et s'en détachait difficilement, ne soupçonnant nullement ses potentialités car c'est de la force de ce désir que la subjectivité allait prendre forme, dévoiler la complexité de l'être et déboucher sur la théorie du moi. Dans ce sens, les *Dialogues d'amour* est un texte exceptionnel et fondateur.

* Les citations se réfèrent à l'éditions Anthony Perry, Léon Hébreu, *Dialogues d'amour*, Chapel Hill, The University of North Carolina Press, 1974 (texte de Pontus de Tyard),. Passage étudie pages 33-45.

Des études récentes, parues toutes dans les dernières décades, générées grâce aux outils contemporains, proposent des lectures nouvelles des textes de la Renaissance où la *cupiditas* ou *libido*, concept clé de la psychanalyse, semblait fortement préoccuper les poètes et les humanistes. L'ambiguïté de l'analyse provient à la fois de la richesse procurée par les sources mythologiques et de leur autorité encore prédominante. Le désir était souvent identifié (à juste titre) à toutes les passions vouées aux délices ou aux supplices. La traduction d'Ovide et son interprétation par Pétrarque, Louise Labé, Milton ou Spencer, fourniraient quelques exemples.[1] Nous savons que le pathos est l'expression émotionnelle du dynamisme affectif inhérent au désir, désigné plus tard par la pulsionnalité. Ce pathos donne aux concepts une nuance d'humeur, différente d'un auteur à l'autre et d'un genre à l'autre.

Le terme « anatomie » passe déjà, au temps de Léon Lhébreu, au statut de concept. Dans l'histoire, le sens de l'intériorité est central à l'expérience du corps, même si ce sens de l'intériorité est second. Il est aisé, pour qui dissèque, de voir le corps des autres mais cette exploration ne s'étend pas à son propre corps. Apparemment, la découverte de l'intériorité marque la naissance de l'individualité et celle-ci demande une représentation de l'âme et de son essence jusque-là nouée à la théologie et à la cosmologie. Parce que le corps véhicule cette âme et ses fonctions, il est inadmissible de penser le corps isolément. L'anatomie devient par contamination l'outil qui permettra de scruter l'âme et son comportement. S'il est vrai que Léon Lhébreu n'a aucunement fait mention de cette démarche, n'ayant laissé lui-même aucune explication, Denis Sauvage, lui,[2] introduit la traduction des *Dialogues d'amour* en français comme procédant de l'anatomie :

> il (Léon Lhébreu) donne raison de ce que l'homme, estant fait d'elemens contraires ait participé à la forme eternelle de l'ame intellectuelle. Puis ayant monstre cela, pour mieux achever de declarer que l'amour est commun en ce bas monde generable et corruptible, selon qu'il pretend en ceste premiere partie, dit comment la matiere premiere est aimee du grand Ciel huitiesme, comme femme de son mari, et luy d'elle par mesme moyen : … et afin de faire plus apparoir ceste conformite de mari ou d'homme au Ciel, entremeslant les opinions de Pythagoras et d'Aristote sur ce que le ciel soit animant perfaict en toutes

1 *Ovid and the Renaissance*, edited by Goran V. Stanivukovic, University of Toronto Press, Toronto, 2001.

2 La traduction de Denis Sauvage porte le titre de : *Léon l'Hébreu : Philosophie d'amour*, Paris, Claude Micard, 1577. Voir prologue du premier Dialogue « De l'essence de l'amour ».

> dimensions ou mesures, fait cognoistre par l'Anatomie des trois principales parties de l'Homme qu'il est représentation non seulement d'iceluy Ciel, ains l'est aussi de tout l'univers (Prologue).

Les anatomistes induisent deux voies dans leurs recherches sur le corps de l'homme, témoignage de la création divine et doctrine de l'incarnation où le corps occupe une place privilégiée. Les néoplatoniciens s'approprient ces arguments, l'on cite par exemple Francesco Giorgio dans son *Harmonia mundi* (1525) qui proclame que la construction harmonieuse du corps ne sera jamais révélée par « la cruelle diligence des anatomistes qui coupent et divisent le corps ». D'autres sont d'avis différent. Pour Pontus de Tyard, l'autre traducteur des *Dialogues d'amour*, fortement inspiré des *Dialogues* de Léon Lhébreu, le corps humain est fabriqué selon un modèle de proportions harmoniques ; dans le *Solitaire Second* (1555) parlant des effets d'émerveillement de la musique, il proclame que c'est « grâce à la diligence » des anciens, non horrifiés par la cruauté de l'anatomie qu'ils se sont assurés des proportions intérieures et extérieures du corps duquel sont tirées les « consonances musicales ».[3]

Comme au XX^e^ siècle, la Renaissance a produit de multiples cartographies des divers processus de fonctionnement du corps humain que les écoles de médecine ont complétées en s'appuyant sur les découvertes des uns et des autres (Vésale, Harvey). Les physionomistes, dans leur tentative de refléter l'âme sur les visages ne sont pas les seuls à avoir travaillé à ce « connais-toi » célèbre. Helkiah Crooke (London, 1615) fit une compilation de travaux d'anatomistes, *Microcosmographia,* proposant l'anatomie comme une entrée à la théologie et à la philosophie, où les mots s'enquièrent du corps humain sous la forme d'une analyse de soi.

En effet, la philosophie ne peut être que l'interprétation de l'expérience, qu'intelligence des phénomènes, qu'une forme séparée du savoir. Faire l'anatomie du désir (texte que nous avons choisi de présenter à l'étude), revient à interroger l'interprétation qui nous est proposée par Léon Lhébreu comme connaissance et non comme science.

Avant d'aller plus avant il serait utile de connaître Léon Lhébreu autrement appelé Judah ou Yehudah, fils de Don Isaac Abrabanel (trésorier et ministre du Roi Alphonse V). Il est davantage connu sous le nom de Léo Hebraeus ou Leone Ebreo, Léon Lhébreu. Probablement né en 1460, Léon Lhébreu fit des études de médecine en plus de l'excellente éducation juive

3 Jonathan Sawdey, *The Body Emblazoned*, London and New York, 1996.

traditionnelle qui comprenait une forte influence du rationalisme de Maimonide alors dominant dans les cercles juifs de la péninsule ibérique. Nous apprenons que par la suite, Léon, dans *L'Elégie*, exhorte son fils à étudier la Bible, la Mishnah et le Talmud (vv.92-93), matières qu'il apprit lui-même très vraisemblablement. Il n'est pas certain qu'il ait pu pratiquer la médecine à Lisbonne, ce qui voudrait dire qu'il jouissait d'un statut social indépendant. A la mort d'Alfonso V, Isaac Abrabanel, le père, fut suspecté de conspiration contre le nouveau roi Jean II et fut forcé de fuir. C'est ainsi, qu'en 1484, sa famille le suivit en Espagne. Là il fut bien reçu par Ferdinand le Catholique et sa cour. A l'heure de l'expulsion, en 1492, toute la famille dut prendre le chemin de la fuite. Malheureusement le fils de Léon Lhébreu fut saisi et baptisé. Il ne le revit jamais.

A Naples, on pense que Léon fut médecin de la cour. Durant ces premières années en Italie, il a pu avoir des contacts avec les intellectuels juifs Jochanan Alemanno, Elia del Medigo, et peut-être même avec un des derniers étudiants d'hébreu, Pic de la Mirandole. A l'arrivée des Français, en 1495, Léon fuit à nouveau. Il arrive à Gènes, une ville marchande propice pour la réflexion philosophique et la pratique de la médecine ; il la quitte en 1501, pour Naples. En 1505 il rejoint son père à Venise et compose pour lui des préfaces poétiques aux trois *Commentaires du Talmud.* On le retrouve en 1516, jouissant d'une grande notoriété (il est médecin du vice-roi de Naples) et en 1520, par une dispense spéciale, il ne paie pas la rançon juive. C'est entre cette date et la publication des *Dialogues*, en 1535, qu'il mourut.

Etant donnée la rareté des informations et des documents extérieurs, la meilleure source pour la biographie de Léon Lhébreu est constituée par ses propres œuvres, spécialement son *Elégie* (1504) qui donne de lui le portrait d'un homme profondément troublé par la séparation de sa famille.

Léon Lhébreu a composé l'œuvre la plus célèbre de la Renaissance. Celle-ci fut publiée en 1535 à Rome par son ami Mariano Lanzi chez Antonio Bellado. Trois éditions suivirent chez les prestigieux imprimeurs Alde de Venise, entre 1541 et 1545. Entre 1535 et 1607, on compte vingt-six éditions des *Dialogues d'amour* en quatre langues, dont douze en italien, six en français, six en espagnol, deux en latin. La première édition en hébreu ne parut qu'en 1871. Le rayonnement des *Dialogues d'amour* fut immense dès leur parution, les traductions françaises par Denis Sauvage et par Pontus de Tyard, en 1551, furent elles-mêmes rééditées. Pour la langue espagnole, trois traducteurs proposent chacun un texte, en 1568 par le célèbre écrivain juif Guedalia Ibn Yhya, puis par Carlasso Montessa en 1584 et par Inca

Garcilaso de la Vega en 1590. L'œuvre connut un nombre infini d'adaptations, de commentaires, d'imitations.

Ce succès est certes dû à la forme de l'œuvre, dialogue philosophique, que reproduit le traducteur Pontus de Tyard, le poète des *Erreurs Amoureuses*, qui renforça sa propre philosophie platonicienne au contact du texte de Léon et qui nous a laissé une « translation » plutôt qu'une traduction, en ce sens qu'elle reste fidèle à l'original. Les écarts, rencontrés dans le texte d'arrivée, propres à trahir les habitudes linguistiques de l'époque n'ont pas d'incidence majeure pour notre étude.[4]

Sous le masque d'un discours courtois entre un amant ardent et son amante inaccessible, les *Dialogues d'amour* se structurent comme une série de sujets encyclopédiques (comme les sujets sur la Création, l'astrologie, la médecine) unis par la question de l'amour, développés en trois dialogues :

Le premier dialogue se veut ontologique, il veut définir l'essence de l'amour et du désir en examinant les différentes qualités du bon et de l'aimable pour l'homme.

Le deuxième dialogue dépasse l'ontologique et considère la « large communauté » de l'amour qui n'est plus vue dans sa seule dimension psychologique et humaine mais aussi dans sa dimension cosmologique ; et le troisième dialogue, le plus ample et le plus important, développe un discours essentiellement théologique sur l'origine de la nature dans l'univers où l'amour est vu comme le principe qui définit la relation entre Dieu et sa création.

A la fin de cette troisième partie, l'auteur annonce un quatrième dialogue sur les effets de l'amour, mais cette section est perdue ou n'a jamais été écrite.[5]

Seule une partie du premier dialogue fera l'objet de notre étude :

> La connaissance que j'ai de toi, ô Sophie, engendre en moy amour et désir.

Telle est la phrase d'ouverture prononcée par Philon, interlocuteur, qui met d'emblée toute l'œuvre sous le signe de la théorie de l'amour platonique et rationaliste.

4 La traduction de Pontus de Tyard portant le titre *De l'Amour* a été publiée à Lyon par Jean de Tournes en 1551.

5 Quelques hypothèses ont été émises sur la question ; en particulier que les *Fureurs Héroiques* de Giordano Bruno seraient basés sur ce quatrième dialogue perdu de Léon Lhébreu. Voir note 12.

Cette première phrase va générer un dialogue qui comportera toutes les nuances que ces deux mots fondamentaux véhiculaient à l'époque ; c'est à dire qu'ils vont exposer toutes les doctrines de l'amour connues que Léon Lhébreu consigne dans cette œuvre ultime ; les traditions culturelles multiples convergent dans cet échange entre deux philosophes Philon et Sophie (dont nous verrons plus tard les caractères respectifs) d'une façon très dense ; parce que cette étude n'est pas consacrée à la doctrine de l'amour dans son entier, disons très rapidement que ses dialogues portent en essence les nombreuses traditions philosophiques de l'amour tant du Moyen Age que de la Renaissance, doctrines platoniciennes et néoplatoniciennes, de sources arabes, juives et humanistes.

Ainsi la phrase d'ouverture fait immédiatement référence à la célèbre théorie platonicienne où amour et désir sont toujours fondés sur la connaissance. « La connaissance que j'ai de toi, ô Sophie, engendre en moi amour et désir ». Or Sophie proteste, ce sont là deux sentiments discordants, « amour et désir sont contraires affections de la volonté ». L'amour est volontaire et le désir est lié à la présence de la faculté pensante en l'être, nous désirons parce que nous sommes des êtres pensants ; désir et raison ne sont pas opposés. Mais le désir, étant antérieur à la jouissance, est rival du plaisir donc de l'amour.[6]

A partir de ce moment, les deux interlocuteurs, deux caractères apparemment fictifs, vont « anatomiser » jusque dans leurs plus fines nuances, dans leurs replis les plus reculés, pour révéler ce qui, bien entendu, était bien connu de tous, les affects de l'amour et du désir.

L'analyse de Léon aura recours à des classifications, des catégorisations pour étudier, selon un ordre certain, la connaissance de l'être humain, préfigurant les préoccupations de l'âge classique. Ainsi :

> Aymer et Desirer sont deux effects (affetti) de la volunté, contraires l'un à l'autre (p. 35).

Le premier demande possession de l'objet, le second présuppose l'absence. Cette conclusion, prise du *Banquet* de Platon, (200e-201b), établissait pour de longs siècles et pour de nombreux disciples que l'on ne peut aimer et désirer que ce que nous n'avons pas. Ces deux moments, désirer et aimer, successifs, autonomes, inflexibles du même affect représentent un moment psychologique que le Philosophe a choisi pour entrer en matière.

6 Signalons ici que *désirer* de *desiderare* signifie manquer d'un astre favorable ; le désir est la recherche de l'astre perdu, d'une divinité sidérale et qui sidère.

Or, ce que Philon veut démontrer, c'est que cette opposition irréductible est absolument fausse. Pour lui le désir implique un manque soit parce que l'objet désiré n'est pas possédé soit parce qu'il n'existe pas. Or le désir comme l'amour suppose l'existence de l'objet. Cette distinction préliminaire entre le besoin, le désir et la demande, est fondamentale à l'endroit du désir inconscient du sujet. Ce désir tend, en effet, à s'organiser dans une relation à l'autre dans la « rétroaction de la demande sur le besoin » (Lacan). Parce que le sujet fait sa première rencontre avec son désir, dans cette relation à l'autre, il fera, au cours de cette expérience, l'épreuve de son désir d'abord comme désir du désir de l'autre. Léon poursuit :

> Aymer: car ce, vouloir avoir, n'est autre chose que le Désir : pource, que l'Amour est assiz en la mesme chose aymée, à laquelle le Désir, quand on ne l'ha, aspire seullement. donq à mon jugement, l'Amour, et le désir, ne peuvent demeurer ensemble (Tyard / Perry, p. 35).

Robert Burton dans son *Anatomie de la Mélancolie* s'est bien souvenu de cette définition de l'amour par le désir de Léon Lhébreu, l'auteur, dit-il, « le plus prolixe sur ce sujet ». Il commente ainsi[7] :

> Vela ce qui me fait croire que l'Amour, et le Désir, sont deux affections de la volunté (Tyard / Perry, p. 37).

La nature et l'origine de l'amour sont ici étudiées à travers une succession des discours du *Banquet* de Platon. C'est Aristophane qui, dans son exposition de la nature de l'amour, s'arrêtera sur la définition du désir comme un manque. Le désir se commue en demande d'amour pour sa moitié à retrouver. Lacan nous dira bien que c'est un leurre que de prêter à l'autre cette toute puissance, de penser que l'autre comblera nos manques[8]. Selon Aristophane, l'amour n'accomplit pas le désir, la fusion est impossible et le manque demeure.

Il se trouve, alors, chez Léon Lhébreu trois cas d'interférence : l'aimé et le désiré, l'aimé et le non désiré, le désiré et le non aimé. Là aussi, chacun des cas est exposé minutieusement : est-ce qu'une chose possédée est toujours aimée, est-ce que les choses désirées peuvent être aimées si elles ne sont pas

7 Robert Burton (1547-1619) a publié son *Anatomy of Melancholy* en 1622, une très récente traduction de Bernard Hœpffner et Catherine Goffaux vient d'en donner le texte en français, *Anatomie de la Mélancolie,* Paris, 2000. *Voir* p. 1184, début de l'amour.

8 Lacan, *Ecrits I*, Point, Le Seuil p. 110.

en « estre » c'est-à-dire pas existantes, comment le désir pour le non-être est-il possible ?

Ainsi poursuivent les interlocuteurs, ce qui est aimé est d'abord désiré, une fois l'objet obtenu, l'amour vient et le désir cesse. Par exemple nous désirons la santé (ou la richesse, les joyaux, les héritages) quand nous ne les avons pas, mais une fois que nous les avons, nous ne désirons plus, notre état change : nous aimons la santé, les richesses, les joyaux, les héritages. C'est ici l'occasion pour Sophie de faire une correction linguistique « c'est parler improprement de dire aimer une chose pour signifier la vouloir ou l'avoir, ou l'acquérir », cela veut dire en fait la désirer alors qu'aimer c'est l'affect envers la chose aimée. En ceci son compagnon trouve une contradiction : « si nous n'aimons pas ce que nous désirons, nous désirons ce que nous n'aimons point ».

Pas tout à fait d'après Dame Sophie, « je désire ce qui sera aimé par moi ». Je n'ai pas d'amour étant donné que je ne possède pas ; de la même façon je ne désire pas ce que j'ai en horreur ni même ce que j'aime ce qui veut dire que toute chose désirée est également aimée ; le contraire n'est pas vrai.

L'amour et le désir pour Philon, nous l'avons vu, sont basés indéniablement sur la connaissance. Il est reconnu un genre inférieur d'amour dans lequel la passion précède la connaissance de l'aimé. Le fait que l'amour ne peut naître qu'à travers la connaissance que l'amant a de l'aimé, de la connaissance que l'aimé a de l'amabilité ou du mérite de l'amant. Nous ne pouvons pas simplement aimer car l'amour présuppose et exprime une relation entre l'amant et l'aimé, entre le sujet et l'objet de son désir. Mais puisque l'amour est toujours fondé dans la connaissance et que la connaissance ne peut être atteinte qu'à partir d'un cas, on doit aussi dire que l'amour est ressenti pour l'objet qui a une réelle existence.

De temps en temps, Philon prend le soin de bien définir les termes pour pouvoir avancer le dialogue :

> Cecy mesme peult estre dit des enfans, bien que defaillans à celuy qui les désire, ilz n'ayent Essence : neantmoins pource que quiconques n'en ha, est ou ha esté enfant : et aussi par l'expérience du bien d'autruy, congnoit et juge que c'est chose bonne désirant d'en avoir. (Tyard/Perry, p. 39).

Ceci nous permet de progresser : « le désir présuppose en partie l'estre et en partie la privation ». Le meilleur exemple est celui qui se rapporte à l'enfant :

> Je peux désirer l'enfant dont la conception n'a pas encore eu lieu, cependant je l'aimerai seulement une fois que je le connaîtrai comme un être réel.

L'enfant associe immédiatement l'exemple du couple. L'affection de l'homme pour sa femme est décrite à la fois comme amour et comme désir. Il montre de plus que le désir implique toujours la notion de manque ou de déficience soit parce que l'objet désiré n'est pas possédé ou simplement qu'il n'existe pas. Comme vu plus haut, un homme peut violemment désirer un enfant qu'il n'a pas encore conçu ou un diamant qu'il ne possède pas. L'important c'est que le désir non moins que l'amour présuppose l'existence de cet objet en actualité ou au moins comme potentialité. Avec la demande de satisfaction s'amorce la communication symbolique avec l'autre, par cette demande s'opère l'entrée dans l'univers du désir qui s'inscrit toujours entre la demande et le besoin.

Si la demande est avant tout expression du désir, elle est immédiatement double; satisfaction du besoin et demande «du plus» qui est demande d'amour. Demande toujours formulée à autrui, elle est «inessentielle», désir d'être l'unique objet du désir de l'autre, désir d'une «re-trouvaille», d'une «coppulazione», terme de Léon Lhébreu employé, il est vrai, pour l'union avec Dieu. Le surgissement du désir est donc suspendu à la recherche, à la retrouvaille de l'expérience de jouissance première.

En décrivant les relations d'amour entre les humains, Léon met l'accent sur les qualités spirituelles des relations dans le couple. Il ne renie pas les relations physiques mais il voit le physique significatif seulement s'il est accompagné par une perspective spirituelle. Il définit l'amour vrai et égal comme «une conversion de chaque amant dans l'autre». Il «est toute chose étrangère à lui-même, appartenant à et entièrement transformé en un objet de son amour et contemplation».

En réalité, Léon Lhébreu semble rejeter les observations socratiques disant que nous pouvons aimer et désirer seulement ce que nous n'avons pas. A ce moment du dialogue est soulevée la question du beau. Enseignement du *Banquet* encore: l'amour constitue une relation entre un sujet et un objet réel et aimable. Comme tout ce qui est laid et méchant ne peut être aimé dans aucun sens du terme, Léon Lhébreu insiste que la connaissance qui produit l'amour doit toujours être d'un objet jugé bon et/ou beau. Le désir réfère à une chose qui est connue comme bonne, comme le lui a enseigné Aristote, le bon est précisément ce que chacun désire.

Dans le texte de Léon Lhébreu, la beauté est la réalité la plus excitante qui mène l'amour et le désir. La beauté n'est pas dans les objets de sens matériels, mais aussi dans les objets de sens spirituels, qui sont d'abord la vision, l'ouie et puis les sens ou facultés de l'imagination, de la compréhension et finalement la raison abstraite ou la science de dieu. En d'autres mots, dans le processus de notre accès cognitif au domaine de la beauté, nous allons d'abord de la sphère de l'ouïe au champ de la vision, ensuite nous procédons à la faculté de l'imagination, de la compréhension et de la raison. Il est important de voir comment dans la détermination de l'essence de l'amour, Léon Lhébreu rend l'amour inséparable du désir de la beauté et en termes plus généraux, du désir de ce qui est beau. L'amour est généré par le beau.

Ceci est valable pour l'amour intellectuel et pour l'amour sensuel. Dans les deux cas, le but est de garantir l'éternité:

> le père commun à tout amour c'est le beau, et la mère commune c'est la connaissance du beau même son absence ou l'absence du beau. De ces deux-là, comme du père et de la mère véritables, sont nés l'amour et le désir, car celui qui reconnaît l'absence du beau en lui, l'aime et le désire immédiatement. Ainsi naît l'amour obtenu par le beau dans la conscience de celui qui l'obtient car il lui manque et il le désire[9].

L'amour naît donc du désir de la beauté

> le beau aimé est le père géniteur de l'amour, et la mère, – l'idée de l'amant ensemencé de la semence de ce beau – et la semence c'est la structure du beau dans l'idée de celui qui sait, au moment de l'ensemencement il désire il aspire à se mêler avec le beau et faire naître son pareil.[10]

Or la forme exemplaire, toujours présente à l'esprit, participe directement de Dieu, forme suprême de beauté. L'amour généré par ce désir de beauté en est la conséquence métaphysique, ce qui implique nécessairement une autre forme de désir, le désir du retour à Dieu notamment. La beauté est réduite à la faculté spirituelle, elle est séparée de la matière ; elle est pure grâce, identifiée à l'intelligible. Ainsi l'équation de l'amour et du désir est reliée à la beauté sans laquelle il n'y aurait pas eu d'amour.

La séance sur le beau et le bon est très longue et très complexe, Philon et Sophie passent en revue toutes les situations morales déjà vues, la parenté, le mariage, la propriété, la gloire et la renommée, l'amitié. Toute cette partie sera largement reprise dans le dialogue 3 et nous intéresse car tout ceci dé-

9 *The Philosophy of Leone Ebreo four lectures,* Colloquium, January 1984, ed. Menahem Dorman et Zeev Levy, Israel, Kibboutz Hameuchad, 1985. Voir l'article de Zeev Levy « Sur le concept de beauté dans la philosophie de Léon Lhébreu », p. 27.

10 Zeev Levi, « Sur le concept de beauté », cité, p. 14, note 14.

bouche sur une classification très importante qui fera couler beaucoup d'encre chez les critiques.[11] Quelle relation l'amour entretient-il avec son objet de différente nature, comme l'avait institué Aristote dans *l'Ethique* de Nicomaque (livre 8) et comme cela fut diffusé, à savoir la distinction entre «jouir et utiliser» ou *«frui et uti»* ou en d'autres termes quel est le rapport de l'amour avec les catégories de l'utile, du délectable et du vertueux.

Dans le cas de l'utile, les choses sont aimées après avoir été possédées, mais dans le cas du délectable et de l'honnête, elles sont vues avant d'être possédées. La différence qui sépare l'utile du délectable est la suivante: dans le premier cas nous jouissons de la possession de l'objet, dans le second, l'amour réside en premier dans l'imagination qui s'éveille pour l'objet de plaisir. Ainsi l'amour du délectable constitue un intermédiaire entre l'utile, qui est l'universel le plus bas, et l'honnête qui est doué d'une plus grande universalité et dont les objets sont la vertu et la sagesse même. Les différences entre l'utile et le délectable, bien que considérables, ne sont rien, comparées à la supériorité de l'amour honnête, c'est à dire de la vertu et de la sagesse.

Dans le dialogue, pour chacune des catégories, sont envisagées les multiples cas correspondant aux vertus morales, pour l'utile ce serait l'avarice, pour le délectable la luxure, l'incontinence ou l'abstinence, l'intempérance, pour l'honnête c'est le vice; les longues analyses, en elles-mêmes détaillées en de multiples cas pourraient être résumées ainsi: amour et désir sont ce qu'il y a de plus honorable et de vertueux; lorsque c'est excessif, l'idée de manque ou de limitation serait en réalité un vice.

Puis viennent des considérations sur la prédominance de l'utile, sur le délectable et vice versa; de l'utile et du délectable sur l'honnête et vice versa, et finalement de la supériorité de l'honnête.

Se fait immédiatement une distinction: d'une part l'amour, déterminé par le délectable et dans ce cas généré par le désir, apporte d'abord satiété et ensuite ennui à l'amant, d'autre part l'amour, dans la génération duquel l'intellect joue toujours un rôle, nécessite un désir plus grand pour l'union corporelle et spirituelle, à tel point que les amants ne semblent désirer rien d'autre que d'être confondus l'un l'autre afin de devenir UN.

11 Voir le volume cité dans la note précédente; T. Anthony Perry «Dialogue and Doctrine in Leone Ebreo's Dialoghi d'amore», in *PMLA*, vol. 88, 1973; Suzanne Damiens, *Amour et Intellect chez Léon l'Hébreu, Platon et Aristote à la Renaissance*, Paris, Edouard Privat Editeur, 1971.

L'identification de l'amour avec le désir n'est qu'une conséquence de notre condition humaine, que nous connaissons par manque et volonté. Même les moments de satisfaction profonde sont pour l'amant une anticipation douloureuse de l'absence qui va suivre. L'amant ressent le désir naturel d'union à l'objet aimé dans le présent et également dans un temps indéterminé.

Le rôle de l'imagination semble plus important dans le cas du délectable. La fantaisie reliant l'intellect à l'appétit constitue l'élément qui singularise l'être humain, celui-ci occupe une position intermédiaire entre le monde sublunaire, le monde céleste et le monde des intelligences séparées selon Pic de la Mirandole, une des autres sources primordiales de Léon Lhébreu. Sophie remarque que l'amour réel provient de la possession de l'objet réel. Même s'il le lui concède, Philon ajoute que les choses peuvent exister mais aussi être possédées par l'imagination,

L'imagination ou *phantasia* transforme l'homme et son activité en parcours héroïque, elle double la raison, elle est porteuse de vertu, elle implique l'autonomie de l'individu, la *dignitas* et la sagesse. Léonard de Vinci est devenu le modèle des *phantasmata*, source de sensibilité. Pour Ficin, elle constitue sa célèbre notion de *furore* reprise plus tard par Giordano Bruno dans ses *Fureurs héroïques*, très apparentés, comme déjà signalé, aux *Dialogues d'amour.*[12]

L'interrogation du discours d'aujourd'hui sur le désir apporterait-elle des éclaircissements supplémentaires?

Pour Roland Barthes, tout objet, s'il est le lieu d'un désir, devient matière littéraire. Le discours amoureux, dans cette optique, est élaboré sur la base des gestes les plus habituels qui donnent corps à l'amour. Le geste théorique des *Fragments du discours amoureux* pour Barthes, les *Dialogues d'amour* pour Léon Lhébreu, plus que le roman ou toute fiction, représentent ces objets de désir et de plaisir. Le désir serait un des points de convergence des textes qui traitent de l'ordinaire sur le mode de l'intime (Sophie par ses questions concrètes sur le mode de l'intime consolide son intimité avec Philon), poussée intérieure et subjective du désir pour ce que Philon explique et démontre. Ils ont tous deux un plaisir certain à parler d'une

12 Harari, David «le trace del quarto dialogo smarrito di Leone Ebreo negli «eroici furori' di Giordano Bruno», *Italia, studi e ricerche sulla storia, la cultura et la letteratura degli ebri d'Italia»* VII, 1-2, Jérusalem, 1988, pp. 93-155. Pour *phantasia* voir Achille Olivieri «Phantasia et imaginatio au XVI$^{e}$ siècle: Culture philosophique et culture médicale», *Mélanges Dubois*, cité, pp. 369-375.

manière déguisée de ce qui porte la marque de leurs désirs et qui, en fait, représente leur réalité. Les objets littéraires (la création du monde, l'amour, la cité) racontent-ils sur eux-mêmes? Car l'autre versant de l'objet (ou du discours objet) est tout d'abord le sujet. Philon raconte à travers ses objets de réflexion (doctrine, sources, vie intellectuelle, encyclopédie, persécution), ses désirs. Certains auteurs pensent rejeter l'affect, en fait ils le placent au-devant, détourné. Au moment de vieillir, ce travail est une immense part de soi. Ne prenons que des exemples contemporains (pour ne pas citer les auteurs habituels de Montaigne à Valéry), par exemple Julia Kristeva ou Jacques Derrida, dont les œuvres sont éloignées de ce que nous appellerions la littérature fictive ou autobiographique, qui par le biais de leurs objets d'analyse incorporent à leurs écrits théoriques des bribes anecdotiques comme par fatigue, or le choix de l'objet d'écriture est également une volonté de transmettre le savoir. De tous temps les *Dialogues d'amour* de Léon Lhébreu ont été considérés comme œuvre de l'humanisme italien. Le lecteur juif actuel comprend mal la démarche de l'auteur. Pourquoi parler d'amour à une époque de persécutions et d'exils, lot du destin très douloureux de Léon Lhébreu lui-même. Son expérience personnelle l'aurait davantage disposé à rejeter l'amour qui régnait dans le monde.

Pourtant çà et là, les inévitables remarques autobiographiques émergent. Dans le Dialogue II, il reconnaît que toute théorie de l'amour ne peut imaginer ou prévoir la conduite humaine:

> Les hommes (ainsi que les autres animaux d'une mesme espece) s'entrayment naturellement, principalement ceux qui sont d'un mesme païs ou contrée, mais ilz n'ont l'amitié si certaine et asseurée que les animaux, desquelz les plus cruelz espargnent leur impiteuse férocité pour estre exécutée sus austres que ceux de leur espece propre. Le Lion ne s'adresse au Lion pour le deffaire ou devorer, ny de dent vénéneuse le Serpent attache le Serpent. Et toutefois plus grand nombre d'hommes sont par les mesmes hommes occis que par les autres animaux, et plus de malheurs leur sont par leurs semblables pourchassez que par autre chose (tant leur soit elle contraire) qui ayt essence en tout cest univers. Je dy encore que l'inimitié, les trahisons et les armes font plus mourir d'hommes que tout le reste des choses naturelles ou accidentelles, De cecy il en faut rejetter la cause sus la cupidité qu'ilz ont des choses superflues, et sus l'avarice laquelle corrompt le naturel amour, et fait naistre et sourdre l'inimitié non seulement entre ceux qui sont séparez par long espace de terre ne diverses contrées, mais qui pis est, engendre les guerres sanglantes entre ceux d'un mesme païs; incite les citoyens et habitans d'une mesme cité à se bander en diverses ligues, et esmouvoir tumultes et batailles civiles; apporte occasion à ceux d'une mesme maison de se ruiner l'un l'autre; force les freres de se poursuivre l'un l'autre en rancune et mortelle inimitié, esmeult entre le pere et les enfans des différents implacables; fait en fin le mary et la femme réciproquement malveuillans par divorce séparez

> l'un de l'autre. Encor pourrais-je avec plus long discours alleguer d'autres imperfections, lesquelles entre les hommes sont cause de cruelles inimitiez (Tyard/Perry, p. 80).

La Philosophie de l'interprétation trouve son fondement dans une anthropologie égotiste dont un des chapitres majeurs est justement l'analytique du désir. Ainsi l'individu Philosophique est transformé en sujet. Léon Lhébreu (une des dimensions de la subjectivité) épuré par les vicissitudes d'une vie tourmentée, voit ses désirs suppléés par le langage et sa puissance, ce qui lui permet malgré tout, de s'ouvrir aux autres et à son œuvre, une sorte de recherche de bien-être ou de bonheur immédiat quand l'expérience, cette histoire de tous les désirs, se voit interprétée. Ce moment stratégique le rend fragile. Cet instant, un autre trait qui nous semble révélateur de la personnalité de Léon Lhébreu, se trouve dans la relation entre Philon et Sophie; la tension existe entre eux, elle a toujours intrigué les lecteurs des *Dialogues d'amour*.

Car comment penser que deux interlocuteurs en situation de diégèse ne soient mus que par le désir de savoir, il est vrai que celui-ci n'est pas moins naturel que le désir charnel. Le dialogue philosophique est certes une espèce de fiction, (l'accouplement des noms, Philon et Sophie, est dès l'abord transparent) mais son caractère symbolique reste opérant.

Dans le débat qui se développe entre eux, Philon domine par son autorité et son rôle de pédagogue, Sophie pose les questions justes pour orienter le discours ou le réfuter; elle le domine dans sa situation d'aimée courtisée, situation familière au pétrarquisme.

Leur désaccord essentiel, nous l'avons vu, tourne autour du rapport de l'amour et du désir. Or la position originale de Léon Lhébreu où l'amour abolit toute hiérarchisation de la chaîne des êtres et de là toute infériorité, place Sophie sur un plan d'égalité[13]. De plus, Léon Lhébreu a réussi – et aucun lecteur n'est resté indifférent à cette tension dramatique entre les dialogants – à instaurer des rapports sentimentaux d'où l'érotisme n'est pas absent. Sophie intelligente autant que Philon son ami, par son talent de la discussion sur des problèmes philosophiques complexes, est aussi une femme belle et désirable, Philon la courtise avec passion et constance comme il

13 Voir deux articles sur le sujet de la femme philosophe. Melamed Abraham, « La femme philosophe, le caractère de Sophie dans les *Dialogues d'amour* de Léon Lhébreu », *Mada'e Ayahadout*, vol. 40, 2000 et Eva Kushner « Cheminements féminins vers la philosophie à la Renaissance », *Histoire et Littérature au siècle de Montaigne, Mélanges offerts à Claude Gilbert Dubois*, ed. Françoise Argod-Dutard, Librairie Droz, 2001.

courtise l'intelligence et le savoir. Il s'agit peut-être de Dame Aurélia Petrucci qui a demandé à Mariano Lanzi de publier *les Dialogues* afin de les « sortir de l'ombre »[14].

On peut ajouter même que le discours différé de l'amour sur toutes les autres catégories d'amour ne fait qu'intensifier la tension. Le désir trouve dans l'échange une matérialisation. Tout langage écrit est à propos de désir, se plaisent à dire les théoriciens. La rupture avec le soi crée une incomplétude, celle-ci est récupérée par le langage. Le corps discursif ainsi créé devient le réceptacle de la vulnérabilité de l'auteur. Lacan, tout comme Platon (et par conséquent Léon Lhébreu qui le suit), vise à mettre ensemble l'incomplétude du sujet et la complémentarité proposée par le mythe de l'androgyne (d'Aristophane). Philon et Sophie, dans leur relation fictive philosophique, semblent vivre d'après la fameuse disposition du désir existentiel « de manquer de ce qu'on a et de donner ce qu'on n'a pas », supplémentant l'un l'autre et non se complémentant comme le voudrait *Les Fragments d'un discours amoureux* de Barthes dont le projet serait similaire pour cette partie du texte de Léon Lhébreu. A la fin des dialogues, Philon et Sophie se séparent, chacun se retire de son côté, le désir est clôturé de refus comme le voulait Platon. Socrate ne s'abstenait-il pas lorsqu'il restait simplement allongé aux côtés d'Alcibiade au cours du *Banquet*?

D'autre part, toutes les conversations à caractère sensuel entre Philon et Sophie représentant l'amour entre elle et lui, reflètent le premier parallèle du *Cantique des Cantiques*, une autre des inspirations de Léon Lhébreu. Après le sens littéral, cette lecture débouche sur toutes les autres conversations ayant trait à l'amour intellectuel et philosophique entre Philon et Sophie, signifiant le niveau métaphysique de l'amour. A travers leur amour physique, Philon et Sophie accèdent à l'amour spirituel.

A ce propos, *Les Lamentations* que Léon écrivit sur la perte de ses deux fils (le plus jeune mourut à l'âge de cinq ans) permet aux critiques[15] de déclarer que les *Dialogues* sont le produit de la solitude. En effet, *l'Elégie* de Léon est un commentaire remarquable sur la vision centrale de son œuvre

14 Penseurs et poètes italiens ont vu en la femme un être supérieur, en la compagnie des étrangers et en compagnie juive – l'exemple classique est celui de Benovinda Abrabanel, voir Dorman, « Ebreo (Giuda Abarbanel) », *Tradutione ebraica di Menachem Dorman*, Jerusalem, Ed. Daf Chen Bialik Institute, 1983, note 48 p. 124.

15 H. Pflaum, *Die Idee der Liebe. Leone Ebreo, Zwei Abhandlungen zur Geschichte der Philosophie in der Renaissance*, Tubingen, 1926, 67-70, p. 79.

majeure : d'une part le désir de chaque créature, dans l'imitation de Dieu, de reproduire sa propre beauté dans sa progéniture ou ses enfants. D'autre part, le désir universel, dicté par le Père lui-même, pour toutes les créatures, de retourner à leur source. La conscience de Léon pour sa généalogie et pour sa propre image, à présent en exil, a dû l'impressionner comme un exemple poignant du désir universel de la grande réunification.

Mais ceci fait déjà partie du Dialogue III où est davantage développée la notion d'une identité fondamentale entre amour et désir, leur attribuant un caractère mystique et dont l'analyse aurait mené bien loin cette anatomie qui se voulait dès l'abord partielle.

# Les « leçons d'anatomie » de Cesare Ripa

Paulette CHONÉ
Université de Bourgogne (Dijon)

> Le Plaisir ou Délectation *(Diletto)*. Un adolescent de seize ans, à l'apparence pleine de délicatesse et d'une grande beauté, gai et souriant. Il portera un vêtement de couleur verte, avec des broderies multicolores, et sur la tête il aura une guirlande de roses et d'autres fleurs odoriférantes, au col un sautoir avec comme pendant une langue humaine. Il tiendra de la main gauche une lyre appuyée sur son flanc gauche, il aura la droite levée, tenant l'archet, et l'épée au côté. A sa droite, il y aura un livre intitulé Aristotelis et un livre de musique ouvert, et de l'autre côté deux colombes s'entrebaisant, avec les ailes à demi ouvertes.

Telle est la définition figurée que le dictionnaire iconologique de Cesare Ripa, à la fin du XVI^e^ siècle, donne du Plaisir, dans sa nuance douce de Délectation. Ce texte fait aussitôt surgir à l'esprit le souvenir de l'une ou l'autre peinture de ce temps, du portrait d'un jeune aristocrate tout de vert vêtu, dont la couronne de fleurs évoque les aimables rituels des fêtes poétiques et musicales chères aux académies italiennes contemporaines du maniérisme tardif et de l'époque qui a suivi. Toutefois, un détail incongru, propre à révulser le regard de l'amateur d'art et qu'aucun peintre ne se serait risqué à introduire dans un portrait, surprend le lecteur de Ripa ; c'est la langue humaine portée en sautoir, dont l'auteur néglige de préciser s'il s'agit d'un travail d'orfèvrerie, d'un simulacre, ou d'un fragment anatomique. Cependant, lorsque nous savons que les inventions de Ripa n'ont pas pour fin de ménager les âmes sensibles mais de « faire germer » de multiples concepts dans l'esprit de celui qui le lira, comme il le dit avec force dans la longue préface de son livre, nous comprenons qu'il est bien question d'une langue de chair, de même que la tête, le cou, la main gauche et la main droite procèdent d'une imagination corporelle très active dans tout l'ouvrage, d'une combinatoire intrépide des parties du corps disséqué puis « revêtu de symboles ».

Pour s'en convaincre, il suffit de lire plus avant la longue notice consacrée à *Diletto*. En effet, la méthode de Ripa consiste à légitimer chacun des motifs qui composent ses figures en les expliquant au moyen d'analogies, de citations, de doctes discours et notamment d'une science accomplie de l'épigraphie et des médailles antiques. Le beau jeune homme qui figure Doux Plaisir est donc l'objet d'une analyse discursive très développée qui s'arrête pour en donner raison à chacun des détails de son corps, de son maintien, de sa parure et des accessoires qui l'entourent. « La langue qui pend à ce sautoir dénote le goût, que possèdent tous les animaux ». Suit une longue et précise description des muscles permettant les mouvements de la langue. Pourquoi Ripa ne l'a-t-il pas jugée superflue ? Pourquoi s'est-il attaché dans le même article, en citant soigneusement ses sources, le *De usu partium humanorum* de Galien, les tables anatomiques de Louis Vassé, Vésale, à décrire les humeurs et les enveloppes qui forment l'œil, les petits canaux par lesquels l'air circule des narines au cerveau, les mécanismes de l'audition, au point de faire voir soudain la scène interne des organes sous l'apparence gracieuse et l'unité de la figure? Découvre-t-on, cachée dans les replis d'un texte dont le but explicite est de rationaliser les images des idées abstraites, la pointe d'un scalpel qui annonce l'anatomie nihiliste de Gottfried Benn, dans la vivisection du mannequin allégorique un aspect de la généalogie de l'érotique de Georges Bataille et des poupées désarticulées de Hans Bellmer ?

La première édition du manuel de Cesare Ripa parut en italien à Rome en 1593 sous le titre *Iconologie, ou Description des Images universelles tirées de l'Antiquité et autres lieux* [...] *Œuvre non moins utile que nécessaire aux Poètes, Peintres et Sculpteurs, pour représenter les vertus, vices, affections et passions humaines*[1]. Cette édition ne comportait pas encore d'illustrations. Il fallut attendre dix ans pour que parût une édition enrichie de gravures sur bois, rapidement suivie par une floraison de nouvelles versions augmentées et corrigées, puis par des traductions ou adaptations dans la plupart des langues européennes[2]. Dès les années 1610, l'intitulé de l'ouvrage changeait légèrement et insistait non seulement sur la richesse et la variété de son contenu, mais surtout sur son audience auprès de toutes sortes d'esprits ingénieux. Ainsi l'édition de 1613 revendique-t-elle son utilité pour les

1 *Iconologia overo Descrittione dell'Imagini universali cavate dall'zntichità et da altri luoghi Da Cesare Ripa Perugino. Opera non meno utile, che necessaria à Poeti, Pittori, & Scultori, per rappresentare le virtù, vitij, affetti, & passioni humane.* Rome : Her. di Gio. Giolitti, 1593. In 4°.

2 Sur ces éditions, voir Mario Praz, *Studies in Seventeenth-Century Imagery*, Rome, 1964, pp. 472-475 et en dernier lieu *De zeventiende eeuw*, 1995, 1. *Ripa en de zeventiende-eeuwse beeldspraak.*

orateurs, prédicateurs, poètes, peintres, sculpteurs, dessinateurs et toute espèce de savants, pour inventer des *concetti*, emblèmes et devises, pour concevoir n'importe quelles décorations nuptiales, funéraires, triomphales, pour représenter des poèmes dramatiques, et pour figurer avec ses propres symboles tout ce qui peut venir à l'esprit de l'homme[3].

En désignant de façon aussi déclarée les destinataires de *l'Iconologie*, son auteur soulignait les solidarités fondamentales de la *pictura* et de la *poesis* et le rôle essentiel de leur union dans les arts de l'éphémère et du spectacle. Dans son long *Prœmio*, ou Préambule, qui mérite une étude minutieuse souhaitée par Erwin Panofsky dès 1924[4], il donne leurs fondements philosophiques et anthropologiques aux liens entre image et verbe, constitutifs de tout procès symbolique, avec une rigueur et une détermination qui ne se retrouveront plus guère avant l'entreprise de Cassirer. Leur nouveauté relative, à la fin du XVI$^{e}$ siècle, tenait d'abord à leur référence affichée aux conceptions aristolélico-scolastiques, tandis que la plupart des théories de l'art et de l'expression figurée restaient encore fidèles au néo-platonisme de la Renaissance. Chez Ripa s'exprime une sensibilité nouvelle, que l'on peut identifier dans son Préambule. Il en fait un véritable manifeste en faveur d'une nouvelle philosophie des images, dont la genèse, à notre avis, s'effectue sur le théâtre anatomique, et ceci dans une double acception, d'abord parce que ce discours a pour centre exclusif la figure humaine, ensuite parce que la ramenant continuellement à son substrat, le corps psycho-médical, il procède à une analyse continuelle et réglée de ses parties.

La question de la genèse[5] des images était alors de la plus grande actualité; elle était abondamment débattue dans de pesants traités que l'on

3 *Iconologia di Cesare Ripa Perugino Cav$^{re}$ de' S$^{ti}$ Mauritio, e Lazzaro, nella quale si descrivono diverse imagini di Virtù, Vitij, Affetti, Passioni humane, Arte, Discipline, Humori, Elementi, Corpi Celesti, Provincie d'Italia, Fiumi, Tutte le parti del Mondo, ed altre infinite materie. Opera utile ad Oratori, Predicatori, Poeti, Pittori, Scultori, Disegnatori, e ad ogni studioso, per Inventar Concetti, Emblemi, ed Imprese, per divisare qualsivoglia apparato nuttiale, funerale, trionfale, Per rappresentar poemi drammatici, e per figurare co' suoi propij simboli ciò, che puo cadere in pensiero humano. Ampliata ultimamente dalla stesso autore, di CC. Imagini, e arricchita di molti discorsi pieni di varia eruditione; con nuovi intagli, e con Indici copiosi nel fine…*, Sienne: Her di Matteo Florimi, 1613. In 4°.

4 *Idea. Contribution à l'histoire du concept de l'ancienne théorie de l'art*, trad. de l'allemand, Paris, 1983, pp. 247-248.

5 Le sous-titre du Préambule de l'*Iconologia* est très explicite: *« Proemio. Nel quale si discorre genericamente di varie forme d'Imagini con le lor regole »*. (« Dans lequel on discourt de la manière dont s'engendrent diverses formes d'images et de leurs règles »).

a coutume de négliger parce qu'ils sont bardés de tout un attirail spéculatif, mais qui traduisent un moment d'évolution majeure entre l'époque d'Alberti et de Léonard, où la théorie de l'art était encore élaborée par des artistes et des poètes, et l'âge de l'esthétique «pure», où elle serait l'affaire d'amateurs et de philosophes. L'ouvrage de Ripa, en dépit de son apparence d'usuel, de dictionnaire iconographique, relève de la théorie de l'art et de l'expression figurée de cette période de transition. Il entend répondre à la question soulevée par ses contemporains : comment la représentation artistique et particulièrement la représentation d'idées abstraites est-elle possible? Ripa se consacre à la seconde partie de la question : qu'en est-il des «Images faites pour signifier une chose différente de celle qui se voit à l'œil»[6] et quelles sont leurs règles? On prêtera d'emblée attention au fait que cette définition du concept qui introduit le Préambule s'expose négativement en mentionnant un organe, l'œil, organe de la perception sensible, implicitement distinguée de l'intuition rationnelle, qui est un acte de l'esprit. Encore ne s'agira-t-il pas dans l'*Iconologie* de traiter de l'image littéraire dont parle Aristote «au livre troisième de sa Rhétorique» :

> Je parlerai seulement, poursuit Ripa, qui suit la méthode dichotomique, de celle qui appartient aux Peintres, ou bien à ceux qui par le moyen des couleurs ou d'une autre chose visible, sont capables de représenter une chose différente d'elle-même[7],

bien que cette image visuelle de l'idée abstraite ait avec la métaphore les mêmes affinités qu'ont ensemble le peintre et l'orateur, le premier persuadant par l'intermédiaire de l'œil tout comme le second émeut la volonté par le moyen des mots. Deux genres d'objets sont alors distingués : les premiers résident en dehors de l'homme, comme les images des dieux et tout ce qui se trouve dans la Fable, qui n'est pas autre chose qu'un voile ou vêtement destiné à tenir cachées aux yeux des ignorants certaines vérités de la philosophie ; les seconds sont ceux qui appartiennent à l'homme et que l'on qualifie pour cette raison d'essentiels. Ce sont ces images du second genre, «celles qui embrassent les choses qui sont dans l'homme même ou qui ont

6 «*Le Imagini fatte per significare una diversa cosa da quella, che si vede con l'occhio*». Le texte utilisé est celui de l'édition de Sienne, 1613.

7 «*dirò solo di quella, che appartiene a' Dipintori, overo a quelli, che per mezzo di colori, o d'altra cosa visibile possono rappresentare qualche cosa differente da essa*».

grande proximité avec lui »[8], et parmi ces choses propres à l'homme, Ripa place prioritairement la notion physiologique et pathologique de l'« habitus », autrement dit l'aspect extérieur du corps avec toute sa fonction dénotative.

A la suite de cette série de subdivisions, Ripa situe donc son propos au cœur de l'anthropologie. Et de fait, les effigies des entités abstraites dont il propose la description avant de les expliquer sont remplies d'objets symboliques mais surtout de notations relatives à l'apparence, à la complexion, au comportement de l'homme. Ainsi, pour représenter l'Injustice, Ripa donne deux propositions figuratives. Dans la première, ce sera une femme dont le vêtement blanc est souillé, tenant dans la main droite une épée et un crapaud dans la gauche ; à terre seront les Tables de la Loi, brisées, et un livre ; elle sera aveugle de l'œil droit, et sous ses pieds il y aura la balance. Dans la seconde proposition, on verra une femme difforme, vêtue de blanc maculé de sang, avec un turban sur la tête à la manière barbaresque ; de la main gauche, elle tiendra une grande coupe d'or qu'elle dévorera des yeux ; dans la droite elle aura un cimeterre et à terre sera la balance, brisée. L'analogie prévaut dans l'explication de la première image ; par exemple, l'infirmité concerne l'œil droit, qui des deux est « le meilleur » dans l'homme. La seconde effigie convoque plutôt des métaphores ; le cimeterre, par sa forme recourbée, renvoie au jugement faussé ; le turban évoque la cruauté grâce au stéréotype du Turc dont la férocité est sophistiquée. Le même motif peut recevoir deux explications complémentaires au moyen de procédés herméneutiques différents : le vêtement souillé rappelle par comparaison vraie la souillure de l'âme, tandis que la coupe d'or, signe de la cupidité d'un juge corrompu, fait appel à un trope qui exprime le dérèglement du droit. Une même image commente deux aspects de l'Injustice, son aspect moral et presque ontologique, et son aspect juridique. Cette précision dans l'expression du symbolisme est obtenue, cela va de soi, par des symboles visuels traditionnels, comme la balance, mais bien plus encore par toutes les notations relevant de la complexion, de l'aspect extérieur, des attitudes, expressions, mimiques, de l'allure, du vêtement. Par exemple, la Scélératesse sera représentée sous les traits d'un nain disproportionné, laid, sombre de peau, roux de poil, qui étreint une hydre. Les qualités du corps sont conformes à celles de l'âme, et celles-ci sont communément jugées vicieuses. Au reste,

8 « *Il secondo modo delle Imagini abbraccia quelle cose, che sono nell'huomo medesimo, o che hanno gran vicinanza con esso, come i concetti, & gli habiti, che da' concetti ne nescono, con la frequenza di molte attioni particolari* ».

peu importe que l'opinion commune soit défaillante, puisque Ripa peut alléguer par ailleurs une épigramme de Martial. Car il n'est pas de règle plus certaine que celle qui se trouve dans les livres, les médailles et les marbres que nous ont transmis les Anciens.

Les images de l'*Iconologia* embrassent exclusivement les habitus[9] ou « dispositions » et les pensées *(concetti)*[10] dont les mots sont les signes, assimilées par Aristote à autant de « passions de l'âme »[11]. Apparaît alors une nouvelle division entre deux sortes d'images. Les premières sont fondées sur des discours prédicatifs, qui affirment ou nient quelque chose d'un sujet ; ce sont les devises et les emblèmes, dont l'artifice consiste à faire allusion à un concept plus ou moins étendu au moyen de figures plus ou moins nombreuses. Les secondes – celles dont s'occupe l'*Iconologia* – sont du domaine d'un art qui est en conformité avec la logique lorsqu'elle établit les définitions ; ces images-là « embrassent exclusivement les vertus et les vices [...], sans affirmer ou nier aucune chose, étant soit de simples privations, soit de purs habitus », et « leur expression adéquate est la figure humaine »[12]. Dans les personnifications dont l'*Iconologia* établit la théorie et les règles, le corps doit remplir le rôle que remplit le genre dans la définition, ses qualités remplissant quant à elles l'office des différences spécifiques[13].

9 En leur donnant une telle importance, Ripa se souvient probablement de la notion péripatéticienne de « disposition » : « Les dispositions proviennent d'activités qui leur sont semblables ». (*Ethique*, II, 1, 1103) « Les vertus ne peuvent être que des dispositions ». (*Eth.*, II, 4, 1105-1106) C'est la « fréquente répétition » des actions justes qui donne la possession de la vertu (*Eth.*, II, 3, 1105). Toutefois, le choix du mot latin *habitus* fait qu'il centre son propos sur l'apparence extérieure de l'homme.

10 « Nous nommons concepts, sans autre investigation plus subtile, tout ce dont les mots peuvent être les signes ». *(« concetti dimandiamo senza più sottile investigatione, tutto quello, che può esser significato con le parole »).* Relevons ici le pragmatisme quasiment nominaliste de Ripa, qui entend se dispenser de toute spéculation sur la nature du « concept » au profit d'une acception purement sémiologique. Mais ce passage rappelle directement Aristote.

11 *De interpretatione*, I, 16 a 2 *sq.* ; *Poétique*, 1456 a : « Appartient à la pensée tout ce qui doit être établi par le langage ».

12 *« Con questa poi si forma l'arte dell'altre Imagini, le quali appartengono al nostro discorso, per la conformità, che hanno con le definitioni ; le quali solo abbracciano le virtù, ed i vitij, o tutte quelle cose, che hanno convenienza con questi, o con quelle, senza affermare, o negare alcune cosa, e per essere ò sole privationi, o habiti puri, si esprimono con la figura humana convenientemente ».*

13 *« è imagine malamente distinta, quando il corpo principale non fa in qualche modo l'offitio, che fa nella definitione il suo genere ».*

La promotion du corps humain dans la théorie de l'expression figurée, revendiquée par Ripa avec des arguments d'une grande autorité morale et logique (« l'homme est la mesure de toutes choses [...] de même que la définition est la mesure du défini ») n'avait rien, à cette époque, d'un poncif neutre et négligeable. Tout au contraire, la volonté de placer le corps de l'homme au centre de la fabrication des symboles visuels, de légitimer philosophiquement sa place éminente dans le procès symbolique, dut être perçue comme extraordinairement courageuse et neuve en dépit du caractère traditionnel de ce thème dans la philosophie. En ce temps d'extrême effervescence des théories de l'*impresa*, les débats qui agitaient les académies[14] tournaient toujours autour des règles proscrivant la représentation de la figure humaine dans la devise, tandis que l'on approfondissait paradoxalement la portée de ce composé d'image et de verbe, métaphore du plus excellent parmi les vivants, le seul qui soit composé d'un corps et d'une âme, l'homme. La théorie de l'activité artistique, singulièrement lorsqu'elle s'intéressait au portrait, affrontait aussi le problème suivant: la peinture peut-elle imiter autre chose que l'apparence extérieure? N'est-ce pas l'apanage de la poésie seule d'exprimer les pensées et les passions de l'âme? Ce problème, Ripa justement se vantait de le résoudre avec ses images d'un nouveau genre, peintures qui n'imitent pas des choses, visibles ou invisibles, mais les définitions des dialecticiens[15], c'est-à-dire des formules, des propositions[16].

Certes, la sémiologie des accidents corporels qu'il propose n'est pas nouvelle, et il le sait. Précisément, c'est parce qu'elle est vénérable qu'elle garde toute son actualité, insiste-t-il. En effet, les Anciens, surtout dans leurs

14 Ils furent particulièrement vifs dans les deux dernières décennies du XVI^e^ siècle (Scipione Bargagli, Camillo Camilli, Giulio Cesare Capaccio, Girolamo Ruscelli). Voir en dernier lieu Dorigen Caldwell, « Studies in Sixteenth-Century Italian *Imprese* », *Emblematica*, 11, 2001, pp. 3-257.

15 La Peinture a toutefois plus d'affinités avec l'Eloquence et la Poésie qu'avec la Logique, qui est moins plaisante, plus difficile. Pouvons-nous encore égaler les Anciens, qui pratiquaient avec une égale aisance tous ces arts? Il faut que les Images, tout en imitant les définitions des logiciens, tendent aussi à la ressemblance avec les descriptions des orateurs et des poètes, qui sont pleines de variété et bien composées.

16 « *La definitione scritta, benche si faccia di poche parole, e di poche parole par, che debbia esser questa in pittura ad imitatione di quella [...]* » (« La définition écrite, bien qu'elle se fasse en peu de mots, et que son imitation en peinture doive aussi, semble-t-il, être laconique [...] »). S'il y a plusieurs Images qui peuvent signifier une chose unique, c'est qu'elles sont formées suivant les quatre catégories causales employées par Aristote: cause matérielle, cause efficiente, cause formelle, cause finale.

médailles, avaient soigneusement veillé à la typologie des gestes, à l'expressivité propre à chaque partie du corps ; les mains posées contre les oreilles, ou levées vers le ciel, la main à la bouche, la tête appuyée sur la main droite correspondent dans les médailles d'Hadrien à des significations très précises. De nos jours, le théâtre est le grand lieu d'expérimentation des potentialités sémantiques des parties qui composent le corps :

> En ce qui concerne la tête, nous entendrons par disposition *(dispositione)* la position levée ou baissée, l'air joyeux ou mélancolique et diverses autres passions qui se découvrent dans l'apparence que prend le visage humain, comme au théâtre. On devra encore bien noter la disposition dans les bras, les mains, les jambes, les pieds, la coiffure, les vêtements, etc. ; la disposition est une position distincte, réglée, que chacun pourra de lui-même connaître facilement.

Quant aux qualités, elles consisteront dans le fait d'être blanche, ou noire ; proportionnée ou disproportionnée ; grasse ou maigre, jeune ou vieille, ou telles choses qui ne se peuvent facilement séparer de la chose dans laquelle elles sont fondées.

Outre les médailles et le théâtre, les auteurs anciens et modernes et par exemple les mythographes[17], mais aussi l'observation commune peuvent procurer un vaste matériau symbolique relatif aux parties du corps. C'est là que l'on rencontrera diverses sortes de similitudes, nerf d'une description symbolique bien conduite. Pourtant, il faut prendre garde de ne pas préférer les effets contingents aux qualités essentielles : on ne peindra pas le Désespoir sous les traits de quelqu'un qui se tranche la gorge, mais comme une femme portant un vêtement à la couleur gris bleu tirant sur le blanc, prête à tomber. Pour mettre en valeur « les accidents qui appartiennent nécessairement à la chose signifiée dans l'image », Ripa se sert de la notion de « prédominance » *(predominio)*, courante dans la physiologie humorale et il recommande de multiplier les observations physiognomoniques et physiques pertinentes et de les étendre à toutes sortes de traits que nous dirions aujourd'hui appartenir au « comportement » et qui excèdent de beaucoup ce qu'Alberti entendait par « mouvements du corps ». Leur abondance et leur ingéniosité ne manqueront pas de stimuler la curiosité, assure-t-il pour finir, de sorte qu'au terme du Préambule, nous savons que ce qui anime en-

17 Ripa fait grand cas dans son Préambule d'Alessandro degli Alessandri (Alexandre de Naples) (1461-1523), auteur des *Dies geniales* (1522) imités des *Nuits attiques* et dont le chapitre 19 du livre II traite du symbolisme des membres avec leurs couleurs.

core cette vaste entreprise, c'est la *curiositas*, recentrée vers un objet privilégié, l'être humain. Il s'agit aussi, en réassumant un vaste fonds de représentations destinées à nourrir l'imagination, d'affirmer la présence dans toute invention actuelle de toutes les images antérieures. La représentation n'est pas « pure » mais consiste dans un ensemble de projections. C'est exactement ce qu'exprime Hans Bellmer dans un texte de 1964, *Anatomie de l'image :* « Pour que l'on puisse imaginer quelque chose, il faut d'abord que les réservoirs de la mémoire soient pleins »[18].

La représentation d'une entité abstraite, dans la perspective soigneusement délimitée par Ripa, ne peut être que l'image d'un corps, substance dont les prédicats sont autant de *signa* dont la précision pour ainsi dire clinique ne semble vouloir s'approcher d'une identité individuelle, d'une idiosyncrasie, que pour mieux exprimer une idée générale. Ce parti, Ripa a voulu solidement l'étayer par tout un ensemble de notions et de conventions aristotéliciennes et scolastiques. Pourquoi un tel effort théorique, pourquoi ces accents où vibre parfois comme une véhémence désespérée en faveur de l'unité et de l'harmonie de la figure? Retenons d'abord que chez les théoriciens de la devise et de l'emblème, la complémentarité de l'image et du verbe est assimilée à l'union du corps et de l'âme grâce à une simple métaphore. Lorsque Ripa, en revanche, parle d'un composé de corps et d'âme, c'est à peine une métaphore tant il donne une valeur élevée, littéralement initiatrice[19], à la connaissance de ses images ; d'ailleurs, il déplace l'union du corps et de l'âme du rapport entre peinture et discours, vers le procès de signification lui-même, dont le secret est resté longtemps occulté dans les doctrines des anciens Egyptiens : « Nous pourrons assimiler cette connaissance à une personne savante, mais qui pendant de nombreuses années a vécu dans la simplicité et la solitude et qui se pare pour se rendre là où est la conversation entre les hommes, afin que les autres, captivés par la grâce extérieure du corps, qui est l'image, désirent de comprendre dans les moindres détails ces qualités qui donnent la splendeur à l'âme, qui est la chose signifiée »[20]. L'unité de composition de ses images, leur belle ordon-

18 Cité in *Obliques*, N° spécial *Bellmer*, 1975, p. 119.

19 Il emploie à leur propos le mot *ammæstramento.*

20 *« [...] talmente, che potremo questa cognitione assimigliarla ad una persona sapiente, ma versata nelle solitudini, & nuda per molti anni, la quale per andare dove è la conversatione si riveste, accioche gli altri allettati dalla vaghezza esteriore del corpo, che è l'imagine, desiderino d'intendere minutamente quelle qualità, che danno splendidezza all'anima, che è la cosa significata [...] »*

nance, doivent être des occasions de félicité pour qui les contemple. C'est qu'elles ne sont pas simplement des images anthropomorphes, ni même des figures-sémaphores, des mannequins revêtus de divers habits et accessoires, des acteurs capables de différents gestes et mimiques, mais des portraits au vif de l'énergie de signification active dans la physiologie et l'anatomie de l'homme.

Aussi le texte de Ripa me paraît-il répliquer de façon anticipée aux auteurs qui comme Foucault ou Lyotard, situèrent à la fin du XVI^e^ ou au tout début du XVII^e^ siècle une «crise sémiologique» conduisant à la «désacralisation du signe». Plus récemment, Roberto Calasso s'interrogeait sur les étranges et menaçants fragments anatomiques qui peuplent les livres d'emblèmes ou qui envahissent la scène du théâtre baroque; ne célèbrent-ils pas, se demandait-il, «la scission qui n'arrête pas de progresser entre image et signification»?:

> Qui, en ouvrant les *Emblemata* d'Alciat et voyant une main tranchée portant un œil sur sa paume, plantée au milieu du ciel, sur un paysage champêtre, pourrait songer à la prudence, comme le voudrait le texte de l'emblème? Il y reconnaîtrait, en revanche, l'accomplissement de la vivisection du corps humain, une allusion muette à l'état de nature comme amas de décombres et l'instauration inconsciente du fragment en tant que catégorie dominante de l'esthétique. C'est grâce à l'accumulation de ces matériaux que se prépare la scène du moderne. L'histoire d'alors préfigure l'histoire véritable d'aujourd'hui: ces images, lâchées alors dans le monde, comme les fauves de leur cage, y errent encore[21].

L'entreprise de Ripa n'était-elle pas justement animée par le vœu de sauver la figure humaine de la segmentation qui est à l'œuvre dans l'emblème, où il y a en effet à foison des membres et même des viscères, «soustraits à un ordre vivant du sens» (R. Calasso)? En rappelant la sentence célèbre de Protagoras, en s'adressant de façon déclarée aux techniciens de la parole, de l'image visuelle et des spectacles, en faisant allusion à la félicité que procure la vie vertueuse dans la cité, l'auteur de l'*Iconologia* entendait bien restaurer une unité que travaillaient des décompositions obsessionnelles, que celles-ci fussent le fait de la subtilité des auteurs de devises et d'emblèmes, des amateurs de formes brèves, des blasonneurs en tout genre ou des peintres maniéristes épris de déformations, des ornemanistes explorant au scalpel la désarticulation des formes. Aux «fauves lâchés dans le monde» dévasté par

21 *Les quarante-neuf degrés*, trad. de l'italien, Paris, 1992, pp. 15-16.

la perte du sens, Ripa oppose l'irruption sur la scène moderne de la sagesse mystérieuse des Anciens, dont il a la vision sous la forme d'un « homme à l'aspect repoussant, mal vêtu, que le temps aidant, le conseil et l'expérience ont somptueusement paré » et qui enfin nous révèle les « indices des lieux où sont les Trésors » dont la connaissance est gage de félicité.

Au centre de l'encyclopédie sémantique à laquelle on tend toujours à réduire l'*Iconologia*, se trouve donc l'unité du monde, dont l'unité de la fabrique humaine est la réduction, en même temps qu'elle est la condition de la « civile conversation entre les hommes » et la garantie de l'origine divine du sens. Les éditions italiennes de la première moitié du XVII$^{e}$ siècle s'attachèrent à rendre cette conception encore plus visible. Par exemple, l'édition padouane de 1630 ajouta une entrée synthétique sur les cinq sens de nature, *« Sentimenti del corpo »*[22], sous l'aspect d'« un homme qui tient en laisse, d'une seule main, cinq animaux, un épervier, un lièvre, un chien, un faucon et un singe » :

> Nous avons représenté les sens corporels tous liés en une seule image parce qu'il est nécessaire qu'ils se trouvent tous unis en un corps, qui s'il en manque un seul, est imparfait et dysharmonieux, comme un instrument à qui il manque une corde.

Dans ces additions, mais déjà dans les éditions publiées sous la responsabilité de Ripa lui-même, on relève de longues digressions sur des questions d'anatomie, comme de savoir quel est le siège du goût, la langue ou le palais. Mais ce sont moins ces développements spéculatifs que les tables analytiques sans cesse perfectionnées au fil des éditions, qui révèlent la richesse du « magasin » anatomique de l'*Iconologia*. Dans cette même édition de 1630, le premier des six index est consacré aux « gestes, mouvements et positions du corps humain » et comporte les entrées principales suivantes, chacune accueillant d'autres subdivisions : actions, aspect, bras, barbe, bouche, tête, cœur, cils, cou, cheveux, cuisse, carnation, cubitus, doigts, face, front, flancs, coude, joue, genou, jambe, regard, langue, lèvre, main, nez, nuque, œil,

22 La physiologie et l'anatomie sensorielle tiennent une grande place dans l'*Iconologia*, ce qui est relativement neuf dans un ouvrage destiné en principe aux artistes. Sur la théorie de la perception auditive et visuelle à la Renaissance, voir A. C. Crombie, « Theories of Perceiver and Perceived in Hearing », *Le Corps à la Renaissance*, Actes du XXX$^{e}$ colloque de Tours, sous la direction de Jean Céard, Marie-Madeleine Fontaine et Jean-Claude Margolin, Paris, 1990, pp. 379-388 et Huldrych M. Kœlbing, « Anatomie de l'œil et perception visuelle, de Vésale à Kepler », *id.*, pp. 389-398.

oreille, os, pied, poitrine, paupière, épaule, dos, squelette, tempes, visage, ventre. Il est significatif que cette table se déclare relative à la gestuelle, qui tenait une si grande place dans la doctrine albertienne de la composition des membres, mais alors que chez Alberti et les théoriciens de la Renaissance, la composition est synthétique, ici elle est pour ainsi dire frénétiquement analytique. L'ordre alphabétique omniprésent dans l'ouvrage décompose le corps en parties, suivant une nomenclature qui accentue leur objectivation mais élimine finalement le corps comme totalité harmonieuse. Si nous essayons par jeu de dessiner une figure d'après tous les termes de cet index, ce n'est pas véritablement un monstre par assemblage que nous obtenons, mais un être asexué[23], plutôt masculin avec sa barbe, qui exhibe son cœur, sa langue et son squelette. Autrement dit, une figure qui s'apparente simultanément, de façon si contradictoire qu'elle en devient insoutenable, à un «transi», à une illustration anatomique, à l'homuncule conçu par une sapience barbare et même à la représentation du Sacré-Cœur ou aux emblèmes cordiaux qui se multiplièrent dans l'apologétique catholique anversoise vers 1620. Si cette figure que personne n'a jamais dessinée n'est pas tératologique, elle n'en a pas moins des allures faussement hermétiques qui la rendent insupportable.

Sa virtualité dut être parfaitement perçue par Ripa. En exagérant à peine, et compte tenu de sa connaissance des jeux emblématiques de son temps, je dirais qu'il a pressenti, peut-être effrayé, que ce serait sur une table de dissection, et nulle part ailleurs, que s'accomplirait la «modernité» capable de juxtaposer un parapluie et une machine à coudre. La dimension ludique et combinatoire de ses index reflète sa démarche fondée sur l'assemblage, inséparable des procédés mnémoniques qui sont ici à l'œuvre. Comment éviter que l'allégorie soit composite avant d'être composée, que l'expression symbolique soit un excès, une excroissance? La nécessité absolue de leur conformité à la *convenance* devait être fondée sur des catégories logiques et rhétoriques, telles que la similitude. C'est pourquoi l'Hypocrisie laissera entrevoir sous ses haillons des jambes «semblables à celles d'un loup», même si le graveur ne recule pas devant un trait zoomorphe. C'est aussi pourquoi, en faisant varier les traits anatomiques, il les accueille dans une sorte d'étiologie vraisemblable, soustraite à la bizarrerie du montage onirique ou décora-

23 Les parties sexuelles, absentes des index, ne sont cependant pas passées sous silence dans l'*Iconologia*. Par exemple, le Principe est un «jeune homme entièrement nu, à l'exception des parties honteuse qu'un voile blanc très fin recouvre».

tif. Ainsi l'Avarice a-t-elle « des mamelles desséchées et *extrêmement* pendantes », la Lassitude les a maigres, la Substance montre ses tétins pleins de lait et la Poésie a les seins rebondis, etc. L'horizon de ces images, c'est le savoir anatomique et physiognomonique des artistes densifié par des considérations tirées de la physiologie des passions, vivifié par une imagination corporelle active[24].

Il n'en reste pas moins que l'auteur de l'*Iconologia* doit chercher jusqu'à la théorie de l'homme-microcosme le principe de conciliation de l'assemblage allégorique et de l'harmonie, ou symétrie. Si le corps de l'homme, la plus éminente des créatures, celle qui est dotée de la plus belle forme, contient en lui toutes les choses sensibles, alors l'invention des effigies des idées abstraites peut apparaître comme un récolement passionné, émerveillé, de tout l'univers, dont l'homme est la réduction. Le fragment anatomique, œil, pied, épaule, langue, ne peut plus être l'objet d'une exploration exaspérée des possibles, dévastatrice comme dans les théâtres de la cruauté, dès lors qu'il a son être dans le grand et le petit monde. Les images des concepts inspirent une attitude de contemplation cosmique qui exclut la folie latente de l'activité combinatoire. La véritable préoccupation qui anime l'entreprise allégorique au tournant de 1600 est de protéger la figure humaine contre les dérives hallucinées de la segmentation et des nomenclatures. Divers ouvrages contemporains de l'*Iconologia* montrent parfaitement que l'obsession de l'objectivation des parties du corps pouvait conduire en dernière analyse à l'élimination de celui-ci au bénéfice de l'exaltation apologétique de la vie de l'âme. Le *Traité des instruments de martyre* du P. Antonio Gallonio, publié pour la première fois en italien à Rome en 1591, expose avec une technicité impassible et sur le mode de la classification rationnelle, la panoplie des tortionnaires et ses effets sur les diverses parties du corps, en suivant un ordre qui va de sa périphérie aux organes internes[25]. De partie en partie, l'anatomie semble être ce qui excite l'inventivité inépuisable de la cruauté.

24 Plusieurs articles sont en outre consacrés à des notions médicales, comme la Fièvre, qui emprunte largement à Fernel.

25 Voir par exemple ce passage sur l'amputation des membres : « Les mains et les pieds des martyrs chrétiens étaient amputés [...] de cette façon : Premièrement, le membre qui devait être enlevé était placé sur un bloc de bois ou un billot ; alors l'exécuteur levait le bras tenant la hache et, l'abaissant brusquement, frappait et séparait du corps la partie en question ». (Antonio Gallonio, *Traité des instruments de martyre*, trad. de l'italien, Paris, 2002, pp. 226-227.)

En 1592, le *Théâtre des cruautés hérétiques* du théologien catholique anglais Nicolas Sanders multiplie les exemples d'atrocités commises par les huguenots. Un tortionnaire «se fit un collier avec les oreilles que l'on avait coupées aux prêtres et [...] s'en vanta, auprès de ses chefs, comme d'une marque de courage et d'énergie»[26]. La barbarie la plus monstrueuse sait se célébrer elle-même en allégorie de la vertu, se parer de signes qui par une inversion infernale proviennent d'une déshumanisation que le spectacle de l'histoire fait paraître inexorable. L'histoire de notre temps nous a habitués à bien d'autres théâtres de la cruauté. Mais on ne peut manquer d'être frappé par le caractère obsédant du motif du dépeçage dans la culture visuelle des années 1590. C'est encore au cours de cette décennie que commencent à paraître à Francfort les *Grands voyages* de Théodore de Bry. Voici quelques années, une analyse des planches représentant le découpage rituel des prisonniers par les Tupinambas parvenait à démontrer que cette iconographie démentait en tous points le système traditionnel des correspondances entre le macrocosme et le microcosme, qu'elle reflétait jusque dans l'organisation formelle le trouble de l'homme du XVI^e^ siècle devant une destruction conduisant au chaos, une régression menaçante qui niait violemment l'harmonie du monde[27].

Ripa expose la théorie de l'homme-microcosme, après bien d'autres auteurs, dans l'article *Symétrie*, qui décrit une belle femme nue et bien proportionnée mesurant au moyen d'un compas et d'une règle une statue de Vénus nue, avec au milieu du corps une écharpe bleue brodée des sept planètes et des étoiles. L'homme «contient en lui-même toutes les mesures, poids, qualités et mouvements que contient le Grand Monde»:

> Nous voulons le Soleil, voici le cœur; nous voulons la Lune, voici le foie; pour les étoiles, voici les pupilles; la pluie correspond aux pleurs, le vent au soupir, l'éclair au rire, le tonnerre aux menaces.

Puis il s'extasie sur l'homme-arbre, l'homme-plante qu'évoque Antoine Mizauld (1510-1578) dans sa *Dendranatomia*.

L'homme-microcosme joue encore un rôle fondamental dans la théorie de l'art de cette époque, et particulièrement dans les doctrines qui comme celle de Ripa renouaient avec une orientation aristotélicienne. Le peintre et théoricien Federico Zuccari, animateur d'une académie artistique fameuse

26 Cité dans Gallonio, *op. cit.*, p. 260.
27 Bernadette Bucher, *La Sauvage aux seins pendants*, Paris, 1977.

à Rome, auteur en 1607 de *l'Idea de' pittori, scultori ed architetti*, affirme que c'est le corps humain dans son union comme dans ses parties, qui étant l'objet principal des arts visuels leur confère leur très haute valeur et leur dignité, que c'est le corps par conséquent qui du rang d'arts mécaniques les fait accéder à l'altitude des arts libéraux :

> Il y eut quelques esprits élevés qui dans le corps humain ont trouvé les globes célestes et leurs mouvements, les étoiles, le Soleil, la Lune, les éléments, les fontaines, les fleuves, les torrents, les lacs, les mers, les collines, les vallées, les montagnes, l'Orient, l'Occident, le Septentrion et le Midi, et le premier Moteur. Et si vous voulez les globes célestes et leurs mouvements, voici les sens internes et leurs organes faits justement en forme de globes.
>
> Les étoiles, ce sont les sens externes.
> Le Soleil et la Lune, les yeux.
> Les éléments, les quatre humeurs, sang, bile,
> flegme et bile noire.
> Les fontaines et les fleuves, les veines.
> Les collines, vallées et montagnes, les
> différentes parties du corps.
>
> Si vous voulez les quatre parties du Monde, Orient, Occident, Septentrion et Midi, regardez l'homme debout avec les bras ouverts, il forme le circuit du Monde. Si enfin vous voulez le premier moteur de l'homme, voici l'âme intellective, voici le *Disegno.*

Par *Disegno*, Zuccari entend la forme spirituelle, et l'exécution, la représentation.

De son côté, l'architecte Vincenzo Scamozzi, dans son *Idea dell'Architettura universale* publiée à Venise en 1615, développe les similitudes entre la structure d'un édifice et la fabrique du corps humain. L'escalier, par exemple, est nécessaire à un bâtiment comme les artères le sont au corps humain, en distribuant le sang à toutes les parties du corps ; de le même manière les escaliers principaux et secrets partant des parties les plus intimes, se tournent à droite puis à gauche dans un mouvement artificiel permettant une montée artificielle jusqu'aux étages supérieurs. L'interdépendance du monde vivant et du monde des artefacts garantit la vitalité de celui-ci ; l'escalier étant comme un organe, sans lui l'architecture serait desséchée. Et c'est encore Aristote qui est convoqué pour renforcer cette assertion par une homologie fonctionnelle : il préconisait de placer l'escalier à droite car le pied droit a le mouvement naturel et le gauche accidentel.

A la fin du XVI^e^ siècle, à la faveur d'une nouvelle auto-réflexivité de l'art, se multiplient les représentations allégoriques de l'activité créatrice. La plupart des allégories des arts montrent désormais des jeunes gens occupés à dessiner d'après des squelettes et des cadavres, non plus seulement d'après des mannequins de bois et cuir ou d'après des antiques. Une gravure de Cornelis Cort (1578) inscrit même « *Anatomia* » au centre d'une leçon dominée par la statue de Pallas, où l'on voit aussi un élève consulter un in-folio renfermant des tables anatomiques. Bientôt, l'organisation centripète des séances de modèle dans les petits amphithéâtres des académies artistiques démarquera le schème traditionnel des leçons d'anatomie universitaires.

La leçon d'anatomie artistique est montrée explicitement dans une allégorie complexe de la Peinture due au peintre milanais Gian Paolo Lomazzo ; un jeune homme dessine d'après un cadavre suspendu à un chevalet, cet instrument qui inspire au P. Gallonio un chapitre entier sur sa forme et son histoire. Dans son traité de 1584, *Trattato dell'arte della pittura*, l'ouvrage le plus complet de cette époque sur la théorie et la pratique de la peinture, Lomazzo consacre de nombreux chapitres extrêmement précis au savoir anatomique des artistes. Le premier livre déjà s'ouvre par une triple anatomie, des membres extérieurs de l'homme, du cheval, des ordres en architecture. Dans un chapitre d'une étonnante richesse lexicale, qui mêle mots savants, dialectaux et argotiques avec une verve insolite, il entreprend de nommer les parties extérieures du corps, leur connaissance et celle de leurs proportions, écrit-il, étant de la première utilité pour un peintre. Certes,

> il n'est pas nécessaire que le peintre se soucie de savoir si le squelette comporte 224 ou 215 os, connaissance qui appartient plutôt à l'anatomiste, cependant on ne peut nier qu'il ne convienne au sculpteur d'en savoir le nombre par le menu, ainsi que l'art avec lequel ils sont composés et assemblés, et qu'il ne lui soit nécessaire de savoir la quantité des muscles, qui approchent de 409, avec leurs lieux et leurs convenances.

Et de citer les plus excellents artistes de ce temps, Léonard, Michel Ange et bien d'autres, qui ont mérité le surnom d'« anatomistes ». Au livre second, il étudie les passions de l'âme et montre que la connaissance de leur physiologie permet de très bien peindre également des portraits et des concepts personnifiés, suivant des procédés d'observation et de compilation érudite qui seront exactement ceux de Ripa. Il expose de façon détaillée une sémantique corporelle pratiquement illimitée, puisque les membres et le corps peuvent signifier « tout ce qu'il est possible de s'imaginer ». Hélas, regrette-t-il, les modernes n'étudient plus assez cette science.

Comme le traité de Lomazzo qui entendait régler une pratique, l'encyclopédie symbolique de Ripa voulait être un usuel. Ils eussent pu effacer leur horizon spéculatif; en revanche, ils lui donnent des contours fort nets. L'un et l'autre, sans être aucunement des ouvrages d'anatomie, donnent des leçons d'anatomie non seulement à l'usage des peintres, ce qui allait désormais de soi, mais à l'intention de tout amateur de pensée figurée. Les allégories de Ripa n'allaient pas tarder à former l'armature d'un classicisme encombré de codifications. A leur point d'origine, gonflées de la sève d'un vaste savoir psycho-médical, baignées dans l'harmonie du monde, elles esquissaient une méditation anxieuse, encore prodigieusement naïve, sur les pouvoirs de l'imagination anatomique.

# *Seconde partie*
# *L'héritage d'une science*

# L'anatomie animale et son spectacle au XVIII$^{e}$ siècle

Isabelle Martin
Université de Haïfa

Traiter de dissection animale et en particulier de sa manifestation sous forme de spectacle sous-entend aussi une approche des pratiques sociales, professionnelles ou artistiques qui lui sont liées. Cependant, il était nécessaire de limiter un domaine aussi vaste. Il a donc fallu se réfugier dans les questions que l'on peut se poser à propos des conditions, des possibilités et des attitudes *(habitus)* culturelles que supposent ces «spectacles». À quel moment, une recherche scientifique ou esthétique se vulgarise-t-elle suffisamment pour donner lieu à son exhibition, et dans le cas de l'anatomie en général et de l'anatomie animale en particulier, quels interdits et quels tabous doivent d'abord être surmontés?

Introduisons tout de suite quelques questions concernant les rapports que chaque homme entretient avec les êtres vivants, en inversant la question cartésienne, et en se demandant si des automates seraient capables de sensations, de pensées, de sentiments? Si Descartes réduit les animaux au statut de machines, il ne nie pas l'hypothèse théorique de construire des machines qui auraient tous les attributs de la vie. Il remarque cependant que du fait de leur complexité, et surtout du fait de leur perfection, qui est un attribut du divin, leur réalisation est humainement impossible. Mais il fixe bien la limite de cette perfection, puisque le modèle de l'automate serait lui-même une machine, donc dépourvu d'âme et de sensibilité. La dissection consisterait alors en un simple démontage d'un système plus ou moins compliqué. Dans le cas des humains, la séparation et l'identification des rouages ne peuvent être faites qu'avec précaution et après la séparation fondamentale de l'âme, qui a une existence propre, indépendante. Pour les animaux qui n'ont pas d'âme, donc pas de sensations ni de connaissance, tout est permis et l'observateur est tenu de se déconditionner d'une quelconque solidarité avec l'animal. Ce conditionnement atavique, qui oppose le sentiment à la raison, Descartes conseille de le contrer dès l'âge tendre.

D'après lui, en s'identifiant à l'animal, nous serions victimes d'une illusion acquise dès l'enfance, et socialement entretenue. Déjà en 1640, dans une lettre qu'il adressait au père Mersenne, il exposait une solution pratique à ce problème qui va à l'encontre du sentiment commun. Il lui expliquait qu'il faudrait avoir recours à une «fiction» qui consisterait à faire jouer les enfants avec des machines qui imiteraient les bêtes afin de les désensibiliser. A la vue d'un animal réel, ils l'associeraient spontanément à un automate! Une fois l'animal «désanimalisé», toute réticence de l'opérateur, déconditionné, insensible, se tarit d'elle-même.

Un opposant convaincu, le jésuite Daniel, en tire les cruelles conclusions avec un humour macabre:

> Avant que d'être cartésien, j'étais si tendre, que je ne pouvais pas seulement voir tuer un poulet. Mais depuis que fus une fois persuadé que les bêtes n'avaient ni connaissance, ni sentiment, je pensais dépeupler de chiens la ville où j'étais, pour faire des dissections anatomiques, où je travaillais moi-même, sans avoir le moindre sentiment de compassion[1].

A ce stade, le spectacle de l'anatomie animale ne peut intéresser que le savant et ne présente plus de véritable intérêt pour le profane. Il n'apprend plus rien sur lui-même. La dissection est devenue une technique de démontage, un drame ou parfois une comédie, dont l'acteur principal est absent. Quand une mécanique n'est plus plaquée sur du vivant, elle ne fait plus ni rire ni pleurer. L'acte purement technique est abandonné aux spécialistes. Ce type d'exploration anatomique se maintiendra encore longtemps au XVIII^e^ siècle, mais sera peu à peu remplacé par une anatomie qui sous-entend ou présuppose une analogie entre l'homme et l'animal. Une analogie qui emprunte ses voies aux sensations et se situe d'abord au niveau de l'empathie. C'est l'irruption dans la pensée de la notion de sensibilité, qui autorise sans la prouver cette analogie. Elle ne peut être justifiée que par le parallélisme des comportements et la similitude des réactions. En particulier des expressions physiques de la douleur: cris, grimaces, rétractions, gémissements, tremblements; le rire comme chacun sait, étant le propre de l'homme.

Nous avons parlé par ailleurs[2] de l'importance pour Voltaire de cette sensibilité à la souffrance animale et à l'angoisse par procuration qu'entraîne l'expression physique de cette souffrance, mais aussi de sa projection dans une dimension psychologique ou éthique:

1 E. Baraty, *L'Eglise et l'animal (France, XVII^e^-XX^e^ siècle)*, Paris, Cerf, 1996, p. 106.

2 Voir à ce propos notre article «Animalité, humanité et tolérance dans le *Traité sur la tolérance* de Voltaire», *Qu'est-ce que la tolérance? Perspectives sur Voltaire*, textes réunis par J. Siess, Ferney, Publications du Centre international d'étude du XVIII^e^ siècle, 2002.

> Des barbares saisissent ce chien, qui l'emporte si prodigieusement sur l'homme en amitié; ils le clouent sur une table, et ils le dissèquent vivant pour te montrer les veines mésératïques. Tu découvres dans lui tous les mêmes organes de sentiment qui sont dans toi. Réponds-moi, machiniste, la nature a-t-elle arrangé tous les ressorts du sentiment dans cet animal, afin qu'il ne sente pas? A-t-il des nerfs pour être impassible? Ne suppose point cette impertinente contradiction dans la nature[3].

Cette analogie est-elle justifiée? Peut-on «comprendre» la souffrance animale? De nouveau, une machine ou un automate qui reproduirait exactement ce comportement pourraient-ils être considérés comme vivants? On ne peut ici s'empêcher de parler de ces animaux virtuels japonais qui demandent une attention constante de leurs «parents», exprimant à leur façon leur «souffrance», et qui finalement peuvent mourir virtuellement, faute de nourriture énergétique ou de soins programmés. Le démontage d'un tel objet nous laisse en présence de quelques puces et de quelques fils de connections reliés à une pile, reprenant dans le domaine électronique le même schéma que la métaphore horlogère, chère au XVIII^e^ siècle.

Décider sans préjuger de la nature biologique de la sensation n'est pas si simple. L'animal présente les symptômes de la souffrance mais souffre-t-il comme nous? Un lombric coupé en deux par la bêche, et qui tord ses deux tronçons, a-t-il la même sensibilité qu'un homme blessé? A partir de quelle limite l'analogie est-elle supportable physiquement et mentalement, et surtout sous forme de spectacle? Une fourmi est-elle plus mécanique et moins vivante qu'un chien? Pour faire cette distinction entre le sensible et le quasi sensible, Diderot que gène à la fois l'absolu des mécanistes et l'imprécision des sensibles, introduit une nouvelle notion que l'on pourrait qualifier d'analogie différentielle et de solidarité progressive, qui va de l'inanimé à l'homme. On ne peut avoir de solidarité réelle qu'avec nos semblables, par la chair et le sang, dont la perception dépend de sens beaucoup moins analytiques que la vue.

Les animaux peuvent donc être classés en fonction de leur similitude de structure et de composition (l'organisation) dans des familles plus ou moins proches de l'homme, dont un des critères les plus apparents, serait la chair et le sang, la chaleur:

3 Voltaire, article «Bêtes» du *Dictionnaire philosophique*.

> Il n'y a plus qu'une substance dans l'univers, dans l'homme, dans l'animal. La serinette est de bois, l'homme est de chair. Le serin est de chair, le musicien est d'une chair diversement organisée ; mais l'un et l'autre ont une même origine, une même formation, les mêmes fonctions et la même fin[4].

À ce niveau, celui de la fin et des fonctions, l'étude anatomique de la similitude des systèmes, de la digestion ou de la reproduction, mais aussi des comportements, reprend tout son sens et mène à une hiérarchisation. La primauté visuelle synchronique et formelle de l'anatomie doit être complétée par l'observation et une description littéraire et diachronique, qui recherche les points de contact et les similitudes. La dissection animale s'inscrit dans une continuité (qui va l'inclure définitivement dans le domaine naissant des sciences naturelles) qui se développe depuis le ramassage, la collecte et l'identification jusqu'à la collection, la conservation, l'empaillage, etc.

Chacune de ces étapes, dans une science qui commence à rendre compte du spectacle de la nature ayant ses modes et ses lieux d'exhibition. La ménagerie et la curiosité (dresseurs ou montreurs) pour la collecte, l'amphithéâtre pour la dissection et l'analyse, et le musée ou la collection pour la conservation.

Hélas, le problème de l'automate ne s'en trouve que repoussé, et notre fraternité d'animaux consanguins remise en doute par un automate, qui remplirait aussi les mêmes fonctions avec des organes mécaniques, et imiterait les comportements animaux.

L'aspect merveilleux et problématique du canard de Vaucanson exposé au public en 1738, tient à ce qu'il marche, nage, cancane, etc., mais aussi qu'il digère, ce qui lui permettrait à terme, si le mécanisme de cette digestion pouvait être découvert par l'anatomiste, de se passer de ressort en élaborant sa propre énergie.

Laissons la parole à Vaucanson qui se vante un peu dans ses *Mémoires*. Nous inversons l'ordre de la façon dont il présente ses prétentions :

> Je ne crois pas que les anatomistes aient rien à désirer sur la construction de ses ailes. On a imité os par os, toutes les éminences qu'ils appellent apophyses. Elles y sont régulièrement observées comme les différentes charnières : les cavités, les courbes, les trois os qui composent l'aile, y sont très distincts. Le premier qui est l'humérus, a son mouvement

4 D. Diderot, *Entre D'Alembert et Diderot,* ds *Œuvres*, Ed. établie et annotée par A. Billy, Paris, Bib. de la Pléiade, 1951, p. 882

> de rotation en tous sens, avec l'os qui fait l'office d'omoplate ; le second os, qui est le cubitus de l'aile, a son mouvement avec l'humérus par une charnière, que les anatomistes appellent par-gingline ; [...]

> l'estomac, y sont copiés d'après nature ; l'aliment y est digéré comme dans les vrais animaux, par dissolution, et non par trituration, comme le prétendent plusieurs physiciens ; mais c'est ce que je me réserve à traiter et à faire voir dans l'occasion. La matière digérée dans l'estomac est conduite dans les tuyaux, comme dans l'animal par ses boyaux, jusqu'à l'anus, où il y a un sphincter qui en permet la sortie[5].

Ce n'est plus l'animal qui est ravalé au rang de machine, c'est la machine qui cherche à se hausser à la perfection de l'animal, et à en imiter la complexité.

Doit-on alors considérer l'anatomie, en particulier animale, comme une science carrefour, qui se préoccupe de mécanique, de chimie, de physiologie, de médecine, de zoologie et de philosophie?

Dans un siècle qui cultive l'esprit encyclopédique d'une part, et d'autre part à l'instar de l'Angleterre, comme le démontre J.H. Plumb,[6] dans une phase de grande « consommation culturelle » ; il n'est pas étonnant que grâce à la position épistémologique des nouvelles Sciences Naturelles et leur résonance philosophique et émotive, que l'anatomie serve de tremplin à des pratiques spectaculaires et démonstratives.

Cette curiosité, la mode du savoir, mènent aussi nécessairement à ce que l'auteur appelle « commercialization of leisure », qui déborde de la rémunération d'un spectacle ou du livre traditionnel vers un usage rentable, culturel, de consommation : l'encyclopédie, le musée, la ménagerie ou les expériences publiques, dont fait partie l'anatomie. L'avantage de l'anatomie animale tenant au fait que le thème du spectacle peut, grâce à la diversité des espèces, s'avérer extrêmement varié et inattendu, ajoutant au plaisir de la découverte en profondeur, celui de la découverte encyclopédique du monde animal.

La mise en spectacle commerciale de l'anatomie prend plusieurs aspects : directs avec la dissection elle-même ; indirects avec la conservation, ou encore avec la reproduction et l'imitation graphique ou en relief.

5 http://www.automates-anciens.com

6 Dans Neil Mc Kendrick, John Brewer & J.H. Plumb, *The birth of a consumer society, The commercialization of Eighteenth Century England,* London, Europa Publications Limited, 1982, p. 265

Le premier de ces aspects, le plus spectaculaire, est bien entendu le dépeçage minutieux et scientifique de l'animal, réglé comme une représentation théâtrale, avec son malheureux héros, ses acteurs, ses officiants, son *decorum*, le tout devant un public d'amateurs :

> Non seulement, les médecins, les chirurgiens français ou étrangers, mais également la société la plus élégante de la cour et de la capitale accourait en masse au Jardin des Plantes. On distribuait des billets d'accès, on refusait du monde[7] ! Comme toute chose longtemps interdite, l'anatomie fascinait alors, faisant courir les foules partout en Europe ; et le foyer parisien fut l'un des plus en vogue[8].

Lorsque l'anatomie animale commence à faire rage aux alentours de 1750, on en vient à s'arracher les billets. Le décor est le même que pour l'anatomie humaine et les amphithéâtres remplacent peu à peu les salles où l'on se tient debout derrière l'anatomiste, protégé par une rambarde. Bien que ne figurant pas dans les guides de curiosités ou de spectacles, les dissections parisiennes font courir toute l'Europe. En général, l'équipe de trois personnes, les acteurs principaux qui s'affairent autour de l'animal, est complétée par les aides. Chacun des trois protagonistes a une formation spécifique et une fonction particulière. L'opérateur dégage, identifie et explique, le scribe enregistre et le dessinateur relève et fixe. Même les femmes, réprimant la sensibilité que leur prête la société s'empressent, dominant leur dégoût pour les effluves ou le sang.

Encore que plus un animal dans la hiérarchie de proximité (formelle ou sociale) s'approche de l'homme, plus sa dissection entraîne de difficultés. A cause de sa ressemblance, le spectacle du démembrement d'un singe par exemple, soulève des problèmes. Son corps est trop semblable, mais relativement facile à « animaliser » en mettant en avant les différences : dimensions, angles, rapports et proportions. Il n'en est pas de même pour l'expression qui échappe à la mesure, et qui surtout ne peut être décrite par un autre vocabulaire que celui appliqué aux humains.

Pour contourner cette difficulté aux limites et éviter tout excès de compassion, Buffon a l'ingénieuse idée d'en faire un animal portant un masque d'homme qui, comme au théâtre, concerne le personnage plutôt que l'ac-

7 P. Camper (1722-1789), professeur à l'Université de Franeker et de Groningue faisait même imprimer et distribuer des libelles quand l'envoi d'un animal rare ou curieux lui était annoncé.

8 M. Lemire, in *Catalogue d'exposition*, Paris, Grand Palais, 1993, p. 77.

teur. En enlevant virtuellement ce masque, on ne découvre plus derrière que l'animalité :

> [...] que le singe [...] dont la nature était au moins équivoque et moyenne entre celle l'homme et des animaux, n'est pas dans la vérité qu'un pur animal, portant à l'extérieur un masque de figure humaine mais dénué à l'intérieur de la pensée et de tout ce qui fait l'homme[9].

Le singe disséqué, le spectacle continue et se renouvelle grâce à un recours de plus en plus fréquent à la rareté. Rareté qui peut prendre deux formes : la monstruosité ou l'exotisme.

Nous passerons sur la première, animaux à plusieurs têtes ou à cinq pattes, pieusement conservés au musée de l'Ecole Vétérinaire après examen et dissection. La seconde, par contre, joint le souci de savoir encyclopédique à celui de collection. Les animaux des montreurs sont rachetés à leur mort, les animaux exotiques sont transportés à grands frais, morts ou vivants, et pour ces derniers, après une vie plus ou moins longue à la ménagerie, ils sont destinés à des fins à la fois spectaculaires et pédagogiques dans les amphithéâtres.

Une fois dépecés et vidés, ces animaux n'ont pas épuisé leur utilité. La collection d'animaux vivants et la dissection des animaux morts sont complétées par un nouvel intérêt scientifique et culturel pour l'animal conservé. Dans son livre *Stuffed Animals and pickled heads*[10] qui retrace l'évolution de la culture du Musée d'histoire naturelle, Stephen T. Asma démontre l'intérêt que présente pour la science mais aussi pour le public, la conservation d'animaux.

Les collections épousent évidemment des formes différentes suivant qu'elles sont destinées à l'exhibition, à la conservation ou à l'étude, mais leurs limites restent floues.

Au XVIII^e^ siècle déjà, des galeries d'anatomie comparée se mettent en place en essayant de conserver, grâce à un certain nombre de compromis, une valeur scientifique et un intérêt pour l'amateur. La plus très récente galerie de l'évolution a assez démontré ces dernières années la fascination du public pour les grandes mises en scène anatomiques, surtout quand elles « dramatisent » une nature inventée par le savant.

9 Elisabeth de Fontenay, *Le Silence des bêtes : la philosophie à l'épreuve de l'animalité*, Paris, Fayard, 1998, p. 424.

10 By Stephen T. Asm, Oxford, Oxford University Press, 2001.

Dans l'ensemble, les techniques de conservation liées à la dissection s'améliorent. L'animal, différemment anatomisé que précédemment et grâce à de nouvelles techniques de conservation, s'esthétise. Le *Journal Encyclopédique* de septembre 1770 signale la « recette d'un remède antiseptique propre pour conserver de la putréfaction les animaux destinés aux cabinets d'Histoire naturelle ». On ne dissèque, on n'expose plus des cadavres abîmés ou séchés, mais du « quasi-vivant » qui a conservé l'aspect, la couleur, le brillant des yeux et semble encore fait de chair et de sang dans une position caractéristique à l'animal.

L'attrait pour ce merveilleux scientifique est si puissant que, de la même manière que l'on collectionne des objets ou des animaux extraordinaires dans les cabinets de curiosités, les élégantes se mettent à les exhiber, à les porter sur elles afin de montrer l'intérêt que l'on accorde à la nouvelle science. Ce plaisir est lié à celui de la collection, dont les objets inutiles et d'ostentation retrouvent l'usage car ils participent aux échanges sociaux par leur valeur symbolique. La toilette des femmes devient un écrin sur lequel des morceaux d'animaux soigneusement disséqués, séchés et conservés, sont artistiquement mis en valeur sur une gorge ou un poignet. Le coûteux fragment d'animal devient alors un « status symbol ».

Quand la conservation ne suffit pas ou est trop difficile, l'illusion du vivant par l'inerte devient un art que l'on qualifierait aujourd'hui d'hyperréaliste. On choisit, pour copier les organes, un matériau organique, luisant et imputrescible, la cire, et ceci bien avant le Musée Grévin.

Dans le *Journal des Savants,* Daniel Hofman affirme que seule la capitale française peut fournir le spectacle d'une « nouvelle sorte de préparation, inouïe (dit-il) dans tous les siècles »[11], celui :

> des anatomies en cire colorée de M. Desnouës, qui imitent si parfaitement le naturel, qu'elles ont trompé (dit l'Auteur) les plus expérimentés Anatomistes en plusieurs occasions. Il fait un dénombrement détaillé de toutes les pièces de ce genre que M. Desnouës expose tous les jours à la curiosité des spectateurs [...][12].

Le public peut maintenant contempler à loisir dans une victime un poulain dans le ventre ouvert de sa mère ou le système veineux bleuté autour du cœur d'un veau.

11 P. 475.
12 *Ibid.*

L'usage de la céroplastie, qui permet la représentation de la vie de façon inanimée, osons l'oxymore, donne sans aucun doute un essor supplémentaire à l'intérêt que le public manifeste pour l'anatomie, en évacuant le morbide par la beauté du sujet.

Toutes ces manifestations montrent combien l'anatomie animale s'écarte du macabre. Elle est presque devenue en ville un élément décoratif à part entière, réunissant spectacle, exotisme, art, décors, décorations et même accessoires, grâce à la conservation ou à l'imitation.

Une autre forme de consommation culturelle et de diffusion de l'anatomie mériterait une étude particulière. Nous ne saurions nous étendre, et ne pouvons ici que l'évoquer, en regrettant de négliger les merveilles de la gravure ou de la peinture, qui s'inspirent de l'anatomie animale. Nous y verrions des mises en scène – dans le cadre de la feuille – d'animaux humanisés, de dispositions séduisantes et de compositions dramatiques. Certains dessins sont de véritables tableaux, dans le sens non seulement pictural, mais théâtral. Le plaisir devient délectation. Cependant l'humour triomphant domine sur le pathos, dans une sorte de petit drame animalier.

Beaucoup d'artistes célèbres pratiquèrent les dessins d'anatomie, assistant aux séances de dissection. Jacques de Sève et quelquefois aussi Oudry, célèbre peintre animalier, furent les collaborateurs, pour son *Histoire naturelle*, de notre cher « vétérinaire lyrique » comme la critique se plait à le nommer parfois.

Watteau (ou Gillot?), pour ne citer que lui, utilisa à son tour nombre de ces études, par exemple pour l'illustration des *Fables* que La Motte lui avait confiée en 1719.

Cependant, les illustrations ont du mal à se défaire de la représentation anthropomorphique, qui souvent par métaphore, est inhérente à la fable.

Cette étude du comportement général basé sur l'analogie et la sensibilité, ne peut vraiment satisfaire les matérialistes, tout y est trop flou. La découverte de similitudes cellulaires au niveau microscopique qui révolutionne l'anatomie leur fait imaginer un monde plus homogène. La présence d'un neurone n'est plus seulement une analogie de forme, mais implique une identité des blocs qui composent le vivant, et de leur fonction.

Tirant les conséquences extrêmes de la découverte de « l'infiniment petit », Diderot en particulier recherche un dénominateur commun à la Nature dont la vie ne serait qu'une des manifestations, et il le trouve dans l'atome. La frontière entre la vie et la mort s'estompe puisque l'atome, étant le siège de la vie demeure vivant, et ce n'est que la composition et la recomposition du comportement organisé qui différencie les espèces et même la nature entière, marbre compris :

> Vivant, j'agis et je réagis en masse... mort, j'agis et je réagis en molécules ...Je ne meurs donc point? ... Non, sans doute, je ne meurs point en ce sens, ni moi, ni quoi que ce soit...Naître, vivre et passer, c'est changer de formes... Et qu'importe une forme ou une autre? Chaque forme a le bonheur et le malheur qui lui est propre. Depuis l'éléphant jusqu'au puceron... depuis le puceron jusqu'à la molécule sensible et vivante l'origine de tout, pas un point dans la nature entière qui ne souffre ou qui ne jouisse[13].

Diderot court-circuite donc le problème de l'automate, qui devient un faux problème. Il propose une anatomie pulvérisée à sa plus petite dimension, et nous sommes tous en quelque sorte des composés, plutôt que des entités anatomiques. La difficulté psychologique de cette élimination de la distinction ontologique entre la forme et ses constituants demeure du fait que l'homme ne peut renoncer à se sentir plus semblable à ses cousins de chair et de sang, et que quels que soient ses sentiments réprimés ou mal contrôlés, il sera malgré tout plus sensible au spectacle de la naissance d'un poussin qu'à l'agonie d'un ciron, et contre Descartes, seul l'argument analogique reste efficace :

> [...] il marche, il vole, il s'irrite, il fuit, il approche, il se plaint, il souffre, il aime, il désire, il jouit ; il a toutes vos affections ; toutes vos actions, il les fait. Prétendrez-vous, avec Descartes, que c'est une pure machine imitative? Mais les petits enfants se moqueront de vous, et les philosophes vous répliqueront que si c'est là une machine vous en êtes une autre. Si vous avouez qu'entre l'animal et vous il n'y a de différence que dans l'organisation, vous montrerez du sens et de la raison, vous serez de bonne foi [...][14].

L'anatomie animale devient plutôt le recensement et la recherche des formes de la vie et nous pouvons conclure en avançant l'hypothèse que l'anatomie humaine, mais surtout animale, s'extrait peu à peu du spectacle de la mort pour devenir celui de l'incroyable diversité d'un seul principe de vie.

13 D. Diderot, *Entre D'Alembert et Diderot, Œuvres*, Ed. établie et annotée par A. Billy, Paris, Bib. de la Pléiade, 1951, p. 900.

14 Diderot, *Entre d'Alembert et Diderot*, ds Diderot, *Œuvres*, Paris, Bib. de la Pléiade, 1951, p. 881.

# Anatomie et sentiment dans le *Tableau de Paris* de Louis-Sébastien Mercier[1]

Harvey CHISICK
Université de Haïfa

Louis-Sébastien Mercier ne fait pas partie des auteurs les mieux connus du dix-huitième siècle[2], mais il n'en reste pas moins l'un des plus féconds. On commence seulement aujourd'hui à le reconnaître, alors que la vente de ses livres en termes de recette, était l'une des plus importantes de son temps. D'après une étude de Robert Darnton, son ouvrage *L'An 2440* paru en 1771, était le livre clandestin le plus répandu des dernières décennies de l'Ancien Régime[3]. L'ouvrage sur lequel cet article se base principalement, le *Tableau de Paris*, qui ne commença à paraître qu'en 1782, occupe la quatrième place de la liste des livres prohibés dressée par Darnton. Parmi les auteurs édités et distribués clandestinement, Mercier occupe une place importante, puisqu'il se situe après Voltaire, d'Holbach et Pidansat de Mairobert[4].

Le *Tableau de* Paris publié, à l'origine en deux volumes en 1782 en comportait douze en 1789. L'ouvrage est agencé de façon modulaire, chaque chapitre étant un article ou une vignette de plusieurs pages qui concerne un aspect spécifique de la vie dans la capitale, aussi bien la société, l'économie, la géographie, l'architecture que les métiers, la moralité ou la production intellectuelle. En fait, il n'y a guère de sujet, que ce soit des égouts jusqu'à la sociabilité des élites, dont Mercier ne traite pas. Dans sa forme définitive de

1 J'aimerais remercier Sam Bloom et Isabelle Martin qui ont généreusement accepté de remanier, en français, cet article.

2 L'étude fondamentale sur Mercier reste celle de Léon Béclard, Sébastien Mercier : *Sa Vie, son œuvre, son temps*, Paris, Champion, 1903. D'autres études plus récentes sont celles de Henry F. Majewski, *The Preromantic Imagination of L. S. Mercier*, New York, Humanities Press, 1971, et la collection dirigée par Jean-Claude Bonnet, *Louis Sébastien Mercier : un hérétique en littérature*, Paris, Mercure de France, 1995.

3 Robert Darnton, *The Forbidden Best-Sellers of Pre-Revolutionary France*, New York, Norton, 1995, Table 2.5, p. 63-64. Voir aussi par le même auteur *The Corpus of Clandestine Literature in France, 1769-1789*, New York, Norton, 1995.

4 R. Darnton, *Forbidden Best-Sellers*, Table 2.6, p. 65.

1789, on dénombre plus de 1.000 articles qui se succèdent sans aucun ordre ni principe. L'édition critique moderne du *Tableau de Paris* comporte plus de 3.000 pages de texte et environ 1.000 pages de notes[5].

Certains spécialistes de la France et du Paris du dix-huitième siècle et de la Révolution française se sont abondamment servis des ouvrages de Mercier, mais rarement d'une façon systématique. De plus, le fait que la dernière édition du *Tableau de Paris* ait paru en 1789 correspond bien aux intérêts des historiens de cette époque. Que Mercier ait ajouté au *Tableau* une importante addition concernant la révolution, sous la forme d'un ouvrage indépendant qui reprend le même système de vignettes, le leur rend encore plus utile[6]. Bien qu'on se soit beaucoup servi des écrits parisiens de Mercier pour y puiser des illustrations piquantes de la vie de la capitale à la fin du 18e siècle, ou encore pour aborder certains thèmes de l'histoire urbaine, on a rarement analysé ces écrits pour leur propre valeur.

Dans cet article, nous nous pencherons sur ce qui a pu être le but poursuivi par Mercier dans son *Tableau de Paris*, et ses commentaires sur l'anatomie nous serviront de base à une étude de cas.

L'anatomie est une discipline médicale, et la médecine est, ou plutôt il serait plus judicieux de dire qu'au 18e siècle elle se voulait être, une science. La plupart des penseurs des Lumières, considéraient les sciences comme un facteur de progrès intellectuel et un moyen d'étendre la maîtrise de l'homme sur la nature, qui permettrait l'amélioration des conditions de vie pour la plus grande partie de la population. A l'époque, les sciences étaient perçues comme la clef du progrès, thème que l'on voit bien exprimé, par exemple, dans le 'Discours préliminaire' de D'Alembert de l'*Encyclopédie*.

Chez Mercier, l'appréciation de la médecine en tant que science est ambivalente[7]. D'une part, il n'éprouvait que du mépris pour les médecins di-

5 Les références au *Tableau de Paris*, indiquées par l'abréviation TP proviennent de l'édition Bonnet, Paris, Mercure de France, 2 vols., 1994. Les volumes et numéros de page sont suivis par le nom du chapitre et le numéro du chapitre en nombres romains entre parenthèses. En préparant leur édition du *Tableau de Paris*, Bonnet et son équipe ont retenu les titres des chapitres de l'édition de 1789, permettant ainsi une référence facile à l'édition la plus répandue de l'ouvrage jusqu'à l'apparition de la nouvelle édition critique. Dans les cas où plusieurs références de suite sont données au même chapitre, le numéro de chapitre est noté pour la première seulement.

6 Mercier, *Le Nouveau Paris*, éd. Jean-Claude Bonnet, Paris, Mercure de France, 1994.

7 Pour les vues de Mercier sur la relation entre les maladies et l'environnement urbain voir mon article, 'Urban Pathologies and Pathologies of the Urban in L.-S. Mercier's *Tableau de Paris*,' *Studies on Voltaire and the Eighteenth Century*, 2002: 6, pp. 305-27.

plômés de son temps. En effet selon lui, lorsqu'ils sortaient de la Faculté de Médecine, les médecins professaient une science vaine se gargarisant de termes élégants mais cependant vides. Celle-ci faisait défaut d'un véritable savoir et d'utilité.[8] Les médecins habiles en manipulations verbales étaient incapables de guérir les malades, parce qu'ils s'adonnaient aux théories et négligeaient la pratique. D'après Mercier, ‹ Les médecins sont au physique ce que les casuistes sont au moral.›[9] De plus, les médecins sont alors partie prenante des structures corporatives de l'Ancien Régime. Ils s'en tiennent donc jalousement à leurs droits et prérogatives, mais il en résulte qu'ils s'opposent souvent à des innovations utiles et qu'ils barrent le chemin à ceux qui pourraient contribuer plus efficacement aux arts de la guérison.[10] Ils sont également influencés par leurs propres intérêts, courant à l'aide des riches, mais refusant de soigner les pauvres.[11] D'autre part cependant, il existait des institutions médicales et des guérisseurs que Mercier respectait.

Quoique les charlatans et autres guérisseurs populaires et non diplômés eussent une mauvaise réputation, d'après Mercier, ils jouaient néanmoins un rôle positif. Si leur méthode en était au tâtonnement expérimental et se basait sur l'expérience collective, du moins il s'agissait de données empiriques qui démontraient leur efficacité. Qu'ils manquassent d'une théorie cohérente ne trouble guère Mercier, puisque ce qui l'intéresse, ce sont les résultats obtenus. D'ailleurs le peuple s'adressait aux charlatans et autres empiriques parce qu'ils demandaient moins d'argent pour leurs services, et aussi parce qu'ils étaient plus agréables et plus francs que les médecins diplômés. Ces traits concordent avec les sympathies démocratiques et les idées pragmatiques de Mercier. En comparant les médecins qui ont fait leurs études à la faculté et les charlatans populaires, Mercier écrit: « Combien les médecins ne doivent-ils pas aux empiriques ! Tandis qu'ils se consument en systèmes, ceux-ci, par la tradition et l'expérience, ont des remèdes qui, en guérissant, déconcertent la vaine érudition des facultés »[12]. Mercier avait également une bonne opinion des

8 TP II, 463, Empiriques (dclx).

9 Ibid., p. 464.

10 TP I, 923 ; Inoculation (cccxlii) ; I, 551-52, Charlatans (ccxx) ; et I, 925.

11 TP I, 324-26, Médecins (cxxxv) ; I, 1285-86 ; et II, 952, Docteur-régent (dcccxxvii). On peut valider ce que Mercier dit ici en le comparant aux passages pertinents dans l'excellent livre de Matthew Ramsey, *Professional and Popular Medicine in France, 1770-1830*, Cambridge UP, 1988.

12 TP I, 327, Médecins (cxxxv).

chirurgiens, qui étaient encore, au 18e siècle au stade de l'artisanat, les collègues mineurs des médecins. Les chirurgiens étaient, tout comme les « empiriques », des thérapeutes pratiques n'ayant pas peur de se salir les mains. Ils n'hésitaient pas à soigner les travailleurs et les pauvres gens, et Mercier loue leur humanité[13]. Leur métier était basé sur l'anatomie qui était une discipline descriptive, mais surtout une science empirique.

On peut assez bien deviner les opinions de Mercier sur les institutions médicales de son temps à partir de ses propos sur les médecins et les guérisseurs de l'époque. Pour la Faculté de Médecine de la Sorbonne, il n'avait que dédain[14]. Par contre, il louait l'Académie Royale de Médecine pour son ouverture d'esprit, son utilité, et ses contributions à la pratique médicale[15]. De même, Mercier admire le Collège de Chirurgie, qui comptait 800 étudiants, proposait des cours hebdomadaires, et gérait un hôpital où les étudiants pouvaient acquérir à la fois un savoir théorique et pratique. De plus, les pauvres y étaient traités gratuitement, et avec dignité. Le Collège avait aussi une bibliothèque qui comptait 10.000 volumes, et avait lui-même publié cinq mémoires dont l'utilité, d'après Mercier, était considérable[16]. Le sujet dans lequel les chirurgiens se spécialisaient était, bien entendu, l'anatomie.

L'attitude de Mercier vis à vis de cette branche de la médecine est ambiguë. D'un côté, puisqu'elle se servait de la méthode empirique et progressive, il la considérait comme une véritable science. Mais d'un autre côté, elle n'avait pas beaucoup dépassé un système de classification qui n'offrait pas une compréhension plus profonde de la physiologie. Comme le remarque Mercier :

> L'anatomie n'a fait aucun progrès depuis quarante ans, ni aucune découverte conséquente. Le corps humain est aujourd'hui connu parfaitement dans toutes ses parties ; et il sera difficile d'ajouter à ce qu'on sait, tant les recherches ont été profondes. Mais l'anatomie n'est cependant encore qu'une vraie nomenclature, et rien de plus. Il reste à connaître le jeu de la machine, à apprécier ses rapports, et les principes des forces vitales. *Hic labor, hoc opus*[17].

13 TP II, 334-35, Collège de chirurgie (dcxxv).
14 TP I, 328-29, Société royale de médecine (cxxxvi).
15 TP II, 410-12, Mémoire de la Société royale de médecine (dcxlvi).
16 TP II, 332-37, Collège de chirurgie (dcxxv), et II, 638-44, Mémoires de l'académie de chirurgie (dccxxiii).
17 TP I, 211, Anatomie (lxxxii).

Mercier répète que l'anatomie n'a fait aucune nouvelle découverte importante depuis longtemps, écrivant que ‹On a beau interroger le cadavre, le mécanisme qui entretient la vie échappe…›[18]. Appartenant à l'école vitaliste, Mercier, au lieu de voir la grande tâche de la médecine dans la précision de la description des parties du corps la voyait dans l'étude des forces qui l'animaient[19]. Mais cette observation n'épuise pas l'intérêt que Mercier a pour le sujet.

Il reconnaît, par exemple, que la discipline de l'anatomie nécessite la pratique de la dissection, mais il ne peut accepter la façon dont elle s'exerçait. Il s'en est plaint, en termes proches de ceux employés par Voltaire, et qu'a évoqués Isabelle Martin, à propos de la vivisection des chiens. Il écrit :

> J'ai toujours été révolté de voir dans les collèges un professeur qui, à la fin d'une année de physique, la couronne par une barbarie expérimentale. On cloue un chien vivant par les quatre pattes ; on lui enfonce le scalpel dans les chairs, malgré ses hurlements douloureux ; on lui ouvre les entrailles, et le professeur manie un cœur palpitant. La cruauté doit-elle accompagner la science ? Et les écoliers ne sauraient-ils apprendre un peu d'anatomie, sans être préalablement des bourreaux?[20]

Au sujet de la dissection des cadavres humains, Mercier fait deux objections assez différentes.

Il note d'abord que la pratique de voler les corps pour la recherche et pour la dissection est très répandue, surtout dans la capitale. C'est une des raisons pour lesquelles Paris reste un des centres préférés pour l'étude de l'anatomie :

> Tous ceux qui manient le scalpel aiment donc de préférence la capitale, à cause de l'extrême facilité qu'ils ont pour y suivre les études anatomiques. Les cadavres y abondent et sont à bon marché. En hiver, on ne les paie qu'au rabais ; l'anatomiste en chef achète ces corps dix à douze francs, et les revend à ses élèves un louis ou dix écus. Il y a un commerce suivi entre les corbeaux des cimetières et les disciples des maîtres en chirurgie. En allant prendre une leçon gratuite d'anatomie, on pourrait (ce qui est horrible à penser) rencontrer sur le marbre noir, son père, son frère, son ami, qu'on aurait enterré et pleuré la veille[21].

18 TP II, 335, Collège de chirurgie (dcxxv).

19 Ecrivant cinquante ans plus tôt, Montesquieu faisait une critique même plus acerbe de ce métier, soutenant que les ouvrages d'anatomie contiennent '…bien moins la description des parties du corps humain que les noms barbares qu'on leur a donnés ; chose qui ne guérit ni le malade de son mal, ni le médecin de son ignorance.' *Lettres persanes*, cxxxv.

20 TP I, 209, Anatomie (lxxxii).

21 Ibid., p. 210.

La deuxième raison pour laquelle Mercier s'oppose aux dissections a des implications encore plus lointaines. Après avoir observé que les corps sont achetés ordinairement aux hôpitaux, ou aisément dérobés à Clamart, le cimetière parisien où les indigents sont enterrés, il écrit :

> Il n'y a là ni pyramides, ni tombeaux, ni inscriptions, ni mausolées : la place est nue. Cette terre grasse de funérailles est le champ où les jeunes chirurgiens vont la nuit, franchissant les murs, enlever des cadavres pour les soumettre à leur scalpel inexpérimenté. Ainsi, après le trépas du pauvre, on lui vole encore son corps ; et l'empire étrange que l'on exerce sur lui ne cesse enfin que quand il a perdu les derniers traits de la ressemblance humaine[22].

Ce passage parmi d'autres dans le T*ableau de Paris* a des implications profondes.

A l'encontre de la plupart des philosophes, Mercier ne pensait pas que la société française de son époque fonctionnait raisonnablement bien ni qu'elle fut basée sur des principes décents et acceptables. Pour les penseurs phares des Lumières, certaines réformes étaient à désirer et même nécessaires, mais on s'attendait à ce que leur implantation se fasse progressivement, en vue d'améliorer et de modifier une société dont les bases étaient fondamentalement solides et perfectibles. La critique sociale de Mercier dépasse ces considérations. Sa dénonciation passionnée, de la façon dont les plus pauvres dans la société sont assujettis à de tels contrôles et manipulations de sorte que même les dernières traces de leur humanité et de leur dignité humaine disparaissent, signifie que cette société est impuissante à assurer une sécurité minimale à ses membres. En termes semblables à ceux cités plus haut, Mercier exprime encore une fois son opposition aux vastes implications sociales de la science médicale :

> Un cadavre, venu du Bicêtre, est étendu sur le marbre noir ; huit cents hommes voient l'intérieur du corps d'un pauvre homme que personne ne regardait la veille. Les miracles du Créateur sont empreints dans ce corps comme dans celui du souverain[23].

A un niveau fondamental, l'oblitération définitive et physique de l'humanité du pauvre est présentée comme une ultime obscénité qui n'est pas sans

22 TP I, 684-85, Clamart (cclxx).

23 TP II, 333, Collège de chirurgie (dcxxv). Ce thème est amplifié par Mercier dans *Mon Bonnet de nuit*, éd. Jean-Claude Bonnet, Paris, Mercure de France, 1999, pp. 172-189.

rappeler la corruption radicale de la société que Rousseau attaque vers la fin de son *Deuxième discours.*

Mercier remet aussi en question les critères et les valeurs de base, dont à son époque- et depuis- la science découle. Il est essentiel, par exemple, que la science atteigne l'objectivité. En ce qui concerne la botanique ou la physique, ce critère ne troublait point Mercier, mais dans l'étude de l'anatomie humaine et de la médecine, il soulevait de graves problèmes, parce qu'il ne pouvait pas accepter que le sujet humain soit réduit absolument au niveau d'un simple objet. Le «regard médical»[24] dirigé vers le cadavre qui subit la dissection réduit le corps humain à une quantité de matière constituée de telle ou telle façon. La croyance en l'humanité de la personne sur le marbre noir est suspendue, et en bien niée. Toutes les sociétés connues ont des comportements normatifs de deuil et de traitement des dépouilles, aussi différents qu'ils puissent être les uns des autres. Pour les scientifiques la transgression de ces normes au nom de la recherche est légitime, admise, voire acceptable. Il n'en va pas de même pour Mercier. Ceci n'est pas tout à fait nouveau dans la pensée des Lumières. C'était un lieu commun des traditions chrétiennes et humanistes, et parmi les philosophes du 18e siècle, Rousseau, dans son *Premier discours,* avait déjà émis ses réserves par rapport aux sciences et le prix moral et social du progrès scientifique.

Mercier s'oppose aux abus, pratiquement institutionnalisés dans l'étude de l'anatomie à son époque et propose des moyens de les limiter et de réduire au minimum indispensable les effets pervers secondaires[25]. Quoique tout en reconnaissant que la dissection était nécessaire pour former des chirurgiens et anatomistes, il refuse l'approche utilitaire et pragmatiste à l'anatomie contemporaine, que l'on pourrait qualifier d'inévitable à l'époque. De fait, il insiste sur une notion de dignité humaine et de respect pour la vie humaine ignorant les barrières de classes. Il écrit:

> L'anatomie est une passion. Le jeune chirurgien boit, mange, s'endort à côté des corps qu'il fouille, oubliant, pour ainsi dire, qu'ils ont été animés d'un feu céleste.

24 Cette expression est de Michel Foucault, *Naissance de la clinique*, Paris, PUF, 1963. Le cas de Mercier ne convient pas à l'opinion de Foucault, qui maintient que l'emprise du corps par le champ médical ne rencontrait pas de défi de la part de la religion ou de la moralité. Ibid., chap. 8.

25 TP II 645-46, Jeunes chirurgiens (dccxxiv).

> Les philosophes anciens n'ont pas craint d'appeler l'homme un petit monde. Cette dénomination n'a pu se faire qu'après l'examen de l'étonnante machine qui porte l'empreinte du grand maître qui l'a créée. L'homme est un composé si admirable, même lorsqu'on exclut de son admiration le prodige de ses facultés intellectuelles, qu'à la vue de tant de ressorts et de combinaisons différentes, on peut la comparer à la totalité de l'ouvrage de la création[26].

Il n'y a rien d'original dans l'idée que l'homme est un microcosme, ou l'ouvrage d'un Dieu Créateur. Mais la conception de l'homme que Mercier présente ici ne convient pas aux présuppositions d'une société corporative et hiérarchisée.

Mercier ne se plaint pas uniquement des dysfonctionnements des institutions médicales de son temps, de ses pratiques désuètes et de son anatomie périmée, il a aussi une idée sur la nature d'une science dont il est persuadé qu'elle bénéficierait au genre humain. S'opposant au système de classification, il ambitionne une science qui pourrait comprendre et élucider les forces vitales qui animent le corps. En outre, il a une idée assez claire de la forme de la société qui serait prête à soutenir la science telle qu'il la conçoit.

Pour terminer, j'aimerais avancer que les observations un peu ambivalentes de Mercier à propos de l'anatomie peuvent nous aider à comprendre la popularité du *Tableau de Paris*. Pour diverses raisons, les écrits de Mercier n'ont pas été aussi bien appréciés par les générations suivantes que par la sienne. Apparemment, les thèmes que Mercier a abordés étaient en phase avec les intérêts et les inquiétudes de ses contemporains, mais ont perdu leur force et leur actualité pour les historiens. Quoiqu'on puisse penser que l'effort de reconstruire l'arrière plan intellectuel, qui explique pourquoi les ouvrages de Mercier étaient si largement appréciés dans les dernières décennies de l'Ancien Régime, pourrait être un projet historique gratifiant et important. De plus ses livres semblent avoir été en harmonie avec une évolution dans la sensibilité des Lumières autour des années soixante-dix, et frappé sur une corde particulièrement sensible chez ses contemporains[27].

26 Ibid., p. 646.

27 Les exemples des peurs et inquiétudes des dernières décennies de l'Ancien Régime sont la supposition que l'Europe se trouvait en face d'une crise de dépopulation, supposition que l'on sait très bien opposée aux faits, et le sentiment que la société contemporaine se trouvait en face d'une crise de désagrégation, quelque chose qui est plus ou moins vrai de toute société à certains moments, mais qui est très difficile à mesurer. Pour l'historien, l'essentiel n'est pas la vérité, ou le manque de vérité, objective de telles suppositions, mais l'impression qu'elles ont fait sur ceux qui les acceptaient.

Ce changement se fait en partie par la mise en valeur croissante des thèmes qui sont associés avec l'œuvre de Jean-Jacques Rousseau. Le *Discours sur les sciences et les arts (Premier discours)*, publié en 1751, insistait sur le prix social et moral à payer qu'exigeait la promotion des arts et des sciences ; un prix que Rousseau voyait comme énorme, voire excessif. Dans le débat que cet écrit soulevait, la grande majorité des participants se rangeaient du côté de Voltaire et des encyclopédistes en appréciant les sciences et les arts comme des forces qui contribuaient au progrès des Lumières, et au développement d'une mentalité critique et à la suppression de la superstition. Concurremment à la croissance des tensions sociales et démographiques dans les décennies suivantes, la thèse de Rousseau et son insistance sur la morale était acceptée par une partie grandissante du public[28]. D'une façon semblable, la critique que Rousseau faisait de l'extrême inégalité sociale dans son *Discours sur l'origine et les fondements de l'inégalité parmi les hommes*, ou *Second discours*, de 1755, devenait plus évidente au fur et à mesure que la distance entre riches et pauvres s'accroissait dans la deuxième moitié du siècle.

Bien qu'il soit partiellement possible d'expliquer la popularité du *Tableau de Paris* par ses qualités littéraires, qui reflètent la libération des contraintes de l'esthétique classique et de la bienséance, et par son contenu qui abonde d'observations fines et pittoresques, il est plus probable que la popularité du livre doit plus à la vision morale et à la sensibilité romantique de Mercier, toutes les deux fortement marquées par les idées et les valeurs de Rousseau. Comme c'est souvent le cas quand il s'agit des auteurs à succès, c'est plutôt la capacité d'articuler des idées et des valeurs très répandues, mais peu exprimées, que l'originalité de l'écrivain qui intéresse le public. Il semble que Mercier savait mettre en forme les interrogations qui intéressaient et troublaient ses contemporains, mettre en œuvre une rhétorique rousseauiste composée de moralisme et de sensibilité, de telle façon qu'il devint l'un des auteurs les plus lus et les plus appréciés des dernières années de l'Ancien Régime.

28 A ce propos, voir H. Chisick, *The Limits of Reform in the Enlightenment: Attitudes toward the Education of the Lower Classes in Eighteenth-Century France*, Princeton University Press, 1981, chap. 4.

# Flaubert anatomiste : L'écriture du corps dans *Madame Bovary*

Héléna SHILLONY
Université Hébraïque de Jérusalem

## 1. Introduction : Flaubert anatomiste

Dans deux lettres différentes, une à Mlle Leroyer de Chantepie, sa fidèle confidente, l'autre à sa maîtresse Louise Colet, Flaubert évoque son enfance :

> Je suis né à l'hôpital (de Rouen – dont mon père était le chirurgien en chef) et j'ai grandi au milieu de toutes les misères humaines – dont un mur me séparait. Tout enfant, j'ai joué dans un amphithéâtre.
>
> L'amphithéâtre de l'Hôtel-Dieu donnait sur notre jardin. Que de fois, avec ma sœur, n'avons-nous pas grimpé au treillage et, suspendus entre la vigne, regardé curieusement les cadavres étalés ! Le soleil donnait dessus ; les mêmes mouches qui voltigeaient sur nous et sur les fleurs allaient s'abattre là, revenaient, bourdonnaient. [...] Je vois encore mon père levant la tête de dessus sa dissection et nous disant de nous en aller[1].

Le frère de Flaubert sera lui aussi chirurgien et succèdera à son père. L'auteur de *Madame Bovary,* frappé d'épilepsie, fera de bonne heure l'apprentissage de la maladie. Rien d'étonnant à ce que Flaubert soit peut-être le plus « médicalisé » des écrivains français, le plus conscient des interférences du corps et de l'âme, ou pour employer des termes plus modernes, des aspects psychosomatiques de l'existence. Il pense même, en pleine rédaction de *Salammbô,* à des études de médecine :

> C'est une chose étrange, comme je suis attiré par les études médicales. [...] J'ai envie de disséquer. (lettre à Ernest Feydeau, Corr. III, 59)

1 Flaubert, *Correspondance,* éd. Jean Bruneau, Paris, La Pléiade, vol. II, 697, à Mlle Leroyer de Chantepie ; et vol. II, 376, à Louise Colet. Toutes les références dans le texte seront à cette édition.

Dans une lettre à Louise Colet où il fait la critique du roman de Lamartine *Graziella,* Flaubert reproche à Lamartine son dénouement sentimental, qui manque de « ce coup d'œil médical de la vie [...] qui est le seul moyen d'arriver à de grands effets d'émotion » (Corr. II, 78). La fameuse impersonnalité de Flaubert s'assimile donc au détachement apparent du médecin anatomiste. C'est l'attitude « objective », voire scientifique, de l'écrivain qui provoquera l'émotion du lecteur, plutôt que le pathétique larmoyant d'un Musset ou d'un Lamartine. Dans *Madame Bovary,* le romancier prêtera ce regard pénétrant et impassible au docteur Larivière, le grand praticien qui ressemble à son père : « ...son regard, plus tranchant que ses bistouris, vous descendait droit dans l'âme et désarticulait tout mensonge à travers les allégations et les pudeurs » (Troisième partie, chapitre VIII). Transposé dans la littérature, ce coup d'œil médical permettra à Flaubert d'exceller dans un domaine jusqu'alors inexploré, d'après lui. L'écrivain reprend une analogie ancienne entre l'analyse psychologique et l'anatomie. « L'anatomie du cœur humain n'est pas encore faite » déclare-t-il à Mlle Leroyer de Chantepie :

> ...je ne sais (et personne ne sait) ce que veulent dire ces deux mots : âme et corps, où l'un finit, où l'autre commence. Nous sentons des forces ... (souligné dans le texte, Corr. III, 16).

Sainte-Beuve, dans son célèbre compte rendu de *Madame Bovary,* ne s'est donc pas trompé en saluant l'approche médicale de Flaubert :

> Fils et frère de médecins distingués, M. Gustave Flaubert tient la plume comme d'autres le scalpel. Anatomistes et physiologistes, je vous retrouve partout !

Un autre critique, moins connu, Paulin Limeyrac, emploie la même image dans *Le Constitutionnel* du 10 mai 1857 :

> Le roman devait arriver, de guerre lasse, à se servir de la plume comme du scalpel, et à ne voir dans la vie qu'un amphithéâtre de dissection[2].

La fameuse caricature de Flaubert par Lemot en 1869, qui montre le romancier brandissant au bout de son scalpel le cœur sanglant de son héroïne, ne fait qu'illustrer ce qui était devenu un cliché de la critique littéraire.

2 Cité dans l'introduction de Bernard Ajac à son édition de *Madame Bovary,* GF Flammarion, 1986, p. 48.

Pendant les longues années de la rédaction de *Madame Bovary*, que nous pouvons suivre de près grâce à la correspondance avec Louise Colet, Flaubert emploie plusieurs fois le terme d'anatomie qui devient sous sa plume synonyme d'une vision critique et implacable :

> Je tourne beaucoup à la critique. Le roman que j'écris m'aiguise cette faculté. Car c'est une œuvre surtout de critique ou plutôt d'anatomie. Le lecteur ne s'apercevra pas (je l'espère) de tout le travail psychologique caché sous la Forme, mais il en ressentira l'effet (Corr. II, 496).

La Forme (la majuscule est de Flaubert) présente une double nature: la structure et le style, le squelette et la chair, ou en termes médicaux, l'anatomie et la physiologie. En parlant dans une lettre à Louise des critiques littéraires qui ne savent pas leur métier, Flaubert écrit: « Ils pouvaient peut-être connaître l'anatomie d'une phrase mais certes ils n'entendaient goutte à la physiologie du style ». Après cette métaphore intellectuelle, Flaubert continue en rapprochant une physiologie abstraite de sa propre expérience. La physiologie n'est pas seulement une approximation du style dans l'œuvre, mais s'exprime dans le corps même de l'écrivain. Le romancier ressent physiquement les affres du style :

> Ah ! La littérature ! Quelle démangeaison permanente ! C'est comme un vésicatoire que j'ai au cœur. Il me fait mal sans cesse et je me le gratte avec délices (Corr. II, 445).

Nous aurons l'occasion par la suite de noter les effets physiques que produit sur Flaubert l'écriture d'un épisode-clé du roman, ce qu'il appelle « la baisade » d'Emma et de Rodolphe.

## 2. *Madame Bovary*, roman médical

Considérer *Madame Bovary* comme le roman le plus médical de Flaubert est l'évidence même. Ce caractère de l'œuvre est déterminé par la profession que l'auteur a choisie pour Charles, par le voisinage du pharmacien, et enfin par les maladies et la mort d'Emma. L'envie de disséquer s'empare de Flaubert et il s'en donne à cœur joie. La fracture du père Rouault, l'opération du pied bot, la description de l'Aveugle, les diagnostics d'Homais, l'agonie d'Emma, les médecins, Canivet et Larivière – autant d'occasions pour Gustave de rivaliser avec Achille son frère médecin, de se servir du jargon médical et d'en montrer l'inanité.

Le mot «anatomie» apparaît pour la première fois dans le roman à propos des études de Charles: «Le programme des cours qu'il lut sur l'affiche, lui fit un effet d'étourdissement: cours d'anatomie, cours de pathologie, cours de pharmacie, etc.». (1re partie, I) Et la dernière mention, cruellement ambiguë, à la dernière page du roman se réfère elle aussi à Charles qui meurt subitement: «Trente-six heures après, sur la demande de l'apothicaire, M. Canivet accourut. Il l'ouvrit et ne trouva rien». Toute la vie de Charles médecin se déroule entre l'anatomie qu'il étudie, les dissections qu'il pratique, et l'autopsie finale dont il est le triste objet. Quant à Emma, Flaubert n'emploie le mot «autopsie» qu'une fois à propos d'elle, au moment tragique de la saisie, préfigurant la mort qui ne va pas tarder. L'huissier se présente avec deux témoins:

> ...ils comptèrent dans la cuisine les plats, les marmites, les chaises, les flambeaux, et, dans sa chambre à coucher, toutes les babioles de l'étagère. Ils examinèrent ses robes, le linge, le cabinet de toilette; et son existence, jusque dans ses recoins les plus intimes, fut, comme un cadavre que l'on autopsie, étalée tout du long aux regards de ces trois hommes. (3e partie, VII)

En ouvrant Charles, on ne trouve rien; en autopsiant Emma, on trouve les vêtements, les babioles de la chambre à coucher et du cabinet de toilette.

Deux opérations déterminent le sort de Charles médecin, la fracture de la jambe du père Rouault et le pied bot d'Hippolyte. Dans le premier cas, «une fracture simple, sans complication d'aucune espèce», Charles réussit à gagner la faveur du malade et l'estime de sa fille. Dans le second, Charles entreprend une opération qui dépasse ses moyens pour regagner l'estime perdue d'Emma. Son échec consacre la rupture sentimentale du couple: Emma sait désormais que son mari ne sera jamais un chirurgien célèbre dont elle pourra s'enorgueillir.

Pour écrire l'épisode du pied bot, Flaubert se documente. Il consulte son frère le chirurgien, et se plonge dans la lecture d'ouvrages médicaux. A Louise, Flaubert n'a pas besoin d'expliquer pourquoi il a choisi le pied plutôt qu'une autre partie de l'anatomie. La maîtresse, qui a donné une pantoufle à son amant, en souvenir de leurs ébats, n'ignore pas que Flaubert est un fétichiste du pied. Dans le roman, Flaubert prêtera cette sensibilité à Léon qui admire le pied chaussé d'une bottine noire qu'Emma tend à la flamme, lors de leur première rencontre au «Lion d'or», et bien plus tard, dans leur chambre d'hôtel, il contemple le pied nu de sa maîtresse, chaussé seulement d'une pantoufle en satin rose, bordée de cygne. C'est donc en connaissance de cause que Flaubert choisit les mots pour décrire le désespoir d'Emma, qui rentre à Yonville de Rouen, après son rendez-vous avec Léon: «Emma, ivre de tristesse, grelottait sous ses vêtements et se sentait de plus en plus froid aux pieds, avec la mort dans l'âme». (3e partie, V)

Froid aux pieds, la mort dans l'âme – on ne saurait trouver un rapprochement plus frappant pour dire l'interdépendance du corps et de l'esprit. Le personnage d'Emma y est particulièrement sensible: Emma somatise ses déceptions et ses bonheurs. Elle tombe gravement malade après la rupture de Rodolphe, elle s'épanouit sous le charme de sa vie amoureuse. Le manuscrit était bien plus explicite et faisait allusion à des réalités corporelles que le romancier a supprimées par prudence:

> les manifestations physiques par trop précises qui se produisent chez l'héroïne pendant qu'elle danse avec le vicomte ou quand Rodolphe lui prend la main[3].

Emma souffre de dépression. Yvan Leclerc, professeur à l'université de Rouen, qui doit savoir quelque chose sur le climat local, affirme qu'Emma somatise la Normandie pluvieuse et brumeuse, la Province répétitive et affadie[4]. Félicité compare sa maîtresse en proie à la mélancolie à la Guérine, la fille au père Guérin, dont le mal:

> était une manière de brouillard qu'elle avait dans la tête, et les médecins n'y pouvaient rien, ni le curé non plus. […] Puis, après son mariage, ça lui a passé dit-on. – Mais moi, reprenait Emma, c'est après le mariage que ça m'est venu (2e partie, V, fin).

Emma, cependant, n'est pas la seule à somatiser. Son créateur en fait autant, qui éprouve dans son corps les affres et les voluptés de l'écriture.

3 Claudine Gothot-Mersch, *La genèse de Madame Bovary,* Paris, J. Corti, 1966, p. 264.

4 Yvan Leclerc, «Flaubert/Maupassant, la dépression en héritage», *Magazine littéraire* 411, juillet-août 2002.

## 3. Flaubert et l'écriture du corps

Nous ne serons pas étonnés de voir que Flaubert se qualifie d'« homme des brouillards » dans une lettre à Louise Colet (Corr. II, 140). Au niveau de l'écriture, l'anatomie devient pour Flaubert synonyme d'analyse psychologique. Elle permet de voir clair dans la brume confuse des sentiments. Le scalpel de Flaubert anatomiste est à double tranchant, il dissèque ses personnages, mais il l'applique également à lui-même. Il n'ignore pas que le corps peut refléter l'âme, qu'une maladie physique peut rendre manifeste ce que le cœur tente de refouler. Flaubert n'avait pas besoin de psychanalyse pour comprendre l'origine de son épilepsie, qu'il appelait sa maladie de nerfs. La maladie était le seul recours possible contre la vie bourgeoise, elle seule lui permettrait d'abandonner son droit et de se consacrer à la littérature. Il écrit à Louise Colet, en pleine rédaction de *Madame Bovary:*

> Si j'avais eu le cerveau plus solide, je n'aurais point été malade de faire mon droit et de m'ennuyer. J'en aurais tiré parti, au lieu d'en tirer du mal. Le chagrin, au lieu de me rester sur le crâne, a coulé dans mes membres et les crispait en convulsions. (Corr. II, 127)

L'écriture sera pour Flaubert une activité physique, il ressent dans son corps les joies et les souffrances de son héroïne. L'amour qui préoccupe Emma est aussi le grand sujet de réflexion de Flaubert qui écrit :

> ...le cœur que j'étudiais, c'était le mien. Que de fois j'ai senti à mes meilleurs moments le froid du scalpel qui m'entrait dans la chair! Bovary ...sera sous ce rapport, la somme de ma science psychologique et n'aura une valeur originale que par ce côté. (Corr. II, 124)

Grâce aux lettres à Louise Colet, à laquelle Flaubert ne cache rien, nous sommes témoins voyeurs de l'excitation nerveuse qui accompagne la rédaction d'épisodes à forte charge sexuelle. Les pages les plus explicites et les plus poignantes de cette correspondance évoquent les réactions de Flaubert quand il décrit la promenade à cheval d'Emma et de Rodolphe. Il faut citer en entier deux longs passages de la lettre du 23 décembre 1853, écrite à Louise à deux heures du matin :

> Il faut t'aimer pour t'écrire ce soir, car je suis épuisé (souligné dans le texte). J'ai un casque de fer sur le crâne. Depuis 2 h (eures) de l'après-midi (sauf 25 minutes à peu près pour dîner) j'écris de la Bovary. Je suis à leur Baisade, en plein, au milieu. On sue et on a la gorge serrée. Voilà une des rares journées de ma vie que j'ai passée dans l'illusion, complètement,

et depuis un bout jusqu'à l'autre. Tantôt, à six heures, au moment où j'écrivais le mot attaque de nerfs, j'étais si emporté, je gueulais si fort, et sentais si profondément ce que ma petite femme éprouvait, que j'ai eu peur moi-même d'en avoir une.

(La phrase à laquelle Flaubert fait allusion: «Emma haletait comme si elle allait avoir une attaque de nerfs», disparaît dans la version définitive). Flaubert poursuit:

La tête me tournait. J'ai à présent de grandes douleurs dans les genoux, dans le dos et la tête. Je suis comme un homme qui a trop foutu (pardon de l'expression) c'est à dire en une sorte de lassitude pleine d'enivrement. (Corr. II, 483)

Plus de vingt ans plus tard, en décrivant la danse «orgiaque»de Salomé dans *Hérodias*, Flaubert éprouvera les mêmes transes[5]. Dans un autre passage de la même lettre, Flaubert, toujours mécontent de son travail, fait pour une fois l'éloge de son art:

...c'est une délicieuse chose que d'écrire! Que de ne pas être soi (souligné dans le texte), mais de circuler dans la création dont on parle. Aujourd'hui, par exemple, homme et femme tout ensemble, amant et maîtresse à la fois, je me suis promené à cheval dans une forêt, par un après-midi d'automne, sous des feuilles jaunes, et j'étais les chevaux, les feuilles, le vent, les paroles qu'ils se disaient et le soleil rouge qui faisait s'entrefermer leurs paupières noyées d'amour. (Corr, II, 483-4)

L'écrivain transcende ici l'aporie créée par ses déclarations: «Madame Bovary, c'est moi!» mais aussi «Il n'y a rien de moi dans ce roman». Flaubert devient à la fois homme et femme: il est le grand bourgeois de Rouen qui trouve son salut dans l'art, mais aussi la pauvre provinciale, nourrie de romans, mariée à un homme médiocre, qui se révolte contre son sort et cherche l'idéal. Baudelaire ne s'y est pas trompé, qui dans son compte rendu de *Madame Bovary*, voit dans Emma un «bizarre androgyne» où Flaubert a mis beaucoup de lui-même. Baudelaire signale aussi des épisodes importants que la critique a négligés ou vitupérés. Ce sont justement les épisodes «médicaux»: l'opération du pied bot, et la scène où le curé Bournisien, préoccupé par les gamins du catéchisme, renvoie Emma à son mari médecin, qui saura mieux que lui, soigner ses malaises[6].

5 Voir H. Shillony, «*Hérodias* de Flaubert: conte historique, conte hystérique» dans A. Ablamowicz, éditeur, *Le roman de l'histoire dans l'histoire du roman*, Katowice, Université de Silésie, 2000.

6 C. Baudelaire, compte rendu de *Madame Bovary*, dans *Curiosités esthétiques, L'Art romantique*, Paris, Garnier, 1962. pp. 641-651.

## 4. L'écrivain androgyne

A l'époque où il écrit *Madame Bovary* et corrige sans cesse les poèmes de la Muse, Louise Colet, Flaubert insiste sur la différence entre le style mâle, dur, dépouillé, le sien, et un style féminin, mou, suintant (les adjectifs sont de Flaubert) celui de sa maîtresse et des écrivains qu'il méprise. Il recommande à Louise d'être plus virile:

> J'ai toujours essayé (mais il me semble que j'échoue) de faire de toi un hermaphrodite sublime. Je te veux homme jusqu'à la hauteur du ventre (en descendant) (Corr. II, 548)[7].

Mais ces belles distinctions finissent par s'estomper. Plus Flaubert vieillit et plus il est prêt à admettre le côté féminin de son caractère. Un grand écrivain, qui exulte de n'être plus soi, peut devenir à la fois homme et femme. A George Sand, sa dernière confidente, il avoue:

> Je crois que le cœur ne vieillit pas. Il y a même des gens chez qui il augmente avec l'âge. J'étais plus sec et plus âpre il y a vingt ans qu'aujourd'hui. Je me suis féminisé et attendri par l'usure, comme d'autres se racornissent (sensibilité à fleur de peau, il ne faut rien pour m'émouvoir). (Corr. III, 599)

Dans une lettre à la même correspondante, Flaubert se traite, à cause de sa sensibilité excessive, de «vieil hystérique» (III, 591). L'hystérie est une étrange maladie mentale, disparue aujourd'hui des annales de la psychiatrie, mais qui était au centre du discours psychosomatique de la seconde moitié du XIX$^{e}$ siècle. Maladie réservée aux femmes («hyster» c'est l'utérus), mais revendiquée aussi par les artistes. Pour Baudelaire, Emma Bovary, par sa faculté de rêver, s'apparente au poète hystérique. Le créateur d'Emma ne prononce jamais le mot d'épilepsie, mais il mentionne souvent sa maladie de nerfs, des attaques de nerfs, et la quarantaine passée, son hystérie. C'est cette sensibilité à fleur de peau qui fait de Flaubert le romancier le plus «médicalisé» de son époque. Ce n'est pas par hasard qu'Emma empoisonnée sent le goût de l'encre et vomit un liquide noir. Pour Flaubert, l'écriture

7 Pour une discussion approfondie de l'anatomie et de la physiologie du style, voir Janet Beizer, «Les lettres de Flaubert à Louise Colet, une physiologie du style» dans Debray-Genette, R. et J. Neefs, *L'œuvre dans l'œuvre: études sur la correspondance de Flaubert.* Presses Universitaires de Vincennes, 1993.

a partie liée avec le corps, celui de l'héroïne qu'il a créée et le sien, celui du romancier qui ressent dans sa chair ce qu'il fait subir à sa créature.

Faut-il conclure? Risquer une conclusion en règle, quand il est question de Flaubert, c'est risquer le ridicule. L'écrivain nous en avertit dans une lettre à Louis Bouilhet:

> L'ineptie consiste à vouloir conclure. [...] Oui, la bêtise consiste à vouloir conclure. Nous sommes un fil et nous voulons savoir la trame (Corr. I, 679-80).

Il n'est pas indifférent de noter que ces phrases souvent citées figurent dans une lettre écrite à Damas, pendant le voyage en Orient. C'est peut-être le spectacle du Proche-Orient confus et incompréhensible, il y a un siècle et demi, comme aujourd'hui, qui encourage le scepticisme de Flaubert. L'anatomie définitive du cœur humain reste toujours à faire.

# L'Autopsie morale: dissection du mensonge dans *A la recherche du temps perdu*

Sam BLOOM
Université de Haïfa

> Si, comme la vérité, le mensonge n'avait qu'un visage, nous serions en meilleurs termes. Car nous prendrions pour certain l'opposé de ce que dirait le menteur. Mais le revers de la vérité a cent mille figures et un champ indéfini. Michel de Montaigne, ‹Des menteurs›, *Essais* I, ix.

> J'aurais tant voulu savoir quels étaient les nombreux mensonges du début! Mais je savais d'avance que ses aveux seraient de nouveaux mensonges. Aussi je me contentai de l'embrasser, *A la recherche du temps perdu* (III, 686)[1].

Le mensonge attire tout naturellement notre intérêt. Présupposer que tout ce que l'autre nous dit est mensonge et subterfuge rend la vie plus intéressante. Cette manière de voir le monde pourrait même être très utile dans certains milieux professionnels. C'est ainsi que je me suis toujours demandé s'il n'y avait pas de rapport entre l'énorme popularité de Proust dans le monde universitaire (comme le démontre une bibliographie non-négligeable) et l'élément mensonger qui sous-tend toute l'œuvre proustienne. Le mensonge – lorsque nous pensons avoir affaire à un mensonge – se prête automatiquement à l'analyse et notre but en tant que lecteurs et critiques semble, la plupart du temps, de déchiffrer et de démontrer une vérité sinon *la* vérité. Dans *A la recherche du temps perdu*, la quête du narrateur consiste en grande partie à reconstituer la vérité déformée par le mensonge ou même la fiction inventée par d'autres.

Le démêlage du mensonge et la reconstitution de la vérité évoquent non seulement une reconstituion du « temps perdu » mais aussi une sorte d'autopsie psychologique. Ce dernier terme est d'autant plus juste dans le cas du personnage d'Albertine vers qui le héros de la *Recherche* dirige sa propre enquête et confirme après la mort de celle-ci les infidélités. D'une manière

1 Toute citation de *A la recherché du temps perdu* renvoie à l'édition critique de la Pléiade sous la direction de Jean-Yves Tadié, Paris, Gallimard, 1984-1989.

insolite, les démarches que l'amant trompé fait afin d'arriver à la vérité ne sont pas sans rappeler la critique positiviste de Sainte-Beuve, dont Proust démonte la méthode dans les premiers brouillons de la *Recherche*:

> L'œuvre de Sainte-Beuve n'est pas une œuvre profonde. La fameuse méthode, qui en fait, selon Taine, selon M. Paul Bourget et tant d'autres, le maître inégalable de la critique du XIX^e^ siècle, cette méthode qui consiste à ne pas séparer l'homme de l'œuvre, à considérer qu'il n'est pas indifférent pour juger l'auteur d'un livre, si ce livre n'est pas «traité de géométrie pure», d'avoir d'abord répondu aux questions qui paraissent les plus étrangères à son œuvre (comment se comportait-il...), à s'entourer de tous les renseignements possibles sur un écrivain, à collationner ses correspondances, à interroger les hommes qui l'ont connu, en causant avec eux s'ils vivent encore, lisant ce qu'ils ont pu écrire sur lui s'ils sont morts, cette méthode méconnaît ce qu'une fréquentation un peu profonde avec nous-même nous apprend: qu'un livre est le produit d'un autre moi que celui que nous manifestons dans nos habitudes, dans la société, *dans nos vices*[2].

Or, le héros de la *Recherche* est comme aux trousses de sa maîtresse après sa mort, comme de son vivant, pour découvrir l'étendue de ses vices. Un mois après la mort de Balzac, Sainte-Beuve eut la «délicatesse» de constater que le moment n'était pas encore venu d'écrire sa biographie: «Ces sortes d'autopsies morales ne se font pas sur une tombe récente...»[3].

Dans la *Recherche*, les éléments d'un mensonge trouvent tôt ou tard leur signification – ou «signifiance» pour reprendre la formule de Gilles Deleuze – dans la vérité qu'ils essaient de cacher[4]. Il serait toutefois tentant d'établir une taxonomie des mensonges dans la *Recherche* depuis les plus anodins jusqu'aux plus nocifs. Pour donner un exemple de ceux-là, citons le modèle de dépêche que le duc de Guermantes a «spirituellement fixé»: «IMPOSSIBLE VENIR, MENSONGE SUIT» (IV, 281). Donnant l'exemple d'une des machinations les plus maléfiques, et par conséquent perdant momentanément la confiance du héros qui le surprend, Saint-Loup explique au valet de pied de sa tante la duchesse de Guermantes comment faire renvoyer son rival par une mise en scène: cacher les choses qu'il est chargé d'apporter, renverser des encriers sur sa livrée, etc. (IV, 53). De même, on pourrait établir une catégorie de la mythomanie épistolaire à partir de la

2 Marcel Proust, *Contre Sainte-Beuve*, éd. Pierre Clarac et Yves Sandre, Paris, Gallimard, 1971, p. 221. Nous soulignons.

3 C.-A. Sainte-Beuve, *Les Causeries du lundi* (lundi 2 septembre 1850), Paris, Garnier Frères, 1928, p. 413.

4 Gilles Deleuze, *Proust et les signes*, Paris, Quadrige, 1964, 1996.

lettre que le jeune héros envoie par l'intermédiaire de Françoise à sa Mère, dans « Combray » afin de conduire cette dernière au fameux « baiser du soir ». Selon Jeffrey Mehlman, cette lettre serait le premier *creative exercise* du narrateur qui annonce dès l'abord la fiction quasi-autobiographique que sera tout le roman[5].

Dans cette typologie de mensonges, celui qui attire particulièrement notre attention englobe l'enchevêtrement de fabulations servant à constituer une identité fictive et à en cacher une autre secrète. A ce titre, nous examinerons le mensonge (cachant l'infidélité) qui est souvent rendu plus complexe par celui qui dissimule *l'inversion*, terme que Proust préférait à celui de l'homosexualité. Nous nous limiterons principalement au personnage d'Albertine pour qui les indices révélateurs de ses mensonges ne se reconstitueront comme tels qu'après sa mort. Dans la *Recherche*, l'inverti présente un cas exemplaire de la dissimulation d'une vie secrète. Rappelons que l'ouverture souvent burlesque de *Sodome et Gomorrhe* est en partie calquée sur *L'Intelligence des fleurs*, traité botanique lyrique écrit par Maeterlinck en 1907 qui aurait pu être appelé la « vie secrète des fleurs ». Lors de la découverte de la vraie nature du baron de Charlus dans la première partie de *Sodome et Gomorrhe*, un des rares moments dans cet épisode ne semblant pas être marqué par l'ironie, le narrateur élabore la dissimulation que l'inverti est forcé d'adopter même avec ces proches :

> Race sur qui pèse une malédiction et qui doit vivre dans le mensonge et le parjure, puisqu'elle sait tenu pour punissable et honteux, pour inavouable, son désir, ce qui fait pour toute créature la plus grande douceur de vivre ; qui doit renier son Dieu, puisque même chrétiens, quand à la barre du tribunal, ils comparaissent comme accusés, il leur faut, devant le Christ et en son nom, se défendre comme d'une calomnie de ce qui est leur vie même ; fils sans mère, à laquelle ils sont obligés de mentir même à l'heure de lui fermer les yeux… (III, 17).

C'est ainsi que lorsque les recherches d'Aimé, le maître d'hôtel, finissent par confirmer les rapports homosexuels d'Albertine dont le héros l'a déjà soupçonnée de son vivant, ce dernier se voit confronter au sentiment d'une trahison qui dépasse toutes les bornes de l'infidélité conventionnelle. Ainsi celui qui se croit trompé par une maîtresse homosexuelle devient d'autant plus méfiant et jaloux qu'il mesure les infidélités possibles de façon exponentielle.

5 Jeffrey Mehlman, *A Structural Study of Autobiography : Proust, Leiris, Sartre, Lévi-Strauss*, Ithaca, Cornell University Press, 1974.

Même en s'épargnant de ces dernières complications, les relations amoureuses sont par nécessité caractérisées par l'artificiel. Or, dans un chapitre intitulé «Civilisation et mensonge», le sociologue Gabriel Tarde, contemporain de Proust, écrit en s'appuyant sur l'autorité d'Ovide que «l'art d'aimer, avec ses compliments aussi faux que ses serments, c'est l'art de mentir»[6]. Le cas d'Albertine, comme nous le verrons, implique des conséquences plus dramatiques car il s'agit, pour le narrateur proustien, d'une «traîtrise» fondamentale. En lui cachant sa vraie nature, le héros explique qu'Albertine:

> [...] m'en avait tenu à l'écart, comme une femme qui m'eût caché qu'elle était d'un pays ennemi et espionne, bien plus traîtreusement même qu'une espionne, car celle-ci ne trompe que sur sa nationalité, tandis qu'Albertine c'était son humanité la plus profonde, sur ce qu'elle n'appartenait pas à l'humanité commune, mais à une race étrange qui s'y mêle, s'y cache et ne s'y fond jamais. (IV, 107-8).

Décrite tour à tour comme prisonnière, fugitive et espionne, Albertine fait pendant au héros qui, tout au long du récit, remplit le rôle de son juge d'instruction. C'est ainsi que Léon Pierre-Quint caractérise et apprécie la manière dont, au commencement de sa liaison avec Albertine, Marcel «flaire», si j'ose dire, un autre séducteur qui le précède. Si, dans la deuxième partie du *Côté de Guermantes*, il ose lui donner un baiser à Paris depuis le refus de sa première tentative pendant des vacances en Normandie, c'est parce qu'il est rassuré par le nouveau lexique qu'emploie Albertine (contenant des expressions comme «à mon sens» ou un «pied de rouge») qui doit ses origines à un autre. Celui-ci aurait initié la langue d'Albertine de plusieurs façons, ce qui rend d'autant plus suspect un autre épisode intime de réconciliation dans *Sodome et Gomorrhe*:

> En attirant ma tête pour une caresse qu'elle ne m'avait encore jamais faite et que je devais *peut-être* à notre brouille finie, [Albertine] passa légèrement sa langue sur mes lèvres qu'elle essayait d'entrouvrir» (III, 229)[7].

6 Gabriel Tarde, *La Criminalité comparée*, Paris, F. Alcan, 1924.

7 En dépit de son dédain pour l'humour de *Sodome et Gomorrhe*, Jean Cocteau exploitera le même genre d'indice langagier – ce qui deviendra une sorte de gag – dans sa pièce *Les parents terribles*. Il s'agira de cet In-croy-able! que père et fils empruntent à la même maîtresse et introduisent dans la maison familiale.

En ce qui concerne les nouvelles locutions d'Albertine et les inductions qu'en fait le héros, Léon Pierre-Quint écrit:

> ...Cette méthode d'interprétation du langage, un juge d'instruction pourrait l'utiliser avec profit. En confrontant les expressions de l'accusé et de la famille de la victime, il saura s'ils se sont connus. La police n'applique aujourd'hui que des procédés matériels, empreintes digitales, mensurations. Sans-doute, si elle avait recours également à l'analyse psychologique, serait-elle moins négligente[8].

Dans le volume intitulé *Albertine disparue*, lors de la découverte des relations d'Albertine avec Mademoiselle Vinteuil et peu après son départ, le héros compare lui-même sa nouvelle réalité à celle « [...] en face de quoi nous mettent la découverte d'un physicien, les enquêtes d'un juge d'instruction ou les trouvailles d'un historien sur les dessous d'un crime ou d'une révolution... » (IV, 7).

Ces deux dernières citations de Pierre-Quint et de Proust évoquent la criminalité et plus particulièrement dans le cas de Pierre-Quint, la notion des mensurations. Cette dernière n'est pas sans importance littérale et anatomique, c'est-à-dire, non-métaphorique dans la *Recherche*. Soit: ou c'est à dire les lettres d'Aimé désabusent le héros en ce qui concerne les baignades d'Albertine et restaurent la vérité *post-mortem*. Ici l'autopsie dont nous avons parlé au début n'est que figurative. Pourtant il y a également des indications révélant que Proust était conscient de l'anthropologie criminelle de Cesare Lombroso et Gabriel Tarde entre autres[9]. Celle-ci, comme nous le verrons, ne semble guère plus avancée que la physiognomonie de Johann Lavater dont Honoré de Balzac fut inspiré[10]. Dans son *Homme criminel*, Cesare

8 Léon Pierre-Quint, *Marcel Proust*, Edition augmenté de plusieurs études et de *Proust et la jeunesse d'aujourd'hui*, Paris, Sagitaire, 1976, p. 127.

9 Dans un article qu'il écrit pour le *Mercure de France*, Proust déplore la nomination de M. Izoulet au Collège de France au préjudice des meilleurs candidats: «La science sociale est à la mode...une chaire de philosophie sociale vient d'être créée au Collège de France... Gabriel Tarde... Alfred Fouillée... Gustave LeBon, Espinas ou M. Durkheim... Pourtant ce n'est aucun de ces noms qui a été choisi [...], «Science sociale: la nomination de M. Izoulet à la chaire de philosophie sociale au Collège de France», octobre, no. 24, 1897, pp. 245-49; voir également Michel Raimond et Luc Fraisse, *Proust en toutes lettres*, Paris, Bordas, 1989, pp. 48-50.

10 Voir par exemple Christopher Rivers, *Face Value: physiognomical thought and the legible body in Marivaux, Lavater, Balzac, Gautier and Zola*, Madison, Wisconsin, Univ. of Wisconsin Press, 1994; Gauthier, E. Paul, «New light on Zola and physiognomy», dans *Publications of the Modern Language Association of America*, no. 75, 1960, pp. 297-308; et Pierre Abraham, *Créatures chez Balzac*, Paris, Gallimard, 1931.

Lombroso s'est lui-même appuyé sur l'autorité du romancier et du physiognomoniste[11]. Rappelons le spectacle «épouvantable» de la tête nue du forçat évadé Jacques Collin. Au seuil de croire à la fiction de son prévenu déguisé en prêtre espagnol, le juge d'instruction Camusot demeure méfiant: «C'est pourtant bien là une physionomie de bagne»[12]. Si Vautrin a la tête d'un bagnard, l'anatomie de Charlus n'en est pas moins signifiante. Lors d'une des *incarnations* ultérieures de celui-ci vieilli, le héros de la *Recherche* désigne le «derrière» de celui-ci comme «presque symbolique» (III, 254).

Et que faire des propos du docteur Cottard, qui en parlant de l'homosexualité de celui-là, dit aux fidèles du Salon des Verdurin: «Comment! Il est de la confrérie! Je vois plusieurs nobles à la douche, dans le costume d'Adam, ce sont plus ou moins des dégénérés» (III, 324)? Il s'agit certainement de douche thérapeutique et on ne peut que s'imaginer en quoi consiste cette dégénérescence. D'après Balzac, si les maîtresses des criminels sont prêtes à tout risquer pour leurs amants, ceci est dû à la prouesse anatomique de ceux-ci:

> L'amour physique et déréglé de ces hommes serait donc, si l'on en croit la Faculté de médecine, l'origine des sept dixièmes des crimes. La preuve s'en trouve toujours, d'ailleurs frappante, palpable, à l'autopsie de l'homme exécuté. Aussi l'adoration de leurs maîtresses est-elle acquise à ces monstrueux amants, épouvantails de la société[13].

Qu'il s'agisse d'énormité ou de petitesse en ces matières, le diagnostic arrive aux conclusions les plus sinistres concernant le sujet. Ceci est d'autant plus apparent dans un passage de Lombroso qui décrit la physionomie des auteurs de viol:

> Parmi ceux qui se livrent à ce crime, un grand nombre ont les lèvres épaisses, les cheveux abondants et noirs, les yeux clairs, la voix rauque. La plupart du temps ils sont à demi-impuissants et demi-fous; *leurs parties génitales sont tantôt atrophiées, tantôt d'un volume énorme*, leur crâne est de forme anormale; il n'est pas rare de voir des goitreux, crétins, bègues ou rachitiques[14].

11 Cesar Lombroso, *L'Homme Criminel*, 4e édition, trad. par MM Regnier et Bournet, Paris, F. Alcan, 1887, p. 224 et 227.

12 Honoré de Balzac, *Splendeurs et misères des courtisanes*, Paris, Gallimard, 1963, p. 397, 415. Voir aussi Judith Wechsler, *A Human Comedy. Physiognomy and Caricature in 19th Century Paris*, Chicago, University of Chicago Press, 1982.

13 *Splendeurs et misères*, op. cit., pp. 495-496.

14 *L'Homme criminel*, op. cit., p. 435, je souligne.

Le passage concernant Albertine qui semble trouver ses sources dans l'anthropologie criminelle – par l'intermédiaire de Vinci – se retrouve dans *Sodome et Gomorrhe* lors d'une rencontre intime entre le héros et celle-ci :

> Il y avait, quand elle était tout à fait sur le côté, un certain aspect de sa figure (si bonne et si belle de face) que je ne pouvais souffrir, crochu comme en certaines caricatures de Léonard, semblant révéler la méchanceté, l'âpreté au gain, la fourberie d'une espionne, dont la présence chez moi m'eût fait horreur et qui semblait démasquée par ces profils-là. (III, 587).

Reprenant Lombroso, Gabriel Tarde écrit :

> N'omettons pas de relever des observations assez singulières : le criminel (et aussi bien la criminelle) est *beaucoup* plus souvent brun que blond ; il est très chevelu et très peu barbu – Méfiez vous de l'imberbe dit un proverbe italien. Enfin, il n'a presque jamais le nez droit ; le voleur l'a retroussé, paraît-il, et l'assassin, crochu…[15]

Plutôt que de nier « une remarque qui peut faire sourire », Tarde lui donne raison en citant l'*Esthétique* de Hegel qui propose une correspondance entre la forme du nez et le caractère. D'autre part, dans *La Criminalité comparée*, Tarde qui tente une analyse d'une statistique indiquant une hausse de la criminalité, ne renie pas la sémiotique anatomique de Lombroso. Partant de celle-ci, le criminologue pourrait détecter le « type criminel ». Comme le dernier passage de Tarde le démontre, la foi que l'on a dans un système de signes anatomiques est bien étayée par un support linguistique – le proverbe. Lombroso en énumère plusieurs qui avertissent de prendre garde des femmes ayant des traits mâles ainsi que des hommes ayant des caractéristiques féminines[16].

De tels critères sembleraient rappeler le flair de paysanne que Françoise possède. Celle-ci apprécie Albertine aussi peu qu'elle aime l'ami d'enfance du héros, Albert Bloch, qui s'avère « copiateur » ou plagiaire du héros. Quel rôle pourrait jouer l'intuition dans l'analyse littéraire ? Et que pourrait-on dire d'une approche interprétative qui dépend de la biographie ou de la sémiologie ? En relisant le reste du passage concernant le profil d'Albertine

15 Gabriel Tarde, *La Criminalité comparée*, op. cit., p. 15.

16 Tels que « Homme roux et femme barbue, salue-les de loin. – Méfie-toi de la femme qui a la voix d'homme. – Dieu me garde de l'homme sans barbe », *L'Homme criminel*, op. cit., p. 245.

ci-dessus, je dois avouer que comme lecteur je me trouve étonné par la description autrement sensuelle du corps féminin d'Albertine :

> Les deux petits seins haut remontés étaient si ronds qu'ils avaient moins l'air de faire partie intégrante de son corps que d'y avoir mûri comme deux fruits ; et son ventre (dissimulant la place qui chez l'homme s'enlaidit comme un crampon resté fiché dans une statue descellée) se refermait, à la jonction des cuisses, par deux valves d'une courbe aussi assoupie, aussi reposante, aussi claustrale que celle de l'horizon quand le soleil a disparu (III, 587).

Mon étonnement ou ma naïveté ne peuvent être attribués qu'aux idées préconçues que j'ai récoltées ou amassées chez les critiques littéraires et les biographes de Proust, eux aussi faiseurs d'autopsie psychologique.

# Le corps de l'acteur et les rapports de force institutionnels, de *Acte sans paroles* à *Pas moi**

Jürgen Siess
Université de Caen

De nombreux textes dramatiques de Beckett mettent en scène des rapports de force inhérents au système de production théâtrale. On peut considérer ce système comme un ensemble qui relie entre eux les « agents » les plus divers : décorateur et éclairagiste, ingénieur du son et régisseur, costumier et maquilleuse, acteurs et metteur en scène, et – à ne pas oublier – l'auteur.

Quant à la figure du metteur en scène sur le plan « symbolique » des pièces, je ne la confronterai pas à la personne empirique de Beckett travaillant comme metteur en scène, mais plutôt à la fonction du metteur en scène dans le système de production théâtrale (et de son rapport à l'acteur) telle qu'elle a été conçue par la critique théâtrale et socioculturelle[1].

Je me concentrerai sur la place et la fonction de l'acteur, plus spécifiquement sur le corps de l'acteur dans les relations institutionnelles telles qu'elles apparaissent, plutôt sur un second plan, dans des textes que Beckett a écrit pour le théâtre. Sur ce plan « symbolique » (situé derrière le premier plan qui est directement perceptible) apparaît l'impact du pouvoir tel qu'il se manifeste dans l'institution. Et, dans ma dernière partie, j'essaierai d'ouvrir le champ de l'analyse textuelle à la dimension du système de production théâtrale réel dont l'acteur est un élément constitutif. Ici la relation entre

* Une première version de ce texte – « The Actor's Body and Institutional Tensions » – a été publiée dans Linda Ben-Zvi (dir.), *Drawing on Beckett : Portraits, Performances and Cultural Contexts*, Tel Aviv, Assaph Books, 2003 (pp. 297-307).

1 Voir, entre autres, Pattie, David, « Space, Time, and the Self in Beckett's Late Theatre », *Modern Drama*, 2000, 43, 393-403. Siess, Jürgen, « Le regard sur Buster Keaton » (*CinémAction* 93), 1999, 176-182. Pour donner un exemple : Bouche dans *Pas moi* est davantage à relier aux effets que le cinéma produit sur le théâtre qu'à la relation que Beckett crée face à Billie Whitelaw ou à Madeleine Renaud, et on peut considérer la réflexion sur ces deux médias comme un élément intégrant de *Pas moi*.

l'acteur et le metteur en scène semble être cruciale[2]. Il faut cependant considérer celle-ci comme partie intégrante du système interrelationnel dont dépendent les différents agents dans leur ensemble.

Je partirai de trois hypothèses de travail:

- Dans *Acte sans paroles*, le rapport de pouvoir est bien visible, tandis qu'à partir de *Comédie* celui-ci apparaît seulement derrière ce qui est bien visiblement mis en scène. Dans *Comédie*, on voit apparaître une distinction entre plan perceptible et plan «symbolique».
- Dans l'institution à laquelle les pièces renvoient directement ou indirectement, l'acteur a une fonction marquée. Si déjà dans *En attendant Godot* le corps – non pas comme signe, mais dans sa réalité physique – est mis en valeur comme élément majeur du dispositif, il devient un élément autonome dans *Acte sans paroles.* Depuis les premières pièces jusqu'aux textes des années 1960 et 1970, Beckett substitue au corps infirme ou sujet à la violence le corps réduit ou «effacé». L'aspect du corps étant rendu infirme est mis en scène dans *Oh les beaux jours* (1961), cette pièce présentant le devenir infirme, le processus même. Or, l'image de la femme vieillissante permet une autre interprétation encore: dans une certaine mesure, Winnie peut être considérée aussi comme l'image de l'Actrice qui perd ses compétences, qui est condamnée à disparaître de la scène[3]. Quant à l'aspect de l'*effacement*, il est manifeste dans *Comédie* où le corps est enserré dans une jarre dont seule une tête statique dépasse; or, cet aspect est poussé plus loin encore dans *Pas moi.*
- Dans *Godot*, dans *Fin de partie*, et jusqu'à un certain point aussi dans *Oh les beaux jours*, Beckett met en scène des personnages qui, confrontés à un monde complètement dévasté, sont «incapables d'être nihilistes» – le nihilisme étant l'attitude appropriée face à une situation complètement désespérée[4]. Même si la forme choisie est l'«indépassable *farce* ontologique» *(ibid.)*, Beckett n'évacue cependant pas encore la référence à la condition humaine. En revanche, à partir de *Comédie* (1963), les con-

2 Voir Duvignaud, Jean, *L'acteur. Esquisse d'une sociologie du comédien*, Paris, Gallimard, 1965. Grotowski, Jerzy, *Vers un théâtre pauvre,* Lausanne, L'Age d'Homme, 1971. Dort, Bernard, *La représentation émancipée,* Arles, Actes Sud, 1988. Dort, Bernard, *L'écrivain périodique*, C. Meyer-Plantureux ed. Paris, P. O. L., 2001.

3 Simon, Alfred, *Beckett,* Paris, Belfond, 1983, p. 250.

4 Anders, Günther, *Die Antiquiertheit des Menschen,* München, Beck, 1983 (1956).

traintes du système telles qu'elles apparaissent sur le plan « symbolique » des textes s'imposent au détriment de la condition humaine.

Notons que l'hypothèse de Marie-Claude Hubert – le corps souffrant beckettien crie le malheur, signalant son existence par les maux qui le torturent[5] – paraît trop imprécise : on ne saurait subsumer à cette hypothèse que certaines de ses pièces et, qui plus est, elle ne permet guère de subdiviser l'œuvre dramatique en des phases clairement délimitées.

## 1. *Acte sans paroles* (1957)

Dans mon analyse, je passerai du personnage à l'acteur et du texte au système auquel, directement ou indirectement, il renvoie.

*Acte sans paroles* a une place à part dans les premiers textes dramatiques de Beckett. Le terme proposé par Ruby Cohn, « Just Play »[6] ne s'applique peut-être à nulle autre pièce aussi bien qu'à celle-ci. Cohn n'en ouvre pas moins, dans sa lecture d'*Acte sans paroles*, la perspective sur l'ontologie : le texte de Beckett illustre, selon elle, l'affirmation d'Arnold Geulincx « où tu ne vaux rien, là tu ne dois rien demander », « *où* et *là* désignant la scène du monde ». A Geulincx il faudrait ajouter Heidegger et son concept de la condition humaine comme *Geworfensein* (être jeté dans le monde). Je soutiendrai, au contraire, que dans cette pièce de Beckett, la condition humaine sert seulement de prétexte. Je suivrai ainsi Alain Badiou qui considère que le théâtre de Beckett n'est ni symbolique ni métaphysique : « Le handicap n'est pas une métaphore pathétique de la condition humaine »[7]. En d'autres termes, l'allusion à la philosophie de l'Etre fonctionne comme un voile qui dissimule l'objet principal, à savoir de mettre en scène l'Acteur comme étant sujet à une volonté supérieure[8].

5 Hubert, Marie-Claude, *Langage et corps fantasmé dans le théâtre des années 50*, Paris, Corti, 1987, p. 77.

6 Cohn, Ruby, *Just Play. Beckett's Theatre,* Princeton, Princeton Univ. Press, 1980, p. 5.

7 Badiou, Alain, *Beckett. L'increvable désir*, Paris, Hachette, 1995, p. 74.

8 Ce qu'Adorno affirme à propos de *Fin de partie* (1961 : 202-203) pourrait être induit tout autant d'*Acte sans paroles :* ce texte dépasse la philosophie existentielle qui – sous le terme de *Geworfensein* ou d'absurdité – attribuait du sens à ce qui est supposé manquer de tout sens.

*Acte sans paroles* est une pantomime, le texte se lit comme une longue didascalie, il indique les mouvements que le personnage est supposé exécuter :

> Il y a 14 coups de sifflet [...] qui incitent l'homme à se servir de sept accessoires [...]. Tout au long de ces combats l'homme fait preuve d'intelligence. [...] Cependant en dépit de ses performances il ne peut vaincre la force qui le siffle à faire tous ces exercices, tout en empêchant continûment sa victoire[9].

L'homme doit se situer dans l'espace et face aux accessoires, saisir ceux-ci et s'adapter à eux. Les objets qui descendent des cintres ne restent pas à sa portée, comme s'ils se moquaient de lui ; il est réduit au statut d'un simple comparse. La fin d'*Acte sans paroles* donne néanmoins à penser que les accessoires et le sifflet sont plus forts que l'homme seulement tant qu'il est prêt à dépendre d'eux.

La séquence initiale montre un personnage qui est projeté sur la scène, sujet à une force invisible, située à l'aile droite – une machine puissante ou un ou plusieurs êtres humains forts, violents. Les séquences suivantes suggèrent la présence-absence de deux autres forces encore, la première située à l'aile gauche, la seconde au-dessus, dans les cintres. Aucune des trois n'apparaîtra sur scène. Dès le début, le corps du personnage, tout en étant placé au centre, apparaît comme exposé à la violence. Quelqu'un de plus fort exerce son pouvoir sur le personnage, sur trois modes différents, physique, acoustique et proxémique. L'homme est flanqué sur le plateau, on le siffle, on fait descendre et lui enlève des objets qui semblent devoir lui servir, mais qui, en vérité, ne font que le narguer et se gausser de lui, de ses besoins et désirs : ainsi les trois forces jouent avec lui, son corps étant subjugué à leur volonté ou leur pulsion. Seulement dans la dernière séquence, l'homme trouve du répit, grâce à une indifférence qui résulte de ces « réflexions » répétées ou d'un changement d'avis subit. A présent, le corps n'est plus sujet à une action externe : un potentiel intérieur permet à l'homme de se détourner délibérément des autorités qui cherchaient à le manipuler. Parvenu à ce point, il refuse de jouer leur jeu : « Il reste allongé sur le flanc, face à la salle, le regard fixe [...] Il ne bouge pas [...] Il regarde ses mains »[10]. Il met fin à tout mouvement, subi ou adopté. A ce

9 Ben-Zvi, Linda, *Samuel Beckett*, Boston, Twayne, 1986, p. 151.
10 Beckett, Samuel 1972, *Comédie et actes divers*, Paris, Minuit, 1972, p. 101.

moment le corps est délivré des coups et des abus qu'on lui a infligés. Notons que Marie-Claude Hubert[11], au contraire, considérait que l'homme à la fin est « insensible à tout stimulus extérieur, comme gagné par la paralysie » : sans doute a-t-elle bien vu que le coup de sifflet est « l'équivalent d'une présence despotique », elle en induit cependant, sans autre argument à l'appui, qu'il est « la représentation d'un destin implacable »[12]. Il me semble que l'analyse approfondie des rapports de force permet de contester ces hypothèses guidées par une conception ontologique ou tragique, partant de la condition humaine ou du fatum.

Le rapport de pouvoir apparaît au grand jour, alors que les instances qui exercent le pouvoir demeurent invisibles. La force physique, propulsive, ne se perçoit que dans les effets qu'elle produit ; l'autorité qui entend dominer l'homme est présente dans les seuls instruments qui servent ses intentions, à savoir le sifflet comme expression acoustique du pouvoir et les objets qui descendent et remontent. Le sifflet et les accessoires semblent assumer la fonction réservée à des agents du pouvoir. Ainsi ils peuvent détourner l'attention du public des agents réels qui restent cachés. Le sifflet fait penser à un policier, un entraîneur ou un arbitre : les personnes auxquelles ceux-ci s'adressent sont supposées exécuter leurs volontés. Il faut, dans ce contexte, rappeler également – à la suite d'Alain Badiou – la position que, dans les numéros de cirque, l'Auguste occupe face au Clown blanc, celui-ci détenant la position dominante[13]. Comme James Knowlson l'a montré, la pantomime de Beckett s'inspirait des numéros de clown de Deryk Mendel aussi bien que des films comiques muets. Cependant, aucun entraîneur, aucun clown n'entrera en scène.

Or, au théâtre, l'autorité qui dirige le mouvement des accessoires et dans une certaine mesure aussi leur choix, c'est le régisseur. On peut induire de la situation qui caractérise *Acte sans paroles* la relation qui attache l'acteur au régisseur, aux techniciens et aux ouvriers tenus de suivre les instructions de celui-ci. En dernière instance, c'est toutefois le metteur en scène qui pose le cadre pour les diverses instructions, qui conçoit le spectacle dans son ensemble. En termes de rapports institutionnels, le personnage signifie l'acteur en tant qu'il dépend de la machinerie, plus exactement des agents qui

11 Hubert, Marie-Claude, *Langage et corps fantasmé dans le théâtre des années 50*, Paris, Corti, 1987, p. 83.

12 Hubert, Marie-Claude, *op. cit.*, p.118.

13 Badiou, Alain, *Beckett. L'increvable désir*, Paris, Hachette, 1995, p. 73.

opèrent au-dessus de la scène et dans les coulisses et qui en fin de compte dépendent du metteur en scène. Dès lors qu'on accepte la prémisse que *Acte sans paroles* est « rien que du théâtre », la conclusion sera que la manipulation dans le système de production théâtrale est représentée *comme telle.*

## 2. *Pas moi* (1972)

On a mis en parallèle *Pas moi* et *Oh les beaux jours.* Sans doute la pièce en deux actes peut-elle être conçue comme un drame symboliste[14] mais ceci ne suppose pas que *Pas moi* mette en scène une image de la condition humaine. Le monodrame peut même être lu comme une pièce anti-symboliste, voire comme un texte qui tend à déconstruire *Oh les beaux jours. Pas moi* doit agir sur les nerfs seuls du public, tandis que la pièce en deux actes peut tout autant agir sur son intellect[15]. En plus, dans la courte pièce monologique, les éléments imagés du tableau tel qu'il est mis en scène sont réduits à l'extrême. Le corps d'Auditeur est perceptible seulement comme une silhouette de sexe indéterminé, et non comme un corps plein et mouvant. Bouche, bien moins qu'une silhouette, est un corps invisible réduit à l'organe du langage – lèvres, dents, langue. A un second niveau, cependant, des tensions propres à l'institution apparaissent dans la relation entre Bouche et Auditeur : je voudrais montrer que sur ce plan « symbolique », dès lors qu'on confronte cette pièce à *Acte sans paroles,* le metteur en scène cède la place à l'auteur, celui-ci devenant la figure déterminante.

Sur la scène, l'unique présence physiologique visible, est celle des corps des comédiens ; Beckett travaille dans *Pas moi* sur la présence et la visibilité du corps. On est face à deux personnages fortement reliés l'un à l'autre, en dépit ou plutôt à cause de leur différence fondamentale (comme Enoch Brater l'a montré). Quant à Bouche, son corps est « effacé » à l'exception de l'organe oral, en d'autres termes, celui-ci concentre en lui seul toutes les qualités du visage/de la tête et toutes celles du corps.

14 Zeifman, Hersh, « Being and Non-Being: Samuel Beckett's *Not I* », *Modern Drama,* 1976, pp. 35-46.

15 Dans les termes de Beckett, voir Brater, Enoch, *Beyond Minimalism. Beckett's Late Style in the Theater,* New York and Boston, Oxford University, Press, 1987, p. 23.

Traditionnellement, la bouche est supposée exprimer la « vie intérieure » – les sentiments, les pensées… – d'un personnage incarné sur scène par un acteur, qui joue de tout son corps. La bouche fait partie de ce corps, elle fait passer une voix intimement liée au personnage incarné. Dans *Pas moi*, seule une voix se fait entendre, une voix de femme, et seule la bouche de l'actrice est donnée à voir, son corps restant occulté. Tout est concentré dans la voix et dans l'énonciation dont la source même semble être cette bouche isolée, et non ce corps (avec les yeux, la poitrine, les mains…). Or, en dépit d'une réduction extrême – de la surface du corps, de l'espace et des possibilités de mouvement – une partie particulièrement marquée du corps est mise en valeur : celle qui extériorise tout ce qui est vocal, langage et paralangage, le murmure, le rire, le cri. Les divers registres par lesquels passe l'énonciation renforcent encore l'impression que Bouche n'a qu'un contrôle partiel sur cette énonciation. Les mots étant la plupart du temps projetés dans un flot logorrhéique, la parole semble, dans une certaine mesure du moins, plutôt s'imposer au personnage, si ce n'est qu'il est réduit à la simple fonction de porte-parole – d'une autorité qui serait à l'origine des mots.

L'image du corps que le lecteur est supposé (re-)construire à partir du texte reste discursive, purement fictionnelle aussi longtemps qu'elle n'est pas incarnée par un comédien physiquement présent. Dans ses textes dramatiques, Beckett travaille sur cette image du corps et paraît de plus en plus la réduire – la « défaire »[16]. La tête demeure visible dans *Oh les beaux jours*, et encore dans *Comédie*. Dans *Pas moi*, il ne reste qu'une bouche, et, dans *Souffle*, qu'un cri faible et bref, un bruit d'inspiration et d'expiration. Mais la conclusion que Beckett *projette* sur la scène le « phantasme du corps fragmenté »[17] n'est guère pertinente. Cette réduction doit plutôt être évaluée dans le contexte du projet beckettien qui vise à « déconstruire » l'ensemble *texte dramatique/production du spectacle*, projet fondé sur la reconnaissance de chaque élément en tant que tel, dans son autonomie, le dramaturge considérant l'ensemble formé par la pièce et la mise en scène comme une machine très complexe[18].

16 Gontarski, S.E., *The Intent of Undoing in Samuel Beckett's Dramatic Texts*, Bloomington, Indiana University Press, 1985.

17 Hubert, Marie-Claude 1994/95, « The Evolution of the Body in Beckett's Theater », *Journal of Beckett Studies* IV.1, pp. 55-65 (p. 61).

18 Quant à la désintégration de l'image du corps, E. Brater a établi une filiation entre certains projets dramatiques DADA et les pièces de Beckett (« Dada, Surrealism, and the Genesis of *Not I* », *Modern Drama*, 1975).

La question de savoir à qui le Je non énoncé réfère est cruciale. Le « moi » apparaît uniquement dans le titre, sur le plan de l'auteur implicite (à distinguer de l'auteur réel qui, lui, se situe dans la dimension extra-discursive). Je ferai un emprunt à la conception narratologique de Gérard Genette[19] en partant de son schéma

*Auteur implicite (AI) – Narrateur – Narrataire – Lecteur virtuel (LV)*

Pour modifier ce schéma quelque peu :

| | |
|---|---|
| *Narrateur* | *Narrataire* |
| / | / |
| *BOUCHE* | *AUDITEUR* |
| *(Transcripteur/AI 1)* | *(Entendeur/AI 2)* |

L'auteur implicite est divisé en deux fonctions ou faces, transcripteur et entendeur. Comme transcripteur il détient une position forte. Cependant, on peut séparer le transcripteur du narrateur, comme on peut séparer l'entendeur du narrataire. Ainsi une face de AI à présent semble être réservée au narrateur, et l'autre face de AI au narrataire. En réalité, AI – dans sa première fonction – est dissimulé derrière Bouche et – dans sa seconde fonction – derrière Auditeur.

On peut relier le Je / Moi réprimé chaque fois qu'il est sur le point d'être prononcé / projeté non seulement à Bouche mais également à l'auteur implicite. Quant à Auditeur qu'on perçoit, lui, immédiatement, on peut l'associer à l'auteur qui est supposé écouter. Auditeur a beau détenir une position faible, cela n'empêche qu'il détourne l'attention de la position que peut réclamer l'auteur : d'être légitimé à transcrire et à moduler la voix. En tant qu'entendeur l'auteur prétend servir de simple intermédiaire. Dès lors qu'il module la voix (si ce n'est qu'il joue de différents registres), il acquiert cependant une fonction dominante par rapport à Bouche. Sous cet angle, Bouche apparaît comme une figure qui dépend de l'auteur[20]. Celui-ci est dissimulé ; on devrait ajouter : comme s'il était effacé. On aurait alors un parallèle paradoxal entre le corps de l'acteur et l'auteur – tous deux effacés. Avec une différence importante : l'auteur peut s'effacer délibérément, tandis

19 Genette, Gérard, *Nouveaux discours du récit,* Paris, Seuil, 1983, p. 96.

20 Auditeur peut être associé non seulement à l'auteur comme entendeur qui est à l'écoute de la voix féminine mais aussi avec le spectateur-lecteur virtuel. Au-delà d'Auditeur, le discours de Bouche s'adresse à ce spectateur-lecteur.

que l'acteur – à partir du moment qu'il accepte le rôle – est obligé de dissimuler son corps, de le contrôler à l'extrême, de l'effacer.

Rappelons par ailleurs que l'effacement de l'auteur s'explique par les conditions qui déterminent le genre : les traits constitutifs du texte le rattachent au genre dramatique qui est censé empêcher qu'on en induise l'auteur réel. Dans *Pas moi*, le récit d'une vie de femme est incorporé dans un soliloque dramatique qui, pour le dire en termes de genre plus spécifiques, renvoie au *monodrame.*

Le discours de Bouche est fortement stéréotypé : dans son énonciation transparaît l'image de la femme parlant comme une mitrailleuse et sans logique ni cohérence. La voix féminine et le stéréotype de la femme semblent, eux aussi, empêcher la référence à l'auteur réel.

La prépondérance de la voix distingue *Pas moi* clairement d'*Acte sans paroles*, la pièce pouvant même être opposée au mimodrame. Là, la voix et le discours sont privilégiés, alors qu'ici le mouvement domine ; dans *Pas moi*, une figure muette est confrontée à une figure parlante, tandis que *Acte* est centré autour d'une seule figure, un personnage sans parole. En plus, l'auteur implicite semble acquérir la fonction qui dans le mimodrame restait réservée à la force propulsive (qui tout en restant invisible constitue un autre corps qui hante la scène). Dans *Pas moi*, des didascalies d'une précision extrême sont données non seulement à l'actrice interprétant Bouche mais à bien d'autres agents encore. Et pourtant la référence qu'on peut induire de ces indications scéniques se distingue fondamentalement de la référence inductible de la voix/du discours. Tandis que les indications précises relatives au mouvement, au geste, à la mimique ou au décor, à la lumière, au son peuvent être reliées au metteur en scène, voix et discours sont à rattacher à l'auteur. Dès lors qu'on prend en considération les autres agents, on tirera la conclusion que *Pas moi* semble suggérer qu'on peut faire l'économie du metteur en scène…

En termes de *spectacle* : l'actrice qui rend le discours de Bouche semble dominer le dispositif, le corps réduit à la bouche et la voix qui en jaillit réclamant la plus grande attention. Dans la parole qu'elle actualise, une histoire fragmentée s'élabore, en d'autres termes : la genèse du texte qu'elle énonce est incorporée dans cette histoire (dans ce monologue). Or, en dernière instance, tout dans ce texte est posé par l'auteur, le rôle tel qu'il est écrit ne concédant guère à l'actrice la possibilité d'une interprétation personnelle. Ce qui lui reste, ce sont les qualités particulières de sa voix. Ainsi l'actrice dépend de l'auteur, étant supposée se consacrer absolument à son rôle et, qui plus est, sacrifier sa volonté. Aussi l'auteur tire-t-il le principal bénéfice de ce texte consciencieusement élaboré.

On peut distinguer dans la relation qu'entretiennent l'acteur et l'auteur – telle qu'elle apparaît sur le plan «symbolique» – deux faces qui semblent se contredire: l'auteur tendant à dominer l'acteur *versus* l'auteur étroitement lié à l'acteur (comme s'il était sujet à la même pression que l'acteur). La contradiction peut toutefois être levée dès lors qu'on se concentre sur la fonction que les comédiens et le dramaturge remplissent dans le système de production théâtrale. La mise en scène laisse le dramaturge libre, alors que l'acteur est «enfermé» dans la pièce[21].

Afin de caractériser la conception beckettienne de l'acteur – telle qu'elle apparaît dans les pièces – et de voir dans quelle mesure elle accuse des traits distinctifs, il semble opportun de la confronter brièvement à deux conceptions formulées dans un autre genre de discours: la critique théâtrale. Bernard Dort, en 1962, a proposé une typologie de l'acteur qui distinguait quatre figures: l'acteur qui prévaut au détriment du personnage (les premiers rôles à la Comédie-Française), l'acteur archétypé (le théâtre expressionniste allemand et ses prolongements dans le cinéma moderne), l'acteur qui s'exprime directement par son corps[22], l'acteur qui multiplie les signes physiques afin d'atteindre à un jeu qui se situe par rapport au dispositif scénique (Brecht). Dort confronte le théâtre au cinéma et peut considérer le jeu de l'acteur de cinéma comme voué à la passivité puisqu'il est modelé par la caméra: ainsi celui-ci est soit rabaissé au niveau du dispositif scénique ou conçu simplement comme image[23]. A ses vues l'acteur jouant sur scène se trouve, au contraire, dans une position qui l'autorise à attendre que le metteur en scène le considère comme partenaire et collaborateur de plein droit. Cependant, une quinzaine d'années plus tard, Dort choisissait un autre point de vue. Revenant en 1980 sur la situation du début des années 60 il allait mettre l'accent sur la perte de l'impact qui avait distingué l'acteur de théâtre tant qu'il pouvait y occuper la fonction d'intervenant. Aux yeux de Dort l'attention, à cette époque déjà, se détourne de l'acteur[24].

21 Kenner, Hugh, *A Reader's Guide to Samuel Beckett,* New York, Farrar, Straus and Giroux, 1973, p. 27 (qui ne se réfère pas au spectacle mais au texte seul)

22 Grotowski, Jerzy, *Vers un théâtre pauvre,* Lausanne, L'Age d'Homme, 1971.

23 Dort, Bernard, *L'écrivain périodique*, C. Meyer-Plantureux ed. Paris, P.O.L., 2001, p. 160 et 165.

24 Dort, Bernard, *La représentation émancipée,* Arles, Actes Sud, 1988, p. 131.

Jean Duvignaud, dans un essai consacré à l'acteur et écrit dans une perspective sociologique, présentait le comédien sous un autre jour. A ses yeux, l'« acteur-vedette » a deux faces : la face négative montre l'« objet de consommation »[25], tandis que la face positive montre sa capacité de créer une « coexistence » des corps présents sur la scène et dans l'assistance[26]. Duvignaud concevait dans le contexte français Gérard Philipe, en particulier avec ses rôles présentés au Festival d'Avignon, comme l'exemple saillant d'un tel impact sur l'assistance. Notons qu'il mettait ainsi en valeur un type de comédien qui appartenait à une époque révolue : où les répercussions du cinéma sur le théâtre et plus spécialement sur l'acteur étaient moins visibles, moins prégnantes que dans les années 60. Bernard Dort, quant à lui, semble avoir été bien plus attentif à ces répercussions[27]. L'un comme l'autre, ces deux critiques réfléchissaient sur l'interrelation acteur-metteur en scène. Duvignaud avait tendance à les associer ; Dort, au contraire, entendait les séparer en partant de la fonction et de la place institutionnelle qui caractérisent chacun d'eux. Ainsi il réfléchissait sur la place que le metteur en scène attribue à l'acteur, que ce soit dans les studios ou sur la scène.

Quelle conception se dégage des textes dramatiques de Beckett? Rappelons que les interrelations institutionnelles y sont mises en valeur, qu'une fonction précise y est attribuée à chacun des agents impliqués. Je mettrai l'accent sur la relation entre l'acteur et l'auteur. Si on s'en tient au plan « symbolique » des pièces, on dira que l'auteur y apparaît la plupart du temps comme dépendant du système tout autant que les autres agents. On devrait par conséquent supposer que l'acteur et l'auteur sont ici placés au même niveau et dépendent l'un de l'autre, si ce n'est qu'ils se soutiennent mutuellement. Cependant, les positions sont nettement séparées, elles autorisent même l'auteur à garder ses distances par rapport à l'acteur. Sans doute le corps de l'acteur a-t-il un grand impact, le dramaturge apparaît néanmoins comme mettant le comédien à sa place. Sans doute l'auteur peut-il être dissimulé derrière d'autres agents, il n'en reste pas moins qu'en dernière instance la position dominante lui est réservée.

25 Duvignaud, Jean, *L'acteur. Esquisse d'une sociologie du comédien*, Paris, Gallimard, 1965, p. 191.

26 Duvignaud, Jean, *L'acteur. Esquisse d'une sociologie du comédien*, Paris, Gallimard, 1965, p. 235.

27 Au cinéma s'ajoute la télévision, bien sûr. Voir Anders, Günther, *Die Antiquiertheit des Menschen*, München : Beck, 1983 (1956) et Silberman, Marc, « The Actor's Medium : On Stage and Film », *Modern Drama* 39, 1996, 558-565.

La distance qu'il marque à l'égard de l'acteur apparaît au grand jour dans l'attitude adoptée devant le corps de celui-ci. Dans *Comédie*, les acteurs sont figés sous la pression de deux agents, du technicien qui dirige le projecteur et du metteur en scène. Dans *Pas moi*, un dispositif spécialement conçu enferme l'actrice qui doit interpréter un rôle extrêmement difficile, dire un texte extrêmement difficile. Le dispositif limite au plus haut degré ses fonctions sensorielles. Il nécessite la contribution ingénieuse du décorateur et du régisseur. Dans *Comédie*, à travers un agent qui fait peser un poids oppressant sur les acteurs, le metteur en scène exerce son autorité. Par conséquent, celui qui en dernière instance impose sa volonté aux acteurs reste dissimulé derrière le projecteur et le metteur en scène. Dans *Pas moi*, un lien plus direct peut être établi entre l'actrice et le dramaturge : celui-ci semble en effet employer lui-même toute son autorité – aux dépens de l'actrice. Dans les premiers textes de Beckett, le metteur en scène occupe une position cruciale. Dans ses pièces tardives, l'auteur gagne de plus en plus d'impact, au détriment du metteur en scène.

Dans ces deux textes, *Comédie* et *Pas moi*, Beckett semble considérer le corps de l'acteur comme un instrument qui peut toujours être perfectionné (pour paraphraser Charles Dullin). La perfection au sens beckettien inclut, voire valorise la limitation et la concentration – sur une partie isolée du corps. A la limitation s'ajoute la pression très réelle sur le corps de l'acteur, comme l'a bien vu Pierre Chabert[28]. Cette évaluation de la conception beckettienne permet de problématiser les vues du dramaturge. Ainsi on trouve un appui pour l'hypothèse que l'auteur n'est pas seulement en compétition avec l'acteur, mais qu'il prend aussi le pas sur lui[29].

Certes Beckett est conscient des tensions institutionnelles et analyse les interrelations complexes qu'il perçoit dans le système de production théâtrale. Qui plus est, il déconstruit le système afin d'isoler les éléments, de

28 « In Beckett's theatre, the body is considered with minute attention. He approaches it just as he approaches space, objects, light and language – as a genuine raw material which may be modified, sculpted, shaped and distorted for the stage ». (Cité par Anna McMullan, « Versions of Embodiment / Visions of the Body in Beckett's *...But the Clouds...* », *Samuel Beckett Today* 6, 1997, p. 355.

29 Dans une certaine mesure, sa conception peut être considérée comme une réaction aux conceptions qui suraccentuaient le corps de l'acteur (Artaud ou Grotowsky, Actor's Studio ou Living Theatre). Dans les termes de S. E. Gontarski : Beckett a « réaffirmé la primauté du dramaturge lui-même ». Moorjani, Angela et Veit, Carola éds, *Samuel Beckett: Fin sans fin en l'an 2000* (Amsterdam – New York, Rodopi, 2001).

moduler et de réarranger ceux-ci. Il n'empêche qu'en dépit de sa lucidité analytique et critique qu'il faut apprécier à toute sa valeur, l'attitude de Beckett est problématique.

Aussi peut-on soulever plusieurs questions :

Beckett tend-il à gommer les dépendances entre acteur, metteur en scène et auteur ?

- Procure-t-il une légitimation implicite au pouvoir que le système exerce par rapport à l'acteur ?
- La pression qu'il expérimente, lui-même, comme auteur ou comme metteur en scène, est-elle « déléguée » à l'acteur ?
- Refuser tout compromis avec le système revient-il en définitive à n'avoir aucune indulgence pour l'acteur ?

Les questions restent ouvertes…

# Jude Stéfan ou «le poème momie de l'énigme»

Jacqueline MICHEL
Université de Haïfa

Poète, nouvelliste, essayiste, Jude Stéfan est l'artisan d'une des œuvres les plus singulières de notre temps; une œuvre qui, nous dit Jacques Réda:

> évoque la flagrante, révoltante, accablante chiennerie de cette existence qui n'a de sens et d'issue que la mort, ne tolère de consolation ou de remède fugitifs que l'étreinte amoureuse[1].

Jude Stéfan, une voix en poésie qui fait l'apologie des avant-gardes[2], et maugrée contre le lyrisme subjectif revenu sur le devant de la scène poétique depuis une vingtaine d'années; une voix qui lutte contre la religion du sens, et qui dénonce avec force (avec hargne faudrait-il dire) tous ceux, philosophes et écrivains, qui tentent un regard salvateur sur le monde afin que «l'univers rime à nouveau avec le langage», selon le vers d'Hölderlin repris par Heidegger[3]. Jude Stéfan s'inscrit dans la ligne d'une modernité négative, aux côtés de ceux dont les noms surgissent au hasard de ses entretiens, tels Cioran, Michaux, Beckett, Bataille... les récalcitrants qui disent «non» à la vie même. Paradoxalement, toute cette violence des ruptures, ce goût des avant-gardes, s'accompagnent, chez ce poète, d'une relecture des Anciens (Caton, Catulle, Virgile, Horace, Lucrèce), et des baroques du XVI$^{e}$ siècle; ce qui engendre dans l'œuvre, des jeux subtils de références et d'appellations génériques.

Nom de plume choisi, *Jude Stéfan* répond au phénomène courant du pseudonyme mais qui, ici, se fait complexe dans la mesure où il signe une entreprise d'autofiction, affirmant que «L'écriture est une re-création

1 Jacques Réda, «*Le nom et la formule*», dans *Jude Stefan*, Cognac, édition Le temps qu'il fait, 1993, p. 59.

2 De certaines avant-gardes il dénonce le militantisme, c'est pourquoi il préfère le terme «extrême contemporanéité» à celui d'avant-garde (cf. *Xénies*, pp. 53 à 58).

3 Cf. Introduction à *Jude Stefan poète malgré*, Pau, Publications de l'Université de Pau, 2000.

nécessaire pour ceux qui ne se satisfont pas de leur naissance aléatoire »[4]. Mais il s'agit d'une *re-création* à caractère destructeur convertie, selon les propres termes du poète, en une *décréation*[5]. Il n'est pas alors indifférent que l'œuvre se trouve placée sous le signe de *stéfan* entendu comme dérivé de *steorfan* signifiant « mourir » en vieil anglais :

> en vieil anglais steorfan veut dire
> mourir et si je retranche l'or reste
> ma vie terne[6]
> *stéfan* dont l'anagramme est *nefast*[7].

De plus, il est significatif que l'ambiguïté[8] soit présente avec le prénom *Jude* évoquant tout à la fois *juif couronné* si l'on se réfère à l'étymologie grecque de « stéphane », et à celle de *Judas*[9] ; à cela on pourrait associer deux prénoms références à deux œuvres : *Jude l'Obscur* (Thomas Hardy) et *Stephen le Héros* (James Joyce), faisant signe avec la première à l'écrit d'un processus de perdition, et avec la seconde à une satire dévastatrice. *Jude Stéfan* c'est donc le nom d'un imaginaire à caractère « malédictin » pour reprendre l'adjectif inventé par Verlaine à propos de Rimbaud et des poètes maudits; *Jude Stéfan* c'est aussi le nom d'une œuvre en forme de démultiplication de l'autoportrait d'une figure fictive; mais avant tout, *Jude Stéfan* c'est, comme nous allons le voir, la désignation d'un corps écrit (et non d'un corps de l'écrit) pris dans un processus de « dissection » :

> Faire parler la langue et le corps au lieu de faire de l'écrit[10].

> J'existe mon texte comme mon corps, le sujet se diffuse
> à travers tout le tissu des phrases et des vers, où je trouve nom[11].

4 Cité dans l'introduction de Christine Andreucci à *Jude Stéfan poète malgré,* op. cit. p. 20.
5 *Povrésies,* Paris, Gallimard, 1997, p. 12.
6 *Aux chiens du soir,* Paris, Gallimard, 1979, p. 51.
7 *Variétés,* Le temps qu'il fait, 1995, p. 30.
8 Jean-Yves Debreuille dans « *Le tour des mots* », *Jude Stéfan poète malgré,* op. cit. p. 99, parle d'une « ambivalence » attachée au prénom *Jude (Jésus/Judas).*
9 *Epodes,* Paris, Gallimard, 1999, p. 100.
10 *Variété,* p. 12.
11 Cité par Jean-Yves Debreuille dans *Jude Stéfan poète malgré,* op. cit. p. 99.

Dans plus des trois-quarts des poèmes, se trouvent explicitement impliquées une ou plusieurs parties du corps, tendant à s'imposer dans bien des cas, comme évidence première du texte poétique, en ce sens qu'elles ne s'inscrivent pas comme composantes d'une métaphore. Nous avons affaire à un écrit dont la substance verbale est un dire de « chair et d'os », selon l'expression employée à plusieurs reprises par le poète qui, par ailleurs, souligne qu'« il écrit sans instrument que ses propres organes »[12]. Il s'agit d'exploiter directement un langage du corps, de ses organes, de ses fonctions, de ses secrétions, à seule fin de montrer « l'être humain dans sa nudité et son injustification qui lui font peur »[13], de pouvoir décliner les *états du corps*[14], et de créer dans le texte un « espace charnel » lieu du *sexe et de l'effroi* pour reprendre le titre de l'essai de Pascal Quignard, un espace obsédé du fatal engrenage de la mort.

Pour ce faire, une langue se forge et s'affirme, subversive, maintes fois triviale, en même temps que se développe une verve du détail corporel, cynique ou sinistre, insolent ou impudent :

Nous squelettes encharnés
Avec narines et prunelles
Pour humer leurs aisselles scruter nos selles[15]

Main crispée sur l'épaule
Main empaumant le chignon
Ses pieds à mon cou
S'acharner halluciné
[...]
Elle meurtrit la peau
Me broie les côtes[16]

L'étreinte n'est plus
Que l'emboîtement de quatre jambes[17]

Dans le sillage de cette langue qui force la vigueur du mot, qui se complaît dans une outrance expressionniste (on pense à certains tableaux d'Edvard Munch), le corps féminin est décliné, énuméré, blasonné :

12 Tristan Hordé, *Jude Stéfan,* op. cit. p. 151.
13 *Xénies,* Paris, Gallimard, 1992, p. 28.
14 Titre d'un recueil de nouvelles de Jude Stéfan.
15 *Povrésies,* p. 73.
16 *Prosopées,* Paris, Gallimard, 1995, p. 49.
17 *Cyprès,* Paris, Gallimard, 1967, p. 97.

Le roi est heureux
[...]
Possédant de sa reine le cœur par le sexe
Ses blanches jambes ses larges yeux
Ses fraîches fesses ses hanches larges
Sa cheville ronde[18]

Femme à face sexuée
[...]
(Béantes lèvres, œillet mammus, toison velue)[19]

Par ailleurs, on ne peut manquer de signaler la récurrence dans les poèmes, d'un signe: l'esperluette (&) vue par le poète comme contour du corps d'une «femme ajustant sa sandale»[20] qui se trace en lieu et place d'une coordination; cette marque, ce rappel d'un corps féminin vient, pour ainsi dire, estampiller le poème, authentifier son ordonnance autour d'un dit de la «chair»:

Farde tes joues & lèvres de céruse
& d'orcanète vois nos
Ombres dans l'eau
Nos chairs en barque[21]

Et ce «dit de la chair» se donnera à lire en des compositions de croquis érotiques, en des juxtapositions de fragments du Nu:

En méditant ton Nu
Son lent geste des bras dans la rousseur
Epingle à la bouche
[...]
Yeux au calme & jambes pleines
Et les pieds frais sur la joue
Toute mort enfouie
Monte aux lèvres le baiser aux robustes genoux[22]

18 *A la vieille Parque,* Paris, Gallimard, 1985, p. 77.
19 *A la Vieille Paraue,* p. 12.
20 *Povrésies,* p. 68. Selon certains interprètes, la sandale un symbole d'identification (Cf *Cendrillon*), est également symbole sexuel: dans le sillage de l'interprétation freudienne où le pied est symbole phallique, la chaussure symbole vaginal et, entre les deux, un problème d'adaptation qui peut engendrer l'angoisse. *Dictionnaire des symboles,* Paris, Laffont, coll. Bouquins, 1982, p. 903.
21 *Povrésies,* p. 32.
22 *Ibid.* p. 19.

«En méditant ton Nu [...] toute mort enfouie»: ce que le poète par ailleurs traduira par «fumer sa mortalité/en folie d'amantes»[23]. Car l'écriture stéfanienne trouve sa raison (ou sa déraison) d'être dans une complicité qu'elle exploite entre Eros et Thanatos:

> Ma folle aux bijoux qui aimais Gœtz
> [...]
> Sommes-nous vivants ou morts dans ce lit?
> Serons-nous morts ou vifs au cercueil?[24]

et d'affirmer qu'«on écrit à l'enseigne *La Vieille Parque* Atropos»[25] qui, aux yeux du poète, se profile comme la fascinante meneuse de jeu d'une danse macabre (au sens propre du terme: une danse de cadavres). C'est la *poésie pire, la poésie noire, la poésie malgré* (malgré la vie), les *prosopées* (prose-opés ou prosopopées[26]), les *povrésies* (pauvres-ésiesou pauvres-poésies[27]) pour «nous les Nés pour être désincarnés», les *Non-Morts* (pour éviter ce terme piégé de «vivants»), les «squelette(s) encore debout/ en sorte de blanc(s) épouvantail(s)», «les bientôt-Morts (qui) épient leur prochain en décharnant leur visage»[28]. Il s'agit de faire entendre une voix qui n'a de cesse de s'exprimer contre elle-même, parce qu'elle s'emploie à démanteler le désastre d'être né et d'avoir accédé à la parole. C'est la voix d'une «contre-écriture»[29] (à la fois adossée et opposée à l'écriture) à laquelle il revient d'«inciser le réel»[30], de rendre opérant un rapport étroit entre le Nu et le Cadavre (le terme «cadavre» traduisant, pour le poète, le «squelette du Nu»).

La «contre-écriture» correspond à la vaste entreprise d'une langue qui se veut corrosive, obstinée dans la dégradation[31] ; une langue qui s'invente se

23 *A la Vieille Parque,* p. 12.
24 *Ibid.* p. 50.
25 *A la Vieille Parque,* p. 11, Atropos vêtue de noir, qui coupe le fil de vie des mortels selon son bon vouloir.
26 Prosopopée: figure de la personnification qui consiste à prêter parole à un être fictif.
27 Ce sont des titres de recueils ou de parties de recueils de poèmes.
28 *Povrésies,* pp. 51-69; *Prosopées,* p. 23; *Epodes,* Paris, Gallimard, 1998, p. 60.
29 Terme employé par Jude Stéfan dans un entretien avec Eric Audinet (cf. Tristan Hordé, *Jude Stéfan,* op. cit. p. 129. Lire à titre d'exemples: *Povrésies,* pp. 45-62-65; *Prosopées,* p. 33; *Epodes,* p. 13.
30 *Xénies,* Paris, Gallimard, 1992, p. 40.
31 Précisons d'une part, qu'il ne s'agit en aucune façon d'une écriture automatique et, d'autre part, que Jude Stéfan ne franchit pas le seuil vers une désarticulation totale du langage (seuil franchi par Artaud par exemple), bien qu'il fût tenté par les expérimentations de Picabia et du dadaïsme.

constituant en elle-même «nu et cadavre» quand prévalent la nudité du mot et la décomposition du squelette syntaxique du texte par «les vers». Ce sont des phrases, abruptes, heurtées ou coupées court:

> Il, Elle:
> Manteau tigresse, lippue, front bombé
> Cravate corail, sourcils inquiets, calamistré;
> Son voile qui volait qui volait son
> Dans les longs matins[32];

Des boîteries, des déstabilisations de mots:

> Virgule Virgultes dans le plein champ des mondices (immondices);
> Nous encharnerions nos squelettes
> Ou si
> Les diables aux ailes de chauves-souris[33];

Des articulations grinçantes:

> VieMort comme Vyborg; tu attends un mon le regard[34];

des entrelacs intertextuels nombreux, parfois osés et difficiles à décrypter – il faut ici mentionner que l'intertextualité considérée par le poète comme une «étreinte textuelle»[35] ponctue son œuvre entière –:

> Mal vu mal embouché mal dès l'aurore [maldoror]
> Mal armé
> D'écrire
> [Coup de dés de Mallarmé];
> Elles aimèrent nos pieds nos mains nos gestes
> Cerisettes, Tibulle; roux comme rouquins d'école
> Carottes & vincents[36];

des phrases qui au lieu de se succéder, soudain s'encastrent avec des adjectifs déplacés, des chutes d'articles, des ellipses:

32 *Elégiades,* p. 11; *Epodes,* p. 81.
33 *Elégiades,* p. 77; *Epodes,* p. 94.
34 *Prosopées,* p. 45-23.
35 Terme employé par Evelyne Lloze dans son article «*Sexe et ironie chez Jude Stéfan*», *Jude Stéfan poète-malgré,* op. cit. p. 72.
36 *Povrésies,* p. 62; *Prosopées,* p. 95; *Povrésies,* p. 42.

> ELISA 1836 à l'unique ruban rose
> levant les yeux il rêve à l'ASIE
> fine et charnue; un parfum sur le dos de ta main
> toute frêle
> visage félin
> à la limite de discrétion
> la main qui parle[37];

des obstructions causées par des termes rares ou étrangers («que ne reste que mon œstre» [grosse mouche ou ovulation]; «elle putain perlèche» [fissure des lèvres]; «louons-le dans son coma» [virgule en anglais] (ses virgules)/ «d'avoir soupesé vos tendres chignons»[38]); des énumérations comme des salves de mots se répandant en soudaines hémorragies verbales qui exacerbent ou dérèglent les significations:

> derrière les persiennes [...] la jouissance en baisers ronds, humides, ouverts, aigus, béants, énormes, pénétrés, avalés, soufflés, engloutis en râles; les livres les raies les rêves les crus rez-pied rez-terre[39].

Enfin, on notera l'usage débridé de l'enjambement qui enserre, retient au plus près les décompositions et brisures de l'écrit d'un corps se donnant morcelé[40]:

> [...] l'enjambement jusqu'
> en fin de vers et de vie[41].

Evidements, détournements, embrassements, blocages, intailles, désarticulations, enroulements de phrases et de mots, conjuguent l'exacerbation et l'exténuation du corps écrit, entraînant une sorte de dissection jubilatoire du texte qui ne serait autre qu'une forme de provocation ludique de l'énigme insupportable d'une existence cataloguée par le «poète d'«essentielle incertitude»[42]. Il semblerait que les stratégies du discours s'acharnent à mettre la dislocation de l'écriture au diapason du dérèglement des sens (dans son

37 *Prosopées,* p. 33; *Povrésies,* p. 17 (voir tout le poème).
38 *A la Vieille Parque,* p. 61, 87-95.
39 *Elégiades,* Paris, Gallimard, 1993, p. 50; *Povrésies,* p. 67.
40 *Xénies,* p. 20, «*écrire au plus près de la chose*».
41 *Epodes,* p. 84.
42 *Gnomiques,* Le temps qu'il fait, 1983, p. 46.

acception rimbaldienne) jusqu'à ce que cadavre s'en suive. Et c'est cela la langue du corps écrit « puissante dans sa densité transgressive »[43], qu'un poème des *Prosopées* saisit en ces termes :

tes phrases ont des allures de reine
en os sans chairs
rejetés au reflux
encore, encore [en-corps]
(un coup, un poème)
[...] un piège à rats sous les étoiles[44]

Le lecteur quelque peu désemparé par les audaces langagières de la contre écriture, mais constamment rattrapé par la force élocutoire du *nous* stéfanien[45], entre dans un engrenage de discours où jouissance sexuelle et sarabande macabre vont de pair. En effet, dans l'élaboration du corps écrit, se développe conjointement au processus d'érotisation, celui d'une cadavérisation[46] (terme employé par le poète) où des parties de squelette et des parties du Nu (de chair nue) s'échangent ou s'interpénètrent. A ce processus double se montrera omniprésent le trait ironique venant perfidement dissiper les ruses de l'image, vider la métaphore[47] de son pouvoir de représentation, et fustiger l'illusion... afin de dénuder l'écrit, de le rendre transparent à sa dégradation. A l'évidence, le langage de l'ironie en ce qu'il a de décapant, de démystifiant et de dé-lyrant, entre de plain-pied pourrait-on dire, dans la démarche « décréative » qui préside à la poésie du corps écrit ; une poésie qui pourrait présenter en exergue ce vers de *A la Vieille Parque :*

elle ma Solanée
sur une tête de mort est couchée
avant de crier fait la charité
ses formes abondent
en ses chairs se mirent nos gestes[48]

43 Evelyne Lloze, « *Sexe et ironie chez Jude Stéfan* », *Jude Stéfan-poète malgré,* op. cit. p. 71.
44 *Prosopées,* p. 43.
45 Cf. Jean-Pol Madou, « *Voix lyrique et voix narrative dans la poésie de Jude Stéfan* », dans *Jude Stéfan,* op. cit. p. 27.
46 *Povrésies,* p. 50.
47 *Povrésies,* p. 73.
48 *A la Vieille Parque,* p. 71. « Solanée » : vase bouteille en verre marguerite (Art nouveau, école de Nancy, 1900).

Et lui, l'artisan du corps écrit, endosse le costume à la doublure tragique, d'une sorte de bouffon installé dans une railleuse lucidité distanciée :

nous voici à l'âge mortel
à l'agonie des saumons mais sans victoire
alors, qu'on peigne mes os en bleu, vert, rouge
eux qui auront vaincu
les chairs femmes que nous auront tant palpées.[49]

Un bouffon dont la verve ironique se déchaîne lorsqu'elle exalte « les os amoureux »[50], lorsqu'elle reprend en écho le vers du poète Tou-Fou : « l'éternité, immense ossuaire »,[51] lorsqu'elle fait du squelette un imprécateur averti :

*et nous les os*
crions à vous qu'encore nous assemblons
à vous les charnels nous survivrons
grâce à nous béatement (vous) qui posez
sous un puissant groupe de hêtres
avant de vous casser fémur ou tibia
dont notre commun crâne sourira
soupesez par un jeune philosophe[52]

lorsqu'elle élabore une sagesse du crâne, version caricaturale du « mieux vaut une tête bien faite qu'une tête bien pleine » :

ce Crâne n'a plus mal à la tête
[…]
sa grasse langue plus ne déblatère
vidé de son cerveau à pensées
[…]
ce Crâne ne résonne plus des folies[53]

49 *Elégiades,* p. 24.
50 Dans *Idylles,* cité par Tristan Hordé (*Jude Stefan,* p. 110).
51 *Elégiades,* p. 14. Tou-Fou poète chinois du VIII^e^ siècle.
52 *A la Vieille Parque,* p. 17 ; le « jeune philosophe » pourrait faire penser à Hamlet tenant en ses mains le crâne de Yorick.
53 *Prosopées,* p. 69.

Un bouffon qui joue le jeu jusqu'au bout, Jude dit Synge (qu'il):

> s'étende sur le plancher
> - ou dans la bière
> ou sur le bûcher
> […]
> tous les faux pas
> les vides étreintes
> pleurent ses yeux secs
> […]

écrire *La fin* comme s'écrivit *La faim*[54], écrire le Cadavre comme s'écrivit le Nu… chant du cygne grotesque de celui qui se plaît à signer sa mort en rédigeant sa propre épitaphe le consacrant auteur « scandaleux » (d'où l'adoption du surnom *Synge,* en référence à John Millington Synge[55], écrivain irlandais qui fit scandale en son temps).

Dans le sillage du travail de cette contre écriture, on est amené à se poser la question de la relation au sens qu'entretient une telle poésie. Il ne semble pas qu'on puisse définir cette relation en la récapitulant uniquement en une monstration langagière baroque, voire carnavalesque, de l'être humain dans sa nudité physique, dans son injustification et sa déchéance. On n'a pas, par ailleurs, le sentiment que dans cette poésie, la relation au sens se recoupe avec « le comment du langage » des années 70 qui s'irritait en anti-sens[56]. Par contre, on pourrait dans une certaine mesure, rapprocher cette relation d'une recherche de nouveaux effets d'écriture chez certains poètes de la seconde moitié du XX^e^ siècle, on pense à des poètes proches du groupe *Tel Quel,* s'essayant à mettre en scène « l'inconnu du sens »[57] qui s'oppose à toute poésie se plaçant dans le sens, ou plus exactement dans cet « ancien » sens et tout ce qu'il comporte d'idéologie dite passéiste (de croyance au poème et au pouvoir de son langage de dire le mystère de l'existence).

En fait, de l'illusion d'une transcendance du sens[58], ou de la constatation d'une faillite du sens, on encore de cette inflation du sens qui, nous dit le poète « a été mis partout »[59], la démarche stéfanienne se démarque, re-

54 *Povrésies,* p. 31 (« la faim » doit s'entendre en tant que faim du corps de l'autre).
55 John Millington Synge (1871-1909), familier des théories anarchistes, intéressé aux mouvements d'avant-garde littéraires, il établira les bases du théâtre irlandais du XX^e^ siècle.
56 *Chroniques catoniques,* La Table Ronde, 1996, p. 30.
57 *Chroniques Catoniques,* pp. 247-248.
58 En référence aux religions.
59 *Lettres tombales,* « Lettre aux poètes », éd. Le temps qu'il fait, 1983.

mettant en cause la question tant de fois posée : qu'est-ce que le sens? Et y répondant de la façon suivante :

> n'ayant pu naître que de l'exercice des sens corporels [...] permettant à l'être humain de répondre au monde,

le sens s'identifie à « une manière de sentir le monde »[60] (et non de l'interroger, de le comprendre ou de l'expliquer). Ainsi le poète se fraye un chemin singulier qui le conduit à envisager qu'il n'y a de sens (sens à entendre au pluriel) que dans et par le langage des corps. Ceci revient à dire que le poème produit du sens dans la mesure où il rend compte du vouloir « arracher à la langue la vérité des corps »[61] qui est vérité du Nu et Cadavre.

On est ainsi amené à constater qu'avec la démarche « décréative » qui détermine l'élaboration du corps écrit, une équation s'est fait jour entre l'espace du poème et la tombe. C'est précisément ce que vient confirmer le vers en italique introduisant l'un des poèmes de *Prosopées :* « tous les poèmes tomberont »[62] qu'il faut lire : « tous les poèmes seront tombes ». En effet, à propos de ce vers, le poète s'est expliqué[63], en précisant le pouvoir obsessionnel qu'exerce sur lui le verbe « tomber » (récurrent dans ses textes poétiques) dans lequel il voit se dessiner la tombe, le tombeau. « Tous les poèmes seront tombes », ce que met en scène, avec la récurrence du terme « mort » et de ses dérivés, tout un registre qu'il faudrait qualifier de « funéraire », qui s'imbrique dans celui de l'érotisme du Nu afin d'exalter le Cadavre. En se traçant sur la page, le corps se moule pour ainsi dire, dans un espace *tombal* doté d'un décorum sépulcral. Les cyprès, le tocsin et le glas, les pleureuses, le linceul... et même l'inventaire post-mortem, sont au rendez-vous de la fabrication du poème et, pour mieux souligner le macabre tableau, à plusieurs reprises, au verbe *écrire* se substituera le verbe *graver,* la page se profilant comme une pierre tombale ; et le terme « poème » s'écrira *POM,* sigle de *Poésies Mortes*[64]. Ajoutons à cela que par deux fois, un M majuscule encerclé apparaîtra dans l'espace du poème comme un cachet de la mort apposé sur le corps écrit.

60 *Xénies,* pp. 36-37.

61 *Chroniques catoniques,* pp. 248-249.

62 *Prosopées,* p. 87.

63 « Le Matricule des anges », n° 31/2000, propos recueillis par Xavier Person, p. 20.

64 *Povrésies,* pp. 13-64 : *J'ai voulu dire le POM [...] poésies mortes ! chênes rabougris ! vertèbres soudées.*

Dans les stratagèmes de la contre écriture, vient donc s'intégrer cette mise en scène funéraire où, soulignons-le, la présence récurrente du cyprès place le Nu et Cadavre sous le signe d'une perdurance « si-près » (par le jeu d'homophonie) des tombes. Il est ainsi conféré au corps écrit un mode d'être tournant ironiquement à la « momification » qui, par là-même, désamorce, à défaut de l'annihiler, l'énigme de l'existence. Il apparaît en effet, que par le pouvoir des tours et des détours de mots et de structures qui cimentent et aménagent l'écrit en espace tombal du corps, le poème se trouve désigné en tant que lieu de la représentation fictionnelle du Nu et Cadavre fixé dans une résistance sorte d'antidote au néant. Aussi se trouvera-t-il identifié ironiquement à une *tombe à contre-mort* (une désignation qui apparaît dans un des textes du recueil intitulé *Epodes*[65]).

Au « c'est naître qu'il n'aurait pas fallu » de Céline, à « cet inconvénient d'être né » de Cioran[66], au « je contre, je contre, je contre (ce monde étranglé, ventre froid) » de Henri Michaux[67], répond « l'horreur d'être né... pour finir »[68] que dénonce un poète se déléguant (voire même se désertant) en la figure fictive de *Jude Stéfan,* son « autre » en contre écriture. Or, de cette abrupte et morbide constatation, il en est résulté une œuvre de poésie émanant de l'obligation de ressasser par tous les moyens offerts par une langue qui s'invente, un *être-à-la-vie-subie*[69] (« subie » entre son commencement et sa fin qui lui sont imposés) ; un être saisi, arrêté en son Nu et Cadavre. Un poème (POM) s'est alors défini *tombe* d'un corps écrit, Nu et Cadavre en qui l'énigme de l'existence avec son charroi d'angoisse, gît neutralisée parce que « momifiée » par les inventions, les jongleries d'un discours que façonne celui qui se veut « antipoète, testateur des nus, persuadeur de la mort »[70] : le dit *Jude Stéfan,* bouffon de la Vieille Parque :

> Nul ne saura qu'il fut
> ce qu'il fit : Poème
> momie de l'énigme[71].

65 *Epodes* p. 44.
66 Cité dans l'introduction de Christine Andreucci à *Jude Stéfan poète malgré,* op. cit. p. 17.
67 Henri Michaux, *La nuit remue,* Paris, Poésie / Gallimard, 1967, p. 80.
68 *Variété,* Le temps qu'il fait, p. 15.
69 *Jude Stéfan,* op. cit., entretien avec Eric Audinet, p. 130.
70 *Elégiades,* p. 69, 40-135.
71 *Stances,* Le temps qu'il fait, 1991 p. 43.

# L'anatomie de l'acteur comique

Thérèse MALACHY
Université Hébraïque de Jérusalem

L'intitulé de mon propos livre d'emblée le projet d'une démarche sans ambiguïté. Il s'agira de procéder à l'anatomie d'un organisme dont la particularité est de faire rire. Cet organisme est nécessairement celui d'un être humain. C'est le constat qu'en fait Henri Bergson, pratiquement sous forme de postulat, dans son essai sur *Le Rire*: « Il n'y a pas de comique en dehors de ce qui est proprement humain »[1]. Cependant, l'acteur comique tout en étant un spécimen humain, est soumis, pour sa part, à deux conditions restrictives: celle de n'être ni un personnage littéraire, création en papier, à l'état d'ébauche et donc incomplet tant qu'il n'aura pas été incarné; ni une personne qui, pour reprendre les termes d'Henri Gouhier, est un individu « engagé dans une histoire »[2] autrement dit doté d'une biographie d'homme.

L'acteur comique est avant tout un être composite, à mi-chemin entre deux réalités *a priori* irréductibles: la vie et l'art. De l'une, il a la parole, la voix, le mouvement et le geste; de l'autre, l'apparence, la fixité, l'éternité. La fusion entre les deux assure à l'acteur comique son caractère unique et le don de faire rire. Aristote et de nombreux philosophes après lui s'accordent au moins sur ce point: seul peut nous faire rire un être en rupture d'identification. Thomas Hobbes appelle cela « a sudden glory »[3] qu'on peut interpréter à l'instar de Baudelaire par « un sentiment de supériorité » éprouvé par le rieur à l'égard de l'objet du rire[4]. Bergson de son côté fait dépendre le rire d'une « anesthésie momentanée du cœur »[5] c'est-à-dire d'une suspension d'empathie pour le bouc émissaire. Mais entendons-nous: l'indifférence à l'égard d'autrui, incontestablement liée à la dérision, n'est jamais

1 Bergson, Henri, *Le Rire*, Paris, PUF (97ᵉ édition), 1950, p. 2.
2 Gouhier, Henri, *Le Théâtre et l'Existence*, Paris, Librairie philosophique, J. Vrin 1973, p. 141.
3 Hobbes, Thomas, *Human Nature*, Thoemmes Press, ch. IX, p. 46.
4 Baudelaire, Charles, *De l'essence du rire*, Paris, Gallimard, Bibliothèque de la Pléiade, 1954, p. 715.
5 Bergson, Henri, *op. cit.* p. 4.

symptomatique d'insensibilité, voire de cruauté lorsqu'elle s'exerce face à l'acteur professionnel.

Celui-ci conditionne délibérément le rieur en occultant la personne qu'il est lorsqu'il se métamorphose en un type intemporel, composé d'une silhouette et d'un habit[6]:

> En tant que tel, il n'est – écrit Georges Poulet –
> que ce qu'il paraît être
> [...]
> une figure, une voix, des gestes[7].

Quand Charlot ôte son chapeau, ses godillots, sa veste trop étroite, son pantalon trop grand, il n'est plus Charlot, et cesse de faire rire. Il en est de même pour Groucho Marx, Buster Keaton, avatars parmi d'autres des masques de la *commedia dell'arte*. Ainsi baptisée au XVIII<sup>e</sup> siècle, la comédie italienne, née au XVI<sup>e</sup> siècle, a consacré une tradition comique devenue, avec elle et après elle, le modèle par excellence de l'histrion occidental moderne: Pantalone, Dottore, les zannis dont les plus connus – Arlecchino, Pedrolino et Pulcinella – survivront à toutes les modes et toutes les révolutions esthétiques. Ce sont eux qui, en partie grâce à Molière et plus tard par le truchement des comédies de Marivaux et du théâtre de la foire de Lesage, ont rendu célèbre l'acteur comique professionnel dont «le corps prend le pas sur l'âme»[8]. C'est dire, d'entrée de jeu, que quelles que soient les aventures ou les mésaventures scéniques de l'acteur comique, elles sont sanctionnées par le public dans la liesse et le rire.

Baudelaire fait pour nous en convaincre le récit circonstancié de la prestation d'un Pierrot anglais qui l'a profondément impressionné[9]:

> Le Pierrot anglais arrivait comme la tempête, tombait comme un ballot, et quand il riait, son rire faisait trembler la salle; ce rire ressemblait à un joyeux tonnerre. C'était un homme court et gros, ayant augmenté sa prestance par un costume chargé de rubans [...] Par-dessus la farine de son visage, il avait collé crûment [...] deux énormes plaques de rouge pur. La bouche était agrandie par une prolongation simulée des lèvres au moyen de deux bandes de carmin, de sorte que, quand il riait, la gueule avait l'air de courir jusqu'aux oreilles [...]

6 Gouhier, Henri, *op. cit.* p. 145.
7 Poulet, Georges, *Etudes sur le temps humain*, T. I, Paris, éd. Du Rocher, Plon, 1952, ch. IV.
8 Bergson, Henri, *op. cit.* p. 145.
9 Baudelaire, Charles, *op. cit.* pp. 723, 724.

> Pierrot passe devant une femme qui lave le carreau de sa porte : après lui avoir dévalisé les poches, il veut faire passer dans les siennes l'éponge, le balai, le baquet et l'eau elle-même. Quant à la manière dont il essayait de lui exprimer son amour, chacun peut se le figurer par les souvenirs qu'il a gardés de la contemplation des mœurs phanérogamiques des singes [...]. C'était vraiment une ivresse de rire, quelque chose de terrible et d'irrésistible.
>
> Pour je ne sais quel méfait, Pierrot devait être finalement guillotiné [...]. Après avoir lutté et beuglé comme un bœuf [...] Pierrot subissait enfin son destin. La tête se détachait du cou, une grosse tête blanche et rouge, et roulait avec bruit devant le trou du souffleur. [...] Mais voilà que, subitement, le torse raccourci, mû par la monomanie irrésistible du vol se dressait, escamotait victorieusement sa propre tête [...] et, bien plus avisé que le grand Saint-Denis la fourrait dans sa poche ! [...]

Le poète conclut : « La pantomime est l'épuration de la comédie ; c'en est la quintessence ».

La pantomime est souvent le métier d'une vie. L'acteur comique l'exerce presque toujours derrière un masque identique que le spectateur jubile de reconnaître. L'homme au masque vieillit, mais non le type qu'il incarne. Ainsi Arlequin reste inchangé derrière son demi masque en cuir et son costume à losanges bariolés au « Teatro Piccolo » de Milan ou à « La Comédie Italienne » à Paris. Jean-Louis Barrault faisait encore des lazzis dans son spectacle du *Théâtre de la Foire* de Lesage, à un âge avancé, peu avant sa mort. En revanche Pantalon jouera les vieillards à nez crochu, les jambes maigres, fût-il, dans le réel, un jeune premier séduisant. L'essence de l'acteur comique est « habit et silhouette comme le destin dont ils sont le signe » écrit à juste titre Henri Gouhier[10]. La raideur mécanique du type, ses tics, son idée fixe font de lui un mannequin qui imite le vivant. On sait que Molière jouait les jambes écartées, les épaules rentrées, le cou qu'il avait court, escamoté. Certains de ses personnages avaient même d'office des costumes de bouffons. Alceste, du *Misanthrope* était « l'homme aux rubans verts », Sganarelle du *Médecin malgré lui* avait « un costume jaune et vert ». Dépourvu de son « allure saccadée [...] la rotule bloquée qui lui fait comme des jambes de bois »[11]. Charlot redevient M. Chaplin. Lorsque Louis Jouvet dirige un jeune élève du Conservatoire qui va jouer Géronte des *Fourberies de Scapin*, il lui explique :

10 Gouhier, Henri, *op. cit.* p. 145.

11 Nysenholc, Adolphe, *Charles Chaplin*, Paris, Méridiens Klincksiek 1987, p. 30.

> un type comme Géronte est chaussé de godillots qui font au moins du 45, il marche en posant le talon d'abord, et quand il a posé le talon, il ne va pas sur les pointes[12].

Gestuelle et costume sont par conséquent la carte d'identité de l'acteur comique. C'est dans cet esprit, et pour rester fidèle à la doctrine de la distanciation de Bertold Brecht que le dramaturge et homme de théâtre allemand Heiner Müller a monté une remarquable *Ascension résistible d'Arturo Ui* au « Berliner Ensemble ». L'acteur dans le rôle-titre parodiait Hitler en jouant sur sa fameuse gesticulation automatique en rupture complète avec le sens de son discours. De même que Charlot dans *Le Dictateur*, il faisait entendre des aboiements caractéristiques qui trahissaient mieux que le texte l'ambition sauvage qui le tenaillait.

La parole de l'acteur comique appartient en grande partie à la gestuelle. Elle se rapproche d'une horlogerie mécanique plutôt que de l'expression cognitive. Nul auteur, après Molière, ne l'a mieux compris qu'Alfred Jarry. Son Ubu véhicule partout et dans toutes les circonstances le langage codé qui lui est propre : « oneilles » « merdre » « cornegidouille » « par ma chandelle verte » avec une voix au timbre grossi, exclamatif comme celle du guignol. De surcroît, il confond fréquemment le sens des mots : « J'ai des oneilles pour parler et vous une bouche pour m'entendre ! » rugit-il par exemple. Volant son hégémonie à la parole, le geste et l'expression du visage deviennent le mode de communication privilégié et universel. Lorsque la comédie italienne est arrivée en France au début du XVII^e^, le dialecte vénitien de la troupe équivalait pratiquement à un charabia pour les spectateurs. Afin de se faire comprendre les comédiens ont perfectionné, avec le costume, le langage des signes.

Le matériau narratif de la comédie classique en général, celui de la *commedia dell'arte* en particulier est schématique et répétitif. Le fait de capter le sens de la gestuelle, hautement suggestive des acteurs, rendait le public d'autant plus hilare qu'il croyait surprendre le moi intime, souvent scabreux du personnage interprété.

Le langage du corps est susceptible d'en dire plus long sur les pulsions naturelles que la parole. A travers la gesticulation expressive de la marionnette se fait jour une réalité que la bienséance classique s'empressait d'occulter. Antoine Vitez a fait du langage corporel le principe de ses mises en scène du théâtre de Molière. Ses comédiens exécutaient des pantomimes éloquentes

12 Jouvet, Louis, *Molière et la Comédie classique*, Paris, Gallimard, 1965, p. 197.

entre les répliques et exprimaient ainsi des sensations que cache souvent le dialogue précieux. La méthode de Vitez recoupe en partie celle que Louis Jouvet appliquait dans ses cours au Conservatoire. Il insistait en particulier sur la « sincérité » dans le jeu du comédien qu'il estimait indispensable pour la justesse de l'interprétation du personnage comique. « Tu sais ce que nous appelons la sincérité »? – disait-il à un futur Géronte des *Fourberies de Scapin* « Dans le comique c'est absolument nécessaire »[13]. Surtout pour les personnages qui selon Jouvet étaient de splendides imbéciles qui portaient en eux une conviction totale. Purgon du *Malade Imaginaire* était pour Jouvet un crétin convaincu[14]. Si l'acteur faisait le pitre, exagérait, il n'était pas comique. « Quand Harpagon dit « sans dot », ça part de cette sincérité, de cette conviction, qui est mal à propos quand elle ne va pas avec la situation »[15] ajoutait-il. La comédie, on le sait est un genre d'essence sociale. L'acteur comique n'excelle jamais tant que lorsqu'il parvient à nous montrer son inadaptation profonde, l'intégrité absolue de sa vision du monde, seul moteur qui l'anime. Comme Charlot qui, dans *Shoulder in arms*, ne parvient pas à se mettre au pas, s'obstinant à prendre la mauvaise direction. Il perturbe ainsi la cohésion sociale illustrée par l'armée sans en avoir la moindre conscience, sans l'idéologie qui ferait de lui un anarchiste.

Grâce à l'acteur comique, le spectateur, anesthésié par le rire se laisse attirer dans une zone secondaire où la déraison règne, où le malheur est provisoirement aboli, où l'homme échappe miraculeusement à son angoisse existentielle. On fait à tort la comparaison entre la tragédie et la comédie pour les opposer. En fait, si la tragédie est la projection tragique de la condition humaine, la comédie n'en est pas la projection comique. La comédie est un monde fabriqué, peuplé d'archétypes, qui ne sont pas vraiment nos semblables mais qui nous distancient de nous-mêmes. Certains dramaturges contemporains se sont du reste servis d'acteurs comiques comme prototypes d'un monde absurde – Beckett et Ionesco en particulier. Mais les pantins dérisoires de leur théâtre se heurtent à leur tour contre une réalité devenue elle-même incohérente. C'est la raison pour laquelle Didi et Gogo n'ont plus le privilège de nous rendre heureux. Dans le monde irrationnel auquel s'identifie désormais le spectateur lui-même, l'acteur comique devient son

13 *Ibid*, p. 188.
14 *Ibid*, p. 208.
15 *Ibid.*

semblable à l'instar du héros tragique d'autrefois, et dès lors qu'il en prend conscience – s'il le fait – le spectateur cesse de rire[16].

C'est dire les difficultés du métier d'acteur comique, un des plus ardus par la fragilité de sa crédibilité. Un rien suffit pour faire rompre la magie. L'acteur dramatique réussira son rôle à condition d'en valoriser le texte ; l'acteur comique doit constamment faire rire. Charlot nous en a montré les limites dans *Les Feux de la rampe* : la tragédie du vieil artiste qui ne réussit plus à distraire son public. En définitive, nous ne saurons mieux conclure que par la voix de Dorante alias Molière dans *La Critique de l'Ecole des femmes* : « C'est une étrange entreprise que celle de faire rire les honnêtes gens ».

16 Villiers, André, *L'acteur comique,* Paris, PUF 1987, p. 74, le disait déjà à propos de « Charlot /qui/ à la gêne dans son pantalon dégoulinant et poisseux [évoque] par ambiguité la misère physiologique de l'homme au fond de culotte pollué. »

# Du sacrifice humain: De certaines mises en acte du corps

Daniel SIBONY
Paris

Difficile de parler de corps ici et aujourd'hui, et sous le signe de l'anatomie qui est sa mise en morceau réglée, sans évoquer cette étrange mise en scène du corps sous forme d'attentat-suicide, qu'on le voie comme acte de guerre, sacrifice humain ou meurtre à double détente puisque le corps de la première victime sert d'abord à en faire d'autres, celles qui sont prises dans l'explosion et celles qui le seront dans la riposte. J'espère donc qu'à la fin de mon exposé on verra plus clair dans ce rite mortifère dont on n'a pas encore pénétré le mystère tant l'horreur et l'angoisse dominent. Certes nous savons que ces actes sont le fait de gens qui se réclament de la «guerre sainte», au nom de leur Dieu, et que cette guerre est sacralisée dans leur Texte fondateur et dans sa tradition orale – puisque selon un *hadith*, pour Mahomet, le bonheur suprême est d'être tué dans le *jihad* et de ressusciter, littéralement: de voir son âme retrouver son corps – pour reprendre le combat. Mais aujourd'hui ce *jihad* ressort comme un symptôme chez une partie des fidèles et cela peut nous éclairer.

Faisons donc un détour par le corps-symptôme au sens où le corps produit des symptômes, les accueille, même celui de la pure normalité où rien ne se passe. Et le corps peut aussi s'ébrouer, se secouer, chercher des voies parfois subtiles pour se dégager du symptôme ou le jouer autrement. En passant, je signale que dans *Le corps et sa danse,* ma recherche a porté sur la manière dont le corps, plus ou moins capturé dans le cadre d'un symptôme, tente de changer le cadre et d'aller chercher ailleurs de quoi le renouveler, il va chercher dans le vide de quoi ramener un autre fragment de symbolique, d'appel à l'Autre, d'événement d'être; ramener de l'appel au sacré, un sacré qui puisse ne pas impliquer le sacrifice de la chair humaine; ramener de l'*autre* qui ne soit pas purement terrifiant mais qui transmette au spectateur et au corps danseur (singulier ou collectif) une nouvelle énergie. Le corps peut aussi «danser» son symptôme, histoire de le secouer, de le faire bouger, car le symptôme est une sorte de compagnon, de partenaire, même nos partenaires nous tiennent lieu de symptôme (souvent les mariages qui tiennent le plus sont des symptômes bien accordés, bien adaptés). Le symptôme, on est avec lui dans un rapport d'entre-deux, à la fois charnel et psychique ; il s'agit d'élargir cet entre-deux, d'en faire un espace de jeu qui soit fécond, qui ne soit pas trop perdant, qui laisse rencontrer d'autres entre-deux sur un mode qui ne bascule pas d'emblée dans la violence – laquelle est définie dans mon approche[1] comme un *choc entre-deux-symptômes* ou entre-deux-narcisses, un événement où la rencontre de deux symptômes ou de deux êtres narcissiques ne trouve rien ni personne qui puisse la reconduire, l'interpréter, lui ouvrir cet entre-deux comme espace de jeu possible.

A propos de violence dévorante, je prends l'exemple que nous offre l'actualité, le cas de cet allemand qui a mis sur Internet cette annonce : *Cherche homme à manger*. Il a obtenu une réponse, et il a filmé la rencontre. Celui qui m'a appris la chose semblait surtout affolé par ce détail : le premier geste fut de couper le sexe du candidat et de le manger ensemble. Voilà un cas limite où un corps fait appel à un autre pour consommer ensemble, de façon physique et totale, l'entre-deux-corps comme tel, symbolisé d'ailleurs par ce qui fait lien entre deux corps, le pénis. (Car le pénis érigé c'est l'entre-deux littéralement, il porte le désir de l'un vers l'autre ; et s'il pendouille sur l'homme en attendant la rencontre, c'est pour le compte des deux, c'est aux deux qu'il appartient aux moments de l'étreinte).

Ainsi l'entre-deux qui d'ordinaire se remplit de mots, de gestes, de fantasmes, d'approches, de séduction, de pensées, d'inventions est ici consumé par la chair qui se dévore. Le manque de symbolique est tel que les mots et les fantasmes se découpent dans le corps.

Dans cet exemple, on pourrait dire que le corps qui demande, celui qui a lancé l'appel est à la fois l'un et l'autre ; il n'a pas d'altérité symbolique, il est à la fois un Dieu vorace qu'on doit nourrir de chair humaine et un homme qui crève de sa complétude narcissique, à qui on ne peut rien donner qui ne soit palpable, charnel, qu'il puisse non pas toucher mais mastiquer, ingérer, dévorer.

Cela rappelle l'anorexique de Kafka *(Champion de jeûne)*, cet homme qui se laisse mourir de faim car il ne trouve pas de nourriture à son goût, de nourriture qui ait du goût, qui ne soit pas insipide. Celui-ci ne trouve de

1 Sibony, Daniel, *Violence-Traversées*, Paris, Seuil, 1998.

nourriture digne, glorieuse, chargée de vie, que dans cette chair qu'il dévore. La transmission de vie doit prendre pour lui cette forme totalement réelle. Mais sa carence symbolique est telle que ça ne marque pas, ça ne s'inscrit pas, il faut répéter l'opération pour se nourrir encore, faute de quoi il meurt, ou la mort qui est déjà là emporte tout. Cela peut paraître étrange, mais dans son rite ce cannibale satisfait un besoin de « transcendance », en consommant la chair du Dieu qu'il est devenu ; à ceci près que cette chair doit lui venir de l'autre, sinon il ne serait plus là, lui, pour la prendre, pour consommer sa transcendance, pour célébrer celle où il baigne déjà à ses yeux. L'éclat morbide qui enveloppe cette histoire exprime que le symbolique y est mort, inerte ; il ne se transmet pas, il s'ingère, se digère sans médiation. On sait que la mort fait partie de la vie, c'est bien banal à rappeler, mais au-dessus de leur entre-deux *vie-mort*, il y a la vie, elle surplombe et surmonte cet entre-deux mouvementé où vie et mort s'appartiennent, s'entrecroisent ; cette vie enveloppante est celle de la transmission, et dans notre cas, elle est totalement exclue.

La transmission de vie comporte des effets de mort ; mais s'ils sont pris dans l'entre-deux *vie-mort*, ils font partie de la vie qui se transmet. Je pense à une femme dont la mère fut amputée de la main et qui à son tour donne naissance à une fille ; et dès la conception de cet enfant on a dû se battre pour arrêter ou dévier l'effet morbide de l'amputation chez sa mère, effet qui traversait sa maternité à elle. Un jour, par exemple, elle a eu la main desséchée, la main qui chez sa mère est amputée, comme si sa mère refusait de passer la main, ou transmettait dans ce passage son infirmité ravageante qui avait littéralement suffoqué tout l'espace familial ; et il fallait s'en dégager pour avoir les mains libres et vivantes. La fillette qui est née, il a aussi fallu se battre pour l'arracher à une transmission mortifère où sa grand-mère, telle une fée terrible, exigeait ou risquait de transmettre son amputation d'un coup de griffe métallique. Les paroles symboliques sont celles qui peuvent arracher le corps à ces emprises mortifères et lui éviter de payer en chair vive des dettes ou des reconnaissances que l'Autre exige pour combler le manque en lui, dans une attente qui peut devenir une exigence totalitaire et impérieuse. Je peux témoigner que ces paroles symboliques surgissent en travaillant l'entre-deux corps, à chaque niveau de génération, ici entre la femme et sa mère puis sa fille, en remettant chacun à sa juste place (« Vous n'êtes pas votre mère ! Et cette fille qui vient de naître n'est pas vous ! ni votre mère »...). Quand la parole *porte*, quand elle atteint sa cible, on dirait qu'un Dieu vorace a lâché prise.

Ces effets de la parole sur le corps, et l'appel « cannibale » du corps faute de parole, c'est le quotidien de la psychothérapie, dans le cadre privé ou hospitalier. C'est en quoi cette pratique recoupe les vieilles transmissions symboliques. Même pour l'acte dit naturel de se reproduire, même dans le recours à la médecine, par exemple quand un couple « stérile » recourt à l'aide médicale, il en appelle aussi à un acte symbolique tout comme, en d'autres temps, il en appelait au divin, aux ancêtres, pour que l'utérus soit plus accueillant et accepte l'ouverture que le narcissisme initial ne pouvait tolérer, et que le couple a cru pouvoir surmonter par son désir, son amour, son projet de vie… Toutes choses qui sont nécessaires mais largement insuffisantes à ce que la vie se transmette.

Une autre scène, toute récente, est celle où un père tue son bébé que pourtant il aimait, pour « casser » sa femme voulant le divorce. Cette scène rappelle le récit biblique d'un autre père qui tue sa fille : Jephté part en guerre, promettant s'il revient victorieux, d'offrir en sacrifice la première personne qui viendrait l'accueillir. Conscient que cette personne serait sa fille bien-aimée, il la sacrifie à son désir incestueux en même temps qu'à son désir de tenir sa parole, sa promesse. A croire qu'il était incapable de produire une parole qui tienne sans l'appoint ou le garant de la chair humaine sacrifiée.

Qu'a donc fait cet homme qui a tué son bébé, sinon d'essayer de fléchir la figure divine totalitaire qu'est devenue pour lui sa femme : inflexible, intraitable, ne pouvant être émue qu'à la vue de son enfant mort. Il a voulu suppléer par ce sacrifice son impuissance à lui devant cette femme, incapable qu'il était de la fléchir ou de la faire réfléchir. Là encore il y a un manque – de parole, de force de vie, de symbolique – que la chair est appelée à combler, en vain. Ce père « impuissant » est redevenu enfant devant sa Mère (sa femme), tout comme Jephté a revécu, dans sa posture incestueuse, son rapport à sa mère dont on sait qu'elle était une putain, qui pouvait donc se donner à n'importe qui sauf à lui, une femme qu'il a pu toute sa vie fantasmer de posséder et qu'il n'a eue qu'en sa fille ; et comme c'est interdit, le sacrifice s'est imposé, avec l'incroyable prétexte de tenir sa promesse faite à Dieu qui interdit les meurtres. Le tueur du bébé s'est livré à un rituel intime, archaïque, celui d'une religion personnelle et narcissique, pour « ouvrir » cette femme qu'apparemment il ne pouvait ouvrir avec son sexe et son amour ; il lui a fallu pour cela briser ce corps d'enfant. Si cette histoire a eu ici un tel impact, c'est que l'idée d'enfants sacrifiés à la bêtise des adultes ou à leur impuissance est une idée quotidienne, perceptible. L'idée que l'enfant, quelle que soit l'attention qu'on lui porte, risque à tout moment de venir combler le manque de pensée ou de parole des adultes.

Cela nous ramène à d'autres sacrifices humains, sur la scène planétaire. Déjà ceux du 11 septembre pourraient s'interpréter comme un passage à l'acte au nom de la Matrie islamique: celle-ci ne pouvant plus vaincre ses ennemis, les insoumis arrogants, pousse certains de ses enfants à se sacrifier pour au moins atteindre l'ennemi, lui faire mal, à défaut de le battre ou de le détruire. Le « 11 septembre » est donc à la fois un appel au secours concernant sa propre impuissance et une acceptation mortifiée de cette impuissance, acceptation qui se paie d'un prélèvement massif dans la chair de l'autre. Cela veut dire que cette Matrie islamique ressent dans son identité un manque béant, un manque que j'ai pointé au niveau de ses Textes fondateurs et qui dans ces textes est projeté sur l'autre – juif ou chrétien –, cet autre qui est seul responsable de la colère divine, car il est mauvais, cet autre, et il ne cesse de trahir «Dieu». Ce manque, présent dans ladite identité, elle ne cesse de le rencontrer sous les chocs de l'histoire, de la réalité. Le manque est présent dans toute identité vivante mais ici il fut dénié à l'origine ; ou plutôt l'origine s'est élaborée comme tentative pour le combler, pour le résoudre, en pointant «les autres», les insoumis, comme les fauteurs du manque.

J'ai montré ailleurs[2] que cet entre-deux violent se rattache à l'entre-deux textuel entre Bible et Coran, où ce dernier livre tente d'absorber complètement le précèdent, en dénonçant ses tenants, les «gens du Livre», comme les symboles du mal. Cette absorption a fort bien réussi pendant des siècles, mais aujourd'hui l'histoire semble vouloir la questionner, la remettre au travail; comme si l'histoire ne pouvait pas avancer sur une telle supposition – où, pour dire les choses rapidement, l'Islam pose que les grands Hébreux, Abraham, Isaac, Jacob, Jésus..., étaient des personnages « soumis » à Dieu c'est-à-dire des musulmans; et que les Juifs qui plus tard ne reconnaissent pas ce coup de force de Mahomet sont des traîtres et des pervers; alors même que Mahomet n'apporte comme nouveauté que celle-ci: sa reprise des vieux énoncés est la seule vraie, donc les juifs et les chrétiens qui viennent après le Coran et refusent de s'y soumettre, refusent la vérité.

Cela astreint l'identité qu'il construit, l'islamique, à se penser comme englobante, sans faille si ce n'est celle que lui imposent ses ennemis injustes et méchants, sous forme de non reconnaissance, et plus tard de colonialisme

2 Sibony, Daniel, *Les trois monothéismes*, Paris, Seuil, 1992, et *Nom de Dieu*, Paris, Seuil, 2003.

ou de conquête… Je montre qu'il y a, au niveau de ces deux corps de Textes, Bible et Coran, une puissance de choc et d'affrontement qui éclaire les chocs actuels et invite à de profonds remaniements pour pouvoir les éviter. Cela peut amener à reconnaître que chacune de ces religions a son Dieu et ses mythes, et qu'il n'est pas nécessaire de les accorder, mais qu'il vaut mieux, peut-être, obtenir que chacune d'elle se confronte à son manque, à son vide, à son rapport à l'être, à ses failles intrinsèques qu'elle aura, plutôt que de les imputer aux autres, à affronter et même à féconder. Je précise cette analyse dans un livre[3] où je montre que cet élan sacré du *jihad*, cette forme sacrificielle qui anime les Palestiniens tente de combattre – en vain – une autre emprise sacrée ou transcendante : celle qui fait que cette terre-ci est « possédée » par une *parole* immémoriale celle des Hébreux, qui surtout s'est transmise au fil des générations ; la terre « possédée » est hantée par la promesse du retour ; et ses contours sont à définir. Elle est donc hantée par les effets de ladite parole grâce auxquels des corps réels – je pense aux populations arabes –, peuvent fort bien avoir vécu sur cette terre en croyant qu'elle était la leur, ces corps finissent par se heurter à un démenti réel : cette terre leur est arrachée par la force symbolique qui en faisait une terre possédée, hantée par des esprits, par l'esprit de la Bible que leur Texte à eux, le Coran, avait adopté, même s'il a cru l'intégrer, l'assimiler, l'arracher à ses tenants et à leurs descendants futurs qu'il laissait comme sans racines : le Coran oblige les Juifs à reconnaître que leurs racines sont musulmanes, coraniques, ou alors à accepter qu'ils n'ont pas de racines, autres que dans un Texte falsifié, celui de la Bible.

On comprend que des corps, dans leur élan sacrificiel, dans leur *jihad* sacré, tentent de combler cette faille que la résurgence d'Israël a dénudée, en quelque sorte.

Les corps sacrifiés tentent toujours de combler une faille. Même dans l'histoire de l'homme qui tue le bébé : celui-ci est sacrifié à la faille de l'homme, à celle plus cachée de sa femme, à la faille de leur couple. Une des idées du non sacrifice d'Abraham est que ladite faille, commune au père et au fils, ne doit pas être comblée par un corps humain ; elle doit se transmettre comme faille vivante, comme appel de vie, désir de coupure-lien ou d'alliance qui sépare et qui lie les générations successives ; bref qui constitue l'énergie de la transmission symbolique.

3 Sibony, Daniel, *Proche-Orient. Psychanalyse d'un conflit.* Paris, Seuil. 2003.

Aujourd'hui, dans la mouvance islamique, des éléments caractériels et narcissiques ne supportent pas cette faille qui resurgit; et ils font – ou ils suscitent – ce sacrifice pour la dénier ou la combler, fût-ce avec des cadavres. Mais ça la fait apparaître d'autant plus fort car une faille déniée à l'origine ne se comble pas «comme ça». Ils voudront ce sacrifice jusqu'à ce que la faille, présente dans leur identité comme dans toute autre, ils finissent par l'admettre comme leur bien propre, par la reconnaître comme appartenant à leur histoire, par l'envisager comme une chance de leur vie et non comme une horreur à repousser et à projeter sur les autres. Soit dit en passant, les éléments réalistes et modérés du monde arabe qui prennent leur parti de cette faille, qui la voient comme une donnée dont il faut s'accommoder, n'arrivent pas à convaincre les autres d'en faire leur deuil, car eux-mêmes leur confient encore, souvent, le soin de garder la plénitude originelle pour pouvoir, eux, vaquer à la modernité. Mais tant que durera cette division du travail inconsciente, on recueillera ce paradoxe: plus les modérés semblent s'éloigner du problème de l'origine, plus cela incite les extrémistes à s'en rapprocher, comme pour en être les garants, donc aussi à se sacrifier pour en célébrer le fantasme de plénitude, de déni de la faille.

En attendant, la réaction violente de l'autre (d'Israël ou de l'Amérique) aux actes des matyrs-tueurs qui visent à combler la faille, la riposte militaire qui n'est jamais sans bavure est censée prouver à quel point cet *autre* est aussi mauvais qu'on le dit, aussi pervers que le Texte le prétendait. La stratégie du sacrifice a donc un aspect pervers: coincer l'autre, le pousser à la limite, le rendre violent pour que tout le monde voie bien qu'il est «injuste». J'ai étudié cet aspect dans mon livre *Perversions* où je signale un texte assez prémonitoire, «Terrorisme et perversion», où l'impasse du terrorisme c'est qu'il doit créer lui-même la loi qu'il invoque puisque celle des autres est «injuste et mensongère»; elle l'est puisque lui, le terroriste, ne la maîtrise pas. Le rapport pervers à la loi c'est le besoin de la maîtriser, de l'intégrer dans une identité complète, sans faille, pleinement narcissique.

En fait, ces martyrs-tueurs, qui mettent en scène le corps comme moyen de combler la faille, ne recueillent comme preuve que celle de leur impuissance devant elle. C'est logique car elle ne dépend pas d'eux, ils n'en sont pas responsables, eux qui se posent comme les serviteurs du fantasme qui voudrait la combler, comme les prêtres d'un rituel où le sang de l'autre doit couler. C'est là un curieux paradoxe: ceux qui se posent comme ayant l'arme absolue, celle de l'attentat-suicide, ceux qui s'exhibent comme le signe de la toute-puissance sont ceux-là mêmes qui s'étalent comme l'impuissance incarnée. Or ils espèrent émouvoir le monde par cette impuissance, qui passe pour du désespoir ; ils rêvent que l'indignation et l'élan de compassion universels produisent une force telle qu'elle leur redonne la toute-puissance qu'ils convoitent mais qu'ils n'ont pas.

Il y a là un glissement du corps sacrifié vers une posture de corps « christique », à la fois malheureux et tout-puissant, en proie à la passion et programmé pour une action totalitaire qui vise à briser l'autre. Ce glissement mériterait d'être étudié le long d'une veine séculaire que le christianisme, lui, a fini par refouler mais qui, lorsqu'il était dans sa phase conquérante, pouvait s'exprimer ainsi : « Quoi ? Ce corps divin s'est sacrifié pour toi et tu ne veux pas le reconnaître ? Ce Dieu a souffert pour te gracier et tu ne veux pas t'y soumettre ? (Sous-entendu : mais alors tu es démoniaque !) ».

Bien sûr, le corps sacrifié est censé prendre sur lui tous les manques, toutes les failles ou les faillites. Cela n'en débarrasse pas les autres pour autant, mais l'idée incantatoire est bien celle-là. Le fait qu'elle ait servi à créer une religion, le christianisme, est plutôt une bonne chose : cela devrait empêcher de répéter la même idée à des fins personnelles ou sectaires, au titre d'une autre obédience ou idéologie. Dans notre pratique clinique, en analyse, on rencontre fréquemment cette mise en acte du corps : sacrifié pour que la faille familiale soit démentie ou refoulée, pour que la loi soit sauvée contre ceux qui la « trahissent ». En un sens, le bébé que j'évoquais a été sacrifié pour ramener ce couple fou vers un peu de loi : l'un et l'autre pourront enfin avoir à faire à quelque chose de plus vivant qu'on nomme la loi, et mettre un terme, une limite à leur flambée totalitaire.

L'élaboration chrétienne du sacrifice divin a donné lieu à un corpus impressionnant et une culture qui est devenue la culture occidentale. J'ai montré[4] qu'elle se rattache à un aspect de ce sacrifice : en effet, celui-ci est supposé amener la grâce et ainsi desserrer quelque peu l'ordre tyrannique de la loi ; en cela il a permis de s'intéresser à d'autres lois, d'autres aspects de la loi, distincts de ceux qui se trouvaient dans la Bible. Je montre que ce petit décalage a suffi à relancer la *recherche* sur les lois du cosmos, de la technique, que seul l'Occident chrétien, malgré d'énormes résistances, a pu permettre. Mais pour ce qui est de soulager, par un sacrifice ultime, les individus de leur culpabilité envers la loi, le coup de force christique n'a pas vraiment réussi : si Jésus s'est sacrifié pour « nos péchés », toutes les fois qu'un homme

4 Sibony, Daniel, *Les trois monothéismes*, Paris, Seuil, 1992.

a envie de pécher, c'est-à-dire assez souvent, il risque de devenir tueur potentiel de Jésus, il risque donc de passer du côté des meurtriers de Jésus. C'est même pour cela que l'Eglise a laissé croire pendant vingt siècles que ses meurtriers font partie d'un peuple précis, le peuple « déicide ». C'est seulement ces temps-ci que, par sa « repentance », elle laisse entendre que ce n'était pas tout à fait juste ; que l'idée de peuple déicide est une sottise.

Mais l'idée du corps souffrant et sacrifié qui est là pour prendre sur lui la souffrance des autres, cette idée fonctionne au niveau médiatique : elle réveille chez les autres, chez les tiers spectateurs, leur culpabilité refoulée ; et ils seraient prêts, s'ils n'étaient lâches, à se retourner contre la cible du sacrifié, contre les « méchants » qui l'ont poussé à son acte surhumain, celui de se sacrifier.

Tant il est vrai que le sacrifice des corps humains ne peut produire que du chaos, de la non-loi en complète opposition avec l'idée de R. Girard selon laquelle ce sacrifice a des vertus d'apaisement. Je le démontre ailleurs. C'est que le corps n'est pas un instrument de l'âme, il est lui-même comme tel un entre-deux incandescent, entre chair et mémoire, il est source et relais du symbolique, et en le tuant c'est cet appel du symbolique que l'on tue et que le corps était chargé de transmettre. Le corps comme entre-deux est un relais de la transmission de l'humain, il jouit et souffre de cette transmission, elle est l'espace de son jeu de vie et de l'éventail infini de ses rapports avec l'*être*.

## Questions et réponses

– *Je ressens un malaise lorsque vous décrivez en termes de sacrifice cette violence dont sont victimes les deux peuples vivant sur cette terre. Ma réaction est dans le sillage de celle de P. Vidal-Naquet à propos de l'« Holocauste », terme qui évoque le sacrifice et qu'on a remplacé par le terme de Shoah qui évoque la destruction. Le malaise tient au fait qu'on risque de légitimer la violence en la faisant passer pour un sacrifice.*

– Ce n'est pas mon cas, bien qu'en hébreu moderne on traduise souvent victime par sacrifice *(korbane)*. Or dans le sillage de la tradition biblique, le sacrifice humain est radicalement interdit. Donc, le meurtre des individus, ponctuel ou massif, ne devient pas plus légitime si on le nomme sacrifice, dès lors que celui-ci est posé comme acte narcissique, idolâtre ; comme pure abjection. Certes, le névrosé dans son parcours fait des sacrifices pour calmer sa culpabilité, mais ce ne sont pas des « sacrifices humains » : il sacrifie des possibilités de sa vie, sa vie que par ailleurs il prend soin de protéger.

Si j'analyse la pathologie individuelle ou collective qui pousse au sacrifice humain, c'est supposé l'éclairer ; cela ne la « justifie » pas, cela ne nous mène pas à dire : il n'y avait pas d'autre issue… On a vu qu'il y a un fantasme d'identité pleine et que ceux qui en relèvent n'en ont pas encore fait le deuil, et que nous entrons dans une phase historique où ce deuil devra se faire mais avec des risques de passage à l'acte qui heureusement trouveront en face d'eux d'autres forces de vie. Comprendre ce qui mène à un passage à l'acte ne veut pas dire le justifier. Apparemment, il y a, chez certains, un tel respect de la logique, de l'explication, que lorsqu'on leur explique une chose, ils la croient de ce seul fait nécessaire, inévitable. C'est curieux, cela mériterait… une explication, mais elle mènerait trop loin.

Quand à l'Holocauste, j'ai montré[5] pourquoi je n'aime pas le terme Shoah : en hébreu, il désigne une destruction qui peut être assez banale. Et il est dommage qu'on le fasse prononcer à des gens qui en ignorent le sens et qu'ainsi il signifie aussi bien une famille détruite qu'un tiers de peuple détruit. Le terme holocauste, lui, a servi à des chrétiens à désigner cet événement comme un acte qui identifie le peuple juif à un nouveau Christ. Ce qui est assez paradoxal, car cela prouve que l'identité chrétienne, graciée par le sacrifice de Jésus, a eu besoin d'un autre sacrifice pour stimuler l'effet de grâce. En fait, si l'extermination perpétrée par les nazis s'est opérée sur un fond antisémite entretenu par l'Eglise pendant vingt siècles, cet acte visait précisément à combler la faille de l'identité allemande : celle-ci n'a pas supporté la faille de son échec, celui de la première guerre mondiale, puis de la crise et de la dure réalité, elle a fantasmé qu'en détruisant tous ceux qui rappellent la faille identitaire, à savoir cet étrange peuple juif, elle allait combler celle-ci et se retrouver enfin dans la plénitude rêvée. Ce faisant, elle a perpétré un meurtre du symbolique, ce que j'appelle un meurtre du Nom, dont l'Europe n'a pas fini de gérer les traces ; y compris quand elle y réagit aujourd'hui en déclarant que les anciennes victimes sont devenues des bourreaux, sans se demander ce que sont devenus les anciens bourreaux ou leurs complices. L'Europe n'a pas fini de gérer sa haine pour les victimes

5 Sibony, Daniel, *Don de soi ou partage de soi ?* Paris, Odile Jacob, 2000.

d'Auschwitz, qui furent pour elle l'occasion de voir s'étaler sa veulerie. Comme me l'a dit quelqu'un un jour: *Jamais l'Allemagne ne pardonnera Auschwitz aux Juifs.*

Quant à P. Vidal-Naquet, je crois qu'il est de ceux qui vivent leur judéité dans une grande violence envers le judaïsme, Israël, la dimension symbolique, etc… C'est une posture aujourd'hui assez banale et que j'interprète ailleurs[6].

Plus généralement, la violence de tous ces passages à l'acte peut amener chaque identité fermée à s'ouvrir à l'autre mais surtout à sa propre altérité, à sa faille et son histoire qu'elle a déniée ou refoulée. Le risque d'un tel déni de la faille identitaire est soit de produire des sacrifices humains, soit d'être en tant qu'humain sacrifié; sans même s'en rendre compte; en vivant une identité plate, normalisée, insipide, béatement narcissique. Il s'agit moins de chercher une solution que de rendre vivable cet espace mouvementé; s'il est vrai que le but de la vie n'est pas d'être sans problème ou sans heurts; le but de la vie n'est pas le bonheur mais la découverte et la transmission de formes de vie plus neuves, plus prometteuses, même si la promesse se reconduit sur des siècles comme illusion féconde. Cela dit, pourquoi l'histoire a concentré précisément sur cette région le défi de l'identité ouverte, de l'identité comme processus d'entre-deux où se transmet le symbolique, je l'ignore, bien qu'on puisse faire là-dessus des hypothèses excitantes.

– *Pensez-vous que le mécanisme complexe que vous décrivez a vraiment lieu dans le cerveau d'un martyr qui va se faire exploser? Est-ce que c'est dans son conscient, ou son inconscient, ou dans notre réflexion à nous autres?*

– Vous savez que déjà dans la physique contemporaine on se questionne sur l'existence de certains phénomènes, sur leur réalité, et on arrive à l'idée qu'ils existent parce que nous prenons des mesures sur eux, et que nous y pensons d'une façon opératoire. Je n'ai pas dit: voilà ce qui se passe dans la tête d'un martyr-tueur; j'ai tenté d'éclairer les forces psychiques et matérielles qui le prennent comme objet, comme relais dans leur trajet. Mais ce qu'il y a dans sa tête, je ne l'ai pas observé. La vérité de ce que je dis ne tient pas au fait qu'elle est conforme à un état –invérifiable – du cerveau en question, celui du terroriste. Je ne crois pas que la vérité existe déjà, quelque part, et qu'on va la saisir ou tenter de s'y conformer : il y a des mouvements de vie en cours, ils ont leur vérité qui elle-même est en mouvement, et nos

6 Sibony, Daniel, *Proche-Orient. op. cit.*

pensées ou nos actes qui en font partie trouvent avec elle des résonances plus ou moins fortes, qui s'inscrivent ou pas comme relais de ce même mouvement de vérité.

Dans la quête de ces résonances, les humains produisent aussi des objets et des actes intéressants, des créations où ils donnent, ils transmettent une part de leur énergie pour l'offrir à une mutation qui elle-même transmet de la vie. Je pense aux œuvres d'art, aux créations littéraires notamment. On pourrait lire ensemble un petit texte de Etgar Kereth, un auteur que je lis pour améliorer mon hébreu ; cela s'appelle : *Hou haya guibor*. Il montre comment les points brûlants de la transmission qui produisent l'envie de (se) sacrifier peuvent aussi être transmués en petits objets littéraires où la chair et la mémoire s'entremêlent différemment.

# Corps blancs, corps noirs, corps découpés, corps imaginaires

Yéhouda MORALY
Université Hébraïque de Jérusalem

> Cette pièce, je le répète, écrite par un Blanc, est destinée à un public de Blancs, mais si par improbable, elle était jouée un soir devant un public de Noirs, il faudrait qu'à chaque représentation, un Blanc fût invité, mâle ou femelle[1].
>
> N'importe quel Noir peut jouer ma pièce, sans ma permission. Elle ne m'appartient plus – mais la pièce cesserait d'exister à l'entrée si des acteurs blancs fardés de noir apparaissaient sur scène à la place de vrais Noirs parlant de leurs vraies souffrances[2].

Combats d'animaux, naumachies, mises en scène compliquées où la mort réelle d'un condamné à mort est le clou du finale: dans les jeux du cirque romain, le corps broyé ou déchiré constitue le noyau du spectacle. Le film de Fellini *Fellini-Satyricon* (1969) commence par une pièce de théâtre dont le clou est l'amputation du bras d'un esclave. Il se termine par le spectacle d'un corps qu'on découpe et qu'on mange. C'est la première scène surtout qui est horrible. Elle est fidèle à l'esthétique des spectacles de la Rome antique. Mais depuis toujours le théâtre est lié au sang. Le fameux *thymélé* dressé au centre de la scène grecque n'a pas toujours été symbolique. Des sacrifices d'animaux (remplaçant les sacrifices humains) faisaient intégralement partie de la cérémonie dionysiaque. Dans *Les Bacchantes*, le corps du roi de Thèbes, Penthée, est mis en pièces au cours d'une cérémonie en l'honneur de Dionysos, dieu du théâtre et si l'on va regarder comme un spectacle les dissections dans les théâtres d'anatomie, c'est que le spectacle d'un corps ouvert, dispersé, a quelque chose de profondément théâtral, qui fascine.

On ne sacrifie plus d'animaux mais, des supplices des Saints dans les Passions du Moyen-Âge jusqu'aux machineries élaborées par Victor Garcia, (*Le Cimetière des voitures*, *Le Balcon*, *Gilgamesh* etc…) pour mettre ses comédiens en danger de mort, en passant par le Grand Guignol et le Théâtre

1 Jean Genet, *Les Nègres, Théâtre complet*, Paris, La Pléiade, Gallimard, 2002, p. 475.
2 Lettre de Jean Genet au metteur en scène polonais Jerzy Lisowski, 1961, Archives Bernard Frechtman.

de la cruauté d'Artaud, aucune représentation théâtrale ne serait effective sans larmes, sans sang, fictifs peut-être, évoqués, mais là. « La tragédie c'est l'histoire des larmes» écrivait Antoine Vitez et lorsque le jeune Claudel vient apporter son *Tête d'or* à Verlaine, le vieux poète sur son lit d'hôpital s'écrie: «J'aime cette pièce parce qu'il y a du sang. Au théâtre il faut toujours du sang». Echo du sacrifice originel, l'assassinat montre sur scène l'ouverture d'un corps, son basculement, éminemment théâtral dans la mort. Dans *Les Nègres* de Genet, des Noirs tuent (pour la manger peut-être) une Blanche[3].

Il y a quelques mois, au Festival d'Acco, un groupe de Juifs éthiopiens, le théâtre Netala, a soulevé à la fois l'enthousiasme et la colère. Si les critiques ont admiré le travail du metteur en scène, Moshe Malka, les réactions de la communauté éthiopienne ont été vives: campagne de presse, manifestations avant et après le spectacle, que les spectateurs éthiopiens essayent d'interrompre, le jugeant révoltant, ruinant tous leurs efforts d'intégration à la société israélienne, alors que les spectateurs blancs applaudissent à tout rompre ces *Nègres* joués par des Ethiopiens.

De quoi parle la pièce? De la cérémonie organisée par un groupe de Noirs (une partie est maquillée en blanc et incarne l'ordre occidental) autour d'une Blanche que les comédiens noirs viennent d'assassiner (c'est du moins ce qu'ils nous disent) quelques minutes avant le spectacle et dont le corps se trouve, comme dans l'antique modèle grec, au centre de la scène. Les Noirs revivent l'assassinat, miment le procès de l'assassin mais cette fois-ci, les juges seront tués.

Or, cet assassinat théâtral a une double particularité unique dans l'histoire du théâtre. Pour être effectif sur le plan théâtral, il ne peut être joué que par des corps noirs. Les spectateurs qui le contemplent doivent être blancs. La genèse des *Nègres* est liée à l'anatomie de l'acteur et du spectateur. Genet écrit dans sa préface:

> Cette pièce, je le répète, écrite par un Blanc, est destinée à un public de Blancs, mais si par improbable, elle était jouée un soir devant un public de Noirs, il faudrait qu'à chaque représentation, un Blanc fût invité, mâle ou femelle[4].

3 Ici prenait place la projection d'un passage des *Nègres* dans la mise en scène de Moshe Malka, au Festival d'Acco, Israël, 2002. Il montrait l'assassinat de Marie, la Blanche, par Village, le Noir.

4 Jean Genet, *Les Nègres, Théâtre complet,* Paris, La Pléiade, Gallimard, 2002, p. 475.

Et lorsqu'un metteur en scène polonais, Jerzy Lisowski veut en 1961 monter *Les Nègres* en Pologne avec des artistes blancs grimés en noir, (comme le fera plus tard Peter Stein à Berlin ou Jean-Louis Thamin à Bordeaux) Genet s'y opposa catégoriquement. On peut lire dans la lettre qu'il fait envoyer par son agent Bernard Frechtman :

> Cher Monsieur,
>
> Monsieur Bernard Frechtman m'a écrit pour m'informer du désir que vous avez de monter Les Nègres à Varsovie. Je m'oppose à cette entreprise pour la raison qui suit. Vous comprenez facilement que si, quelques jours avant leur exécution, des condamnés à mort, de vrais condamnés à mort, représentaient devant leurs juges et leurs bourreaux, dans la cour même de la prison, une pièce dont le thème serait les relations perfides qu'ils entretiennent avec ces mêmes juges et bourreaux, l'exécution dramatique qui naîtrait d'un tel spectacle n'aurait rien à voir avec ce qui se passe d'habitude au Théâtre. Or il se trouve que sur les Noirs, les vrais, pèse une lourde sentence délivrée par le tribunal des Blancs, les vrais. Ces noirs se trouvent dans la situation décrite par l'image que j'ai utilisée auparavant : de vrais condamnés en présence de leurs juges et de leurs bourreaux.
>
> N'importe quel Noir peut jouer ma pièce, sans ma permission. Elle ne m'appartient plus – mais la pièce cesserait d'exister à l'entrée si des acteurs blancs fardés de noir apparaissaient sur scène à la place de vrais Noirs parlant de leurs vraies souffrances[5].

Pourquoi des acteurs au corps blanc, même parfaitement grimés, même extraordinairement mis en scène comme dans le spectacle de Peter Stein à Berlin en 1984 ou celui de Jean-Louis Thamin à Bordeaux en 1988, ne peuvent pas être les clowns assassins des *Nègres* ? Pourquoi est-il si difficile à un public au corps noir de voir la pièce, comme l'ont prouvé les spectateurs éthiopiens des *Nègres* en 2002 ?

Je vais aller chercher la réponse à ces questions en interrogeant trois sources de cet assassinat théâtral : un texte théorique de Sartre (1952) qui assimile *Les Bonnes* à une tentative d'assassinat du public, une pièce de Ghelderode *L'Ecole des Bouffons* (1942) où un nain assassine une jeune fille, et un film ethnologique de Jean Rouch, *Les Maîtres fous* (1954), où des Noirs tuent, découpent et mangent, cru ou cuit un chien. C'est donc à une dissection presque cannibale que je vous invite. Bon appétit.

5 Lettre de Jean Genet au metteur en scène polonais Jerzy Lisowski, 1961, Archives Bernard Frechtman.

## 1. La dissection imaginaire: de Sartre à Genet

Il y a eu entre Sartre et Genet, comme entre Claudel et Milhaud, Fellini et Bergman, une forme très élevée de dialogue, un dialogue d'œuvres. La *Lettre à Fini* de Genet fournit à Sartre des thèmes qu'il applique à Genet lui-même dans le *Saint-Genet comédien et martyr*. Le *Saint Genet* dicte à Genet les objectifs visés dans *Le Balcon* et *Les Nègres*. Dans l'appendice III du *Saint Genet comédien et martyr*, Sartre analyse le moment des *Bonnes* où, le réveil sonnant, les deux sœurs arrêtent de jouer et reviennent à la réalité.

Nous le savons: quand s'interrompt le théâtre, apparaît la réalité. C'est cet automatisme mental qu'exploitent les dramaturges dans le théâtre (Pirandello, Weiss). Quand le comédien s'arrête de jouer, le spectateur a l'illusion qu'il ne s'agit plus de théâtre mais de réalité. Un coup de feu *(Six personnages en quête d'auteur)* ou un cri *(Marat-Sade)*, le bouleversent alors autant que s'il avait été tiré, poussé pour de bon dans la réalité. Or Sartre suppose que ce sont des hommes qui interprètent les deux bonnes. Dans ce cas, lorsque la cérémonie sur scène est interrompue par la sonnerie du réveil, le spectateur appréhende comme deux vraies femmes ces deux corps masculins habillés en femmes:

> Tout à coup, cette pantomime d'un jeune mâle qui fait semblant d'être une femme lui paraît être la vérité[6].

Quelque chose est donné au spectateur qui se manifeste à la fois comme vrai et faux. Cette identité des contraires (vers laquelle évoluent toutes les pièces de Genet) donne l'intuition de la folie au spectateur. En lui, une seconde (mais c'est assez) la raison vacille.

Cette analyse éblouissante qui termine le livre qui lui a été consacré, Genet l'a lue, c'est sûr, et méditée. Lorsqu'il écrit *Les Nègres*, trois ans plus tard, il s'en souvient. Sa pièce est un piège de théâtre destiné à ébranler la raison blanche. De même que dans l'analyse de Sartre, le public appréhende l'homme comme femme, dans *Les Nègres*, le tourbillon des niveaux de théâtre amène le spectateur à percevoir comme réels les cris de haine des comédiens. Toute l'ambiguïté de la pièce tient à ce qu'on ne sait pas vraiment si, sous ces personnages qui clament leur haine des Blancs et disent qu'ils sont

6 Jean-Paul Sartre, appendice III du *Saint Genet comédien et martyr*, Paris, Gallimard, 1952, p. 690.

comédiens (et Noirs), il n'y a pas tout simplement les vrais comédiens de la troupe, comédiens, Noirs, et probablement haineux qui nous avouent qu'ils jouent mais en profitent pour ne plus jouer et clamer leur haine des Blancs en ajoutant que, s'ils font du théâtre, c'est faute de ne pouvoir nous assassiner, pour de bon et de suite. Ce piège de théâtre ne peut fonctionner que si les comédiens interprétant les personnages existant sous ceux de la cérémonie sont vraiment des Noirs. Le trucage qui permet la confusion entre théâtre et réalité réside dans la confusion entre les comédiens réels et ce que Genet appelle « les personnages de convention », c'est-à-dire les personnages qui accomplissent la cérémonie. Si les comédiens sont des Blancs grimés, leur haine ne sera pas appréhendée comme réelle par les spectateurs. Dans la mise en scène de Lisowski à Varsovie en 1961, dans celle de Stein à Berlin en 1984 ou celle de Thamin à Bordeaux en 1988, le corps blanc grimé en noir des comédiens ne permettait pas au piège de théâtre de fonctionner. La pièce devenait inoffensive.

« Nous le tuerons, et non avec nos poings, mais avec nos langues » dira Galgüt, le meneur de jeu dans *L'Ecole des bouffons.* C'est exactement ce que font les clowns noirs de Genet. Au milieu de la scène est censé reposer un vrai cadavre exécuté pour de bon par les comédiens, pour les besoins de la pièce, un corps qu'ils se préparent à découper pour en manger les morceaux. En fait, il n'y a personne dans ce catafalque au milieu de la scène. Lorsqu'on ôte le tissu blanc, on découvre deux chaises. Personne n'a été assassiné. La victime réelle, c'est le public ou plutôt la raison blanche. Ne pouvant tuer son public qu'il hait, Genet veut lui faire goûter le néant, la folie, même un instant, même une seconde, par une série de tourniquets d'être et d'apparence ne pouvant fonctionner qu'à la condition que le corps des comédiens soit vraiment noir. Le texte des *Nègres* prolonge ainsi l'analyse que Sartre fait des *Bonnes* en 1952 qui semble dicter à Genet le théâtre à venir.

## 2. Le corps du clown assassin : de Ghelderode à Genet

Ghelderode a sans doute été pour le théâtre de Genet ce que Proust a été pour ses romans et Cocteau pour ses textes théoriques : un modèle à la fois admiré et occulté, en tout cas profondément assimilé. Genet (dont la culture, soigneusement dissimulée pour ne pas abîmer le mythe du cambrioleur brutalement devenu écrivain) a-t-il été, comme Tout-Paris entre 1949 et 1953, atteint de « ghelderodite »? On l'entend, le soir de la première de *Fastes d'enfer* exprimer son immense admiration pour le texte. Tout le théâtre de Ghelderode, qu'il connaît peut-être depuis 1942 semble avoir eu sur lui une profonde influence. Dans *Les Bonnes* (1947), on entend un écho d'*Escurial* (1928) : la cérémonie de l'étranglement du maître par l'esclave, le tourbillon des niveaux de théâtre. *Pantagleize* (1934) évoque une révolution aussi subitement gagnée et perdue que celle du *Balcon* (1956). Les points communs entre *L'Ecole des Bouffons* (texte écrit en 1942, daté de 1937 et publié chez Gallimard en 1953)[7] et *Les Nègres* (rédigé en 1955 environ) sont trop nombreux pour être dus au seul hasard.

Dans les deux pièces, le décor est le même. Au centre de la scène, chez Ghelderode, « un catafalque aux draperies violettes »[8]. Genet utilise le même mot et la même idée :

> Au milieu de la scène, directement sur le plancher, un catafalque, recouvert d'une nappe blanche[9].

Tout s'organise autour d'une cérémonie d'assassinat qui doit être donnée devant un public qu'il s'agit de détruire. Dans *L'Ecole des bouffons*, les élèves comédiens jouent une pièce destinée à briser le cœur de leur professeur, Folial. Dans *Les Nègres*, les clowns noirs jouent une cérémonie destinée à torturer le public blanc qui les observe. Quant à la cérémonie de l'assassinat, elle est dans les deux cas profondément identique. Dans la pièce de Ghelderode, un bouffon-nain, contrefait, monstrueux, assassine une femme normale, Vénérande, parce qu'elle se refuse à lui le soir de ses noces. Dans *Les Nègres*, le Noir assassine la Blanche avec qui il vient d'avoir des rapports. Dans les deux cas, le différent (nain ou Noir) assassine la normalité (Vénérande, Marie) sur laquelle se porte son désir.

Le début des *Nègres* semble également calqué sur le début de *L'Ecole des bouffons*. Comparons l'entrée des treize bouffons de Ghelderode et des treize clowns noirs de Genet. Chez Ghelderode :

7 Pourquoi Ghelderode a-t-il voulu antidater son texte ? La dernière réplique de Folial (« Le théâtre, c'est de la cruauté ») ressemble trop à la célèbre formule d'Artaud dont *Le Théâtre et son double* est publié en 1938.

8 Michel de Ghelderode, *L'Ecole des bouffons,* Théâtre II, Paris, Gallimard, 1953.

9 Genet, *Les Nègres, op. cit.* p. 478.

On entend le battement obstiné d'un tambourin. Venant de gauche, les bouffons entrent à la file, exécutant une marche de pèlerins. Ils sont treize, que dirige leur bedeau Galgüt, celui qui frappe le tambourin pour tenir le rythme de la grotesque procession.

Les bouffons chantent sourdement. Leur déambulation s'accompagne de saluts et de menus gestes ridicules. Dans le nombre, tous ne sont pas contrefaits ou difformes, mais nul d'entre eux qui n'offre de visibles tares: claudication, gibbosités, hydrocéphalies variées, sans compter leur laideur faciale aggravée par le fard, de répugnants déchets humains dont l'apparition suscite l'effroi plutôt que la gaieté [...] Ils arborent d'excentriques coiffures: l'un, un heaume d'acier, l'autre, un chapel de roses; le suivant, une couronne de plumes de paon, le quatrième, un chaperon de velours, et qui, un hennin; et qui, des pampres; ou bien, une mitre; et encore, des rayons de cuivre empruntés au chef d'un Saint; ensuite, une cornette de béguine; enfin un nid renversé; et les derniers des cornes de béliers, une petite ruche ou un turban[10].

*Les Nègres* est intitulé «clownerie». Le clown, comme le bouffon, est un monstre qui fait rire. On riait jadis de corps déformés et Genet nous montre *treize* clowns (le nombre est identique dans les deux pièces) dont la monstruosité supposée comique réside dans la couleur. Comme Ghelderode, Genet fait entrer ses treize clowns en dansant et en chantant:

Quand le rideau est tiré, quatre Nègres en frac [...] et quatre Négresses en robe du soir dansent autour du catafalque une sorte de menuet sur un air de Mozart, qu'ils sifflent et fredonnent. Le frac – et cravate blanche – des Messieurs sont accompagnés de chaussures jaunes. Les toilettes des dames – robes du soir très pailletées – évoquent de fausses élégances, le plus grand mauvais goût[11].

Marche des pèlerins, menuet de Mozart, les danses des clowns, les deux pièces, comme leurs vêtements, parodient, déforment monstrueusement la société des normaux. Après la danse, dans L'*Ecole des bouffons*, la pièce commencera par un monologue du meneur de jeu, Galgüt, de même que dans *Les Nègres,* un discours du meneur de jeu, Archibald ouvre le texte. La structure des deux pièces repose sur un tourbillon de jeux de théâtre. La morale des bouffons de Ghelderode et celle des clowns de Genet est d'aller jusqu'au bout d'eux-mêmes et de leur différence.

Plus généralement, les deux pièces appartiennent à un groupe très vaste qui nous montre des figures grotesques qui en fin de compte assassinent. A cette famille des clowns assassins, appartiennent Hamlet, Lorenzaccio, Triboulet, dans *Le Roi s'amuse* de Victor Hugo (qui deviendra, chez Verdi,

10 Michel de Ghelderode, *L'Ecole des bouffons*, *op. cit.*, pp. 291-292.
11 Jean Genet, *Les Nègres, op. cit.* p. 478.

Rigoletto), Paillasse, Enrico de Pirandello. Le thème du clown assassin est une manière pour l'artiste de parler de lui-même et de ses rapports avec la société. Clown, peut-être, donc monstrueux, mais pas fou, haïssant cette société où il vit et qu'il désirerait anéantir. Ces Noirs sont assassins parce que nous en avons fait des clowns, c'est à dire des monstres. Ils se vengent.

Tentons de reconstituer les faits. Il y a eu, dans les années 50, une mode, intitulée «all black» qui consistait à produire des spectacles interprétés uniquement par des Noirs. En 1953 ou 1954, Raymond Rouleau, metteur en scène alors très célèbre, commande à Genet «une pièce qui ne serait jouée que par des Noirs»[12]. Le génie de Genet consiste à s'être servi pour cette commande d'une structure (calquée sur Ghelderode) destinée à des corps monstrueux. Des monstres étalaient haineusement devant le public leur différence corporelle. Les Noirs de Genet vont se comporter comme les monstres qu'ils sont (absurdement) aux yeux des Blancs. Un texte retrouvé dans les papiers de son traducteur et secrétaire, Bernard Frechtman, éclaire son propos. La pièce aurait été écrite par réaction aux ballets noirs de Catherine Dunham :

> On se souvient sans doute encore des ballets de Catherine Dunham. Etaient-ils irréprochables du point de vue de l'esthétique du music-hall? C'est possible. Dansés uniquement par des Noirs, qu'indiquaient-ils? D'où venaient-ils? Ils étaient les ambassadeurs de quoi? De quel empire souverain? Pâles, décolorés, ils émanaient d'un monde sans pouvoir terrestre, sans racines, sans douleur, sans larmes, et qui ne veut pas en avoir, d'un monde d'ectoplasmes qui refuse de tenter sa réalisation. Jamais par eux nous ne connûmes le malheur d'un monde nègre qui toujours plus s'irréalise. Ni ses rages, ni ses misères, ses colères, ni ses peurs. J'étais gêné, et jusqu'au malaise, par des Noirs athlétiques qui acceptaient de proposer au public – américain d'abord – un divertissement qui le comblerait, dans lequel ils apparaîtraient débordant de talent, d'adresse, de beauté, et tels afin de se présenter en posture inoffensive, quand leur serait refusée la simple audace de frôler du coude un citoyen Yankee. Non seulement jamais leur spectacle ne nous insultait, jamais n'y apparaissait leur misère ni leur désespoir, mais tout chantait ce qu'on nomme la joie de vivre et nous consolait bassement de tout ce que nous savons de la vie de toute population noire en nous disant que rien ne devait les blesser profondément puisque leur joie étaient si fraîche. Ils trahissaient[13].

12 *Ibidem*, p. 475. Genet parle d'un «comédien» mais Raymond Rouleau était aussi comédien!

13 Genet, «L'art est le refuge le moins vil des esclaves» in *Les Nègres au port de la lune*, Paris, Editions de la Différence, 1988, p. 100.

Les danseurs de Catherine Dunham trahissent car ils se veulent beaux et inoffensifs. Les *Nègres* de Genet sont des clowns donc des monstres. Pourquoi des monstres? Parce qu'ils sont Noirs et nous Blancs. L'ombre des bouffons de Ghelderode permet à Genet de rejeter à la face du public ses propres préjugés.

Dans un film très rare, un des seuls où l'on l'entende parler, *La Dernière nuit,* Grotowski fait (malicieusement)[14] l'éloge du vol. L'artiste ne reçoit pas le secret du maître, il doit s'en emparer, le voler. Albert Dichy qui était présent à Jérusalem en 2004 lors de la transmission de la cassette du film par Michèle Kokosowski fit alors le rapprochement entre ces paroles de Grotowski et l'éloge du vol dans les écrits de Genet. L'éloge du vol serait pour Genet une manière de parler d'art. En tout cas, la structure «volée» par Genet à Ghelderode se transforme en un chef d'œuvre. N'est-ce pas là la caractéristique même des grands textes classiques (*Hamlet, Le Cid, Phèdre, L'Avare,* etc...), nouvelle version d'un autre texte auquel ils empruntent en les recréant, tous les éléments, situations et personnages?

## 3. Le corps qu'on découpe et qu'on mange: de Rouch à Genet

Un troisième rapprochement, entre un film et la pièce, permet de mieux comprendre pourquoi un public noir ne peut pas aimer *Les Nègres* de Genet. Annette Michelson, la compagne de Bernard Frechtman avait conseillé à Genet de voir le film ethnologique de Jean Rouch, *Les Maîtres fous.* Ce film montre une cérémonie de Noirs africains ayant créé une nouvelle religion dont les divinités sont les Maîtres blancs (Le général, la femme du médecin, etc.). Les officiants entrent en transe, puis s'identifient aux dieux Blancs – par qui ils semblent possédés. Ils tuent alors, découpent et

14 Malicieusement – car une des lois de l'atelier théâtral de Pontadera était de ne jamais prendre ni notes ni photos ni films. Mais «la dernière nuit» du stage un des participants appuya sur le bouton d'une caméra vidéo innocemment posée sur une étagère. Grotowski fit semblant de ne pas s'apercevoir qu'il était filmé mais fit, comme par hasard, l'éloge du vol et du maître qui encourage le disciple à le voler, acceptant ainsi d'être «volé» de son image. Le film appartient à la collection de documents théâtraux de l'Académie expérimentale des théâtres, déposée à l'IMEC.

mangent un chien, viande interdite aux musulmans qu'ils continuent d'être. Le film les montre le lendemain apaisés, heureux, guéris. Guéris de quoi ? De quoi la transe, l'identification aux dieux blancs, la consommation du chien les a guéris ? De leurs images blanches. Le maître blanc a mangé le chien. Il est donc méprisable. Je suis par conséquent libéré de son mépris. Genet a été très impressionné par ce film en lequel il voit l'essence de son théâtre. Il demande à Frechtman qui veut écrire sur son œuvre, d'insister sur la parenté de son imaginaire avec la cérémonie des *Maîtres fous*. « Il y a des tas de rapprochements à faire »[15].

Genet, dans toutes ses pièces, montre des personnages anormaux dont l'oppression est avant tout culturelle. L'esclave doit d'abord se libérer de son désir d'être identique à l'oppresseur, pour, allant jusqu'au bout de sa différence corporelle, bâtir un monde nouveau qui ne soit pas la copie du maître blanc rationnel, normal. Le théâtre de Genet est doublement thérapeutique : il libère l'anormal de la domination culturelle de la normalité. Il ébranle chez le public la notion même de normalité. «Mais enfin qu'est-ce qu'un Noir ? Et c'est de quelle couleur ? »[16].

Ce ne sont pas de vrais Noirs qu'il nous montre mais des fantasmes, les Noirs tels que le public les imagine. Grandies, monstrueuses, déformées, ces images lui reviennent au visage, « images boomerangs », comme l'écrit Bernard Dort à propos de *L'Opéra de quatre sous*. On comprend ainsi pourquoi les Juifs éthiopiens ne peuvent pas supporter de voir *Les Nègres*. La thérapie de Genet s'adresse aux fantasmes d'un public blanc. Le public noir n'en a que faire.

Revenons à ce corps du chien qu'on mange qui nous ramène à l'origine du théâtre, Penthée déchiré par les Bacchantes, les sacrifices autour desquels est effectuée la cérémonie dionysiaque. Dans le film de Rouch, les dieux blancs ont été célébrés pour que s'exerce la profanation qui libère. Or, ce double mouvement de célébration et de profanation me semble bien constituer l'essence même du théâtre et celle de Genet en particulier. A l'origine du théâtre occidental, les trois premiers éléments de la tétralogie (célébrant la vertu, l'honneur, etc.) étaient suivis d'un quatrième élément, dont le texte n'a presque jamais été conservé, sans doute parce que le geste comptait plus que le texte, où l'on parodiait, bafouait les thèmes que l'on venait de célé-

15 Lettre de Genet à Frechtman, Archives de L'IMEC.
16 Jean Genet, *Les Nègres, op. cit.* p. 475.

brer. Double mouvement[17] qui s'accorde très bien avec l'image du dieu pour qui on célèbre la cérémonie. Dieu double, androgyne, dieu fou, dieu du chaos de l'ivresse. Ce double mouvement de célébration et de profanation, Genet le reprend à l'intérieur de chacune de ses pièces. *Les Bonnes* célèbrent et profanent Madame. Dans *Le Balcon,* les clients de la maison close célèbrent, pour la profaner, les dignitaires en lesquels ils se déguisent. *Les Nègres* célèbrent et profanent la civilisation blanche. Le héros de la révolution dans *Les Paravents* est le traître à la révolution, Saïd. «Ce sont les vérités qui sont fausses» dit Ommou. Genet écrit un théâtre d'identité des contraires. Les prostituées sont reines, les Noirs sont blancs, les Blancs sont noirs et tout se termine par l'image du paravent, c'est-à-dire de l'éventail, à la fois tout et rien, tout lorsqu'il est ouvert, rien quand il se referme.

Trois modèles (presque) inconnus[18] des *Nègres* nous ont permis de répondre aux deux questions que nous posions au début de ce texte. Pourquoi, dans *Les Nègres*, le corps des comédiens doit être vraiment noir ? Pourquoi le corps des spectateurs qui les contemplent doit être blanc? L'analyse des tourniquets d'être et d'apparence à laquelle se livre Sartre en 1952 à propos des *Bonnes* a été méditée par Genet et appliquée aux *Nègres.* Sous les multiples niveaux du théâtre dans le théâtre, le spectateur doit craindre qu'il n'ait pas de théâtre du tout et penser que, pour de bon, ces comédiens noirs sur scène le haïssent et veulent l'assassiner. La comparaison entre *L'Ecole des bouffons* et *Les Nègres* nous a permis de constater à quel point la pièce de Genet est calquée sur celle de Ghelderode. Les Noirs de Genet parlent en tant que monstres et de même que la pièce de Ghelderode doit être jouée par de vrais nains, *Les Nègres* de Genet doit être jouée par de vrais Noirs devant de vrais Blancs.

Quant au troisième modèle, plus connu, *Les Maîtres fous,* il nous a permis de saisir la nature thérapeutique des *Nègres.* Les «maîtres fous» mangeant le chien cru se délivrent de ces maîtres blancs dont l'image les empêchait de vivre. Chez Genet, la thérapie est double: les comédiens noirs se délivrent des Blancs et les spectateurs blancs se délivrent de cette image (monstrueuse) qu'ils ont des Noirs.

17 Le symbole du théâtre n'est-il pas encore un double masque, l'un qui pleure et l'autre qui rit?

18 Le lien entre *Les Maîtres fous* et *Les Nègres* a déjà été signalé à la création de la pièce par Jean Duvignaud.

Cette réflexion sur la présence du corps dans *Les Nègres,* s'ouvre ainsi sur deux hypothèses de travail. D'abord, peut-on lier le style (le style écrit ou théâtral) au corps de l'écrivain? Ghelderode dont le visage a souvent été comparé aux gargouilles de Notre-Dame écrit un théâtre de monstres. Genet dont le corps est double, corps masculin habité par des désirs de femme, écrit un théâtre d'identité des contraires, celle qu'analyse Sartre et autour de laquelle effectivement évoluent les quatre pièces. L'auteur ne ferait, dans son imaginaire, que prolonger son corps, ou plutôt, la manière dont il perçoit son corps. Ce qui expliquerait que les crises de création coïncident souvent avec les crises du corps, ses métamorphoses. Le créateur doit s'habituer à son nouveau corps et traverse donc une forêt obscure où il ne sait plus créer.

Deuxième hypothèse: dans *Les Nègres* le corps (noir) dicte le style de la pièce. Est-ce que ce n'est pas toujours le cas pour le jeu de l'acteur ? L'acteur de la *Commedia dell'arte* doit trouver son masque, c'est-à-dire trouver le style de jeu, de démarche et de gestes qui s'accorde avec le masque qu'il porte. Le corps est le masque de l'acteur moderne et son jeu ne fera peut-être que prolonger la forme de son corps. La recherche sur le jeu de l'acteur est un domaine difficile à explorer mais il me semble qu'on peut trouver un lien entre la forme du visage de l'acteur et l'interprétation qu'il fait de ses personnages (Salomon Michoëls, Maria Casarès, Andréa Ferreol, Jack Nicholson, Daniel Emilfolk etc.).

Plus profondément, cette réflexion sur les liens entre le théâtre et l'anatomie fait prendre conscience de la force des racines païennes du théâtre. Essentiellement, le théâtre serait toujours le théâtre de l'anatomie, d'un corps broyé, dispersé et des spectacles comme *Le Woyzeck* de Rina Yerushalmi (qui se déroule dans un théâtre d'anatomie) ou celui du Living Theatre *(Frankenstein)* dont le décor est l'intérieur d'un cerveau, les assassinats de Genet explorent cette composante majeure de la théâtralité. La «cruauté» d'Artaud est fidèle à la vieille tradition, aux sanglantes origines du théâtre.

Le vrai théâtre populaire d'aujourd'hui, celui du sport (boxe, course automobile, football) ou celui des informations télévisées, prolonge aussi cette sanglante esthétique. Chaque soir, l'humanité à son petit écran, contemple les corps en sueur, les corps en sang, comme dans la Rome antique le peuple se rassemblait chaque jour, pour voir le grand passage, la mort réelle, et j'imagine les metteurs en scène des informations télévisées dosant subtilement la quantité du sang (pas trop, mais trop peu non plus) qu'ils vont faire puiser par leur cameramen aux quatre coins du monde[19].

Et si l'on veut rêver à un autre théâtre ? Il faudra alors chercher les fondements d'un autre imaginaire, loin du corps déchiré de Penthée, loin du rideau rouge de la théâtralité occidentale, de sa pourpre romaine, loin du cadavre de la pauvre Marie dans *Les Nègres*. Son corps n'existe pas, c'est du théâtre, mais ce qu'il pue quand même.

19 Notons d'ailleurs que rien n'a changé et que si les condamnés dont la mort est donnée en spectacle à Rome étaient souvent juifs, le peuple d'Israël est encore dans cette nouvelle forme de cirque romain qu'est l'information universelle, les gladiateurs admirés ou haïs du grand théâtre de la guerre.

# Bibliographie


« Animalité, humanité et tolérance dans le *Traité sur la Tolérance* de Voltaire », *Qu'est-ce que la tolérance ? Perspectives sur Voltaire*, textes réunis par J. Siess, Ferney-Voltaire, Publications du Centre international d'Etude du XVIIIe siècle, 2002.

*A la recherche du temps perdu* édition critique sous la direction de Jean-Yves Tadié, Paris, Gallimard, 1984-1989.

Abraham, Pierre, *Créatures chez Balzac*, Paris, Gallimard, 1931.

*Absolu littéraire (L'). Théorie de la littérature du romantisme allemand*, présenté par P. Lacoue-Labarthe et J.-L. Nancy, Paris, Seuil, 1978.

Adorno, Theodor W., *Noten zur Literatur III*, Frankfurt / M., Suhrkamp, 1961.

*Age*, University Park, The Pennsylvania State University Press, 1988 and New York, Routledge, 1999.

Anders, Günther, *Die Antiquiertheit des Menschen*, München, Beck, 1983 (1956).

Aris, Daniel & Joukovskj, Françoise, « Une philosophie de l'expérience », *Bulletin Société des Amis de Montaigne, L'expérience philosophique,* juillet-déc. 1990, 21-22, pp. 85-94.

Audra, Emile, *L'influence française dans l'œuvre de Pope,* Paris, Champion, 1931.

*L'automne de la Renaissance,* études réunies par Jean Lafond et André Stegmann, Paris, Vrin, 1981, pp. 5-16.

Baars, Bernard J., *The Theater of Consciousness : The Workspace of the Mind,* Oxford, Oxford Press, oct. 2001.

Badiou, Alain, *Beckett. L'increvable désir*, Paris, Hachette, 1995.

*Bagatelles pour l'éternité : l'art du bref en littérature,* présenté par P. Baron et A. Mantero, Besançon, Presses Universitaires de Franche-Comté, 2000.

Baillet, Adrien, éd., *La Vie de Monsieur Descartes*, Paris, 1691.

Baillon, Emmanuelle, « Une critique du jugement », *Revue Internationale de Philosophie,* 46, 1992, p. 181.

Balmas, Enea, « Montaigne et l'inquisition », Plures, *Les parcours des Essais, 1588-1988,* Colloque international Duke University, Caroline Nord-Chapel Hill, textes réunis par Marcel Tetel et G. Mallary Masters, Paris, Aux Amateurs du livre, 1989.

Balzac, Honoré de, *Splendeurs et misères des courtisanes*, Paris, Gallimard, 1963.

Bandérier, Gilles, « Un ‹ heureux Phénix › ? Renaissance et mort de l'hexaméron », *Neuphilologische Mitteilungen* [Helsinki], CII, 3, 2001.

Baratay, Eric, « Il pluralismo come religione del nuovo umanesimo : Montaigne », dans : Plures, *Pluralismo e religione civile. Una prospettiva storica e filosofica*, Atti del convegno internazionale : Vercelli 25-26 maggio 2001, Bruno Mondadori, Milan 2003, pp. 9-40, a cura di Gianni Paganini.

Baratay, Eric, entrée : « Histoire de la philosophie », *Dictionnaire Montaigne,* Philippe Desan, éd., Paris, Champion, 2004.

Baratay, Eric, « Le scepticisme comme figure de l'éthique », Plures, *L'écriture du scepticisme chez Montaigne : Médecine, droit, théologie,* Actes des journées d'études, Tours, 15-6 nov. 2001, éd. Demonet, M.-L. et Legros, A., Genève, Droz, 2003.

Baratay, Eric, *L'Eglise et l'animal en France, XVII^e^-XX^e^ siècle*, Paris, Cerf, 1996.

Baratay, Eric, *Montaigne e Aristotele,* Florence, Le Monnier, 1974.

Baratay, Eric, *Picta historia, Lettura di Montaigne e Nietzsche,* Quattroventi, Urbino, 1995.

Baratay, Eric, *Tra Mercurio e Saturno. L'immaginazione messaggera, Introduzione a M. de Montaigne, L'immaginazione,* Florence, Olschki, 2000.

Baraz, Michaël, *L'être et la connaissance chez Montaigne,* Paris, José Corti, 1968.

Baudelaire, Charles, *De l'essence du rire et généralement du comique dans les arts plastiques,* Paris, Gallimard, 1855.

Bauhin, Caspar, *Anatomica corporis virilis et muliebris historia,* s. l. [Genève], Jean le Preux, 1597.

Beckett, Samuel, *Comédie et actes divers,* Paris, Minuit, 1972.

Beckett, Samuel, *Oh les beaux jours ; suivi de Pas moi,* Paris, Minuit, s. d.

Béclard, Léon, *Sébastien Mercier : Sa vie, son œuvre, son temps,* Paris, Champion, 1903.

Belmont, Nicole, « Corps populaire et corps savant dans l'œuvre de Laurent Joubert, *Erreurs Populaires au fait de la Médecine et Régime de santé* (1578) », *Le corps humain, nature, culture, surnaturel,* Actes du 110^e^ Congrès national des Sociétés Savantes, Paris, 1985.

Benedetti, Alessandro, *Anatomice, sive Historia corporis humani,* Venise, 1502.

Benson, Edward, « The historicity of the Essais : Montaigne's ‹ registre de durée › and his ‹ contrerolle › », Plures, *Les parcours des Essais 1588-1988,* Colloque international Duke University, Caroline Nord-Chapel Hill, textes réunis par Marcel Tetel et G. Mallary Masters, Paris, Aux Amateurs de livres, 1989.

Ben-Zvi, Linda, *Samuel Beckett,* Boston, Twayne, 1986.

Bergamo, Mino, *L'Anatomia dell'anima da François de Sales a Fénelon*, Bologna, Il Mulino, 1991 (tr. frse, 1994).

Berger, Jr., Harry, *Second World and Green World: Studies in Renaissance Fiction-Making,* Berkeley, University of California Press, 1988.

Bergson, Henri, *Le Rire,* Paris, PUF, 1950.

Bernoulli, René, « A propos de quelques thèmes de Montaigne dans la philosophie allemande », *Bulletin de la Société des Amis de Montaigne,* 7, juillet-septembre 1966.

Béroalde de Verville, *L'Histoire veritable, ou le Voyage des Princes Fortunez,* Paris, Claude de la Tour, 1610 ; sur les pages Epistemon du CESR.

Bespaloff, Rachel, *L'instant chez Montaigne,* Paris, Deucalion, 3, 1950.

Blair, A., *The Theater of Nature. Jean Bodin and Renaissance Science,* Princeton, Princeton University Press, 1997.

Blum, Claude, « Ecriture et système de pensée, 1580 : l'Histoire dans les ‹ Essais › », Plures, *Montaigne. Penseur et philosophe (1588-1988),* Actes du Congrès de Dakar réunis par Claude Blum, Paris, Champion, 1990.

Bolzoni, Lina, *The Gallery of Memory.* Translation Jeremy Parzen, Toronto, University of Toronto Press, 2001.

Bonnet, Jean-Claude (ed.), *Louis Sébastien Mercier : un hérétique en littérature,* Paris, Mercure de France, 1995.

Borghi, Giuliano, *La politica e la tentazione tragica. La « modernità » in Machiavelli, Montaigne e Gracián*, Milan, Franco Angeli, 1991.

Bouchard Pascal, « Recherche sur la structure philosophique des essais 9 et 10 du livre III des Essais », *Bulletin de la Société des Amis de Montaigne*, 10-11, avril-déc., 1974.

Brater, Enoch, « Dada, Surrealism, and the Genesis of *Not I* » *Modern Drama*, 1975.

Brater, Enoch, *Beyond Minimalism. Beckett's Late Style in the Theater*, New York and Boston, Oxford University Press, 1987.

Braun, Lucien, *Histoire de l'histoire de la philosophie*, Paris, Ophrys, 1973.

Brochard, Marie-José, « Une source du dictionnaire de Randle Cotgrave (1611) » dans : *Zeitschrift für Romanische Philologie*, 1990, Band 106 Heft 3/4, pp. 225-288.

Bucher, Bernadette, *La sauvage aux seins pendants*, Paris, Hermann, 1977.

Burton, Robert, *Anatomie de la mélancolie*, Paris, José Corti, 2000, 3 volumes.

Calasso, Roberto, *Les quarante-neuf degrés*, trad. de l'italien, Paris, Gallimard, 1992.

Caldwell, Dorigen, « Studies in Sixteenth-Century Italian *Imprese* », *Emblematica*, 11, 2001, pp. 3-257.

Camillo, G., *L'Idea del teatro*, éd. L. Bolzoni, Palerme, Sellerio, 1991.

Canguilhem, George, *L'Homme de Vésale dans le monde de Copernic*, Paris, Laboratoires Delagrange (coll. Les Empêcheurs de penser en rond), 1991 (texte repris de G. Canguilhem, *Etudes d'histoire et de philosophie des sciences*, Paris, Vrin, 5e éd., 1989).

Carlino, Andrea, « Entre corps et âme, ou l'espace de l'art dans l'illustration anatomique », *Médecine / sciences, XVII*, 1, janvier 2001, pp. 70-80.

Carlino, Andrea, *Libri e dissezione nel Rinascimento*, Turin, Einaudi, 1994.

Carlino, Andrea, *Paper Bodies, A catalogue of anatomical fugitive sheets, 1538-1687*, translated by N. Arikha, *Medical History*, Supplement N° 19, London, Wellcome Institute for the History of Medicine, 1999.

Casals Pons, Jaume, « Trois incursions de Montaigne dans la métaphysique », Plures, *Montaigne. Penseur et philosophe (1588-1988)*, Actes du Congrès de Dakar réunis par Claude Blum, Paris, Champion, 1990.

Casserio, Giulio, *Tabulae anatomicae*, avec les suppléments de Daniel Bucretius, Venise, [Evangelista Deuchinus], 1627.

Castelvetro, Ludovico, *Poetica d'Aristotele vulgarizzata e sposta*, 1570, a cura di Werther Romani, volume primo, Roma, Gius. Laterza & Figli, 1978.

Castor, Grahame, *Pléiade Pœtics. A Study in Sixteenth-Century Thought and Terminology*, Cambridge, Cambridge University Press, 1964.

Cavaillé, Jean-Pierre, « Theatrum mundi. Notes sur la théâtralité baroque », *Working Papers*, Florence, European University Institute, 318, 1987.

Cazes, Hélène et Carlino, Andrea, « Plaisir de l'anatomie, plaisir du livre : La Dissection des parties du corps humain de Charles Estienne (Paris 1546) », *Littérature et anatomie (XVIe-XVIIe siècle*, pp. 251-274.

Céard, Jean « Paradoxe et erreur populaire : le projet de Laurent Joubert », *Le paradoxe au temps de la Renaissance*, dir. M. T. Jones-Davis, Paris, J.Touzot, 1982.

Céard, Jean, Fontaine, Marie-Madeleine et Margolin, Jean-Claude, dir., *Le Corps à la Renaissance*, Actes du XXXe colloque de Tours, Paris, Aux Amateurs du Livre, 1990.

Charpentier, Françoise, *La philosophie des « Essais »*, Paris, Hatier, 1979.

Chauliac, Guy de, *Le Guidon en françois*, trad. de Jean Canappe, 1545.

Chisick, Harvey, « Urban Pathologies and the Pathology of the Urban », L.-S. Mercier's *Tableau de Paris, Studies on Voltaire and the Eighteenth Century*, 2002:6, pp. 305-27.

Christodoulou Kiriaky, « Le rôle de l'histoire dans l'élaboration de l'art de vivre de Montaigne : ‹ une ame à divers estages › », Plures, *Montaigne et l'histoire,* Paris, Klincksieck, 1991, (textes réunis par Claude-Gilbert Dubois).

Ciardi, Roberto Paolo, « Le corps transparent. Modalités d'iconographie anatomique chez Michel-Ange », *L'Anatomie chez Michel-Ange. De la réalité à l'idéalité,* éd. Chiara Rabbi-Bernard, Paris, Hermann, 2003.

Close, Françoise Y., « De la force de l'imagination : la critique par l'amour », *Bulletin de la Société des Amis de Montaigne,* janv.-juin 1985, 21-22, pp. 5-19.

Cohn, Ruby, *Just Play. Beckett's Theatre,* Princeton, Princeton University Press, 1980.

Colombo, Realdo, *De re anatomica*, Paris, André Wechel, 1572.

Compagnon, Antoine, « Les allégories de l'Histoire », *Montaigne et le Nouveau Monde, Bulletin de la Société des Amis de Montaigne,* juill.-déc. 1992 / janv.-juin 1993, n. 29-30-31-32, pp. 29-41.

Comparot, Andrée, *Augustinisme et aristotélisme de Sebond à Montaigne,* Thèse, CERF, Lille, sd.

Comte-Sponville, André, « Montaigne ou la philosophie vivante », *Une éducation philosophique,* Paris, PUF, 1995.

Conche, Marcel, *Montaigne et la philosophie,* Treffort-Cuisat, Editions de Mégare, 1992.

Coulet, Henri, « Analyse et sentiment dans Les liaisons dangereuses », *Le Siècle de Voltaire, Hommage à René Pomeau,* Oxford, The Voltaire Foundation, 1987.

Coulet, Henri, *Marivaux romancier,* Paris, A. Colin, 1975.

Couliano, Ioan P., *Eros and Magic in the Renaissance,* Chicago, University of Chicago Press, 1995.

Curley, E. M., *Descartes Against the Skeptics.* Cambridge Mass., Harvard University Press, 1978.

Damasio, Antonio. *Descartes' Error: Emotion, Reason, and the Human Brain.* New York, G. P. Putnam's Sons, 1994.

Damiens, Suzanne, *Amour et Intellect chez Léon l'Hébreu, Platon et Aristote à la Renaissance,* Paris, Edouard Privat Editeur, 1971.

Darnton, Robert, *The Corpus of Clandestine Literature in France, 1769-1789,* New York, Norton, 1995.

Darnton, Robert, *The Forbidden Best-Sellers of Pre-Revolutionary France,* New York, Norton, 1995.

Davies, Nathalie, Z., *Society and Culture in Early Modern France,* Stanford, California Press, 1975.

Delègue, Yves, « Du commentir », *Le temps de la réflexion,* V, 1984, pp. 167-182.

Delègue, Yves, *La perte des mots,* Strasbourg, Presses Universitaires de Strasbourg, 1990.

Demure, Catherine, *Montaigne et le travail philosophique (lecture de III, 6: « Des coches »), Bulletin de la Société des Amis de Montaigne,* 17-18, juill.-déc. 1989, pp. 43-62.

Denis, Delphine, *La Muse galante. Poétique de la conversation dans l'œuvre de Madeleine de Scudéry,* Paris, Champion, 1997.

Denis, Delphine, *Le Parnasse galant. Institution d'une catégorie littéraire au XVII^e^ siècle,* Paris, Champion, 2001.

Dennett, Daniel. *Consciousness Explained.* Boston, Little, Brown and Company, 1991.

Desaive Jean-Paul, Goubert J.-P. *et al., Médecins, climat et épidémies à la fin du XVIII<sup>e</sup> siècle,* Paris and La Haye, Mouton, 1972.
Desan, Philippe, *Naissance de la méthode, La Ramée, Bodin, Montaigne, Descartes,* Paris, Nizet, 1987.
Descartes, *Discours de la méthode* [...], éd. E. Gilson, Paris, Vrin, 1966.
Descartes, René. *His Moral Philosophy and Psychology.* Trans. John J. Blom, New York, New York University Press, 1978.
Diderot, Denis, *Entre D'Alembert et Diderot, Œuvres,* édition établie et annotée par A. Billy, Paris, Bibliothèque de la Pléiade, 1951.
Dionis, Pierre, *L'Anatomie de l'homme, suivant la circulation du sang et les dernières découvertes,* Paris, L. d'Houry, 1690.
Dort, Bernard, *La représentation émancipée,* Arles, Actes Sud, 1988.
Dort, Bernard, *L'écrivain périodique,* C. Meyer-Plantureux éd., Paris, P. O. L., 2001.
Doubrovsky, Serge, *Laissé pour conte,* Paris, Grasset, 1999.
Du Laurens, André, *Œuvres anatomiques, Les Œuvres de M<sup>e</sup> André Du Laurens* [...] traduites de latin en français, Paris, Jean Petit-Pas, 1639.
Du Laurens, André, *Opera anatomica,* Lyon, Jean Baptiste Buysson, 1593 (BIUM) ; *Anatomia humani corporis,* Paris, Marc Orry, 1600 (BU Tours) ; Francfort, Theodor de Bry, 1600 (BIUM) ; *Toutes les œuvres de M. André Du Laurens,* trad. Théophile Gelée, Rouen, Raphaël du Petit Val, 1621 (Tours, CESR).
Dubois, Claude-Gilbert, *La régulation de l'imaginaire. Ethique et politique,* Caen, Paradigme, 1992.
Duvignaud, Jean, *L'acteur. Esquisse d'une sociologie du comédien,* Paris, Gallimard, 1965.
Eccles, John C., see Karl R. Popper.
Edelman, Gerald M. and Giulio Tononi. *A Universe of Consciousness : How Matter Becomes Imagination.* New York, Basic Books, 2000, 148-50.
Ellenberger, Henry. *The Discovery of the Unconscious.* New York, Basic Books, 1970.
Esslin, Martin, *Reflections. Essays on Modern Theatre,* New York, Garden City Doubleday, 1969.
Estienne, Charles, *De la dissection des parties du corps humain,* Paris, Simon de Colines, 1546 (1545 pour l'édition en latin).
Faure Elie, « Montaigne poète tragique », *Hyppocrate,* I, 1933, 5, pp. 1123-1138 ; aussi dans : *Equivalences,* Paris, Marin, 1951, pp. 73-94.
Fernel, Jean, *Universa medicina,* slnd, 1638.
Ferrari, Jean, « La bibliothèque de Kant et les sources françaises de sa philosophie », *Les Etudes Philosophiques,* oct.-déc. 1971, pp. 477-482.
Fontenay, Elisabeth de, *Le silence des bêtes : la philosophie à l'épreuve de l'animalité,* Paris, Fayard, 1998.
Foucault, Michel, *The Birth of the Clinic : An Archaeology of Medical Perception,* trans. A. M. Sheridan Smith, New York, Vintage, 1994. (Paris, PUF, 1963).
*France* 101 No. 5, Paris, PUF, 2001, pp. 1349-65.
French, Roger, *Dissection and vivisection in the European Renaissance,* Aldershot, Ashgate, 1999.
Friedrich, Hugo, *Montaigne,* A. Francke, Bern 1949 [1967], tr. franc. *Montaigne,* Paris, Gallimard, 1968.
Fuchs, Leonard, *Humani corporis fabrica epitome,* Lyon, Jean Frellon, 1551.

Gallonio, Antonio, *Traité des instruments de martyre,* (1591) trad. de l'italien, Paris, Jérôme Million, 2002.

Gamelin, Jacques, *Nouveau recueil d'ostéologie et de myologie,* Toulouse, J. F. Desclassan, 1779.

Gandelman, Claude, «Le texte littéraire comme carte anthropomorphe d'Opicinus de Castris à Finnegans Wake», *Littérature,* 53, 1984, pp. 3-17.

Gauthier, E. Paul, «New light on Zola and physiognomy», *Publications of the Modern Language Association of America,* 75, 1960, pp. 297-308.

Gazzaniga, Michael. *Consciousness and the Cerebral Hemispheres.* Boston, MIT Press, 1995.

Gelfand, Toby, *Professionalizing Modern Medicine: Paris Surgeons and Medical Science and Institutions in the Eighteenth Century,* Westport, Greenwood, 1980.

Genette, Gérard, *Nouveaux discours du récit,* Paris, Seuil, 1983.

Gierezynski, Zbigniew, «Le rationalisme de Montaigne et l'unité de sa pensée», Plures, *Montaigne et les Essais, 1580-1980,* Actes du Congrès de Bordeaux, présentés par Pierre Michel, Paris-Genève, Champion-Slatkine, 1983.

Giraldi, Cinzio, Giovambattista, *Discorsi... intorno al comporre dei Romanzi, delle Comedie, e delle Tragedie, e di altre maniere di Poesie,* Venise, Gabriel Giolito, 1554.

Gontarski, S. E. *The Intent of Undoing in Samuel Beckett's Dramatic Texts,* Bloomington, Indiana University Press, 1985.

Gontarski, Steven, E., «The Body in the Body of Beckett's Theater», A. Moorjani and C. Veit eds, *Samuel Beckett: Endless in the Year 2000,* Amsterdam – New York, Rodopi, 2001, pp. 169-177.

Gouhier, Henri, *Le Théâtre et l'Existence,* Paris, Librairie philosophique Vrin, 1973.

Gracián, Balthazar, *Pages caractéristiques,* précédées d'une étude critique par A. Rouveyre, tr. originale et notices par V. Bouiller, Paris, Mercure de France, 1925.

Grotowski, Jerzy, *Vers un théâtre pauvre,* Lausanne, L'Age d'Homme, 1971.

Guéroult, Martial, *Histoire de l'histoire de la philosophie,* Paris, Aubier, 1984, vol. I, pp. 156-157 (avec le titre: *Montaigne et la tradition philosophique,* déjà paru dans *Bulletin de la Classe des Lettres et des Sciences Morales et Politiques,* L, 1964, pp. 307-319).

Guerra, Augusto, «Scienza e vita morale negli scritti kantiani del 1754», *Giornale critico della filosofia italiana,* genn.-mar., 1973, pp. 83-106: sur Montaigne, pp. 102-106.

Harari, David, «Le trace del quarto dialogo smarrito di Leone Ebreo negli ‹eroici furori› di Giordano Bruno», *Italia, studi e ricerche sulla storia, la cultura et la letteratura degli ebri d'Italia,* VII, 1-2, Jérusalem, 1988.

Harvey, William, *Exercitatio Anatomica de Motu Cordis et Sanguinis in Animalibus* [1628], fac-similé de l'éd. originale, Canterbury, G. Moreton, 1894.

Hobbes, Thomas, *Human Nature,* Thoemmes Press, Toronto, Toronto Press, 1995 (2d edition), Chap. IX, p. 46.

Hodges, Devon L., *Renaissance fictions of anatomy,* Amherst, University of Massachusetts Press, 1985.

Holyoake, S. John, «Further Reflections on Montaigne and the Concept of the Imagination», *Bibliothèque d'Humanisme et Renaissance,* XXXI, 1969, pp. 495-523.

Horkheimer, Max, *Kritische Theorie,* Frankfurt am Main, S. Fischer Verlag, 1968.

Hubert, Marie-Claude 1994/95, «The Evolution of the Body in Beckett's Theater», *Journal of Beckett Studies* IV.1, pp. 55-65,

Hubert, Marie-Claude, *Langage et corps fantasmé dans le théâtre des années 50,* Paris, Corti, 1987.

Hume, David, «Quali eccessi», *La rivista dei libri*, Firenze, nov. 1991, pp. 21-22.

Hume, David. *A Treatise of Human Nature.* Book I «Of the Understanding.» Ed. by D. G. C. Macnabb. Cleveland, The World Publishing Company, 1985.

Imbroscio, Carmelina, (Ed.), *Il testo letterario e il sapere scientifico*, Bologna, CLUEB, 2003.

Janko, Richard, *Aristotle on Comedy,* Berkeley and Los Angeles, University of California Press, 1984.

Jaspers, Karl, *Leonardo, Descartes, Max Weber. Three Essays.* London, Routledge and John-son, Eric Aaron, *Knowledge and Society. A Social Epistemology of Montaigne's Essais*, Charlottesville, Virginia, Rookword Press, 1995.

Joubert, Laurent, *Erreurs Populaires au fait de la medecine et regime de santé,* Bordeaux, Simon Millanges, 1578.

Joubert, Laurent, *Segonde partie des Erreurs populaires,* Paris, Abel l'Angelier et Lucas Breyer, 1579.

Joubert, Laurent, *Traité du ris, contenant son essance, ses causes et mervelheus essais*, Paris, Nicolas Chesneau, 1579.

Jouvet, Louis, *Molière et la Comédie classique*, Paris, Gallimard 1965.

Jude Stefan, *Cyprès,* Paris, Gallimard,1967.

— *Idylles,* Paris, Gallimard, 1973.

— *Gnomiques,* Cognac, Le temps qu'il fait, 1983.

— *Lettres tombales,* Cognac, Le temps qu'il fait, 1983.

— *A la vieille Parque,* Paris, Gallimard, 1985.

— *Stances,* Cognac, Le temps qu'il fait, 1991.

— *Xénies,* Paris, Gallimard, 1992.

— *Elégiades,* Paris, Gallimard, 1993.

— *Variétés,* Cognac, Le temps qu'il fait, 1995.

— *Prosopées,* Paris, Gallimard, 1995.

— *Chroniques catoniques,* Paris, Table Ronde, 1996.

— *Povrésies,* Paris, Gallimard, 1997.

— *Epodes,* Paris, Gallimard, 1999.

Kemp, Martin, «Dissection and divinity in Leonardo's late anatomies», *The Journal of the Warburg and Courtauld Institutes*, XXXV, 1972, pp. 200-225.

Kenner, Hugh, *A Reader's Guide to Samuel Beckett,* New York, Farrar, Straus and Giroux, 1973.

Klairmont-Lingo, A. «Empirics and Charlatans in Early Modern France: The Genesis of the Classification of the «Other» *Medical Practice, Journal of Social History*, 19, Summer 1986, pp. 583-3.

Kushner, Eva, «Cheminements féminins vers la philosophie à la Renaissance», *Histoire et Littérature au siècle de Montaigne, Mélanges offerts à Claude Gilbert Dubois* (Françoise Argod-Dutard, éd.), Genève, Droz, 2001.

Lacan, Jacques, *Ecrits I,* Paris, Seuil, 1966.

La Charité, Raymond C., *The Concept of Judgement in Montaigne,* The Hague, Martinus Nijhoff, 1968.

La Fontaine, *Œuvres complètes*, t. II, éd. P. Clarac, Paris, Gallimard, 1978.

La Rochefoucauld, *Maximes, suivies des Réflexions diverses* [...], éd. J. Truchet, 3e éd., Paris, Garnier, 1992.

Lamy, B., *Entretiens sur les sciences* [...] (1684), éd. F. Girbal et P. Clair, Paris, PUF, 1966.
Landucci, Sergio, *L'etica di Kant*, Guerini e Associati, Milan 1994, pp. 38-41.
Léon Lhébreu: *Philosophie d'amour*, traduction de Denis Sauvage, Paris, Claude Micard, 1551 (citée 1577).
— *De l'Amour*, traduction de Pontus de Tyard, Lyon, Jean de Tournés, 1551.
— *Tradutione ebraica di Menachem Dorman*, éd. Daf Chéri Bialik Institute, Jérusalem, 1983.
— Perry, T. Anthony, *Dialogues d'amour* (traduction de Pontus de Tyard), Chapel Hill, The University of North Carolina Press, 1974.
— *The Philosophy of Leone Ebreo four lectures*, Colloquium, January 1984, ed. Menahem Dorman et Zeev Levy, Israel, Kibboutz Hameuchad, 1985.
Lestringant Franck, «Montaigne et la laïcisation de l'histoire: l'exemple du Nouveau Monde», Plures, *Montaigne et la révolution philosophique du XVII^e^*, sous la direction de Jacques Lemaire, Bruxelles, Editions de l'Université de Bruxelles, 1992.
Levi, A., *French Moralists. The Theory of the Passions*, 1585 to 1649, Oxford, Clarendon, 1964.
Lévi-Strauss, Claude, «En relisant Montaigne», *Histoire de Lynx*,Paris, Plon, 1991.
Lombroso, César, *L'Homme Criminel*, 4^e^ édition, trad. par MM Regnier et Bournet, Paris, F. Alcan, 1887.
Lupi F. Walter, *Montaigne o il mattino degli spiriti liberi*, Plures, *Tra scetticismo e nichilismo*, Pise, ETS, 1985, pp. 11-58.
MacFarlane, Ian D., «Montaigne and the Concept of the Imagination», Plures, *The French Renaissance and its Heritage. Essays presented to Alan M. Boase*, London, Methuen, 1965, pp. 117-137.
MacGowan, Margaret, *Montaigne's Deceits. The Art of Persuasion in The Essais*, Philadelphia, Temple University Press, 1974.
Maclean, Ian, *Le païs au delà: Montaigne and philosophical speculation*, Plures, *Montaigne*, Essays in memory of Richard Sayce, Edited by Ian D. McFarlane et Ian Maclean, Oxford, Clarendon Press, 1992, pp. 101-132.
Majewski, Henry F., *The Preromantic Imagination of L. S. Mercier*, New York, Humanities Press, 1971.
Malusa, Luciano, «Le premesse rinascimentali dell'attività storiografica in filosofia», Plures, *Dalle origini rinascimentali alla «Historia philosophica»*, a cura di Giovanni Santinello La Scuola, Brescia 1981, vol. I, pp. 3-62.
Massa, Nicolo, *Anatomiae liber introductorius, in quo quamplurimae partes, actiones, atque utilitates humani corporis, nunc primum manifestantur: quae a caeteris tam veteribus, quam recentioribus huiusque praetermissa fuerant*, Venise, Stella Jordanus Zilletus, 1559.
Matamoro, Blas, «Montaigne, moderno y trasmoderno», *Cuadernos hispanoamericanos*, 509, noviembre 1992, pp. 15-32.
Mc Kendrick, Niel, John Brewer & J. H. Plumb, *The birth of a consumer society, The commercialization of Eighteenth century England*, London, Europa Publications Limited, 1982.
McMullan, Anna, «Versions of Embodiment / Visions of the Body in Beckett's ...*But the Clouds...*», *Samuel Beckett Today* 6, 1997, pp. 353-364.
Mehlman, Jeffrey, *A Structural Study of Autobiography: Proust, Leiris, Sartre, Lévi-Strauss*, Ithaca, Cornell University Press, 1974.

Melamed, Abraham, « La femme philosophe, le caractère de Sophie dans les *Dialogues d'amour* de Léon Lhébreu », *Mada'e Ayahadout*, vol. 40, 2000.

Ménager, Daniel, *Le Rire à la Renaissance,* Paris, PUF, 1995.

Mercier, Louis Sébastien, *Le Nouveau Paris*, éd. Jean-Claude Bonnet, Paris, Mercure de France, 1994.

Mercier, Louis Sébastien, *Tableau de Paris,* éd. Jean-Claude Bonnet, Paris, Mercure de France, 1994.

Merleau-Ponty, Maurice, « Lecture de Montaigne », *Les Temps Modernes*, 1947, 27, reproduit aussi comme *Préface* à *Essais,* III, Paris, Gallimard, 1960, pp. 7-23.

Mesnard, Jean, « *Genèse d'une modernité*», *Préface* à Plures, *L'automne de la Renaissance,* Paris, Vrin, 1981, pp. 5-16, études réunies par Jean Lafond et André Stegmann, maintenant dans : Jean Mesnard, *La culture du XVII*[e] *siècle,* Paris, PUF, 1992, pp. 27-42.

Montaigne, Michel de, *Essais,* Imprimerie Nationale, Paris 1998, Présentation, établissement du texte, apparat critique et notes par André Tournon, 3 vol. ; édition Villey-Saulnier, Paris, PUF, 1965 (Quadrige, 1988).

Moorjani, Angela et Veit, Carola, éds, *Samuel Beckett : Fin sans fin en l'an 2000,* Amsterdam – New York, Rodopi, 2001.

Morton, Peter A., *A Historical Introduction to the Philosophy of Mind,* Peterborough, Broadview Press, 1997.

Nablow, Ralph A., *The Addisonian Tradition in France : Passion and Objectivity in Social Observation,* NewYork-London, Associated University Presses, 1990.

Nakam, Géralde, *Les Essais de Montaigne, miroir et procès de leur temps,* Paris, Nizet, 1984 (rééd. Paris, Champion, 2001).

Nietzsche, Friedrich, *Werke,* KGW, éd. Giorgio Colli et Mazzino Montinari, Berlin, Walter de Gruyter, 1967.

« Notion de ‹monde› au XVIIe siècle », sous la direction de B. Beugnot, *Littératures classiques*, n° 22, automne 1994.

Nysenholc, Adolphe, *Charles Chaplin*, Paris, Méridiens Klincksiek, 1987.

Olivieri, Achille, « *Phantasia* et *imaginatio* au XVIe siècle : Culture philosophique et culture médicale », *Histoire et Littérature au siècle de Montaigne, Mélanges offerts à Claude Gilbert Dubois* (Françoise Argod-Dutard, éd.), Genève, Droz, 2001.

*Obliques*, Numéro spécial *Bellmer*, 1975.

Ong, Walter, J., « Commonplace Rhapsody : Ravisius Textor, Zwinger and Shakespeare », *Classical Influences on European Culture, A. D. 1500-1700,* R. R. Bolgar, éd., Cambridge, New York, Melbourne, Cambridge University Press, 1976.

Orlandini, Traverso Edilia, « La fonction de la recherche philosophique dans les *Essais* de Montaigne », *Bulletin de la Société des Amis de Montaigne,* 5, janv.-mars 1973, pp. 25-38.

*Ovid and the Renaissance,* edited by Goran V. Stanivukovic, Toronto, University of Toronto Press, 2001.

Panichi, Nicola, *La virtù eloquente. La « civil conversazione » nel Rinascimento,* Montefeltro, Urbin, Pubbl. dell'Università di Urbino, 1994.

Panofsky, Erwin, *Idea. Contribution à l'histoire du concept de l'ancienne théorie de l'art,* trad. de l'allemand, Paris, Gallimard, 1983.

Papasogli, Benedetta, *Il « fondo del cuore ». Figure dello spazio interiore nel Seicento francese,* Pise, Editrice Libreria Goliardica, 1991 (traduction française, Paris, Champion, 2000).

Paré, Ambroise, *Administrations anatomiques*, Paris, C. Cavellat, 1549. *Des Monstres et prodiges*, Paris, A. Wechel, 1573.
— Edition Céard, Jean, *Des Monstres et prodiges*, Genève, Droz, 1971.
Paré, Ambroise, *Les Œuvres*, Paris, G. Buon, 1585 ; Lyon, Pierre Rigaud, 1652.
Paré, François, « L'impossible histoire du temps présent », *Montaigne Studies*, 1994, pp. 53-62.
Pattie, David, « Space, Time, and the Self in Beckett's Late Theatre », *Modern Drama*, 2000, 43, pp. 393-403.
Pecheresse, Charles, « Montaigne et l'imagination », *Bulletin de la Société des Amis de Montaigne*, 1963, 27, pp. 18-29.
Pelous, Jean-Marie, *Amour précieux, amour galant*, Paris, Klincksieck, 1980.
Pérouse, Gabriel, « Le mot ‹ Histoire › dans les *Essais* de Montaigne », Plures, *Montaigne et l'histoire*, Paris, Klincksieck, 1991.
Perrault, Charles, *Parallèles des Anciens et des Modernes*, Paris, 1688, t. II.
Perry, T. Anthony, « Dialogue and Doctrine in Leone Ebreo's *Dialoghi d'amore* », *PMLA*, vol. 88, 1973.
Person, Samuel, *An Anatomical Lecture of Man. Or a Map of the little World*, Londres, T. Mabb, 1664.
Pflaum, H., *Die Idee der Liebe. Leone Ebreo, Zwei Abhandlungen zur Geschichte der Philosophie in der Renaissance*, Tubingen, 1926.
Pholien, Georges, « Montaigne et la science », Plures, *Montaigne et la révolution philosophique du XVII*[e], Bruxelles, Editions de l'Université de Bruxelles, 1992, sous la direction de Jacques Lemaire, pp. 61-74.
Pic de la Mirandole, Jean-François, *De imaginatione*, Venise, 1501 ; à Strasbourg, 1507, traduction française aux soins de Jean-Antoine de Baïf, Paris, chez André Wechel, 1557.
Pierre-Quint, Léon, *Marcel Proust*, Edition augmentée de plusieurs études et de *Proust et la jeunesse d'aujourd'hui*, Paris, Sagitaire, 1976.
Platon, *Phèdre*, trad. E. Chambry, Paris, Garnier-Flammarion, 1964, 266a.
Polachek, Dora, « Montaigne and Imagination : the Dynamics of Power and Control », Plures, *Le parcours des Essais 1588-1988*, textes réunis par Marcel Tetel et G. Mallary Masters, Paris, Aux Amateurs de livres, 1989, pp. 135-146.
Popper, Karl R. and John C. Eccles, *The Self and Its Brain*. New York, Springer Verlag, 1977.
Porter, Roy, *The Greatest Benefit to Mankind : A Medical History of Humanity from Antiquity to the Present*, London, Harper Collins, 1997.
Pouilloux, Jean-Yves, *Montaigne et l'éveil de la pensée*, Paris, Champion, 1995.
Poulet, Georges, *Etudes sur le temps humain*, Paris, éd. Du Rocher, Plon, 1952, T. I.
Praz, Mario, *Studies in Seventeenth-Century Imagery*, Rome, ed.di Storia et Letteratura, 1964.
Quevedo, Fernando de, *Obras completas*, Madrid, éd. F. Buendia Aguilar, 6e éd., 1988.
Ragghianti, Renzo, « Nota sull'immaginazione in Montaigne », Plures, *Studi sul Seicento e sull'immaginazione*, a cura di Paolo Cristofolini, Pisa, Scuola Normale Superiore di Pisa, 1985, pp. 115-127.
Ramsey, Matthew, *Professional and Popular Medicine in France, 1770-1830 : the Social World of Medical Practice*, Cambridge, Cambridge University Press, 1988.
Reicke, Rudolph, *Kantiana, Beiträge zu Immanuel Kants Leben und Schriften*, Königsberg, Th. Theile's Buchhandlung, 1860.

Rendall, Steven, « Of History », *Montaigne Studies*, 1994, pp. 3-5.

Richardson, Alan, *A Mental Theater: Poetic Drama and Consciousness in the Romantic Age.* University Park, Pennsylvania State University Press, 1988.

Riolan, Jean (le fils), *Schola anatomica novis et raris observationibus illustrata, cui adjuncta est accurata Fœtus Humani historia,* Paris, Adrien Périer, 1608.

*Ripa en de zeventiende-eeuwse beeldspraak. De zeventiende eeuw*, 1995, 1.

Ripa, Cesare, *Iconologia di Cesare Ripa Perugino Cav$^{re}$ de' S$^{ti}$ Mauritio, e Lazzaro, nella quale si descrivono diverse imagini di Virtù, Vitij, Affetti, Passioni humane, Arte, Discipline, Humori, Elementi, Corpi Celesti, Provincie d'Italia, Fiumi, Tutte le parti del Mondo, ed altre infinite materie. Opera utile ad Oratori, Predicatori, Poeti, Pittori, Scultori, Disegnatori, e ad ogni studioso, per Inventar Concetti, Emblemi, ed Imprese, per divisare qualsivoglia apparato nuttiale, funerale, trionfale, Per rappresentar poemi drammatici, e per figurare co' suoi propij simboli ciò, che puo cadere in pensiero humano. Ampliata ultimamente dalla stesso autore, di CC. Imagini, e arricchita di molti discorsi pieni di varia eruditione; con nuovi intagli, e con Indici copiosi nel fine...*, Sienne, Her di Matteo Florimi, 1613. In 4°.

Ripa, Cesare, *Iconologia overo Descrittione dell'Imagini universali cavate dall'antichità et da altri luoghi Da Cesare Ripa Perugino. Opera non meno utile, che necessaria à Poeti, Pittori, & Scultori, per rappresentare le virtù, vitij, affetti, & passioni humane.* Rome, Her. di Gio. Giolitti, 1593. In 4°.

Rivers, Christopher, *Face Value: physiognomical thought and the legible body in Marivaux, Lavater, Balzac, Gautier and Zola*, Madison, Wisconsin, University of Wisconsin Press, 1994.

Rousseau, Jean-Jacques, *Préface à Narcisse ou l'amant de lui-même, Œuvres Complètes*, édition publiée sous la direction de Bernard Gagnebin et Marcel Raymond, Bibliothèque de la Pléiade, Paris, Gallimard, 1964, II, pp. 957-1018, texte établi et annoté par Jacques Scherer.

Russell, Bertrand, *A History of Western Philosophy*, New York, Simon and Schuster, 1945.

Ryle, Gilbert, *The Concept of Mind*, New York, Barnes and Noble, 1949.

Saint-Paul, E. de, *Bref traité des puissances et facultés de notre âme*, Paris, 1634.

Salem, Jean, *La Légende de Démocrite*, Paris, Kimé, 1996.

Samaras, Zoé, « Le portrait de Socrate dans les Essais », *Bulletin de la Société des Amis de Montaigne,* juill-déc. 1980, 3-4, pp. 67-75.

Sawday, Jonathan, *The Body emblazoned. Dissection and the human body in Renaissance culture*, London and New York, Routledge, 1995.

Screech, Michel, *A Laughter at the Foot of the Cross*, England, Penguin Books, 1997.

Scudéry, Madeleine de, *« De l'air galant » et autres Conversations (1653-1684). Pour une étude de l'archive galante*, édité D. Denis, Paris, Champion, 1998.

Seager, William, *Theories of Consciousness: An Introduction and Assessment*, London and New York, Routledge, 1999.

Sherrington, Sir Charles, *Man on his Nature (Gifford Lectures 1937-38)*, Cambridge, Cambridge University Press, 1951.

Sibony, Daniel, *Les trois monothéismes,* Paris, Seuil, 1992.

Sibony, Daniel, *Le corps et sa danse*, Paris, Seuil, 1995.

Sibony, Daniel, *Violence-Traversées*, Paris, Seuil, 1998.

Sibony, Daniel, *Don de soi ou partage de soi,* Paris, Editions Odile Jacob, 2000.
Sibony, Daniel, *Nom de Dieu*, Paris, Seuil, 2003.
Sibony, Daniel, *Proche-Orient. Psychanalyse d'un conflit*, Paris, Seuil, 2003.
Siess, Jürgen, « Le regard sur Buster Keaton », *CinémAction* 93, 1999, 176-182.
Silberman, Marc, « The Actor's Medium : On Stage and Film », *Modern Drama* 39, 1996, pp. 558-565.
Simon, Alfred, *Beckett,* Paris, Belfond, 1983.
Soupple, James J., « Les images comme moyen de persuasion (Sur des vers de Virgile) », Plures, *Rhétorique de Montaigne,* Actes du Colloque de la S. A. M., Paris 14 et 15 déc. 1984, réunis Frank Lestringant, Paris, Champion, 1985, pp. 185-189.
Starobinski, Jean, *Montaigne en mouvement,* Paris, Gallimard, 1982.
Stephen, T. Asma, *Stuffed Animals and pickled heads*, Oxford, Oxford University Press, 2001.
Stierle, Karlheinz, « L'Exemple comme Histoire, l'Histoire comme Exemple », dans : *Poétique*, 1972, 10, pp. 176-198.
Strowski, Fortunat, *Montaigne,* Paris, Alcan, 1931, pp. 119-216.
Tarde, Gabriel, *La Criminalité comparée*, Paris, F. Alcan, 1924.
Tetel, Marcel, « Montaigne et le Tasse : imagination poétique et espace imaginaire », *Cahiers de l'Association Internationale Etudes Françaises*, 1981, 33, pp. 81-98.
Thagard, Paul, *Mind : An Introduction to Cognitive Science,* Cambridge, Mass., MIT Press, 1996.
Tournon, André, « Advenu ou non advenu.. », Plures, *Montaigne et l'histoire,* Paris, Klincksieck, 1991, pp. 31-38.
« Tradition de la Mélancolie », *Le Débat*, 29, mars 1984.
Valverde, Antonio, *Anatomia del corpo humano*, Rome, Antonio Salamanca, 1560 ; Anvers, Plantin, 1572 (sur Gallica) ; 1586.
Van Delft, Louis, « L'Idée de théâtre (XVIe-XVIII[e] siècle) », *Revue d'histoire littéraire de la France,* sept.-oct. 2001, 5, pp. 1349-1365.
Van Delft, Louis, « L'incision de la mémoire : brièveté et anatomie », *La Quête du bonheur*, Mélanges Rosso, Genève, Droz, 1995, pp. 89-106.
Van Delft, Louis, « La Rochefoucauld et l'‹ anatomie de tous les replis du cœur › », *Littératures classiques*, 35, 1999, pp. 37-62.
Van Delft, Louis, « Le concept de théâtre dans la culture classique », *Romanistische Zeitschrift für Literaturgeschichte/Cahiers de l'Histoire des littératures Romanes.* RZFL, XXV, 2001, pp. 353-360.
Van Delft, Louis, et Roukhomovsky, B., « Le pouvoir des fragments », *Offene Gefüge. Literatursystem und Lebenswirklichkeit, Mélanges Nies*, Tübingen, G. Narr, 1994, pp. 29-38.
Van Delft, Louis, *Le Moraliste classique. Essai de définition et de typologie*, Genève, Droz, 1982.
Van Delft, Louis, *Littérature et anthropologie. Nature humaine et caractère à l'âge classique*, Paris, PUF, 1993.
Vésale, André, *De humani corporis fabrica*, Bâle, J. Oporin, 1543 ; *ibid.*, 1555.
Vidius, Vidius, *De anatome corporis humani*, Venise, Giunti, 1611.
Vila, Anne C., *Enlightenment Pathology : Sensibility in the Literature and Medicine of Eighteenth-Century France*, Baltimore, The Johns Hopkins University Press, 1998.
Villiers, André, *L'acteur comique*, Paris, PUF, 1987.

Vissière, Jean-Louis, « Pollution et nuisances urbaines d'après le *Tableau de Paris* de Sébastien Mercier », *La Ville au dix-huitième siècle : Colloque d'Aix-en-Provence, 29 avril-1 mai 1973*, éd. Coulet, Aix-en-Provence, Edisud, 1975.

Voltaire, *Dictionnaire philosophique*, Londres, Genève, Cramer, 1764.

Warda, Arthur, *Immanuel Kants Bücher*, Berlin, Martin Breslauer, 1922.

Wechsler, Judith, *A Human Comedy. Physiognomy and Caricature in 19th Century Paris*, Chicago, University of Chicago Press, 1982.

Wickersheimer, E., « Un brave homme et un bon livre : Laurent Joubert et les Erreurs populaires au fait de la médecine et du régime de santé », *La médecine et les médecins français à l'époque de la Renaissance*, Paris, 1906.

Witherspoon, Alexander, M. et Warnke, Frank J., (Eds), *Seventeenth-Century Prose and Poetry*, New York et Burlingame, Harcourt, Brace & World, 2e éd., 1963.

Wittkower, R., *Born under Saturn. The Character and Conduct of Artists : A Documented History from Antiquity to the French Revolution*, New York, Random, 1963.

Wolfson, Harry Austryn, *The Philosophy of Spinoza*. New York, Meridian Books, 1934.

Yates, F. A., *The Art of Memory*, Chicago, The University of Chicago Press, 1966 (tr. fr., 1975).

Zeifman, Hersh, « Being and Non-Being : Samuel Beckett's *Not I* », *Modern Drama*, 1976, pp. 35-46.

Zinguer, Ilana, « *Les Trois commerces* ou Principes pour une théorie de la communication », Plures, *Le lecteur, l'auteur et l'écrivain. Montaigne 1492-1492-1992*, Actes du Colloque International de Haïfa avril-mai 1992, édités par Ilana Zinguer, Paris, Champion, 1993, pp. 54-68.

# Index

Ceri Crossley

# Consumable Metaphors

## Attitudes towards Animals and Vegetarianism in Nineteenth-Century France

*Oxford, Bern, Berlin, Bruxelles, Frankfurt am Main, New York, Wien, 2005. 322 pp.*
*French Studies of the Eighteenth and Nineteenth Centuries. Vol. 17*
*Edited by Malcolm Cook and James Kearns*
*ISBN 3-03910-190-0 / US-ISBN 0-8204-7175-5 pb.*
*sFr. 82.– / €* 56.50 / €** 52.80 / £ 37.– / US-$ 62.95*

* includes VAT – only valid for Germany and Austria ** does not include VAT

This book studies the various definitions of animal nature proposed by nineteenth-century currents of thought in France. It is based on an examination of a number of key thinkers and writers, some well known (for example, Michelet and Lamartine), others largely forgotten (for example, Gleizes and Reynaud). At the centre of the book lies the idea that knowledge of animals is often knowledge of something else, that the primary referentiality is overlaid with additional levels of meaning. In nineteenth-century France thinking about animals (their future and their past) became a way of thinking about power relations in society, for example about the status of women and the problem of the labouring classes.

This book analyses how animals as symbols externalize and mythologize human fears and wishes, but it also demonstrates that animals have an existence in and for themselves and are not simply useful counters functioning within discourse.

Contents: Philosophical Interpretations of Animal Nature – Animal Protection and Welfare in Nineteenth-century France – Socialism and Animals – Catholicism and the Animals Question – Scientific Vegetarianism – Occult and Anarchist Vegetarianism – Vivisection and Feminism.

The Author: Ceri Crossley is Professor of Nineteenth-Century French Studies at the University of Birmingham. He holds an Honorary Doctorate from the Université Blaise Pascal (Clermont-Ferrand). He has published widely in the fields of nineteenth-century French literature, intellectual history and historiography.

**PETER LANG**
Bern · Berlin · Bruxelles · Frankfurt am Main · New York · Oxford · Wien

François-Emmanuël Boucher

## Les révélations humaines

Mort, sexualité et salut au tournant des Lumières

*Bern, Berlin, Bruxelles, Frankfurt am Main, New York, Oxford, Wien, 2005.*
*VII, 281 p.*
*ISBN 3-03910-611-2 br.*
*sFr. 72.– / €* 49.60 / €** 46.40 / £ 32.50 / US-$ 55.95*

* comprend la TVA – uniquement valable pour l'Allemagne et l'Autriche ** ne comprend pas la TVA

Des Lumières aux romantiques, plusieurs écrivains ont transformé le christianisme en une religion du salut temporel. Qu'il s'agisse d'une volonté d'en détruire certaines parties (Voltaire, Helvétius, d'Holbach, etc.) ou de le dépasser (Leroux, Lamennais, Hugo, etc.), la plupart se réfèrent à ses dogmes comme paradigme argumentatif à partir duquel ils suggèrent une nouvelle explication du monde et proposent des transformations sociales inédites. Le but de ce livre est d'expliquer un paradoxe: avant 1789, les philosophes des Lumières n'ont jamais véritablement rompu avec le christianisme, tandis que les écrivains de la première moitié du XIX^e siècle ne sont pas retournés aux fondements de la religion chrétienne. Loin de croire en une rupture radicale de l'argumentation avant et après la Révolution française, l'auteur s'interroge sur la persistance d'une même volonté d'améliorer les conditions de l'être humain qui se manifesterait dans les différents discours de cette période. Les pensées des philosophes des Lumières, des révolutionnaires, des romantiques, des réactionnaires et même des apologistes de la religion de l'humanité sont-elles aussi incompatibles et disparates que le présente la critique depuis bientôt une quarantaine d'années? Serait-il possible de repenser ces courants philosophiques à partir d'une sacralisation de l'homme dont la finalité serait désormais temporelle?

Contenu: L'avènement des Lumières ou le début de la quête d'une doctrine du salut temporel – Les continuateurs du Christ.

***«À la croisée de l'histoire littéraire, de la philosophie, de la théologie et de l'histoire des idées, le livre de F.-E. Boucher est un ouvrage brillant, intelligent, qui donne à penser.» (Bulletin critique du livre en français)***

L'auteur: Professeur au Département d'études françaises du Collège militaire royal du Canada, François-Emmanuël Boucher a effectué son doctorat (Université McGill) sur les origines des religions du salut temporel et sur la laïcisation du christianisme au tournant des Lumières. Il s'intéresse principalement aux discours réactionnaires, à la transformation des phénomènes de belligérance dans l'Ancien Régime et à l'argumentation sur la paix perpétuelle en Europe.

**PETER LANG**
Bern · Berlin · Bruxelles · Frankfurt am Main · New York · Oxford · Wien

Angelica Goodden (ed.)

## The Eighteenth-Century Body

### Art, History, Literature, Medicine

*Oxford, Bern, Berlin, Bruxelles, Frankfurt am Main, New York, Wien, 2002.*
*188 pp., 7 ill.*
*ISBN 3-906768-50-3 / US-ISBN 0-8204-5862-7 pb.*
*sFr. 54.– / €* 36.60 / €** 34.20 / £ 24.– / US-$ 40.95*

* includes VAT – only valid for Germany and Austria  ** does not include VAT

The papers collected in this volume are selected from the proceedings of a conference held at St Hilda's College, Oxford, in 2001. The eighteenth century – an age of empiricism – saw understanding the body as central to the science of man. In medicine, literature and the arts the theme of corporeality focused debates about «correct» human responses, expressing emotion, representing beauty and cultivating relationships. These papers set out to examine how the body came to the fore as communicative medium, hygienic complex and object of artistic as well as scientific investigation and literary presentation.

Contents: Angelica Goodden: Introduction – Ros Ballaster: The Body as Fiction: Eighteenth-Century Tales of the Orient – Guy Callan: Marivaux's *L'Ile des esclaves* and the Anthropology of Ritual: Status Reversal and Elevation, Liminality and Communitas – Anne Deneys-Tunney: La Sémiotisation du corps féminin dans le roman libertin du XVIII^e siècle – Michel Delon: Les Couleurs du corps: roman pornographique et débats esthétiques au XVIII^e siècle – George Rousseau: Priapic Passages and 'Trading in Trifles': Penis and Pornography in the Eighteenth Century – Elena Russo: The Burlesque Body in Diderot's *Les Bijoux indiscrets* – Beatrice Fink: You Are Not Necessarily What You Eat – Anne C. Vila: The Scholar's Body: Health, Sexuality and the Ambiguous Pleasures of Thinking in Eighteenth-Century France – Angelica Goodden: Angelica Kauffman: Attenuating the Body – Susan L. Siegfried: Reinventing Relics and Napoleon's Regal Body.

The Editor: Angelica Goodden is Fellow and Tutor in French at St Hilda's College, Oxford, and author of several books on French literature, culture and the history of ideas.

**PETER LANG**
Bern · Berlin · Bruxelles · Frankfurt am Main · New York · Oxford · Wien

FSC
www.fsc.org
MIX
Papier | Fördert gute Waldnutzung
FSC® C083411

Kolibri 360 GmbH
Ferdinand-Jühlke-Straße 7
99095 Erfurt, Deutschland
produktsicherheit@kolibri360.de

Druck:
CPI Druckdienstleistungen GmbH
im Auftrag der
Kolibri 360 GmbH
Ferdinand-Jühlke-Str. 7
99095 Erfurt